混凝土外加剂及其应用技术论坛 2021 年会

2021

聚羧酸系高性能减水剂及其应用技术新进展—2021

◎ 混凝土外加剂应用技术专业委员会 编

U0234535

北京理工大学出版社
BEIJING INSTITUTE OF TECHNOLOGY PRESS

图书在版编目（CIP）数据

聚羧酸系高性能减水剂及其应用技术新进展. 2021 /
混凝土外加剂应用技术专业委员会编. -- 北京：北京理
工大学出版社，2022.3

ISBN 978-7-5763-1103-7

Ⅰ. ①聚… Ⅱ. ①混… Ⅲ. ①混凝土—减水剂—文集
Ⅳ. ①TU528.042.2-53

中国版本图书馆 CIP 数据核字（2022）第 035957 号

出版发行 / 北京理工大学出版社有限责任公司

社　　址 / 北京市海淀区中关村南大街 5 号

邮　　编 / 100081

电　　话 / (010) 68914775（总编室）

　　　　　 (010) 82562903（教材售后服务热线）

　　　　　 (010) 68944723（其他图书服务热线）

网　　址 / http://www.bitpress.com.cn

经　　销 / 全国各地新华书店

印　　刷 / 三河市华骏印务包装有限公司

开　　本 / 787 毫米 × 1092 毫米　1/16

印　　张 / 23　　　　　　　　　　　　　　　　　责任编辑 / 王玲玲

字　　数 / 537 千字　　　　　　　　　　　　　　文案编辑 / 王玲玲

版　　次 / 2022 年 3 月第 1 版　2022 年 3 月第 1 次印刷　　责任校对 / 刘亚男

定　　价 / 126.00 元　　　　　　　　　　　　　　责任印制 / 李志强

编 委 会

前　言

2021年，我们迎来中国混凝土外加剂应用技术发展七十周年纪念之年。从1951年吴中伟先生开启混凝土外加剂工程应用先河，中国混凝土外加剂历经多代科技工作者和工程技术人员的共同努力，使我国混凝土外加剂的科研开发、生产制备和工程应用技术达到国际领先水平，他们为中国建设事业做出了非凡的贡献。2021年也是聚羧酸系高性能减水剂发明应用四十周年纪念之年。这期间正值我国改革开放和现代化建设飞速发展的阶段，聚羧酸系高性能减水剂在轨道交通、公路航空、跨海大桥、体育场馆等重大基础设施和城市建设中发挥了重要作用。我国聚羧酸系高能减水剂经过二十余年巨大工程量及应用技术的发展，形成了从MPEG、APEG、IPEG、HPEG到VPEG的系列化烯基聚氧乙烯醚功能大单体产品，制备出了减水型、保坍型、降黏型等不同功能的聚羧酸系高性能减水剂母液，基本满足了我国各领域复杂地材和不同气候条件下的混凝土工程技术要求，而且跟随"一带一路"倡议走向世界，产量达到世界首位，应用技术也位于世界前列。

伴随中国基础设施建设纳入国家生态发展战略计划，在环境保护、碳达峰、碳中和的实践进程中，天然骨料日益短缺，各种机制砂、尾矿砂、再生骨料、河滩砂等成为骨料主要来源，各种工业尾渣、超细粉变废为宝用于矿物掺合料，使混凝土材料来源更为广泛、成分更为复杂。级配欠佳，含泥量、含粉量、絮凝剂残留量过高，使聚羧酸系高性能减水剂再次面临和易性差、掺量高、黏度大、损失快等不相适应的新问题，给混凝土外加剂科技工作者带来新的要求和挑战。为此，聚羧酸系高性能减水剂技术发展逐步转向通过分子设计来实现功能差异化，在基本梳形分子结构基础上，探索开发了众多小功能单体，在改善混凝土的和易性、适应地材质量波动方面效果显著。将淀粉、木质素等可再生生物质材料进行磺化接枝改性，已成为制备低碳绿色外加剂的发展方向之一。用于低碳胶凝材料、喷射混凝土等领域新型功能聚羧酸系减水剂的开发也有所突破。总之，聚羧酸系高性能减水剂大家族又将开启一轮创新高潮。

借"第八届全国聚羧酸系高性能减水剂及其应用技术交流会"暨"纪念中国外加剂应用技术发展七十周年大会"之际，我们收录了54篇会议论文。本论文集内容涵盖了聚羧酸系高性能减水剂的发展现状及前沿趋势、基础理论研究、新型功能单体及应用技术、特殊功能聚羧酸减水剂合成技术及喷射混凝土用外加剂制备等内容，其研究成果在一定程度上代表了近两年相关技术的发展方向，可为从事外加剂研究、生产、检测和工程应用的专家、学者、学生及广大工程技术人员提供参考。

由于我们水平有限，本论文集如有不足之处，恳请广大读者批评指正。

《混凝土外加剂及应用技术》编委会

2021 年 7 月 15 日

目　　录

第1部分　综述与基础理论研究

第2部分　制备与性能研究

第 3 部分　新型引气剂与速凝剂研究

第 4 部分　其他相关技术研究

第 1 部分
综述与基础理论研究

我国早期混凝土与外加剂开发应用纪实

——纪念混凝土外加剂开发应用七十周年

石人俊

（原铁道部科学研究院）

摘要：本文阐述了我国早期水泥混凝土重大工程，调查考证第一个混凝土研究（试验）室的建立、混凝土配合比设计新法推行，以及化学外加剂（引气剂、减水剂）研发应用及工程混凝土病害剖析。

关键词：混凝土；外加剂；青藏铁路；高速铁路

建立于 1889 年的唐山细绵土厂是我国第一个水泥生产厂，土窑年产 1 万吨。距亚斯布丁（Aspdin）1824 年发明波特兰水泥（波特兰水泥又称硅酸盐水泥）65 年。我国土木工程领域最早应用混凝土可追溯到 1893 年滦河铁路大桥钢筋混凝土（RC）沉箱和 1907 年上海吴淞口混凝土防波堤，公共建筑最早应用混凝土可追溯到 1916 年的上海第一座亚细亚大楼与 1920 年上海罗斯福公馆，这些混凝土建筑已有 100 余年历史。国内其余早期混凝土应用实例如：20 世纪 30 年代新建的黑龙江嫩江大桥、丰满水电站、上海国际饭店（亚洲第一高楼）及浙江钱塘江大桥（我国自主设计）等。

1950 年以前，混凝土使用的水泥为美标（ASTM）五类波特兰水泥。混凝土配合比基本固定，常用配合比有三种：水泥∶细骨料∶粗骨料（质量比或体积比）= 1∶2∶4、1∶3∶6 或 1∶4∶8，工程混凝土用水泥类别和配合比由工程技术主管选用。20 世纪 30 年代，美、苏等国开发了改善混凝土耐久性、和易性的化学外加剂文沙剂（Vinsol Resine）和普蜀里（pozzolith），推广应用于公路、铁路、港口、水利等工程，混凝土技术得到跨越式发展。抗日战争胜利后，我国一些留学归国学者（王柢、吴中伟、郭成举、黄大能等）引入混凝土化学外加剂技术。

1946—1947 年，国民政府南京交通部材料试验所和中央大学土木工程系分别筹建我国第一批混凝土实验室。中华人民共和国成立后，交通部材料试验所王柢、姚明初调入唐山工学院铁道部铁道（技术）研究所（铁科院前身），中央大学吴中伟调入北京重工业部华北窑业公司研究所（中国建材院前身），从此加快我国混凝土技术变革，国内混凝土制品和外加剂应用得到跨越式发展。70 多年来，经多方共同努力，已建多项世界著名工程，如：三峡水电工程、港珠澳跨海大桥、京沪高速铁路、北京大兴国际机场、上海中心大厦等。如今，我国混凝土和化学外加剂年产量和使用量都为世界首位，外加剂应用技术水平进入世界先进行列，部分领域处于领先地位。

1　早期混凝土应用

1.1　世纪混凝土典型工程

土木工程：1893 年，詹天佑采用"气压沉箱"法修建的滦河大桥，不仅是我国最早的一座铁路桥梁，也是国内最早有记载的混凝土应用工程实例。其后，1907 年吴淞港防波堤和 1908 年自主设计及建造京张铁路等也在工程中使用混凝土。

建筑工程：除了土木工程外，我国公共建筑早期开始使用混凝土的实例有：1916 年建造的"上海外滩第一楼"，高七层、面积过万的亚细亚大楼；1920 年罗斯福家族修缮的"上海罗斯福公馆"。

1.2　20 世纪 30 年代典型工程

其后，混凝土在国内应用范围越来越广。典型土木工程实例有：1934 年嫩江大桥、1937 年钱塘江大桥和丰满水电站。典型民用建筑有：1922 年建造的三层混凝土结构建筑"天津兴业银行"、1934 年上海国际饭店（22 + 2 层，高 84 m（当时亚洲最高建筑））和上海百老汇大厦（即上海大厦）。

2　我国首个混凝土研究（试验）室与推行混凝土配合比设计新法

2.1　首个混凝土研究（试验）室

吴中伟于 1947 年受聘于国立中央大学土木工程系，筹建我国第一个混凝土研究（试验）室。后经笔者调研考证，1946 年王柢负责筹建南京交通部材料试验所（下设混凝土、枕木防腐和化学组），1948 年姚明初任混凝土组组长，同年由交通部协调归口进口现代仪器（其中包括空气含量测定仪、泥浆流动度仪、碱 – 骨料快速试验仪、光学显微镜等），运抵上海港后，因时局影响，仪器库暂时存于上海中央研究院。1950 年相继成立铁道部铁道（技术）研究所（姚明初任混凝土组主任）和重工业部华北窑业公司研究所（吴中伟任混凝土组主任）。铁道部铁道研究所混凝土实验室除了有常规水泥混凝土试验仪器设备外，从美国进口混凝土外加剂试验仪器，是中华人民共和国成立初期国内唯一具有外加剂试验手段的混凝土实验室。

2.2　混凝土配合比设计新法推行

1950—1952 年，国家基本建设需要把传统混凝土固定配合比转变为配合比设计新法。吴中伟和姚明初都做出了巨大贡献。吴中伟撰写文章，举办讲座推行混凝土配合比设计新法。1952 年，姚明初主持"铁道部天水混凝土配合比设计新法"培训班，从此我国开始推行使用多品种、多标号硅酸盐水泥和混凝土配合比设计新法，并且此方法应用到国家其他土建系统。

3 早期宏观、微观试验及其基础理论

砂、石颗粒形态及级配：早期混凝土骨料，以河砂、机制碎石为主，通过优化调整砂、碎石级配，以达到混凝土最小水泥用量的目的。

水泥颗粒形状及级配：水泥颗粒形状为多边形，其颗粒比表面积在 $350 \sim 400$ m²/kg 之间。水泥－水体系中水泥粒子呈网状结构，研究证明，改变水泥颗粒形态、颗粒粒度及级配，在水泥－水体系结构中使用减水剂（高效－高性能减水剂）和掺合料（优质活性掺合料），有减水、减少水泥用量、增加强度、提高耐久性的效果。20 世纪 70—90 年代交通部、水利部和铁道部等科研院在水泥－外加剂－水体系研究中取得一些成果，图 1 所示是铁道部科研院部分早期成果。

图 1 铁道部科研院部分早期成果

（a）笔者早期混凝土外加剂研究用样品；（b）青藏公路雅玛尔大桥混凝土水中浮箱试验；

（c）水泥－水体系 7 d 水化产物；（d）水泥－粉煤灰－水体系 40 d 水化产物

4 混凝土外加剂开发及工程应用

4.1 第一代：加气剂和塑化剂开发与应用

为提高海港和铁路工程混凝土的耐久性和节约水泥，我国最早于 1949 年由重工业部华北窑业公司研究所吴中伟引入美国文沙剂（加气剂）来提高混凝土抗冻融性、耐久性。1951 年，吴中伟与王季周合作成功研制松香热聚物加气剂，同年交通部材料试验所陈伯其和郭云炳在塘沽新港防浪块体中进行应用。试验证明：掺加气剂混凝土的抗冻融性能远高于传统（不掺加气剂）混凝土，不仅节约水泥，还延长混凝土结构使用寿命，取得了巨大的技术经济效益。这次我国首例化学外加剂的成功应用，开创了我国混凝土外加剂的新纪元。

1952 年，铁道部研究所最早引入普蜀里（塑化剂）技术，姚明初、郭成举开展亚硫酸盐苇浆废液塑化剂（浓缩物和石灰沉淀制剂）和松香皂加气剂研发，并于 1953—1955 年应用于华北铁路和武汉长江大桥部分墩台等工程。

早期国内混凝土外加剂以加气剂和塑化剂为主，加气剂品种有松香热聚物和松香皂、乳化剂（ABS、AS、三乙废渣复合剂、三萜皂甙系列）等，塑化剂品种有苇浆废液浓缩物及其石灰沉淀制剂、木浆废液浓缩物、糖蜜类、木质素磺酸钙（钠）等。加气剂应用实例：塘沽新港、武汉长江大桥、佛子岭水库、新安江水利工程、太焦铁路、天津机场及银川市公铁立交桥等。塑化剂应用实例：华北铁路、武汉长江大桥、湛江港、宝山钢铁公司、葛洲坝水利工程及上海联谊大厦等。

为保证工程质量、减少水泥用量、提高混凝土耐久性，国家相关部委陆续颁布一些标准或规定，规范混凝土外加剂的应用，例如，1956 年国家建委颁布《水泥混凝土及砂浆应用塑化剂和加气剂的暂行规定》、1980 年国家建委颁发《木质素磺酸钙减水剂在混凝土中使用的技术规定》、1982 年国家建委颁布《推广应用木钙减水剂节约水泥会议纪要》、1986 年国家四部委联合颁发《关于认真做好推广应用减水剂和粉煤灰节约水泥的通知》等。

4.2 第二代：高效减水剂开发与应用

1962 年，日本服部健一博士成功研究以精萘为原料的 β–萘磺酸系高缩合物高效减水剂（NSF），此类高效减水剂具有减水率高、增强及提升混凝土耐久性等效能，并且有害物含量低（$Na_2SO_4 < 3\%$，$Cl < 0.05\%$），掺加 NSF 可以配制得到大流动高强混凝土，促进预应力混凝土（PC）制品的发展。NSF 的成功研究被国际公认为是混凝土技术的第二次飞跃。

20 世纪 70 年代初期，由南京水科院、一航局等单位将移植染料扩散剂（NNO）用于生产混凝土高效减水剂，并应用于高强混凝土的 RC 和 PC 制品及工程。结果证明：NNO 具有与 NSF 类似的效果。其后，国内其他科研单位及高校也陆续开展高效减水剂的研发，例如，1976 年天津建科所以油萘为原料研制高效减水剂 UNF–2，1977 年国家建筑材料科学研究所、北京市建筑工程研究所、上海市染料涂料研究所等单位以甲基萘和甲基萘油为原料研制了 MF 系列（MF 和建 1）高效减水剂，1978 年武汉一冶研究所以工业萘为原料研制了 FDN，以及清华大学以精萘为原料研制了 NF。我国高效减水剂除以萘磺酸盐系为主体外，还开发三聚氰胺系（MSF），90 年代相继开发了氨基磺酸盐系（ASF）和脂肪族（FSF）系列高效减水剂,它们具有各自技术特性,应用于不同工程。

早期高效减水剂大部分(约占市场80%)为低浓产品,硫酸钠(16%~30%)、氯离子(1%~2%)含量高;其次为高浓产品(约占市场20%),硫酸钠含量小于10%,氯离子含量约为0.5%;少数为特高浓产品(市场占1%~2%),其性能接近国外产品,硫酸钠含量小于5.0%、氯离子含量约0.2%。根据铁科院对国外市场NSF产品进行测试发现,国外优质产品一般硫酸钠含量小于3%,氯离子含量小于0.05%,国内产品有害物含量偏高。广核电集团大亚湾二期(岭澳核电站)工程建设期间,以美国标准(硫酸钠含量小于1%、氯离子含量小于0.03%)为技术要求选用外加剂,在达到技术要求前提下,优先选用国内产品。经专家调研,当时国内仅一家产品(NP-80)达到要求,表明20世纪八九十年代我国萘系高效减水剂与国际同类产品仍存在较大差距。

尽管国内高效减水剂仍有诸多不足,在当时历史背景下,仍然在工程中得到广泛应用,一些知名工程实例有:广州庐山船坞(1972)、天津外贸展示馆(1976)、湛江石门大桥(1977)、红水河铁路斜拉桥(1979)、广州国际大厦(1987)、上海东方明珠(1994)、京广复线C80 40 m PC简支T梁(1987)、洛阳黄河大桥C60 50 m PC简支梁(1977)、上海南浦大桥(1989)、三峡水电工程(1994)、广东岭澳核电站(1997)、秦-沈高速铁路24 m和32 m PC简支箱(T)梁(1999)等。

4.3 第三代:高性能减水剂-HPA(聚羧酸系-PCE)研发及应用

20世纪80年代日本枚田健成功研发聚羧酸系高性能减水剂(PCE),与萘系高效减水剂(NSF)相比,具有掺量小、减水率高、增强更显著、混凝土耐久性强、有害物含量低等优点,并成功应用于日本跨海大桥。PCE在混凝土中的应用在日本得到快速推广,据日本学者太田晃介绍:1990年PCE与NSF用量比为20:80,到2008年则为80:20。由此可见,日本从技术、环保、经济等综合考虑,认为PCE取代NSF的趋势愈加明显。

20世纪70年代有多家外企PCE产品进入我国市场,在工程应用方面达到优越效果,获得业界好评。随后上海建科院组织研发PCE-HPA产品,2000年国内首个PCE研制成功(定名LEX-9H),同年应用于我国首例引进的上海磁悬浮轨交通的PC轨道梁,通过试验证明,掺LEX-9H的高强混凝土的收缩徐变值低,其主要技术指标达到国际同类产品水平,满足了磁悬浮轨道交通设计要求。此后,上海建科院宣怀平与林国英、铁科院石人俊、交通部公路二局(黄埔珠江大桥项目部)高翔、深圳奥维邦外加剂公司陈秀珍等,在黄埔珠江大桥项目进行PCE与NSF工程对比试验研究,2005年8月对试验研究进行评议,专家一致认为:PCE的技术性能和经济综合指标都明显优于NSF。2005年11月由上海建科院、铁科院(退休专家)、上海城诚公司等在中铁二局合宁高速铁路项目部铁路PC简支箱梁中进行了PCE的应用验证,综合性能优良。2006年国内高速铁路进入建设高峰期,京津、武广、郑西、石太等高速铁路建设大范围推广应用聚羧酸减水剂,极大地促进了国内PCE发展。随着聚羧酸研发与生产技术不断进步,其应用范围不断扩大,典型工程应用:上海磁悬浮交通PC轨道梁、京沪高速铁路、北京南站、上海东海大桥、黄埔珠江大桥、浙江杭州湾大桥、港珠澳跨海大桥、广州西塔、上海中心大厦、北京大兴国际机场等。据有关部门统计:到2020年年底,我国商品混凝土用量已达28亿立方米/年,聚羧酸减水剂使用量已达1 000万吨/年。

5 工程混凝土病害案例剖析

（1）南京水科院通过长期现场观察检验记录和分析，为我国混凝土长期耐久性提供一些珍贵资料。例如：1965 年、1991 年和 2002 年三次对上海吴淞港混凝土防波堤（1907 年建造）进行调研监测，采用超声、钻芯样、X 射线、光谱、电镜等测试方法，对测试结果分析后，确认吴淞港混凝土防波堤能够具有 100 年使用寿命。通过对国内南、北方港口混凝土破坏（石子外露、钢筋锈蚀等）现象进行分析对比，发现：海水对混凝土的危害大于淡水，有害离子侵入混凝土中，导致钢筋锈蚀，缩短混凝土服务年限；早期混凝土配合比设计不良、混凝土保护层厚度不足等也是导致混凝土出现病害的主要原因；北方冬季温度低，冻融作用危害大于南方港口。通过优选原材料，优化配合比，掺加引气型减水剂、优质掺合料，加厚混凝土保护层等措施，可以配制得到使用寿命达 100 年的混凝土。

（2）1971 年，铁科院和铁道部工务部门对 1934 年建造的嫩江大桥桥墩混凝土病害进行调研，经现场实体钻芯取样，测试混凝土强度和耐久性，结果表明：混凝土符合设计和施工技术规定。同期又对 1937 年建设的浙江钱塘江大桥进行测试对比，尽管所用水泥和配合比基本与嫩江大桥的一致，其水中桥墩完好无损，预测使用寿命将可达百年。经过专家分析，两座大桥墩台混凝土耐久性（使用寿命）出现的巨大差异，主要原因是：嫩江大桥位于严寒地区，钱塘江大桥位于南方温暖地区，鉴于 20 世纪 30 年代混凝土技术水平（固定配合比，无化学外加剂和耐久性指标）有限，严寒地区频繁冻融作用导致混凝土表面破坏严重，降低其使用寿命。后来对嫩江大桥桥墩进行修复和加固，在混凝土中掺加引气剂或引气型减水剂，以提高大桥墩台混凝土抗冻性能。

（3）20 世纪 50 年代交通部建设的青藏公路冻土地区灌注桩和桥墩同样发现混凝土病害，经调研，（实体钻芯样）灌注桩端部混凝土钻芯试件最低强度仅达到设计值的 50%，表明早期混凝土在负温环境受冻胀，破坏混凝土结构。1975 年铁科院课题组现场埋设一批同条件养护试件，第二年（1976 年）观察试件状态发现高水灰比、不掺外加剂的试件完全崩溃；低水灰比掺引气型外加剂试件除表面起砂外，基本完好。笔者认为，青藏高原冻土地区是世界自然环境对混凝土破坏最严重地区，当时国内专家对青藏地区水资源及土壤中盐分对混凝土侵蚀、高原气候条件特殊性（严寒、大风、干燥、昼夜温差大）认识不足，早期国内混凝土施工技术相对落后，是造成混凝土病害的主要因素。在 20 世纪 50 年代混凝土技术条件下制备的混凝土性能无法与现代混凝土相比，若脱离历史条件，把青藏公路混凝土病害简单判定为劣质混凝土所致，有失公平性。

（4）我国 20 世纪 70 年代开始建设青藏铁路西 - 格段，2001 年开启青藏铁路格 - 拉段建设，2006 年全线建成通车，青藏铁路成为世界工程界的奇迹。早在 20 世纪 70 年代，铁科院组织课题组对冻土地区进行了地下混凝土桩的试验研究，取得了可靠的科研数据和成果，为青藏铁路的建设奠定了基础。虽然经过了几代科技工作者的努力，青藏铁路冻土地区（格 - 拉段）混凝土工程仍出现了各种各样病害，说明在青藏高原冻土极端恶劣环境下，混凝土病害作用原因非常复杂，仍需后继科技工作者不断深入研究解决。

6 结语

　　早期开创混凝土外加剂研究与应用的吴中伟先生等专家前辈大都已离世，健在的老专家还有吴绍章、杨德福等，他们为中国混凝土外加剂的推广及应用做了诸多工作，收集我国早期混凝土及外加剂发展相关历史资料已迫在眉睫。如今我国混凝土化学外加剂已成为混凝土第五组分，广泛应用于国家重大工程和预应力混凝土制品，外加剂年产量和用量已达世界首位，外加剂应用技术也达到世界先进水平，这些成绩是几代混凝土外加剂人共同努力的结果。笔者这里与大家共同缅怀混凝土外加剂开发应用的先驱和前辈们，希望国内混凝土外加剂同仁能够继承他们的光荣传统，继续推动国内混凝土外加剂技术发展。

参考文献

[1] 黄大能. 傲尽风霜雨鬓丝 [M]. 北京：中国建材工业出版，2003.

[2] 蒋家奋. 我国混凝土科学技术的先驱及奠基人——庆祝吴中伟教授从事科技与教育工作 60 年 [J]. 混凝土及水泥制品，1999 (6)：3 - 6.

[3] 孙琛辉. 王枢教授波澜壮阔的百年岁月 [N]. 科学时报，2010.7.6 B3.

[4] 石人俊. 我国铁路混凝土外加剂五十周年发展和展望 [C]. 混凝土外加剂成立 20 周年论文集，2006.

[5] 石人俊，钟美秦. 我国铁路高强混凝土五十周年回顾与展望 [J]. 铁道工程学报，2005 (5)：75 - 78.

[6] 吴彬. 超级粉煤灰及其混凝土性能的研究 [D]. 北京：铁道部科学研究院，1992.

当前聚羧酸高性能减水剂发展现状及其在低碳绿色胶凝材料中的应用

Johann Plank，雷蕾

（慕尼黑工业大学无机化学系，德国慕尼黑）

摘要：本文概述了聚羧酸系高性能减水剂的发展历程及发展现状，介绍了聚羧酸系高性能减水剂的种类、合成方法以及主要性能。同时探讨了聚羧酸系减水剂在应用过程中的具体问题，例如聚羧酸系高性能减水剂与骨料中黏土的相容性问题；聚羧酸减水剂在低碳绿色水泥（新型 LC^3 水泥体系、碱激发矿渣体系等）中的性能表现。最后笔者提出新型外加剂技术将是传统水泥产业向低碳绿色水泥发展转型的关键。

关键词：聚羧酸系高性能减水剂；磷酸盐梳状聚合物；分子结构；黏土相容性；煅烧黏土；碱激发矿渣；低碳黏结剂；绿色水泥

1 引言

化学外加剂在现代先进混凝土技术中起着举足轻重的作用。例如，在使用砂浆的 3D 打印中，化学外加剂对于实现结构化、形状稳定性、早期强度发展、减少收缩等性能是必不可少的。此外，当前水泥行业向低碳黏合剂发展的趋势带来了多重挑战，通过新型外加剂技术革新来解决已成为唯一的途径。毫无疑问，超塑化剂是化学外加剂技术的核心，首先是因为它们能够在节省成本的同时改善建筑材料的可加工性，其次是因为其体积庞大。仅对于 PCE 减水剂，全球产量现已远远超过 1 000 万吨，并且不断有更为突出的产品被设计生产并投入市场，以满足具体应用需求。本文的目的是汇总现有聚羧酸系高性能减水剂的技术和工艺水平、面临的机遇及挑战，最后展望其未来的发展前景。

2 当前聚羧酸系高性能减水剂技术的讨论

2021 年是聚羧酸减水剂诞生的 40 周年。1981 年，日本 Nippon Shokubai of Osaka filed 发明出甲氧基聚乙二醇酯类聚羧酸系高性能减水剂（即 MPEG 类 PCE）并申请专利。自此，聚羧酸减水剂便以空前的速度发展。

2.1 甲氧基聚乙二醇酯类聚羧酸系高性能减水剂（MPEG）

自 1986 年首次于日本商业化起，甲基丙烯酸酯 PCE 现今在数量上仍占据欧洲减水剂市

Prof. Dr. Johann Plank，男，1952. 12，教授，Lichtenbergstr. 4，Garching bei München，85747，+498928913151。

场的主导地位。甲氧基聚乙二醇酯类聚羧酸系高性能减水剂可通过如下两种方法制备：①短链聚甲基丙烯酸和ω－甲氧基聚乙二醇在高温（150～175 ℃）下进行酯化（接枝）反应，该方法可成功制备出沿主链方向侧链分布均匀的统计共聚物；②甲基丙烯酸和ω－甲氧基聚乙二醇－甲基丙烯酸酯大单体在约75 ℃水中进行自由基聚合制得。由于酯类大单体的活性较甲基丙烯酸的高，得到的是沿主链方向侧链密度降低的梯度高分子共聚物。即，在合成过程的早期产生侧链密度较高的产物，而接枝密度低的产物在反应后期形成。然而自由基共聚制备 MPEG PCE 方法的一个关键限制因素是大单体在某些国家/地区供应有限。为了克服这个问题，近年来一些制造商开发了一种新工艺，通过该工艺可以在减压条件下通过甲基丙烯酸酐与ω－甲氧基聚（乙二醇）进行酯化反应来制备大单体。

相较于新一代的 HPEG 或 IPEG PCE 而言，MPEG PCE 通常被认为减水效果略差，这将在后文详细讨论。然而，MPEG PCE 的优点在于降低了混凝土泌水或离析的可能性。研究表明，MPEG PCE 具有较低的 HLB 值，进而在混凝土中产生更多的内聚力（黏性）。

2.2　烯丙基醚聚羧酸系高性能减水剂（APEG）

APEG PCE 在 1987 年由 Nippon Oil & Fats 首次发明。主要通过α－烯丙基－ω－甲氧基或ω－羟基聚乙二醇醚和马来酸酐或丙烯酸作为主要单体在本体或水溶液中进行自由基共聚制得。APEG PCE 通常呈现"星形聚合物"结构（化学结构如图1所示），其特点是主链短且相对分子质量相对较低（M_w约为 20 000 Da）。APEG PCE 非中和的（酸性）样品通常比中和后的样品更有效，其分散效果也优于 MPEG PCE。这种出色的性能归功于它的星形形状。当侧链长度小于 34 个环氧乙烷单元时，可采用本体聚合方式（生成高达 70% 固体含量的 PCE 溶液）。本体聚合的优点是高效性，缺点在于起始化合物烯丙醇的毒性及马来酸酐（MAH）与烯丙基醚具有固定摩尔比，从而分子结构缺乏灵活性。因此，只能制备出具有严格的单体交替顺序（ABAB）的聚合物，并且其坍落度保持能力一般。鉴于这些特点，APEG PCE 的应用有限，主要应用于预制混凝土中。然而，最近一项新研究发现，APEG 大单体与丙烯酸以灵活的酸醚比共聚，扩宽了 APEG PCE 的分子结构设计范围，使得 APEG PCE 更具有发展前景。此外，APEG PCE 的另一个优点是它们在碱激发体系中的优异性能，这将在后面介绍。

2.3　乙烯基醚聚羧酸系高性能减水剂（VPEG）

自 19 世纪 90 年代乙烯基醚聚羧酸系高性能减水剂在德国首次发明以来，已经发展成为更广的共聚物系列。1995 年获得专利的 VPEG PCE 是由马来酸酐、乙烯基醚和丙烯酸共聚合成的（因此也称为 MVA PCE）。聚合反应必须在低于 30 ℃ 的温度下进行，以避免乙烯基醚单体分解时产生的有毒副产物。相对于烯丙基，乙烯基的优势在于其具有更高的反应活性。

最近推出两种新型乙烯基醚 PCE，与传统 VPEG PCE（有时也称为 VOPEG PCE）相比，不同之处在于乙烯基醚的化学性质。例如，在 EPEG PCE 中，2－羟基乙基聚（乙二醇）乙烯基醚作为侧链大单体与丙烯酸共聚（图1）。这种乙烯基醚单体更容易生产，但其缺点是2－羟基乙基乙烯基醚具有毒性。此外，有研究表明，GPEG PCE 是另一种 VPEG PCE 变体，包含由二甘醇乙烯基醚和环氧乙烷生产的新型乙烯基醚（图1）。这种聚合物在市场上相对

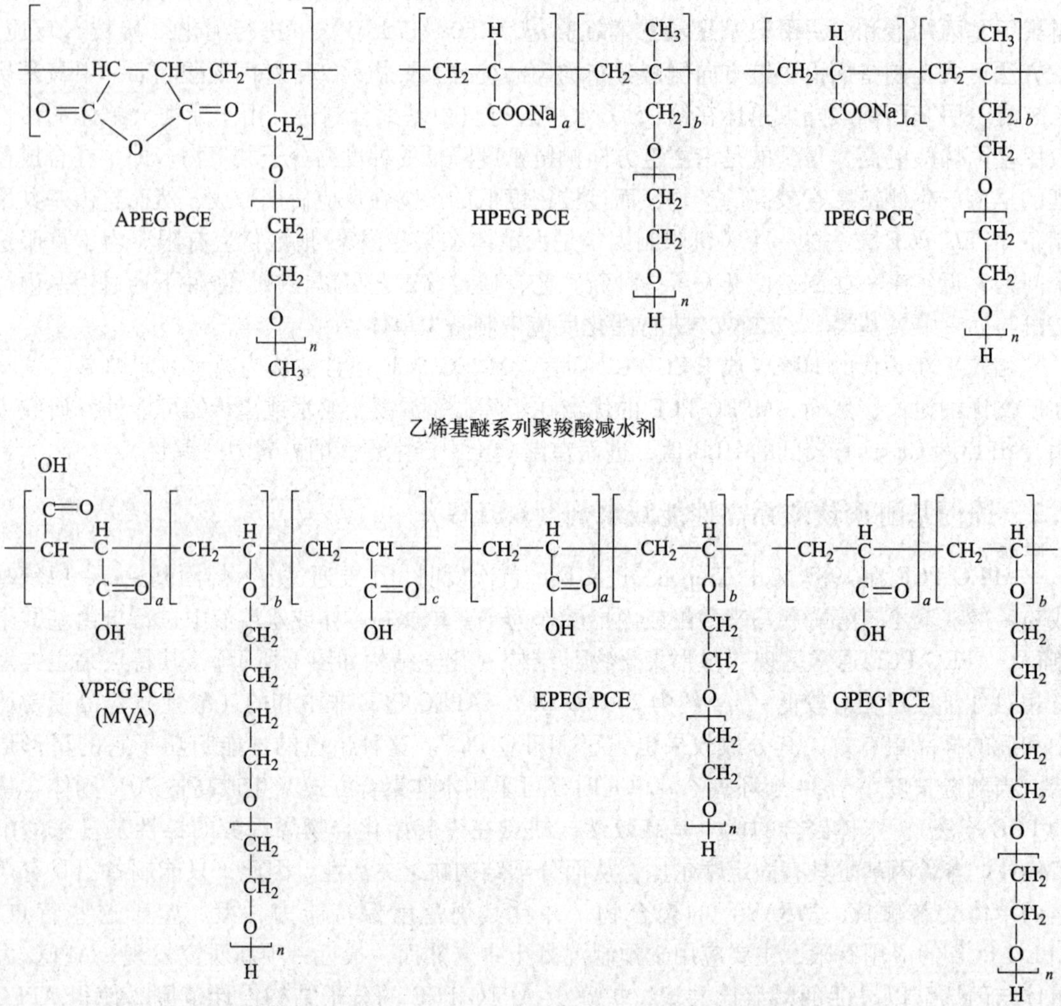

图1 现有工业生产的不同种类的聚羧酸系高性能减水剂的化学结构

较新，因此尚无关于其特定性能的更多数据。总之，VPEG PCE 新系列展现出了更多优势，包括酸醚比的可调节性质，以适应不同的应用。缺点是其高度放热的聚合反应需要昂贵的冷却设备来维持小于 30 ℃的温度，以及大单体成本较高。

2.4 甲基烯丙基聚羧酸系高性能减水剂（HPEG）

此类 PCE 是用甲基烯丙基醚（C4）大单体取代 APEG PCE 中存在的烯丙基醚（C3）大单体（图1）。这种改性的优点是大分子单体的反应性高得多，这使得反应在室温下即可共聚。而且通过调整其摩尔比可实现聚羧酸分子结构多样性，以制备高效的减水剂或保坍剂。大多数甲基烯丙基聚羧酸系高性能减水剂在分散性上都优于甲氧基聚乙二醇酯类或烯丙基醚类聚羧酸系高性能减水剂。此外，有研究表明，HPEG PCE 在新型低碳胶凝材料，包括基于煅烧黏土的复合材料中表现优异（具体讨论见下文）。因此，预计未来 HPEG PCE 有更广阔的应用前景。

2.5 异戊烯醇聚羧酸系高性能减水剂（IPEG）

这类聚羧酸系高性能减水剂（有时也称为 TPEG-PCE）采用异戊烯醇聚乙二醇醚作为大单体与丙烯酸进行共聚得到。因其采用自由基共聚，制备方法简单，并且具有超过其他类型聚羧酸系高性能减水剂的优越性能，近年来，这类聚羧酸系高性能减水剂非常普遍，尤其在日本和中国。不幸的是，受到异戊二烯有限供应的影响，生产 IPEG PCE 的原材料价格上涨，全球生产受阻。这种情况可能会从 2022 年开始改变，届时泰国将有额外的异戊二烯产能投产。

2.6 磷酸基改性聚羧酸系高性能减水剂

近年来，新的减水剂类型有磷酸基减水剂，其改性主要通过将聚羧酸分子结构中的羧酸酯基团部分或完全由磷酸酯官能团取代完成。图 2 所示为磷酸基改性 MPEG 聚羧酸减水剂的化学结构示意图。据报道，在低水灰比下引入比羧酸具有更强锚定效果的磷酸基团会提高吸附性能，从而改善分散作用，并且这些聚合物还可以通过降低石灰相的塑性黏度来提高流速（降低黏性）。

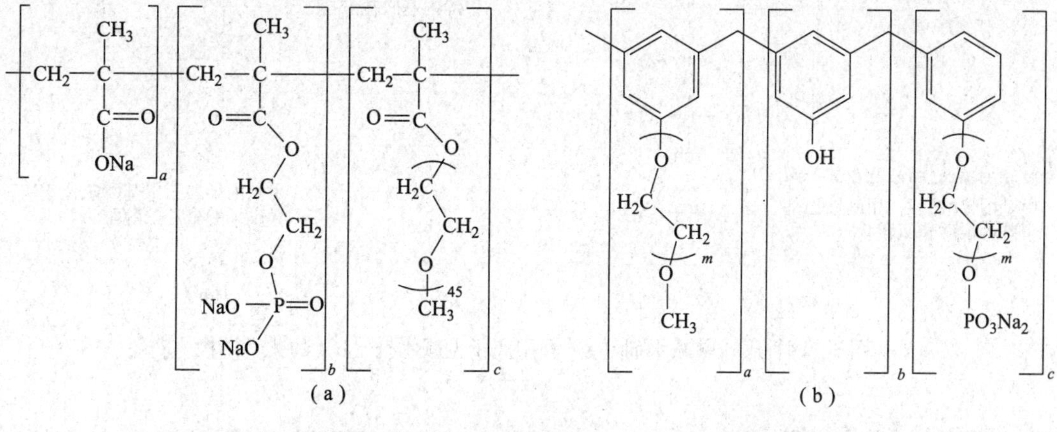

图 2 磷酸基改性聚羧酸系高性能减水剂实例的化学结构
（a）部分磷酸化的聚羧酸减水剂；（b）磷酸化苯酚氧乙基物

通过苯酚、苯酚乙氧基化物、苯酚乙氧基磷酸酯和甲醛的缩聚反应合成的另一种磷酸基梳状聚合物已投入市场生产。其多芳烃骨架将阴离子磷酸盐和酚盐官能团作为锚定基团吸附在水泥颗粒表面，与此同时，聚乙二醇侧链提供空间位阻效应。其化学结构如图 2 所示。近年来，磷酸基改性聚羧酸系高性能减水剂在市场推广方面取得了巨大成功，这得益于其良好的硫酸盐耐受性、水泥相容性和可以降低混凝土黏性的特点。此外，磷酸基改性聚羧酸系高性能减水剂可以有效地应用在石膏体系中。据报道，磷酸基改性聚羧酸系高性能减水剂在半水石膏中的性能远超传统 PCE。然而，此类 PCE 的缺点是含磷酸基的单体成本较高。这一问题有望通过磷酸酯基团部分取代羧酸酯基团来解决，进而降低成本。此外，与传统 PCE 相似，磷酸基改性聚羧酸系高性能减水剂具有 PEG 侧链，因此，通常来讲，它们的黏土耐受性低。

2.7　两性聚羧酸减水剂

水化水泥颗粒呈异质表面电荷，即一些表面位置带正电而其他部位带负电（占据主导地位）。考虑到此种镶嵌性表面电荷特性，结合带负电基团（如羧酸盐）聚合物的作用机理，带正电官能团即阳离子聚合物和两性离子聚合物同样具备分散水泥基材料的能力。早在2006年，就有将两性聚合物作为混凝土外加剂应用的文献记录，由于阳离子单体的成本较高，并没有引起广泛的关注。然而最近此类在煅烧黏土混合水泥中的优异性能而被熟识（参见本文有关煅烧黏土水泥减水剂部分）。典型的两性聚羧酸减水剂的化学结构如图3所示。

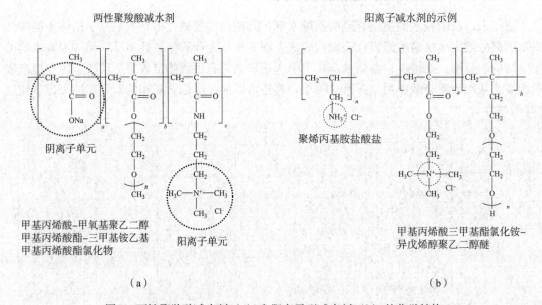

图3　两性聚羧酸减水剂（a）和阳离子型减水剂（b）的化学结构

2.8　阳离子型减水剂

尽管阳离子型减水剂具有不错的效果，但是目前并没有投入市场。这是因为阳离子单体的成本较高且阳离子型减水剂较阴离子型减水剂而言，通常需要更高的掺量才能达到相同的分散效果。然而，鉴于水泥行业，包括白钨矿、belite – ye'elimite – ferrite（BYF）或 $\alpha – C_2SH$ 水泥，正在向新型胶凝材料系统发展，阳离子型减水剂可能会因此得到进一步的发展。

3　聚羧酸减水剂在现代先进建筑材料中的应用

针对当前存在的应用问题，聚羧酸高性能减水剂的技术革新愈发重要，特别是在新型先进建筑材料体系中，包括超高性能混凝土（UHPC）、含黏土杂质的水泥体系、煅烧黏土复合水泥、碱激发矿渣体系等。

3.1　超高性能混凝土（UHPC）

此类水泥通常以低或超低的水灰比（尤其是小于0.30）制备，以实现超高强度。众所周知，在低水灰比条件下制备的混凝土通常流动缓慢，即具有"黏性"。然而，这些混凝土会产生很高的坍落度或铺展流动值，它们只是需要很长时间才能达到最终铺展。这一问题现已得到解决。第一种方法是通过使用上文提到的磷酸基改性聚羧酸系高性能减水剂，它可以有效地降低混凝土的塑性黏度，实现快速浇筑。第二种方法涉及传统PCE与非吸附性小分子（例如新戊二醇或氨基封端的聚乙二醇）复合使用。这两项创新都极大地改善了UHPC的应用性能。

3.2　聚羧酸系高性能减水剂与骨料中黏土的相容性

众所周知，聚羧酸系高性能减水剂对骨料中的黏土和淤泥有着很强的敏感性，导致聚羧酸系高性能减水剂的性能大大降低，甚至完全无效。已经发现蒙脱土（一种2:1蒙皂石黏土）比其他黏土矿物如高岭土或白云母更有害。通常聚羧酸减水剂与黏土通过：①吸附到其带正电荷的表面上；②与蒙脱土主层之间的化学吸附（即插层）相互作用。值得注意的是，此插层现象是蒙脱土独有的，这源于蒙脱土的膨胀特性，PCE通过聚乙二醇侧链进入层间，从而形成有机－矿物相，如图4所示。因此，聚羧酸系高性能减水剂可以通过表面吸附和插层两种方式被黏土消耗，并且插层吸附作用起主导地位。从本质上讲，聚羧酸系高性能减水剂与黏土不相容。

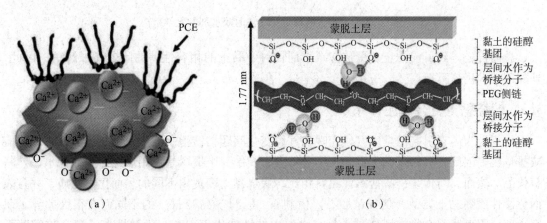

图4　聚羧酸系高性能减水剂和蒙脱土相互作用（a）和聚乙二醇侧链化学吸附
（插层）在铝硅酸盐层间（b）的示意图

工业上已经研究出几种解决方法来减轻黏土对聚羧酸系高性能减水剂的负面影响。第一种方法是使用牺牲剂。即使用聚乙二醇或甲氧基聚乙二醇作为牺牲剂占据黏土层间结构，而带负电的聚羧酸系高性能减水剂分子则吸附在水泥上提供分散力。另外，研究人员致力于不含聚乙二醇侧链的新型聚羧酸系高性能减水剂结构的研究。例如2－丙烯酰胺－叔丁烷磺酸的均聚物（图5）。据研究，这种均聚物与聚羧酸减水剂的结合，尤其是IPEG减水剂，会降低混凝黏性，提高流动速度。虽然此类聚合物不会插层进入蒙脱土层间结构（XRD结果显示），但由于其属于线性非支化分子，不存在空间位阻效应，在单独使用时，对剂量要求仍较高。醋酸乙烯酯－AMPS 共聚物与醋酸乙烯酯－磺基马来酸酯共聚物（化学结构参如图 5 所示）也有类似的效果。这类聚合物在高温下仍表现出良好的性能，因此在中东受到广泛青睐。截至目前，只有聚天冬氨酸显示出了耐黏土耐受性，但由于其高昂的价格和可降解性，限制了其进一步的推广。

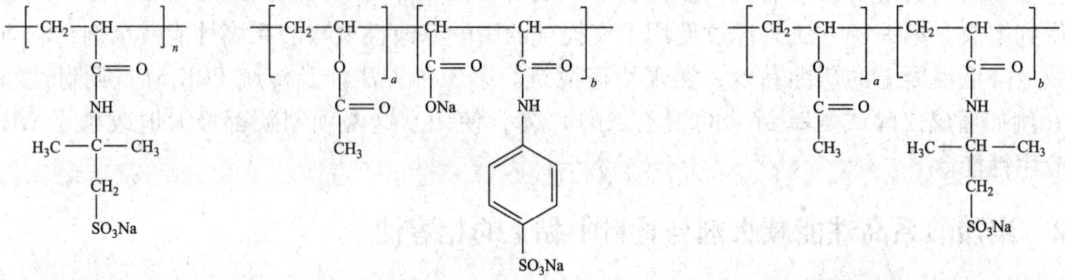

聚（2-丙烯酰胺基-2-　　　　　乙酸乙烯酯-共磺酸盐　　　　　乙酸基醋酸盐-共2-丙烯酰胺基-
甲基-1-丙磺酸）　　　　　　　　　　　　　　　　　　　　　　　2-甲基-1-丙磺酸

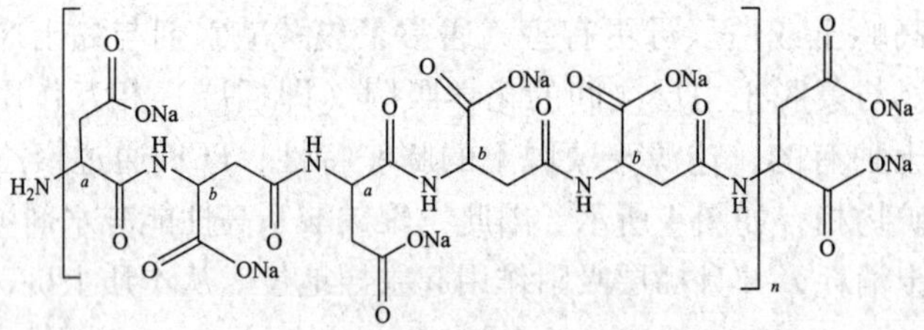

聚天冬氨酸

图 5　表现出改善的黏土耐受性的减水剂的化学结构

　　总而言之，到目前为止，聚羧酸减水剂骨料中黏土的相容性差的问题尚未解决，因此，外加剂技术仍待革新。

3.3　煅烧黏土复合水泥体系

　　由于人为因素引起的全球气候变暖和气候变化问题，使得水泥产业面临前所未有的节能减排危机。因此，多种低碳水泥登上历史舞台，其中一个概念是使用煅烧黏土作为水泥熟料替代品。然而，与传统硅酸盐水泥熟料相比，煅烧黏土表现出不同的表面化学性质，并且表面化学性质随黏土类型（例如蒙脱石、伊利石、云母、高岭石）的不同而有很大差异。研究表明，阳离子聚合物在煅烧黏土复合水泥中的性能优于 OPC，而两性离子聚合物和萘系减水剂在两种体系中表现相近（图 6）。这是由煅烧黏土在碱性溶液中具有较高的表面负电荷造成的。

　　与波特兰水泥熟料相比，煅烧黏土虽然可以大大降低生产过程中的 CO_2 排放量，但是它们的细度更高，因此需水量增大，从而导致聚羧酸减水剂的需求量增大。为了保证力学性能的发展，煅烧黏土的偏高岭土含量有一定要求，然而较高的偏高岭土含量会增加减水剂的用量至 5 倍。因此，针对新型低碳掺煅烧黏土复合水泥来讲，高效减水剂亟待研发。

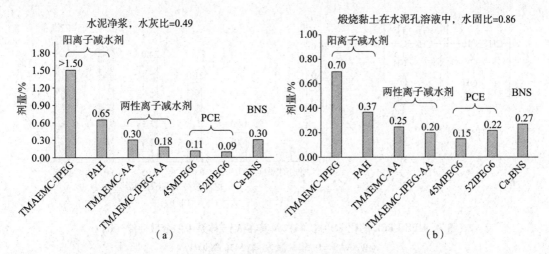

图6　净浆流动度达26 cm的聚羧酸减水剂的需求量（Synthetic Cement
Pore Solution（SCPS）为合成水泥孔隙溶液）

（a）OPC体系；（b）煅烧黏土体系

3.4　碱激发矿渣体系

　　许多国家使用碱激发粒化高炉矿渣（AAS）作为新型胶凝材料，这不仅仅是因为当地矿产资源丰富，还由于其出色的性能。因此，AAS已经被广泛地应用于高速公路、机场跑道、桥梁和水坝等项目的建设。AAS的水化反应从本质上讲依赖于大量的碱（钠）离子的存在。这些碱离子通常以氧化钠（约4%胶凝材料质量分数）、硫酸钠（4%～8%）、碳酸钠（约8%）及硅酸钠（约8%）的形式添加。然而，此AAS胶凝材料的主要缺点是硬化快，可加工性能差。常见的聚羧酸减水剂对此类胶凝材料基本无效，其中一个原因是聚羧酸减水剂在AAS中的溶解度极低。

　　研究表明，在使用4% NaOH作为激发剂的体系中，APEG PCE（其化学结构参见PCE部分）具有显著的分散效果。此类APEG PCE具有较短的侧链（例如 $n_{EO}=7$）及大于30 000 Da的相对分子质量。该聚合物可溶于激发剂溶液中，在0.05%的剂量下，可实现28 cm的流动度（空白样品流动度为18 cm）。

　　最近研究中，HPEG PCE在NaOH作为激发剂的AAS体系中表现出了优异的分散性能。该减水剂的特点是具有较高阴离子性、较短侧链和较大的相对分子质量。图7所示为HPEG聚羧酸减水剂的剂量-效果关系图。仅在0.08%的剂量下，该减水剂有效地将AAS净浆的流动度从12.5 cm（空白样品）提升到27.5 cm。显然，这些分子特性为聚合物提供了在NaOH中较高的稳定性，并且提高了聚合物对矿渣吸附的能力。值得注意的是，传统PCE在矿渣上的吸附量甚微。

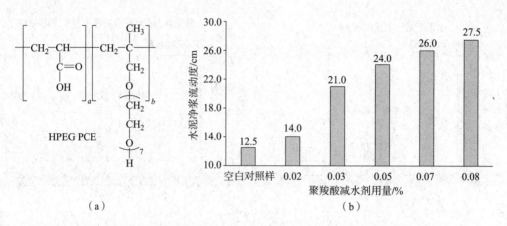

图 7 HPEG PCE 的化学结构（a）及其在 AAS 体系中的分散性能（b）
（W/AAS = 0.50；激发剂：4% NaOH）

4 结论与展望

由于市场的需求，外加剂在持续创新、稳步发展中。例如，在聚羧酸减水剂领域，作为第一代梳形聚合物的 MPEG 型 PCE 逐渐被更有效的产品即 HPEG PCE 所取代，为了提高混凝土的保坍性能，IPEG PCE 也登上舞台。同时，EPEG、GPEG 等新型 VPEG 大单体变体已经到来，未来将证明它们是否可以显著的优势取代如今的 VPEG PCE。聚羧酸减水剂技术发展中，另一个有趣的革新是磷酸基改性聚羧酸系高性能减水剂，它可以有效降低低水灰比下混凝土的黏性，并且在石膏体系中表现优异，尤其是半水石膏。此外，两性聚羧酸减水剂在煅烧黏土复合水泥中的应用也初见成效。

现代先进的混凝土技术正在向更高强度的方向转变，例如 UHPC。对于此类混凝土，将传统聚羧酸产品与非吸附型小分子复合使用可显著降低高性能混凝土的黏性。一直以来，全球混凝土行业受到聚羧酸系高性能减水剂对骨料中的黏土有着很强的敏感性的困扰，尽管尝试过许多方法包括使用新型乙烯基共聚物，但依旧没有突破性的进展。而对于新型煅烧黏土复合水泥而言，减水剂方面取得了更多的成效。对于这一体系，有研究表明，商业产品 HPEG PCE 和两性聚羧酸减水剂都表现出优异的性能。最后，具有高阴离子性、短侧链和大相对分子质量的特定分子结构的聚羧酸减水剂可有效用于碱激发矿渣体系，以提高流变性能。

目前来看，外加剂行业具有广阔的前景，我们将会见证更多的技术飞跃及产业升级，特别是在水泥行业正在向低碳水泥的转变趋势下，外加剂的进一步技术创新是至关重要的。

参考文献

[1] Wangler T, Roussel N, Bos F P, Salet T A M, Flatt R J. Digital Concrete: A Review [J]. Cement and Concrete Research, 2019 (123): 105780.

[2] Lei L, Palacios M, Plank J, Jeknavorian A A. Interaction between polycarboxylate superplasticizers and non-calcined clays and calcined clays: A review [J]. Cement and Concrete Research, 2022 (154): 106717.

［3］ Plank J, Ilg M. Chemical Admixtures for Low Carbon Cement Systems ［C］. 1st International Conference on Innovation in Low – Carbon Cement & Concrete Technology (ILCCC), London, UK, 2019.

［4］ Hirata T. Dispersant ［P］. JP Patent, 842022 (S59 –018338), 1981.

［5］ Guicquero J P, Maitrasse P M, Mosquet M A, Sers A. A water soluble or water dispersible dispersing agent ［P］. Chryso AG, 2000, FR 2776285 A1.

［6］ Plank J, Pöllmann K, Zouaoui N, Andres P R, Schaefer C. Synthesis and performance of methacrylic ester based polycarboxylate superplasticizers possessing hydroxy terminated poly (ethylene glycol) side chains ［J］. Cement and Concrete Research, 2008 (38): 1210 –1216.

［7］ Lange A, Hirata T, Plank J. Influence of the HLB value of polycarboxylate superplasticizers on the flow behavior of mortar and concrete ［J］. Cement and Concrete Research, 2014 (60): 45 –50.

［8］ Akimoto S I, Honda S, Yasukohchi T. Additives for cement ［P］. NOF Corp. , 1992, EP 0291073 A2.

［9］ Sun Z, Shu, L L, Yang H. Polycarboxylic water reducer with strong cement adaptability and good slump retention and synthetic method of polycarboxylic water reducer ［P］. Tongji University, 2012, CN 102887664B.

［10］ Albrecht G, Weichmann J, Penkner J, Kern J. Copolymers based on oxyalkylene glycol alkylene ethers and derivatives of unsaturated dicarboxylic acids ［P］. BASF Construction Solutions GmbH, 1996, EP 0736553 A2.

［11］ Liu G, Qin X, Wei X, Wang Z, Ren Z. Study on the monomer reactivity ratio and performance of EPEG – AA (ethylene – glycol monovinyl polyethylene glycol – acrylic acid) copolymerization system ［J］. Journal of Macromolecular Science, Part A, 2020 (57): 646 –653.

［12］ Dong J, Hu C, Ji J, Liu H, Zhai L. Polyether macromonomer, the preparation of polycarboxylate superplasticizer and application methods thereof ［P］. 2018, CN 108102085 A.

［13］ Wang Z, Xu Y, Wu H, Liu X, Zheng F, Li H, Cui S, Lan M, Wang Y. A room temperature synthesis method for polycarboxylate superplasticizer ［P］. 2013, CN 103897119.

［14］ Hamada D, Yamato F, Mizunuma T, Ichikawa H. Additive mixture for cement – based concrete or mortar contains a copolymer of polyalkoxylated unsaturated acid and a mixture of alkoxylated carboxylic acid with a corresponding ester and/or an alkoxylated alcohol ［P］. Kao Corp. , 2001, DE 10048139.

［15］ Yamamoto M, Uno T, Onda Y, Tanaka H, Yamashita A, Hirata T, Hirano N. Copolymer for cement admixtures and its production process and use ［P］. US 6727315, 2004.

［16］ Hamada D, Hamai T, Kono Y, Naka Y, Shimoda M. Manufacturing method for phosphate based polymer ［P］. Kao Corp. , 2012, JP 2008115238 A.

［17］ Shimoda M, Hamada D, Hamai T. Dispersant for hydraulic composition ［P］. Kao Corp. , 2012, US 8143332 B2.

［18］ Stecher J, Plank J. Novel concrete superplasticizers based on phosphate esters ［J］. Cement and Concrete Research, 2019 (119): 36 –43.

［19］ Wieland P, Kraus A, Albrecht G, Becher K, Grassl H. Polycondensation product based on aromatic or heteroaromatic compunds, method for the production thereof and use thereof ［P］. Construction Research and Technology GmbH, 2011, US 7910640.

［20］ Vo M L, Plank J, Dispersing effectiveness of a phosphated polycarboxylate in α – and β – calcium sulfate hemihydrate systems ［J］. Construction and Building Materials, 2020 (237), 117731.

［21］ Hsu K C, Chen J W, Jiang F T, Hwung D S. An amphoteric copolymer as a concrete admixture ［C］. 8th CANMET/ACI Conference of Superplasticizers and Other Chemical Admixtures in Concrete, V. M. Malhotra, ed. , Sorrento, Italy, 2006: 309 –320.

[22] Gartner E, Sui T. Alternative cement clinkers [J]. Cement and Concrete Research, 2018 (114): 27 – 39.

[23] Ilg M, Plank J. Non – ionic small molecules as flow – enhancers for cementitious systems prepared at low W/C ratios [C]. 2nd International Conference on Polycarboxylate Superplasticizers, Garching, Germany, 2017.

[24] Jeknavorian A A, Jardine L, Ou C C, Koyata H, Folliard K J. Interaction of Superplasticizers with Clay – Bearing Aggregates [C]. 7th CANMET/ACI Conference of Superplasticizers and Other Chemical Admixtures in Concrete, V. M. Malhotra, ed. , Berlin, Germany, 2003: 1293 – 1316.

[25] Atarashi D, Sakai E, Obinata R, Daimon M, Interactions between Superplasticizers and Clay Minerals [J]. Cement Science and Concrete Technology, 2004 (58): 387 – 392.

[26] Lei L, Palacios M, Plank J, Jeknavorian A. Interaction Between Polycarboxylate Superplasticizers and Non – calcined Clays and Calcined Clays [J]. Cement and Concrete Research, in print.

[27] Scrivener K, Martirena F, Bishnoi S. Maity S, Calcined clay limestone cements (LC3) [J]. Cement and Concrete Research, 2018 (114): 49 – 56.

[28] Schmid M, Beuntner N, Thienel K C, Plank, J. Colloid – Chemical Investigation on the Interaction Between PCE Superplasticizers and a Calcined Mixed Layer Clay [C]. Proceedings of the 2nd International Conference on Calcined Clays for Sustainable Concrete, 2017: 434 – 439.

[29] Li R, Lei L, Sui T, Plank J. Approaches to Achieve Fluidity Retention in Low – Carbon Calcined Clay Blended Cements [J]. Journal of Cleaner Production, 2021 (311): 127770.

[30] Provis J, Palomo A, Shi C. Advances in understanding alkali – activated materials [J]. Cement and Concrete Research, 2015 (78): 110 – 125.

[31] Conte T, Plank J. Impact of molecular structure and composition of polycarboxylate comb polymers on the flow properties of alkali – activated slag [J]. Cement and Concrete Research, 2019 (116): 95 – 101.

[32] Lei L, Chan H K. Investigation into the molecular design and plasticizing effectiveness of HPEG – based polycarboxylate superplasticizers in alkali – activated slag [J]. Cement and Concrete Research, 2020 (136): 106150.

磺化 β-环糊精在混凝土
中阻抗絮凝剂作用的研究

王万金[1,2]，赖振峰[1]，黄靖[1,2]，冷发光[1,2]，丁印[1]，李晓帆[1]，王浩[1]

(1. 建研建材有限公司；2. 中国建筑科学研究院有限公司)

摘要： 絮凝剂用于机制砂生产中循环水澄清添加剂，其过多残留会对混凝土外加剂的性能有很大影响。本文采用氨基磺酸磺化剂对 β-环糊精进行磺化改性，制备了一种在混凝土中用作抗絮凝剂的功能添加剂。结合砂浆流动度及混凝土工作性能测试，分析了聚丙烯酰胺絮凝剂存在条件下，磺化 β-CD 对 PCE 减水剂发挥减水分散作用的影响。结果表明，磺化 β-CD 和 PCE 匹配性良好，以磺化 β-CD 部分取代或者外掺 PCE 的 5%、10%，对提高水泥初始分散性和分散保持性有显著作用，并且能够改善混凝土和易性及黏聚性，不影响混凝土 28 d 强度。通过电导率测试分析其作用机理：磺化 β-CD 优先于 PCE，与 PAM 分子链建立某种"锚固"吸附作用，使得 PAM 与 PAM、PAM 与 PCE 的分子间距变大，从而降低了 PCE 分子被 PAM 吸附、包埋束缚的概率，表现出溶液电导率显著增大，混凝土减水和保坍性能有较大提升。

关键词： 磺化 β-环糊精；絮凝剂；减水剂；混凝土

1 前言

近年来，随着混凝土市场需求的不断扩大，砂用量迅速增多，天然砂资源正逐年减少，机制砂的使用得到大规模的推广。机制砂在矿石开采、破碎过程中会产生大量的泥土和石粉，常采用水洗方式处理。水洗机制砂生产企业为降低生产用水并满足环保要求，常采用絮凝剂对洗砂水进行快速沉降、净化、澄清，加快回收利用。

目前砂石企业采用的絮凝剂大多为阴离子型聚丙烯酰胺 PAM（相对分子质量 1 200 万、1 800 万等）、非离子型聚丙烯酰胺、阳离子型聚丙烯酰胺或无机聚合物絮凝剂。生产过程中，絮凝剂常残留在机制砂中，由于其相对分子质量过高，会造成对减水剂的吸附和分散性能干扰，造成外加剂的掺量大幅度增大，并且混凝土拌合物黏聚性增大，坍落度损失加快，凝结时间延长等问题，特别是对聚羧酸减水剂影响显著，增加了混凝土外加剂的调整难度和成本，是目前行业内普遍存在的难题。

环糊精（简称 CD）是直链淀粉在由芽孢杆菌产生的环糊精葡萄糖基转移酶作用下生成的一系列环状低聚糖的总称。β-环糊精（β-CD）是一种由 7 个葡萄糖以 α-1,4 甙键连接的环状低聚糖，由于 β-CD 的分子洞适中，能与许多有机物形成包合物，它的应用范围

王万金，男，1970.11，教授级高工，北京市北三环东路 30 号，100013，010-64517445。

广，生产成本低，是目前工业上使用最多的环糊精产品。本研究通过对β – CD进行磺化改性，制备出对PAM絮凝剂抑制性高、不影响聚羧酸减水剂对水泥的分散性，并且可以显著改善混凝土包裹状态和坍落度保持性能的绿色混凝土功能添加剂。

2　试验部分

2.1　原材料

β – 环糊精：国药集团化学试剂公司，分析纯；阴离子型聚丙烯酰胺絮凝剂（PAM）：苏州恒信达环保科技有限公司，工业级，相对分子质量1 200万；氨基磺酸：北京鹏彩精细化工有限公司，分析纯；催化剂：自制；PCE聚羧酸减水剂：市售，40%浓度；液碱（30%氢氧化钠溶液）、去离子水、冀东P·O 42.5水泥等。

2.2　试验方法

2.2.1　磺化β – 环糊精的制备

称取一定量的β – 环糊精、氨基磺酸、催化剂置于密闭容器内高速搅拌，分散均匀后将混合物料置于微波反应器中，设置微波功率200 W，微波辐射反应5 ~ 10 min。待物料降温至60 ℃以下，加入去离子水和液碱，调节浓度约为40%，pH至6 ~ 7，搅拌10 ~ 30 min，得到磺化改性β – 环糊精（简称磺化β – CD）。磺化β – CD的分子结构及合成技术路线如图1所示。

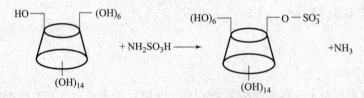

图1　磺化β – CD的合成技术路线

2.2.2　性能测试

（1）水泥砂浆流动度试验：参照GB/T 2419《水泥胶砂流动度测定方法》测定。水胶比为0.29，水泥用量为600 g，机制砂用量为600 g，机制砂细度模数为2.8，石粉含量为4.2%。

（2）混凝土工作性能及力学性能试验：配制C30强度等级混凝土，试验材料采用商混搅拌站水洗机制砂；冀东P·O 42.5水泥；碎卵石，颗粒级配5 ~ 20 mm；粉煤灰为二级灰。混凝土坍落度、扩展度依据GB/T 50080《普通混凝土拌合物性能试验方法标准》进行，力学性能依据GB/T 50081《普通混凝土力学性能试验方法标准》进行，配合比调整方法参照JGJ 55—2011《普通混凝土配合比设计规程》进行。

（3）溶液电导率测试试验：采用上海雷磁新泾仪器有限公司DDS – 11A电导率仪，在25 ℃条件下，测试不同浓度PCE、磺化β – CD和PAM絮凝剂复合水溶液的电导率。

3　试验结果与讨论

3.1　不同含量 PAM 絮凝剂对水泥砂浆流动度的影响

由于水洗机制砂中含有残留絮凝剂，因此试验分析所用的全部机制砂在试验前经过大量水浸泡清洗，静置，待上层液变清澈后，倒掉上层液，洗去机制砂中残留的絮凝剂，并保留机制砂原有的颗粒组成和石粉含量。选用目前砂石行业普遍使用的 1 200 万相对分子质量的阴离子型 PAM 絮凝剂，分别配制浓度为 0.1‰、0.3‰、0.5‰、0.7‰、1.0‰（以质量分数计）的絮凝剂溶液，代替原试验中要求使用的水，按照 2.2.2 节介绍的试验方法，考察不同絮凝剂浓度对水泥砂浆流动度的影响，试验结果如图 2 所示。

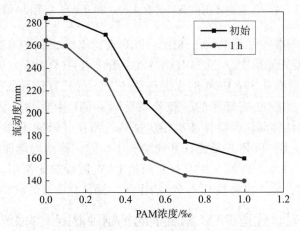

图 2　不同浓度 PAM 对水泥砂浆流动度的影响

由图 2 可知，随着 PAM 浓度的增加，水泥砂浆的初始流动度和 1 h 流动度均逐渐降低。与基准组（PAM 掺量为 0）相比，当 PAM 溶液浓度小于 0.3‰时，砂浆的初始及 1 h 流动度影响较小；当 PAM 溶液浓度大于 0.3‰时，砂浆的初始流动度大幅降低，1 h 后丧失流动性，说明 PAM 对减水剂的性能影响较大，主要是因为 PAM 本身具有极强的氢键和保水作用，随着 PAM 浓度增加，大量自由水被缠结的 PAM 分子链段束缚住，导致砂浆中自由水不够，流动度迅速下降。

3.2　磺化 β–CD 对含有 PAM 絮凝剂水泥砂浆流动度的影响

环糊精分子具有略呈锥形的中空圆筒立体环状结构，在其空洞结构中，外侧由 C2、C3 和 C6 的仲羟基构成，具有亲水性，而空腔内由于受到 C—H 键的屏蔽作用，从而形成了疏水区。磺化 β–CD 是在环糊精分子结构的基础上引入亲水性磺酸根基团，这些亲水基团和疏水空腔的特殊结构，对 PCE、PAM 絮凝剂及水泥颗粒有不同程度的相互作用，通过水泥砂浆流动度来试验研究磺化 β–CD 对 PCE 在含有 PAM 絮凝剂的水泥砂浆中的分散性能的影响。选取 PAM 絮凝剂浓度为 0.3‰水溶液作为砂浆用水，测定了 PCE 与磺化 β–CD、β–CD 复配减水剂在相同掺量下的水泥砂浆流动度及流动保持性能，试验结果如图 3 所示。

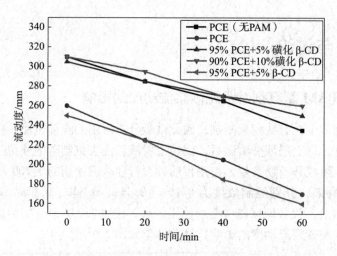

图3　不同复配减水剂溶液对含有0.3‰ PAM砂浆流动度的影响

由图3可知，与基准样（无PAM）相比，PCE在含有0.3‰ PAM的砂浆中的初始流动度大幅降低，1 h后丧失流动性。（95% PCE+5% 磺化β-CD）和（90% PCE+10% 磺化β-CD）复配样品在含有0.3‰ PAM的水泥砂浆中，不仅具有较好的砂浆初始流动度，而且1 h内的流动保持性能也是最佳的，随着磺化β-CD替换PCE的量增大（从5%到10%），砂浆初始流动性和流动保持性能也相应提高。而在（95% PCE+5% β-CD）样品中使用了未改性的β-CD和PCE复配，其初始和1 h后的流动度均比纯PCE的要低一些，说明未改性的β-CD在水泥砂浆中并没有起到抗PAM絮凝剂的作用；β-CD经磺化改性后，与PCE的匹配性良好，仅替换PCE 5%的掺量，就具有良好的抗PAM絮凝剂作用。

3.3　磺化β-CD对含残留PAM絮凝剂的机制砂混凝土的影响

磺化β-CD作为抗PAM絮凝剂助剂应用于混凝土材料，试验研究了磺化β-CD对混凝土坍落度、扩展度及强度的影响。混凝土配合比见表1，试验结果见表2。

表1　混凝土配合比　　　　　　　　　　　　　　kg·m⁻³

水泥	机制砂	石子	粉煤灰	矿粉	水
300	656	1 217	20	80	170

表2　混凝土性能测试结果

减水剂类型	掺量（折固）/%	混凝土坍落度（扩展度）/mm		抗压强度/MPa	
		初始	1 h	7 d	28 d
PCE	0.20	210（540）	175（470）	24.2	33.6
PCE + 磺化 β-CD	0.19 + 0.01	230（560）	215（510）	23.3	35.1
PCE + 磺化 β-CD	0.18 + 0.02	225（550）	215（520）	22.8	32.8
PCE + 磺化 β-CD	0.20 + 0.01	235（570）	220（535）	22.5	35.4
PCE + 磺化 β-CD	0.20 + 0.02	240（585）	225（560）	23.4	36.9

表2的试验结果表明：在含残留PAM的机制砂混凝土中，PCE的混凝土坍落度经时损失明显减少，但是以磺化β-CD部分取代或者外掺PCE的5%、10%，具有较好的初始分散性和分散保持性，而且混凝土状态得到明显改善，和易性及黏聚性更好。同时，随着磺化β-CD的掺入，混凝土7d强度略有下降，而对混凝土28d强度影响不大，因此，磺化β-CD与PCE复配效果较好，有利于提高含PAM机制砂混凝土初始坍落度和扩展度，既能辅助减水，调整混凝土状态，也不影响混凝土28d强度。

3.4 磺化β-CD抗PAM絮凝剂机理分析

为了深入研究磺化β-CD的抗PAM絮凝剂作用机理，本文设计了一组电导率试验：在25℃条件下，配制0.5‰浓度的PAM絮凝剂水溶液，分别加入不同浓度（0.3‰、0.6‰、0.9‰、1.2‰、1.5‰、1.8‰、2.1‰、2.4‰、2.7‰、3.0‰和3.3‰）PCE、磺化β-CD、（95% PCE+5%磺化β-CD）和（90% PCE+10%磺化β-CD），混合均匀后，用电导率仪测量复合水溶液电导率。同时，将不同浓度的PCE加入去离子水（无PAM）中作为空白对比样，记作"PCE(W)"，测试结果如图4所示。

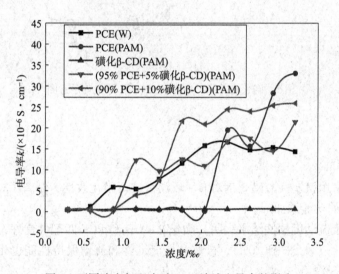

图4 不同浓度复配液对PAM溶液电导率的影响

从图4中可以看出，在不含PAM的PCE水溶液中，当PCE浓度超过0.6‰后，溶液电导率呈快速上升趋势；而当水溶液中含有0.5‰的PAM时，PCE在较高浓度2.1‰处有一个很明显拐点，低于2.1‰时，溶液电导率保持较低值且基本无变化，而浓度达到2.1‰之后，溶液电导率大幅提高，随着PCE浓度增大，电导率也变大。这可能由于PAM的相对分子质量很大，在絮凝过程中或在水溶液达到一定浓度后，PAM分子容易发生缠结，分子链间距变小，将PCE链段包埋其中，出现明显电荷屏蔽效应，相当于部分PCE减水失效。随着磺化β-CD在PAM溶液里的含量不断增大，电导率在$0.4 \times 10^{-6} \sim 0.7 \times 10^{-6}$S/cm之间，变化很小；将复配（95% PCE+5%磺化β-CD）、（90% PCE+10%磺化β-CD）混合溶液分别加入PAM溶液里，当加入浓度达到0.9‰之后，两者的电导率均出现拐点，呈快速上升趋势。分析其原因，Banerjee等认为，在PAM溶液中加入β-CD，可改变PAM分子形态，β–CD 与 PAM 之间会通过氢键发生相互作用。基于以上考虑，通过在 PAM 中加入另一组分磺化 β–CD，因其特殊的带有磺酸基的中空圆筒立体环状分子结构，磺化 β–CD 有可能优先于 PCE，与 PAM 分子链建立某种"锚固"吸附作用，使得 PAM 与 PAM、PAM 与 PCE 的分子间距变大，从而降低了 PCE 分子被 PAM 吸附、包埋束缚的概率，表现出溶液电导率显著增大，混凝土减水和保坍性能有较大提升。磺化 β–CD 与 PAM、PCE 作用机理如图 5 所示。

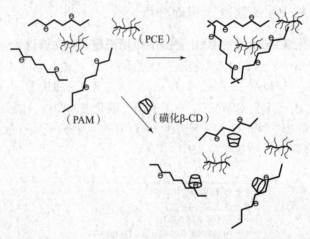

图 5　磺化 β–CD 与 PAM、PCE 作用机理示意图

4　结论

（1）本研究采用氨基磺酸磺化剂对 β–环糊精进行磺化改性，制备了一种在混凝土中用作抗 PAM 絮凝剂的功能添加剂。

（2）水泥砂浆流动度测试结果表明，磺化 β–CD 和 PCE 匹配性良好，随着磺化 β–CD 替换 PCE 的量增大（从 5% 到 10%），砂浆初始流动性和流动保持性能也相应提高，具有良好的抗 PAM 絮凝剂作用。

（3）混凝土测试结果表明，以磺化 β–CD 部分取代或者外掺 PCE 的 5%、10%，具有较好的初始分散性和分散保持性，混凝土状态得到明显改善，和易性及黏聚性更好。同时，随着磺化 β–CD 的掺入，混凝土 7 d 强度略有下降，而对混凝土 28 d 强度影响不大。

（4）通过电导率测试分析磺化 β–CD 与 PAM、PCE 的作用机理：磺化 β–CD 因其带有磺酸基的中空圆筒立体环状结构，有可能优先于 PCE，与 PAM 分子链建立某种"锚固"吸附作用，使得 PAM 与 PAM、PAM 与 PCE 的分子间距变大，从而降低了 PCE 分子被 PAM 吸附、包埋束缚的概率，表现出溶液电导率显著增大，混凝土减水和保坍性能有较大提升。

参考文献

[1] 段树生. 浅析机制砂在混凝土中的应用 [J]. 商品混凝土，2017（11）：59 – 60.

[2] 程坷伟，李新华. 环糊精的改性及其应用 [J]. 沈阳农业大学学报，2001，32（4）：313 – 316.

[3] 谢慈仪. 混凝土外加剂作用机理及合成基础 [M]. 重庆：西南师范大学出版社，1993.

［4］赖振峰，王万金，贺奎，等. 微波辐射法制备生物基减水剂及其性能研究［C］. 中国建筑学会建筑材料分会混凝土外加剂应用技术专业委员会年会，2013.

［5］佟令玫，李晓光. 混凝土外加剂及其应用［M］. 北京：中国建筑工业出版社，2014.

［6］冯爱丽，覃维祖，王宗玉. 絮凝剂品种对水下不分散混凝土性能影响的比较［J］. 石油工程建设，2002（4）：6-10.

［7］杨贵淞，杜生平，罗小东，等. 絮凝剂对C30混凝土和易性和强度的影响［J］. 商品混凝土，2019（11）：53-56.

［8］金磊，王可，叶一兰，等. 聚丙烯酰胺絮凝效果的母液浓度依赖性及其影响［J］. 高分子学报，2012（3）：284-290.

［9］Wang Y，Banerjee S. Cyclodextrins modify the properties of cationic polyacrylamides［J］. J Colloid Interf Sci，2009，339（2）：325-329.

含多胺侧链聚羧酸梳状分子
溶液构象动力学研究

林晓琛[2]，庄博翔[3]，方云辉[1,2]

(1. 科之杰新材料集团有限公司；2. 厦门市建筑科学研究院有限公司；

3. 闽南师范大学)

摘要： 本研究通过分子动力学模拟的方法，研究引入了多胺侧链大单体的聚羧酸分子在水溶液中的构象，并且同时构建了传统聚醚聚羧酸减水剂以及萘系减水剂分子，并进行构象模拟，研究三种不同结构的减水剂在稀水溶液中的构象行为变化及各分子之间的相互作用关系。由结果可知，传统聚羧酸减水剂分子的溶液构象比萘系减水剂的大，空间位阻效应更强，因而有更好的减水效果。聚多胺侧链的亲水性强于聚醚侧链，相对应减水剂分子溶液构象分布更广，空间位阻效应更强，因此聚多胺聚羧酸减水剂理论上应比一般的聚醚聚羧酸减水剂有更好的减水效果。除此之外，通过研究系统中分子的扩散行为可知，聚羧酸减水剂在溶液中的扩散系数最大，其次为萘系减水剂，最小的为聚多胺减水剂，而这样的结果是分子间交互作用的不同，特别是氢键作用强度和数量的不同所导致的。

关键词： 聚多胺减水剂；聚羧酸减水剂；溶液构象；分子动力学模拟

1 前言

随着计算机性能的飞速提升及算法、程序的不断优化，计算化学作为一种研究方法逐渐变得"亲民"起来。计算化学方法包括量子力学、分子力学、分子动力学等，其本质是使用数学计算的方法来解决化学问题。从化学研究的角度来说，计算化学方法有着一般实验室试验无法比拟的优势。它尤其适用于微观结构特别是分子结构的模拟分析，并且能模拟试验条件苛刻的试验。从环保的角度上说，计算化学或计算机模拟可以有效避免盲目的试验探索，减少了能源和材料浪费，以及由此造成的对环境的污染，是环境友好型的研究方法。因此，计算化学方法，例如量子力学计算、分子动力学模拟等，正被广泛地应用到如材料学、大气化学、电化学、生物化学等各个领域的研究之中。

外加剂是在混凝土搅拌过程中添加的天然或人造化学品添加剂，以增强新拌或硬化混凝土的特定性能，例如和易性、耐久性或早期和最终强度。聚羧酸型减水剂作为为数众多的不同功能外加剂中最重要的一种，被广泛地应用到各种混凝土产品之中。聚羧酸减水剂分子一般呈梳或树枝状，通过改变聚羧酸减水剂聚合物的主链长度、电荷密度、长侧链密度等结构参数，可以灵活地设计其分子结构，进而达到多功能、高性能的目的。换句话说，聚羧酸

林晓琛，男，1993.10，工程师，福建省厦门市翔安区内垵中路169号，361000，0592-7628378。

减水剂分子结构设计具有很大的自由度，而这正是适用计算化学方法的研究领域。事实上，计算化学在聚羧酸分子结构和机理研究方面已有一定程度的应用。例如，Hirata 等使用分子动力学模拟的方法，计算模拟了不同减水剂分子在近似真实孔溶液环境下的吸附构象和吸附行为；Chuang 等则模拟了不同聚羧酸侧链长度和其水溶液构象之间的关系；Zhao 等则结合了分子动力学模拟和量子力学计算两种计算方法，对聚羧酸主链上的负电基团和环境中钙离子的相互作用进行了深入的探索。此外，还有许多的例子都证明了计算化学方法，尤其是分子动力学模拟在聚羧酸分子研究领域的实用性和足够的可靠度。然而，现阶段计算机模拟在聚羧酸减水剂研究上的应用虽已有不少成果，但依旧有所欠缺，而这正为更多相关的研究留下了空间。

本课题旨在通过计算化学方法，研究引入了含氮大单体侧链的聚羧酸分子的溶液构象。对于传统聚羧酸减水剂分子而言，聚醚大单体占绝大多数的体积及表面积，其作用是产生部分亲水性及空间位阻效应，使减水剂得以溶于水中并且对混凝土体系产生分散效果。然而，聚醚本身的亲水性却不是各种亲水基团中最好的，相比之下，胺基（—NH_2）具有更加优秀的亲水特性。考虑将胺基引入聚羧酸分子上，将可能进一步提升聚羧酸减水剂的性能，而事实上已有研究人员试着将多胺类物质引入减水剂结构中。本研究使用分子动力学模拟的方法，研究引入聚多胺大单体侧链的聚羧酸的溶液构象，并将其与传统萘系减水剂及传统聚羧酸减水剂的溶液构象进行比较，探究多胺侧链对聚羧酸构象及相应性能的影响。

2 研究方法

2.1 计算模型构建

本试验采用分子动力学模拟的方法，对不同减水剂分子的纯水溶液构象进行模拟研究。需构建的减水剂分子结构模型有 3 个：萘系减水剂（SNF）、聚羧酸减水剂（PCE）、聚多胺减水剂（PCA），如图 1 所示。

多胺大单体的结构与聚醚大单体的结构非常相似，差别只是将聚醚大单体中的氧原子改为胺基，其余分子结构保持不变。借由此规则并在前端加入甲基丙烯酰胺搭建具有复数胺基的多胺大单体，使用该大单体进而构建聚羧酸减水剂分子，称为聚多胺减水剂。在本研究中，所设计聚多胺减水剂分子包含 53 个聚多胺重复单元，将丙烯酸与大单体依单体摩尔比 4∶1 组合形成聚多胺减水剂分子，单个分子含有 10 条侧链，所得总相对分子质量约为 26 500。除了聚多胺减水剂之外，本研究同时构建了传统聚醚聚羧酸减水剂和萘系减水剂，将它们与聚多胺减水剂做比较，并进行分析讨论。聚醚聚羧酸减水剂分子所采用的聚醚大单体为异戊烯醇聚氧乙烯醚（IPEG），相对分子质量约为 2 400，包含 53 个聚醚重复单元。同样地，将丙烯酸与大单体依单体摩尔比 4∶1 组合形成聚羧酸减水剂分子，所得分子具有 10 条侧链，所得总相对分子质量约为 27 000。萘系减水剂分子则设计由 53 个单体聚合而成，所得总相对分子质量约为 11 600。上述分子的总相对分子质量均与合成试验所得相应分子的相对分子质量接近，符合真实情况。完成分子结构设计后，将所构建不同结构的减水剂分子分别随机分布于具有周期性边界条件的盒子里，并在每个系统中加入 3 000 个水分子，模拟合成试验的真实浓度，同时加入适当的钠离子来平衡系统电荷。

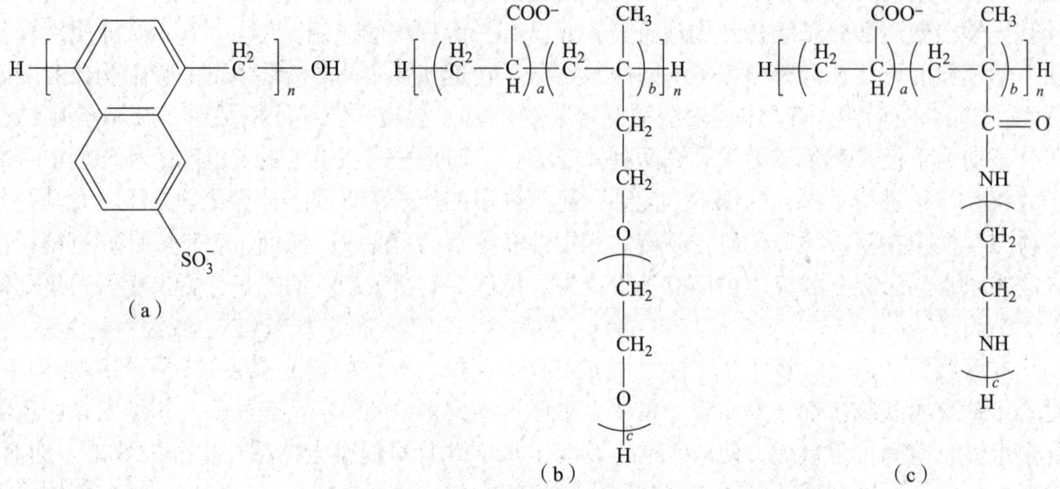

图 1　参与模拟的不同减水剂分子的结构
(a) SNF；(b) PCE；(c) PCA

2.2　计算模拟软件及相应参数设定

分子动力学模拟计算所使用的软件为美国 Accelrys 公司开发的 Materials Studio 6.0，这是一款专门为材料科学研究开发的商业软件，可以用于化学、生物、材料等多个领域研究，模拟内容涵盖了固体及表面、聚合物、催化剂等。在模拟计算的参数设定上，所使用的系统为正则系统（NVT），温度设定为 298 K，时间步长为 1.0 fs，体系中的水分子是使用 TIP3P 水分子模型，力场类型选用 COMPASS 力场，进行分子动力学模拟，模拟时间超过 1.0 ns，最终系统将达到热力学稳定平衡，选取最后达到平衡时的结构及轨迹进行分析讨论。

3　结果与讨论

3.1　减水剂分子的水溶液构象分析

当系统达到热力学平衡时，观察不同结构减水剂分子在水溶液中的分布情形，其构象如图 2 所示。其中，黑色球体为系统中的碳原子，红色球体为系统中的氧原子，蓝色球体为系统中的氮原子，白色球体为系统中的氢原子。由图 2 可知，不同的减水剂结构有不同的溶液构象，分子在溶液中的特性也不同。图 2（a）为萘系减水剂分子在溶液中的构象，因为萘系减水剂分子没有侧链，属于长直链结构，所以分子会在溶液环境中扭曲；图 2（b）及图 2（c）为聚羧酸减水剂及聚多胺减水剂分子，其结构非常相似，分子的长侧链会在溶液中聚集在一起。三张图说明不同结构的减水剂分子在水溶液中聚集情形不同，进而造成减水剂有着不同的材料特性。

为了进一步描述不同分子在溶液中的构象，本研究计算了减水剂分子在水溶液中的均方回转半径（R_g），结果如图 3 所示。由图 3 可知，水溶液中 SNF 分子有最小的均方回转半径，PCE 分子次之，而最大的是 PCA 分子。这是由于 PCA 分子侧链中的氮原子结构相较于

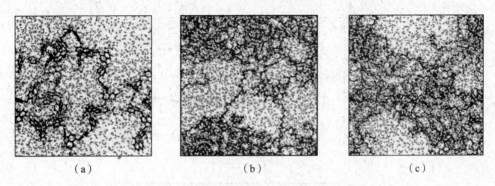

图2　不同减水剂分子在溶液中的快照

(a) SNF；(b) PCE；(c) PCA

氧原子结构亲水性更强，增加了减水剂分子与水分子之间的作用力，使得 PCA 分子在水溶液中的溶液构象更加舒展且松散，这有助于增加减水剂的空间位阻效应。除此之外，减水剂分子的溶液构象不仅影响聚合物吸附层的厚度，也会影响水膜层厚度，更大均方回转半径的减水剂分子往往对应吸附过程中更大的吸附层厚度。

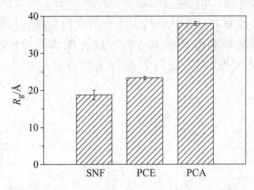

图3　不同减水剂分子在溶液中的均方回转半径

3.2　减水剂分子和各分子之间的作用关系

为了进一步对比 SNF、PCE 及 PCA 分子在稀水溶液中的行为，本研究利用径向分布函数（RDF）分析不同减水剂分子与各分子之间的作用关系。图4 为两种减水剂分子间的径向分布函数，其中，Cp 为减水剂分子上的碳原子。由图4 可知，SNF 分子间几乎没有减水剂分子间作用，而 PCE 分子与 PCA 分子具有一定程度的分子间作用力，并且 PCA 分子间的作用力比 PCE 要多。两种减水剂分子间的作用力主要是由减水剂的空间位阻效应产生的，长的减水剂侧链具有较明显的空间位阻效应，由于 SNF 分子为长链结构，没有侧链部分，因此，在两分子间的作用力行为非常小；相比之下，PCE 分子与 PCA 分子均具有侧链结构，在溶液中易与其他减水剂分子交缠产生相互作用。此外，由图3 也可知，在溶液中，PCA 分子的均方回转半径也比 PCE 分子的要大，这导致 PCA 分子在溶液中较为舒展，并且易于与其他减水剂分子形成交互作用，这些都能说明 PCA 分子相较于其他两种减水剂具有较大的空间位阻效应。

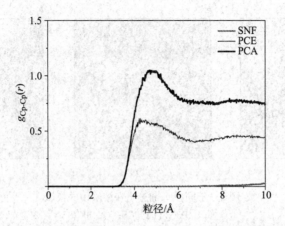

图4　溶液系统中不同减水剂分子间的径向分布函数

　　为了了解各种减水剂分子在溶液中与水分子之间的作用行为，本研究同样利用径向分布函数对减水剂分子与水分子之间的作用关系进行计算并讨论。分别计算减水剂主链上的氧原子及侧链上的氧原子或氮原子与水分子上的氢原子之间的径向分布函数，计算结果以图5所示曲线表示。图5（a）为减水剂主链上的氧原子与水分子上的氢原子之间的径向分布函数，由图可知，三者的曲线差异不大，并且在约1.5 Å处产生高峰，说明这三个分子均会与水分子产生氢键，分析三曲线的最高峰信号部分，可以发现SNF分子比其他两个分子小一点，这说明减水剂主链对水分子的作用力比PCE及PCA要更强一些。

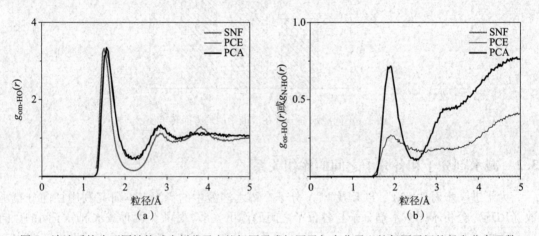

图5　溶液系统中不同结构减水剂分子中的氧原子或氮原子与水分子上的氢原子间的径向分布函数

　　图5（b）则为减水剂侧链上的氧原子或氮原子与水分子上的氢原子之间的径向分布函数，反映了分子侧链与水分子间的相互关系。由图可知，三种分子对应的曲线有明显的差异：SNF分子没有侧链，因此没有任何信号；PCE分子侧链与水分子有分子间作用力，但不如PCA分子与水分子产生的作用力多，因此可以推测多胺侧链亲水性比聚醚侧链的更强。

　　单独比较PCE与PCA分子与水分子之间的关系，如图6所示。两种减水剂分子对水分子的作用既有相同之处，也有明显区别。在距离约2 Å处，PCE与PCA分子的曲线均有高峰，说明PCA、PCE分子均与水分子产生氢键，两分子都可溶于水中，但与PCE相比，

PCA 曲线的峰更高，说明氮原子结构更容易与水产生相互作用。与此同时，PCA 分子比 PCE 分子多有一个信号，推测为 PCA 分子的侧链所贡献，使 PCA 分子与水分子之间有更强的作用力，此作用力使得 PCA 分子的溶液构象在水溶液中更为舒展，因此 PCA 分子与其他模拟的分子相比，具有最大的溶液构象。综上可知，PCA 分子的亲水性比 PCE 分子的更强，并且纯水溶液构象更大，这将影响减水剂在水泥系统中的特性。

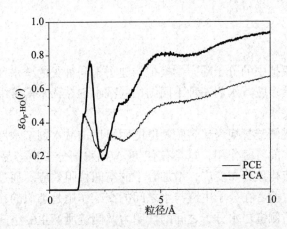

图 6　PCE 与 PCA 分子中的氧原子及氮原子与水分子间的径向分布函数

由于减水剂分子与水分子间具有较强的交互作用，因此溶液中分子的运动行为是值得关注的。本研究通过计算分子在溶液中的均方位移（MSD），进一步对不同减水剂分子及水分子在溶液中的迁移能力进行研究。图 7（a）反映的是水溶液中 SNF、PCE 及 PCA 分子的均方位移，总的来说，减水剂分子的迁移能力差异较大，迁移能力为 PCE > SNF > PCA。由于 PCE 分子具有刚性主链及柔性侧链，因此较易在溶液中进行迁移；SNF 分子只有刚性主链部分，因此在系统中的迁移能力较差；PCA 分子虽然也同时具有刚性主链及柔性侧链部分，但由于侧链与水分子间具有较大的相互作用，分子的移动受到水分子的限制，导致 PCA 分子在系统中较难迁移。与此同时，图 7（b）则计算了不同系统中水分子的均方位移，结果显示，SNF 及 PCE 分子系统中水分子的迁移能力非常相似，而在 PCA 分子系统中，水分子

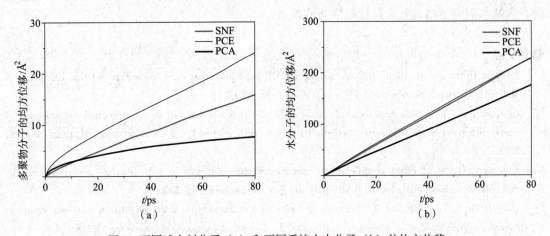

图 7　不同减水剂分子（a）和不同系统中水分子（b）的均方位移

的迁移能力较差。产生这种现象的原因与图7（a）的一样，因水分子与 PCA 分子间具有较强的分子间作用力，使得水分子的运动行为被 PCA 分子所限制，从而降低水分子在系统中的扩散行为。水分子在系统中的迁移能力可以描述为系统的流动性，从试验结果来看，与溶液的流变性能有关，而减水剂的流变性能大大影响了减水剂材料特性。从微观角度出发来了解分子之间的作用行为，可以对材料特性有更进一步的认识。

4 结论

本文利用计算机模拟中的分子动力学模拟构建了不同种类的减水剂分子，研究萘系减水剂、聚羧酸减水剂及聚多胺减水剂三种不同结构的减水剂在稀水溶液中的构象行为变化及各分子之间的相互作用关系。

结果显示，将聚醚侧链替换为聚多胺侧链能明显增加减水剂亲水性能，减水剂分子侧链将与水分子间产生更多的氢键作用，这不仅使 PCA 减水剂分子更容易溶于水中，也使 PCA 分子在水溶液中的溶液构象分布变广，增加分子的空间位阻效应。通过比较萘系减水剂与聚羧酸减水剂可以发现，两者在分子主链与水之间的交互作用是类似的，但由于聚羧酸减水剂结构多了侧链，增加了侧链与水分子之间的作用力及侧链所产生的空间位阻效应，导致聚羧酸减水剂的溶液构象较萘系减水剂的大，此外，在试验上也比萘系减水剂具有更好的效果。而聚多胺减水剂分子是建立在聚羧酸减水剂结构上的，从而给减水剂更多的亲水特性，因而相对于聚羧酸减水剂分子而言，其具有更大的溶液构象、更大的空间位阻效应，并与水分子产生较多的交互作用。

系统中分子的扩散行为也会受到分子间的交互作用影响，此影响也会造成溶液流变性能的不同，其中聚羧酸减水剂在溶液中的扩散系数最大，其次为萘系减水剂，最小的为聚多胺减水剂。造成 PCA 分子移动速度最慢的主要原因也是与水分子形成较多氢键，此现象也同时造成水分子被 PCA 分子牵制住而导致水分子在 PCA 系统中比在其他两个系统中有较小的扩散系数。

借由计算机模拟设计不同结构的减水剂分子可以在尚未有试验结果下简单得知分子结构特性，对未知特性的减水剂分子提供微观层面的解释，从而合理地推测材料特性，并分析成因，为减水剂分子结构开发设计提供新的观点。

参考文献

[1] Tsuyoshi Hirata, et al. Adsorbed Conformations of PCE Superplasticizers in Cement Pore Solution Unraveled by Molecular Dynamics Simulations [J]. Scientific Reports, 2017.

[2] Qianping Ran, et al. Molecular dynamics study of the effects of calcium ions on the conformational properties of comb – like poly(acrylic acid – co – methyl allyl polyoxyethylene ether) [J]. Computational Materials Science, 2015.

[3] Chuang P H, et al. Effect of different macromonomer molecular size in polycaroxylate superplasticizer by molecular dynamics simulation [J]. Materials and Science Engineering, 2020.

[4] Hongxia Zhao, et al. Binding of calcium cations with three different types of oxygen – based functional groups of superplasticizers studied by atomistic simulations [J]. Journal of computational modeling, 2018.

[5] Denvid Laua, et al. Nano – engineering of construction materials using molecular dynamics simulations:

prospects and challenges [J]. Composites Part B, 2018.

[6] Hongxia Zhao, et al. Effect of hydrophobic groups on the adsorption conformation of modified polycarboxylate superplasticizer investigated by molecular dynamics simulation [J]. Applied Surface Science, 2017.

[7] Yang, et al. Effect of sodium gluconate on molecular conformation of polycarboxylate superplasticizer studied by the molecular dynamics simulation [J]. Journal of Molecular Modeling, 2020.

[8] Xin Shu, et al. Tailoring the solution conformation of polycarboxylate superplasticizer toward the improvement of dispersing performance in cement paste [J]. Construction and Building Materials, 2016.

[9] Hongxia Zhao, et al. Adsorption Conformation of Comb - Shaped Polycarboxylate Ethers on Ettringite (100) Surface: An Atomic Scales Simulation [J]. Journal of Computational Chemistry, 2021.

微生物对聚羧酸系减水剂产品
分散性能影响的实验室研究

李祖悦[1,2]，孙振平[1,2]，武绍峰[3]，胡安康[3]，赵利华[4]，何元杰[4]，张小富[4]

（1. 同济大学先进土木工程材料教育部重点实验室；2. 同济大学材料科学与工程学院；
3. 上海万厚生物科技有限公司；4. 广东红墙新材料股份有限公司）

摘要：本文在有/无葡萄糖酸钠复配的条件下，分别采用酵母菌、金黄色葡萄球菌及二者的混合菌液制备聚羧酸系减水剂微生物处理液，采用平板计数法统计酵母菌和金黄色葡萄球菌在聚羧酸系减水剂微生物处理液中的增殖情况，通过水泥净浆流动度试验评价经微生物处理后聚羧酸系减水剂产品的分散性能，并利用红外光谱定性检验微生物对聚羧酸系减水剂化学结构的影响。结果表明，复配葡萄糖酸钠及金黄色葡萄球菌的存在有利于酵母菌在聚羧酸系减水剂溶液中发生增殖，而金黄色葡萄球菌无法在酸性聚羧酸系减水剂溶液中长期生存。经酵母菌与金黄色葡萄球菌的混合菌液处理的聚羧酸系减水剂溶液可使水泥净浆的流动性得到进一步提高，同时，酵母菌和金黄色葡萄球菌并不会显著改变聚羧酸系减水剂的化学结构。

关键词：聚羧酸系减水剂；微生物；葡萄糖酸钠；酵母菌；金黄色葡萄球菌

1　前言

外加剂现已成为制备混凝土的必备原材料之一，减水剂作为一种最为重要的外加剂，对促进混凝土的发展起到了不可替代的作用，它的出现使得高流态混凝土、自密实混凝土和超高性能混凝土成为现实。作为第三代减水剂，聚羧酸系减水剂（聚羧酸系减水剂）从生产到使用的各个环节都具有独特的优势。从研发角度来看，聚羧酸系减水剂的分子结构可设计性较好，可以通过选用不同的原料及合成工艺实现特定的功效；从生产角度出发，合成聚羧酸系减水剂不使用甲醛，对生产人员和施工人员无害，对环境无污染；从工程应用角度来讲，聚羧酸系减水剂的减水率高，在较低掺量下即可达到理想的分散性能，可用于配制高流动性、高强度及大体积混凝土，应用范围广泛。在实际工程应用中，由于水泥、集料、矿物掺合料、其他外加剂及工程所处的环境等因素存在差异，单一的聚羧酸系减水剂母液难以满足多方面的性能要求，外加工程上对经济性的严格约束，常将聚羧酸系减水剂与各类功能型组分复配使用。例如，葡萄糖酸钠或蔗糖作为缓凝组分与聚羧酸系减水剂复配使用，可在一定程度上改善聚羧酸系减水剂与水泥的适应性，并能进一步提高混凝土的流动性、减缓混凝土坍落度损失及延长凝结时间等。

李祖悦，女，1997.08，硕士生，上海市嘉定区曹安公路 4800 号，201804，15316001295。

　　然而，在储存与使用聚羧酸系减水剂的过程中发现，复配有糖类缓凝组分的聚羧酸系减水剂产品在夏季高温时节容易发生变质，产品中微生物的大量增殖是产生这一问题的关键原因。影响微生物增殖的环境因素主要包括营养物质、空气、水分、温度、pH 和渗透压等，聚羧酸系减水剂产品中含有的微生物一旦遇到适宜的条件，便会分泌释放出酶，这种酶可以持续促进环境中的非营养物质发生降解或其他化学反应，转变为可供微生物生长的营养物质，加速微生物的增殖。工程实践表明，聚羧酸系减水剂变质多发于夏季高温时节及长时间储存等情况，使用变质的聚羧酸系减水剂产品会导致新拌混凝土的流动性及抗压强度大幅降低，甚至会引起钢筋混凝土的锈蚀，给工程应用带来许多不确定因素或直接导致工程事故的发生。

　　目前关于微生物对聚羧酸系减水剂产品性能的影响尚缺乏系统性研究，本文在实验室条件下初步探究了酵母菌和金黄色葡萄球菌在聚羧酸系减水剂溶液中的生存和增殖情况，测试了经微生物处理后聚羧酸系减水剂产品的分散性能，并借助红外光谱分析方法检验了微生物对聚羧酸系减水剂化学结构的影响，以期为厘清聚羧酸系减水剂的变质和变性问题提供理论依据。

2　试验

2.1　原材料

　　基准水泥，产自山东鲁城水泥有限公司，其氧化物组成见表1；聚羧酸系减水剂，由上海砼睿新材料有限公司提供，包装含固量为40%，使用时稀释至15%；葡萄糖酸钠，购于上海麦克林生化科技有限公司，分析纯；酵母菌标准菌液（yeast，Y）和金黄色葡萄球菌标准菌液（SA），由上海万厚生物科技有限公司提供，菌浓度均为 3×10^5 CFU/mL；去离子水。

表1　水泥的氧化物组成　　　　　　　%

CaO	SiO$_2$	Al$_2$O$_3$	Fe$_2$O$_3$	SO$_3$	Na$_2$O	烧失量	f - CaO	Cl$^-$
62.98	22.28	5.12	4.19	2.39	0.51	1.25	0.90	0.01

2.2　试验方法

2.2.1　聚羧酸系减水剂微生物处理液的制备

　　按照表2配制一系列聚羧酸系减水剂微生物处理液（后文简记为"处理液"），密封后在温度为24 ℃的恒温箱中养护至测试龄期。

表2　聚羧酸系减水剂微生物处理液的配合比

处理液	15% 聚羧酸系减水剂溶液/g	葡萄糖酸钠/g	去离子水/mL	Y/mL	SA/mL
S0 - 对照	200		1		
S0 - Y	200			1	

续表

处理液	15% 聚羧酸系减水剂溶液/g	葡萄糖酸钠/g	去离子水/mL	Y/mL	SA/mL
S0 – SA	200				1
S0 – M	200			1	1
S1 – 对照	200	20	1		
S1 – Y	200	20		1	
S1 – SA	200	20			1
S1 – M	200	20		1	1

2.2.2 微生物数量的检测

根据 GB 4789.2—2016《食品微生物学检验 菌落总数测定》标准的相关规定，采用平板计数法对处理液中的微生物数量进行统计，具体步骤如下：

（1）将达到养护龄期的待测处理液稀释适当倍数，使其中的微生物充分分散成单个细胞。

（2）取一定量稀释液涂布到平板培养基表面，在适宜的条件下培养，使单个细胞增殖，形成肉眼可见的菌落。

（3）统计菌落数并根据稀释倍数计算原处理液中的微生物数量，菌落计数以菌落形成单位（colony – forming units，CFU）表示。

2.2.3 水泥净浆流动度测试

水泥净浆流动度测试按照 GB/T 8077—2012《混凝土外加剂匀质性试验方法》中规定的方法进行，水泥净浆的水灰比为 0.29，聚羧酸系减水剂的折固掺量为 0.1%，聚羧酸系减水剂微生物处理液的养护龄期为 7 d。

2.2.4 聚羧酸系减水剂的表征

采用去离子水将聚羧酸系减水剂微生物处理液配制成浓度为 0.2% 的样品溶液，量取 5.0 mL 样品溶液置于洁净的容器中，加入 2.9 g 溴化钾粉末，搅拌直至溴化钾完全溶解后置于烘箱中，在 100 ℃下烘干至恒重，将烘干的样品转移到研钵中研磨，然后进行压片制样。采用 Nicolet 红外光谱仪采集样品的红外图谱，扫描波段范围为 500 ~ 4 000 cm^{-1}。

3 结果与讨论

3.1 微生物的数量统计

聚羧酸系减水剂微生物处理液中酵母菌的数量随养护龄期的变化如图 1 所示。在未复配葡萄糖酸钠的情况下（S0 系列），处理液中酵母菌的数量变化趋势与对照组基本保持一致，在 0 ~ 1 d 内，酵母菌发生了少量增殖，养护至 3 d 时，酵母菌的数量降至初始水平，并不再发生显著变化。而复配葡萄糖酸钠有效促进了酵母菌的增殖（S1 系列），在 0 ~ 1 d 内，三组处理液中酵母菌的数量大幅增加，经混合菌液处理的聚羧酸系减水剂溶液中酵母菌的增殖数量最多；1~3 d 内，经酵母菌液处理的聚羧酸系减水剂溶液中，酵母菌进一步发生增殖，并达到最大菌落数；7 d 时，三组处理液中的酵母菌数量仍然较多，为（3.5~5.0）×10^5 CFU/mL。可以得知，向聚羧酸系减水剂中复配葡萄糖酸钠有利于酵母菌的增殖，当有金黄色葡萄球菌存在时，酵母菌的增殖数量最多。

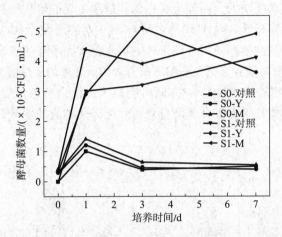

图1　聚羧酸系减水剂微生物处理液中酵母菌的数量随养护龄期的变化

聚羧酸系减水剂微生物处理液中金黄色葡萄球菌的数量随养护龄期的变化如图 2 所示。在 0~1 d 内，所有处理液中金黄色葡萄球菌均发生了不同程度的增殖（S1-对照与 S1-SA 的数据点重合），复配葡萄糖酸钠有利于经混合菌液处理的聚羧酸系减水剂溶液中金黄色葡萄球菌的增殖；至 3 d 时，所有处理液中金黄色葡萄球菌的数量急剧减少至零。事实上，金黄色葡萄球菌适宜的生存环境 pH 为 7.0~7.5，而本研究所采用的聚羧酸系减水剂溶液的 pH 为 4.5，这可能是导致金黄色葡萄球菌无法在聚羧酸系减水剂溶液中长期生存的原因。

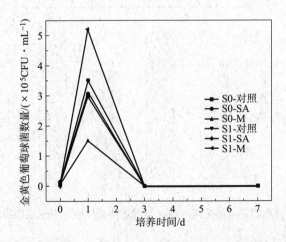

图2　聚羧酸系减水剂微生物处理液中金黄色葡萄球菌的数量随养护龄期的变化

3.2　微生物处理对聚羧酸系减水剂产品分散性能的影响

采用聚羧酸系减水剂微生物处理液制备的水泥净浆流动度如图 3 和图 4 所示。从图 3 可以看出，在未复配葡萄糖酸钠的情况下，掺加 S0 – Y 和 S0 – SA 两组聚羧酸系减水剂的微生物处理液导致水泥净浆的流动度较对照组有所降低，降幅均为 4%，而使用 S0 – M 聚羧酸系减水剂微生物处理液可使水泥净浆的流动度增大。在复配葡萄糖酸钠的情况下（图 4），与对照组相比，采用经酵母菌处理的聚羧酸系减水剂微生物处理液（S1 – Y 和 S1 – M）制备水泥净浆可使浆体的流动度增大，而经金黄色葡萄球菌处理的聚羧酸系减水剂微生物处理液则会使水泥净浆的流动度降低。对比 S0 – 对照与 S1 – 对照水泥净浆的流动度可以发现，聚羧酸系减水剂与葡萄糖酸钠复配使用有助于进一步改善水泥净浆的流动性，这与已有的研究结果相一致。另外，经酵母菌和金黄色葡萄球菌混合菌液处理的聚羧酸系减水剂产品（S0 – M 和 S1 – M）的分散性能进一步提高，一方面可能是因为混合菌液改变了聚羧酸系减水剂的化学结构；另一方面可能是因为混合菌液自身对水泥净浆的流动性具有一定的改善效果。

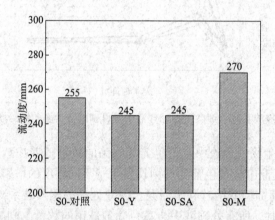

图 3　经微生物处理的聚羧酸系减水剂（未复配葡萄糖酸钠）对水泥净浆流动度的影响

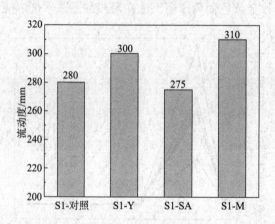

图 4　经微生物处理的聚羧酸系减水剂（复配葡萄糖酸钠）对水泥净浆流动度的影响

3.3　聚羧酸系减水剂化学结构的表征

为了检验微生物是否会改变聚羧酸系减水剂的化学结构，选取使水泥净浆流动度发生明显变化的 S0 – M 和 S1 – M 两组聚羧酸系减水剂微生物处理液进行红外光谱分析，对照组分别为 S0 - 对照和 S1 - 对照，结果如图 5 和图 6 所示。其中，3 200 ~ 3 650 cm^{-1} 处的宽峰为 O—H 伸缩振动峰，2 882 cm^{-1} 处为 C—H 伸缩振动峰，1 720 cm^{-1} 处为 C=O 伸缩振动峰，1 460 cm^{-1} 和 1 346 cm^{-1} 处为 C—H 弯曲振动峰，1 265 cm^{-1} 处为 C—O 伸缩振动峰，1 112 cm^{-1} 处为 C—O—C 伸缩振动峰。从图 5 和图 6 可以看出，S0 - M 和 S1 - M 两组聚羧酸系减水剂微生物处理液与对照组（S0 - 对照和 S1 - 对照）的红外光谱在各峰位处的峰形和强度均保持一致，因此可以定性推断：酵母菌和金黄色葡萄球菌不会改变聚羧酸系减水剂的化学结构。

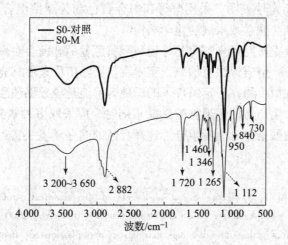

图 5　S0 - 对照和 S0 - M 聚羧酸系减水剂处理液的红外光谱图

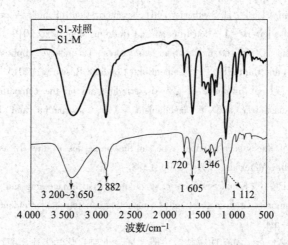

图 6　S1 - 对照和 S1 - M 聚羧酸系减水剂处理液的红外光谱图

4　结论与展望

本研究在实验室在有/无葡萄糖酸钠复配的条件下，分别采用酵母菌和金黄色葡萄球菌以及二者的混合菌液对聚羧酸系减水剂进行处理，并探究了经不同微生物处理后聚羧酸系减水剂产品的分散性能，主要得到以下结论：

（1）酵母菌可在复配有葡萄糖酸钠的聚羧酸系减水剂微生物处理液中发生大量增殖，在有金黄色葡萄球菌存在的条件下，酵母菌的增殖数量进一步提高；金黄色葡萄球菌在酸性聚羧酸系减水剂溶液中无法长期生存。

（2）在未复配葡萄糖酸钠的条件下，经酵母菌或金黄色葡萄球菌处理的聚羧酸系减水剂的分散性能有所降低；复配葡萄糖酸钠后，经酵母菌或酵母菌与金黄色葡萄球菌混合菌液处理的聚羧酸系减水剂可进一步改善水泥净浆的流动性。

（3）红外光谱分析定性表明，采用酵母菌与金黄色葡萄球菌混合菌液处理聚羧酸系减水剂溶液并不会改变聚羧酸系减水剂的化学结构。

尽管现阶段的实验室研究尚未证明酵母菌和金黄色葡萄球菌会对聚羧酸系减水剂产品的分散性能产生不良影响，但值得注意的是，实验室与实际工程条件具有非常大的差异，并且微生物种类繁多，其他微生物在一定条件下的增殖有可能是导致聚羧酸系减水剂变质变性的根本原因。笔者建议：生产与使用聚羧酸系减水剂时，应采取多种措施，以防其发生变质，比如选用优质的葡萄糖酸钠作为缓凝组分、选择合适的储存环境及适当添加杀菌剂等。

参考文献

[1] Yamada K, Takahashi T, Hanehara S, et al. Effects of the chemical structure on the properties of polycarboxylate – type superplasticizer [J]. Cement and Concrete Research, 2000, 30 (2)：197 – 207.

[2] Lei L, Chan H K. Investigation into the molecular design and plasticizing effectiveness of HPEG – based polycarboxylate superplasticizers in alkali – activated slag [J]. Cement and Concrete Research, 2020 (136)：106150.

[3] Lin X, Liao B, Zhang J, et al. Synthesis and characterization of high – performance cross – linked polycarboxylate superplasticizers [J]. Construction and Building Materials, 2019 (210)：162 – 171.

[4] Plank J, Sakai E, Miao C W, et al. Chemical admixtures—Chemistry, applications and their impact on concrete microstructure and durability [J]. Cement and Concrete Research, 2015 (78)：81 – 99.

[5] Sun Z, Liu H, Ji Y, et al. Influence of glycerin grinding aid on the compatibility between cement and polycarboxylate superplasticizer and its mechanism [J]. Construction and Building Materials, 2020 (233)：117104.

[6] Tkaczewska E. Effect of the superplasticizer type on the properties of the fly ash blended cement [J]. Construction and Building Materials, 2014 (70)：388 – 393.

[7] Boukendakdji O, Kadri E H, Kenai S. Effects of granulated blast furnace slag and superplasticizer type on the fresh properties and compressive strength of self – compacting concrete [J]. Cement and Concrete Composites, 2012, 34 (4)：583 – 590.

[8] 顾学斌，王磊，马振瀛，等. 抗菌防霉技术手册 [M]. 北京：化学工业出版社，2019.

[9] Zou F, Tan H, Guo Y, et al. Effect of sodium gluconate on dispersion of polycarboxylate superplasticizer with different grafting density in side chain [J]. Journal of Industrial and Engineering Chemistry, 2017 (55)：91 – 100.

[10] Tan H, Zou F, Ma B, et al. Effect of competitive adsorption between sodium gluconate and polycarboxylate superplasticizer on rheology of cement paste [J]. Construction and Building Materials, 2017 (144)：338 – 346.

相对分子质量对缓释型聚羧酸性能的影响

胡聪[1]，周栋梁[1]，刘金芝[1]，王平[1]，杨勇[1]，冉千平[1,2]

(1. 高性能土木工程材料国家重点实验室，江苏苏博特新材料股份有限公司；

2. 材料科学与工程学院，东南大学)

摘要： 将丙烯酸羟乙酯单体引入聚羧酸减水剂（PCE）中构建缓释型聚羧酸（SPCE）。通过水性自由基聚合，合成了两种不同相对分子质量的缓释聚羧酸减水剂。系统研究了缓释型聚羧酸减水剂的相对分子质量对水泥分散性能、水解反应速率、吸附过程和水化的影响。由于水解反应，吸附基团的量随时间不断增加。SPCE 在水泥颗粒上的吸附量随着相对分子质量的增加而增加，说明相对分子质量是影响吸附的主要因素之一。由于吸附在水泥颗粒表面的分子数量减少，较大相对分子质量的 SPCE-2 对水泥水化的延缓作用减弱。在两种缓释型聚羧酸减水剂中，较大相对分子质量的 SPCE-2 表现出良好的初始分散性，但中后期流动度损失较快，而较小相对分子质量的 SPCE-1 具有更好的分散保持性能。

关键词： 分散；吸附；缓释

1 前言

聚羧酸减水剂（PCE）被广泛应用于工程建设中，以提高混凝土的和易性。最受关注的是传统聚羧酸的高减水能力和它较强的分子可设计性，成为现代混凝土不可或缺的一部分。然而，它缺乏长期流动度保持的能力，特别是在高温和长距离运输条件下。延长和保持混凝土分散度的一种方法是使用缓凝剂，但缓凝剂的使用会严重影响混凝土的强度和耐久性。

另一种方法是将能水解出羧基的酯类单体引入聚合物中，以形成缓释的 PCE 减水剂。在胶凝体系中，随着时间的推移，常规分散剂的化学结构是静态的，一般由各种带负电荷的基团（羧基、膦酸基）和各种侧链（聚（乙二醇）单甲醚、异戊二烯氧基聚乙二醇、4-羟基丁基乙烯基醚）组成。带负电荷的基团通过静电相互作用吸附在水泥颗粒表面，而长侧链则提供足够的空间位阻，以确保水泥颗粒分散。缓释型分散剂是动态聚合物，在水泥浆体的碱性条件下，逐步水解释放羧基基团，可以持续吸附，以提高水泥浆体的流动保持性。

本文中两种不同相对分子质量的缓释型聚羧酸通过聚醚大单体、丙烯酸羟乙酯（HEA）与丙烯酸自由基共聚得到，研究了相对分子质量（M_w）对水泥分散性能、水解速率、吸附过程和水化的影响，为缓释型聚羧酸设计合适的 M_w 提供了指导。

胡聪，男，1993.08，工程师，南京市江宁区醴泉路118号，211103；hucong@ cnjsjk. cn。

2　试验部分

2.1　原材料

2.1.1　化学试剂

丙烯酸（AA，化学级）、丙烯酸2-羟乙酯（HEA，化学级）、3-巯基丙酸（MPA，分析级）、L-抗坏血酸（Vc，化学级）、双氧水水溶液（HP，30%，化学级）购自国药集团化学试剂有限公司；甲基烯丙基聚氧乙烯醚（MAPEG，$M_w = 2400$，工业级）由南京博特新材料有限公司提供；所有试验均使用去离子水。

2.1.2　原材料

水泥：江南水泥厂生产的小野田水泥 P·Ⅱ 52.5 硅酸盐水泥，比表面积为 380 m^2/kg，化学组成见表1；砂：ISO 标准砂，厦门艾思欧标准砂有限公司。

表1　水泥的化学组成　　　　　　　　　　　　　　%

SiO_2	Al_2O_3	CaO	MgO	Fe_2O_3	SO_3	K_2O	Na_2O	烧失量
19.95	4.90	63.05	1.33	2.92	3.83	0.66	0.15	2.25

2.1.3　缓释型聚羧酸的合成

将 200 g 甲基烯丙基聚氧乙烯醚与一定量的水置于三口瓶中，升温至 40 ℃，加入双氧水，同时滴加 10.8 g AA、26 g HEA、链转移剂 MPA、0.3 g 抗坏血酸与适量水混合液，滴加过程持续 2 h，滴加完毕后保温 1 h，用 NaOH 溶液调整 pH 至 7.0。调整链转移剂 MPA 的用量来调整聚合物的相对分子质量，得到不同相对分子质量的缓释型聚羧酸减水剂（SPCE）。

2.2　试验方法

2.2.1　水解速率测试

水解速率测试为同掺量下，在烧杯中加入（折固）5 g PCE 的水溶液，在 25 ℃ 磁力搅拌下加入 25 g 饱和 $Ca(OH)_2$ 溶液（W/C = 2∶100）。在 10 min、20 min、30 min、50 min、70 min、90 min、120 min 和 140 min 时测试悬浮液电导率，空白样品为饱和 $Ca(OH)_2$ 溶液。

2.2.2　水化热测试

使用 TAM 空气等温量热法（TA 仪器）在 20 ℃ 的温度下测量具有缓释 PCE 的水泥浆体的水化热。100 g 水泥、29 g 水（W/C = 0.29）和一定量的 PCE 用 IKA RW20 数字搅拌机以 500 r/min 的速度混合 1 min，然后以 1 500 r/min 的速度混合 1 min。混合后，立即将约 13 g 糊状物放入 20 mL 安瓿中。为了确保不同 PCE 的结果具有可比性，每种混合物的混合开始和样品放入通道之间的时间间隔保持恒定。

2.2.3　吸附量的测定

称取 200 g 水泥加入 100 g 掺量为 0.1%（折固）的聚羧酸溶液中，搅拌一定时间，高速离心（10 000 r/min）2 min，收集上部清液 2 g，并用 1 g HCl（1 mol/L）溶液酸化后，加水稀释至 20 g。采用德国耶鲁公司生产的总有机碳分析仪 Multi N/C3100 分别测定清液与空白样的有机碳含量，计算出水泥颗粒表面的吸附量，由此得到聚羧酸的吸附曲线。

2.2.4　砂浆测试

砂浆流动度按照 $m($水泥$):m($标准砂$):m($水$)=700:1\,350:224$ 的基准配合比，SPCE与 PCE-1 减水型按 1:1 复配，掺量均为 0.06%，用 Model JJ-5 砂浆搅拌机，先低速搅拌 30 s，在第 2 个 30 s 开始时加入 1 350 g 砂，随后高速搅拌 30 s，停拌 90 s，最后再高速搅拌 60 s，倒入标准圆锥截模测试流动度。

3　试验结果与讨论

3.1　聚合结果

将 HEA 作为共聚单体与丙烯酸、甲基烯丙基聚氧乙烯醚进行水性自由基共聚合，得到缓释型聚羧酸（SPCE）。同时，通过链转移剂用量的调节，得到两种主链长度差异较大的缓释型聚羧酸，分别命名为 SPCE-1、SPCE-2。链转移剂对聚合历程的影响相对较小，只是过多的链转移剂会小幅压制前期的聚合转化（图 1），其最终转化率均大于 90%。主要作用在于对主链长度即相对分子质量的调控（图 2），SPCE-1 平均 M_w 为 20 kDa，SPCE-2 为 35.1 kDa，表明已成功合成了结构类似、主链长度差异较大的缓释型聚羧酸。

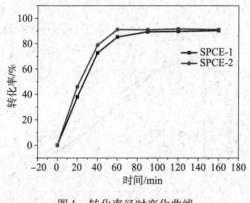

图 1　转化率经时变化曲线

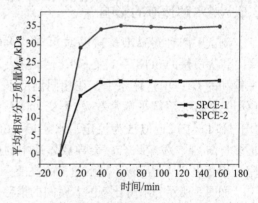

图 2　相对分子质量经时变化曲线

3.2　对分散性能的影响

不同 M_w 的缓释 SPCE 的砂浆分散性能和分散保持性能如表 2 和图 3 所示。SPCE 水泥的分散性能和分散保持率在测试时间上均呈现先增加后降低的趋势。由于相对分子质量较小，导致 SPCE-1 初始减水率相对较小，并且流动度涨幅相对延后，最大流动度出现在 90 min。而 SPCE-2 在砂浆的剪切环境下，初始流动度较大，60 min 后流动度开始迅速降低。将样品 60 min 后流动度与初始流动度的比值进行线性处理（图 4），得出斜率 k 值，其在一定程度上反映了样品的中后期流动度损失情况。SPCE-1 的 k 值最小，表明相对分子质量降低可以延缓后期流动度损失。

表 2　砂浆性能测试结果

样品	M_w/kDa	转化率/%	砂浆流动度/mm					
			0 min	30 min	60 min	90 min	120 min	150 min
SPCE - 1	20.3	90.3	177	192	225	231	215	197
SPCE - 2	35.1	91.1	198	202	230	225	205	166

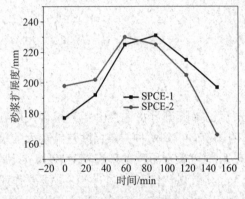

图 3　砂浆流动度经时变化曲线

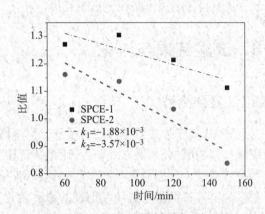

图 4　砂浆流动度比值

3.3　对水解速率的影响

测试了两种缓释型聚羧酸减水剂的水解速率。将等质量的 SPCE - 1 及 SPCE - 2 样品溶解在饱和的 $Ca(OH)_2$ 体系中,在相同温度下,$Ca(OH)_2$ 的沉淀溶解平衡常数 k_{sp} 不变,体系中的 OH^- 和 Ca^{2+} 可近似认为恒定,水解后—COO^- 增多,与 Ca^{2+} 发生络合,会导致体系中的电导率发生变化,从而反映了水解速率的快慢。

如图 5 所示,水解比例随着时间的推移而增加,羧基逐渐生成,电导率持续下降。同时,SPCE - 2 样品的水解速率前期明显要快于 SPCE - 1 样品,这表明相对分子质量大的样品前期会释

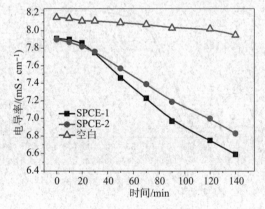

图 5　水解速率经时变化曲线

放更多的—COO^- 吸附在水泥颗粒上,因此宏观表现为减水率大,后期浆体中能够补充的 PCE 较少,损失加快。后期缓慢水解可能是因为主链较长,聚合物在溶液中构象易发生缠绕卷曲,M_w 越大,分子卷曲越严重,疏水酯基被包裹在内部,水解缓慢。SPCE - 1 的 M_w 较小,由于主链长度的限制,使得卷曲程度小,大部分羧基可以暴露在环境中,酯键基团在水解反应中很容易与 OH^- 接触,所以 M_w 小的 SPCE - 1 分子的水解速率更高。

3.4　对吸附性能的影响

PCE 分子对水泥颗粒的初始分散效果取决于吸附 PCE 的构象和吸附量。分散保持性能

与水泥浆溶液中残留的 PCE 量有关。TOC 方法可以测量 PCE 的表观吸附能力，包括吸附在水泥颗粒表面和嵌入水泥早期水化产物中的减水剂分子。为了明确不同 M_w 的 SPCE 的分散行为差异，吸附试验在水灰比为 2:1 的水泥浆体中进行，随着时间延长，SPCE 分子的吸附量持续增长（图 6）。相对分子质量提高后，吸附加快，饱和吸附量增加，与水解规律相悖，这表明水解后的 SPCE – 1 虽然裸露的羧基增多，但不能完全吸附在水泥颗粒上。

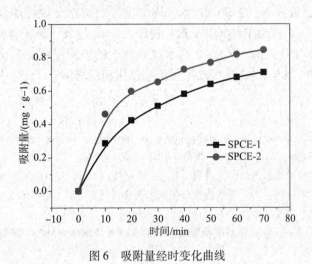

图 6　吸附量经时变化曲线

3.5　对水泥水化的影响

两种 M_w 的 SPCE 对水泥浆体水化热的影响如图 7 所示。与普通水泥相比，添加的所有缓释 SPCE 都明显延缓了水泥的水化进程。SPCE 的阻滞时间随着相对分子质量的降低而增加。因此，较小相对分子质量的 SPCE – 1 的缓凝时间最长，较大 M_w 的 SPCE – 2 的缓凝时间更长。PCE 的阻滞作用主要是由于吸附在水泥颗粒表面的 PCE 可以改变水合物相的生长动力学和形态。在水泥中加入等量的 PCE 时，水泥颗粒上吸附的 M_w 较大的共聚物分子数明显小于 M_w 较小的共聚物分子，从而对水泥水化的延缓作用减弱。

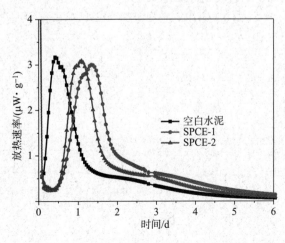

图 7　不同 M_w 缓释型聚羧酸对水泥水化热影响曲线

4 结论

缓释聚羧酸减水剂的 M_w 能影响水泥浆体的分散性能和分散保持性能。水解率随时间增加，生成羧基逐渐增多，使得更多的聚羧酸分子吸附在水泥颗粒上，进一步分散水泥颗粒。在两种缓释 PCE 中，较大 M_w 的 SPCE－2 表现出优异的初始分散性能及最差的分散保持能力，M_w 较小的 SPCE－1 表现出优异的分散保持能力。M_w 越大，分子卷曲越严重，因此水解速率降低。相对分子质量大的 SPCE－2 在水泥颗粒上的吸附量更多；由于吸附在水泥颗粒表面的分子数量减少，SPCE－2 延缓水泥水化的作用相对减弱。

参考文献

［1］ Huang X Q, Li X R, Zhang D W, et al. Application of Polycarboxylate Superplasticizer in the Concrete ［C］. Materials Science Forum, 2017 (898)：2076 – 2080.

［2］ 邓俊强, 黎凡. 聚羧酸减水剂的研究进展 ［J］. 广东建材, 2016, 32 (010)：65 – 66.

［3］ 邵致成, 郭柯宇, 刘仕伟, 等. 高性能聚羧酸减水剂合成研究 ［J］. 化学工业与工程, 2020, 37 (6)：30 – 37.

［4］ 廖国胜, 潘会, 肖煜. 新型缓释型聚羧酸减水剂的合成及性能研究 ［J］. 新型建筑材料, 2013 (4)：54 – 58.

［5］ 李慧群, 姚燕, 王子明, 等. 羧酸酯水解速率对缓释型聚羧酸超塑化剂分散性能的影响 ［J］. 硅酸盐学报, 2020 (2).

［6］ Hirata T, Ye J, Branicio P, et al. Adsorbed conformations of PCE superplasticizers in cement pore solution unraveled by molecular dynamics simulations ［J］. Scientific Reports, 2017, 7 (1)：1 – 10.

［7］ Kong F, Pan L, Wang C, et al. Effects of polycarboxylate superplasticizers with different molecular structure on the hydration behavior of cement paste ［J］. Construction and Building Materials, 2016 (105)：545 – 553.

［8］ 李国冉. 聚羧酸减水剂的合成参数对水泥水化及相容性影响研究 ［J］. 新型建筑材料, 2019, 46 (12)：76 – 79.

不同结构参数聚羧酸减水剂
对水泥吸附量的影响

朱少宏，林艳梅，方云辉，柯余良，蒋卓君，官梦芹，林晓琛

(科之杰新材料集团有限公司)

摘要： 本文主要从分子设计角度合成了一系列具有不同结构参数的聚羧酸减水剂，并采用水泥吸附量测试和流动度测试等手段，分析研究了不同结构参数聚羧酸减水剂对水泥吸附量的影响，并进一步揭示了聚羧酸减水剂在水泥颗粒表面的吸附变化规律。经试验发现，在加热工艺下，当重均相对分子质量为 55 128、大单体转化率为 84.61%、侧链密度为 0.172 5 时，其减水剂吸附分散性能较好；对于常温工艺产品，当重均相对分子质量为 103 920、大单体转化率为 92.03%、侧链密度为 0.311 5 时，其聚羧酸减水剂在水泥中的吸附分散效果最好。

关键词： 聚羧酸减水剂；结构参数；水泥浆体；分散性能；吸附性能

1 前言

聚羧酸减水剂分子（PCE）对水泥颗粒有着较强的亲和力，并且能在水泥颗粒上表现出显著的吸附作用。而对水泥粒子的分散吸附起到较大影响作用的，主要包括减水剂中承担分散作用的成分吸附在水泥粒子表面产生的静电斥力、高分子吸附层的相互作用产生的立体斥力及水分子的润湿作用。根据现有研究结果表明，不同结构的 PCE 对其吸附分散性能的影响主要体现在 PCE 相对分子质量、侧链密度、转化率及功能单体结构等方面，例如，侧链密度越低，则水泥净浆流动度越好，PCE 在水泥颗粒表面的吸附量越高。

因此，从分子设计角度对 PCE 分子进行结构调整，以进一步研究具有不同结构参数的 PCE 在水泥浆体中的吸附和分散作用，从而建立聚羧酸高性能减水剂的分子结构与其功能化应用之间的对应关系，对于新型聚羧酸高性能减水剂的开发和已有高性能减水剂的性能优化有着重要意义。

本研究通过对我司 PCE 产品的相对分子质量、大单体转化率和侧链密度等参数进行分子设计和结构调控，并进一步研究分析 PCE 结构参数对吸附量的影响，从而确定了 PCE 组成和结构与其吸附、分散性能之间的关系。

———————————

朱少宏，男，1993.03，研发工程师，福建省厦门市翔安区内坡中路 169 号，361100，15396289161。

2 试验部分

2.1 原材料

2.1.1 合成用材料

异丁烯聚氧乙烯基醚（HPEG，福建钟山化工有限公司，相对分子质量 2 400）、异戊烯基聚氧乙烯基醚（TPEG，福建钟山化工有限公司，相对分子质量 2 400）、丙烯酸（福建滨海化工有限公司，工业级）、过硫酸铵（漳州市荣灿商贸有限公司，工业级）、次磷酸钠（成都三正金属材料有限公司，工业级）、氢氧化钠溶液（NaOH，泉州市立信化工贸易有限公司，工业级）、布吕格曼化学试剂 TP1351（上海凯茵化工有限公司，工业级）、巯基乙酸（南京棋成新型材料有限公司，工业级）。

2.1.2 性能测试用材料

研究测试采用水泥为标准 P·I 42.5 水泥（中国联合水泥集团有限公司），其性能见表 1。

表 1 水泥的具体性能指标

抗压强度/MPa		抗折强度/MPa		标准稠度用水量/%	凝结时间/min		密度/（g·cm^{-3}）	细度/%
3 d	28 d	3 d	28 d		初凝	终凝		
23.6	—	4.9	—	25.2	172	226	3.14	0.9

2.2 性能测试与表征

2.2.1 水泥净浆流动度测试

水泥净浆流动度参照 GB/T 8077—2012《混凝土外加剂匀质性试验方法》进行测试。其中，自制聚羧酸减水剂的掺量为 0.2%（折固）。

2.2.2 水泥吸附量测试

水泥吸附量测试采用 Vario TOC 总有机碳分析仪（艾力蒙塔贸易（上海）有限公司）对 PCE 中的有机碳含量进行测定。

2.2.3 凝胶渗透色谱测试

采用美国 Waters 1515 泵、2414 示差检测器及 Breeze 采集与分析软件进行凝胶渗透色谱测试。通过 GPC 凝胶色谱测得重均相对分子质量和大单体转化率，并进一步分析计算出减水剂分子的侧链密度。

2.3 聚羧酸减水剂的制备

2.3.1 加热合成工艺

将丙烯酸 AA、次磷酸钠 SHP 和 TPEG 按配方规定的用量在引发剂过硫酸铵 APS 的作用下，采用水溶液中自由基共聚的方法，在 63 ℃下进行共聚反应，最后将反应产物冷却后用 NaOH 溶液中和，进而得到 PCE 溶液。

2.3.2 常温合成工艺

将 AA、TGA、TP1351 和 HPEG 按配方规定的用量在 APS 的作用下，采用水溶液中自由基共聚的方法，在室温下进行共聚反应，最后将反应产物用 NaOH 溶液中和，进而得到 PCE 溶液。

3 结果与讨论

3.1 聚羧酸减水剂结构参数变量设计

本文在加热或者常温合成工艺基础上，选择 TPEG 或 HPEG 作为聚醚大单体进行合成制备。对 $n(AA)/n(TPEG)$、$n(SHP)/n(TPEG)$、$n(APS)/n(TPEG)$、$n(AA)/n(HPEG)$、$n(TGA)/n(HPEG)$、$n(APS)/n(HPEG)$ 这几个因素进行设计调整，考察其对 PCE 结构参数的影响，并进一步研究不同结构参数对吸附性能、分散性能的影响。

3.2 重均相对分子质量对吸附性能、分散性能的影响

对聚醚大单体、丙烯酸、引发剂、还原剂和链转移剂的用量进行调整，以研究 PCE 重均相对分子质量（M_w）与分散性能及吸附性能的关系，如图 1 所示。

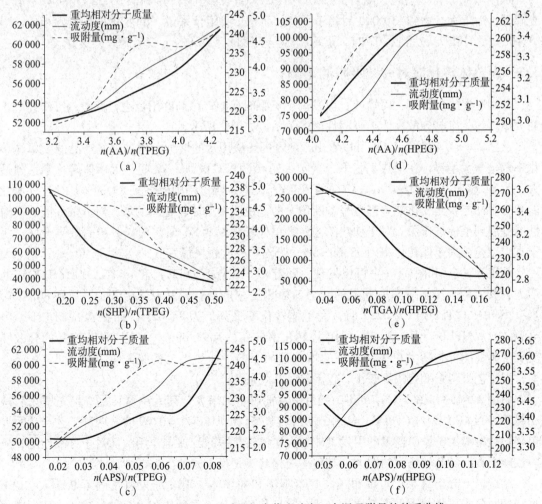

图1 PCE 重均相对分子质量与净浆流动度、水泥吸附量的关系曲线

根据图 1（a）、图 1（c）和图 1（d）可以得出，随着 $n(AA)/n(TPEG)$、$n(APS)/n(TPEG)$ 和 $n(AA)/n(HPEG)$ 的增大，其 PCE 的重均相对分子质量也随之增大，证明羧基基团的增多及引发剂的增多能促进 PCE 重均相对分子质量的增大。并且净浆流动度也会随 M_w 一起增大，从 218 mm 升高到 242 mm，流动分散性能得到提高。但是，对水泥颗粒表面的吸附量而言，M_w 并不是越大越好。当 M_w 增大到一定程度，吸附性能的增大趋势就保持一个平稳状态。可以发现，对于加热工艺来说，当 $n(AA)/n(TPEG)$ 为 3.72，$n(APS)/n(TPEG)$ 为 0.06，M_w 为 55 128 时，其吸附效果最好。若继续增大，吸附性能则稍微下降了一点，然后就保持一个平稳状态。而对于常温工艺来说，当 $n(AA)/n(HPEG)$ 达到 4.59，M_w 为 103 920 时，其流动分散性和吸附效果最好。

由图 1（b）和图 1（e）看出，随着 $n(SHP)/n(TPEG)$ 和 $n(TGA)/n(HPEG)$ 的增大，其 PCE 分子的 M_w 呈下降的趋势，说明随着还原剂用量或链转移剂用量增加，对 PCE 分子的 M_w 起到了抑制作用。并且净浆流动度也是随着 M_w 的减小而减小，但是吸附量变化开始较为平缓，当 $n(SHP)/n(TPEG)$ 达到 0.3，$n(TGA)/n(HPEG)$ 达到 0.08 时，才开始呈明显下降趋势。

从图 1（f）可以发现，随着 $n(APS)/n(HPEG)$ 的增大，其 PCE 的重均相对分子质量先降低，后增大。增到 110 000 后趋于平稳。而对于吸附量来说，其变化趋势正好相反，当 $n(APS)/n(HPEG)$ 达到 0.07 时，重均相对分子质量为 74 832，其吸附效果最好。

3.3 大单体转化率对分散吸附的影响

分别对聚醚大单体、丙烯酸、引发剂、还原剂和链转移剂的用量进行调整，以研究 PCE 的大单体转化率与分散性能、吸附性能的关系，如图 2 所示。

从图 2（a）和图 2（d）可以看出，随着丙烯酸用量的增大，两种工艺产品的大单体转化率都呈增大趋势，在加热工艺下，当 $n(AA)/n(TPEG)$ 为 3.72 时，大单体转化率达到最大，为 84.61%，继续增大 $n(AA)/n(TPEG)$，大单体转化率则降低到 83.34%。对于分散性能和吸附性能，其变化趋势都是呈不断增大的，说明大单体转化率的增大对分散性能、吸附性能都起到了促进作用。对于加热工艺，大单体转化率为 84.61% 时，其吸附效果最好。对于常温工艺，大单体转化率为 93.09% 时，吸附和分散效果最好。

从图 2（b）和图 2（e）可以发现，随着 $n(SHP)/n(TPEG)$ 和 $n(TGA)/n(HPEG)$ 的增大，其大单体转化率都呈下降的趋势，加热工艺产品转化率从 84.12% 下降到 80.82%，当 $n(SHP)/n(TPEG)$ 为 0.32 时，大单体转化率最高，为 84.61%。而在常温工艺下，当 $n(TGA)/n(HPEG)$ 为 0.10 时，大单体转化率最高，为 93.09%。但是，PCE 产品的分散性能和吸附性能都是随大单体转化率的增大而减小的，加热工艺的吸附量下降了 2.1 mg/g，而常温工艺吸附量变化幅度较小，仅下降了 0.8 mg/g。

由图 2（c）和图 2（f）可得，随着引发剂用量的增大，其大单体转化率呈先增大后减小趋势，当 $n(APS)/n(TPEG) = 0.06$ 或者 $n(APS)/n(HPEG) = 0.09$ 时，两种工艺产品的大单体转化率最大，说明适量的引发剂能对大单体转化率起到促进作用。而对于分散性能和吸附性能而言，随着转化率的增大，其整体变化趋势是呈上升的。

结合以上分析结果，可以得出，随着不饱和酸单体、引发剂投料量的不断增大，PCE 重均相对分子质量基本呈不断增大趋势，并且其相对分子质量分布也会越来越宽，从而导致

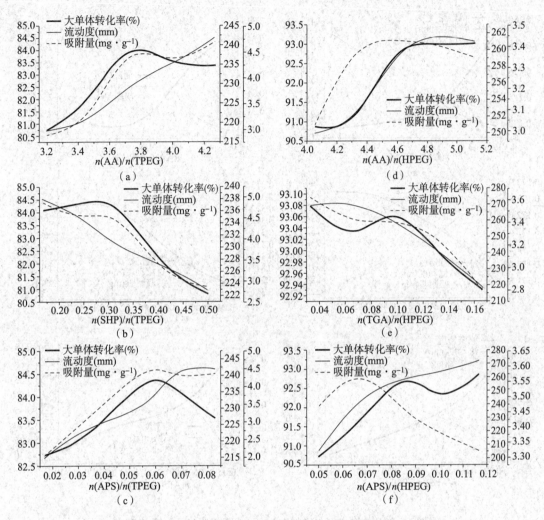

图2 PCE 大单体转化率与净浆流动度、水泥吸附量的关系曲线

其大单体转化率越来越大。而对于还原剂和链转移剂来说，其影响效果正好相反。

3.4 侧链密度对分散吸附的影响

分别对聚醚大单体、丙烯酸、引发剂、还原剂和链转移剂的用量与 PCE 的侧链密度、分散性能及吸附性能的关系作图，如图3 所示。

根据图中可以得出，随着不饱和酸用量和引发剂用量的增大，两种工艺 PCE 产品的侧链密度整体变化趋势是随之减小的。但是，水泥净浆流动度则呈上升趋势，说明侧链密度的减小能促进 PCE 分散性能的提高。另外，水泥颗粒表面上的吸附量也随着侧链密度减小而增大，但是随着两种工艺产品的侧链密度下降到一定数值，其吸附量变化趋势有所减缓。在加热工艺中，当侧链密度达到 0.172 5 时，其吸附量为 4.77 mg/g，吸附性能最优；但是对于分散性能来说，当侧链密度为 0.172 0 时，分散性较好。而在常温工艺中，当侧链密度达到 0.312 4 时，其吸附量为 3.44 mg/g，吸附性能最优。

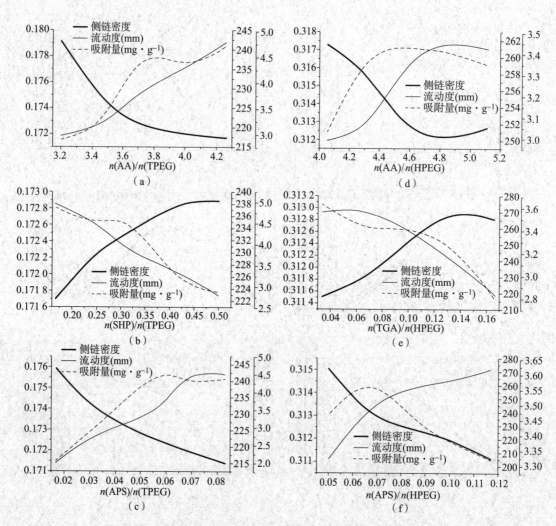

图 3   PCE 侧链密度与净浆流动度、水泥吸附量的关系趋势

从图 3（b）和图 3（e）可以发现，随着 $n(SHP)/n(TPEG)$ 或 $n(TGA)/n(HPEG)$ 的增大，其 PCE 的侧链密度也随之增大，说明还原剂和链转移剂的加入对侧链密度起到促进提高作用。但是，水泥净浆流动度和吸附量反而是逐渐变小的，说明侧链密度的增大，会使得减水剂分子中羧基含量减少，对分散性能和吸附性能起到了抑制作用。同时，随着 PCE 侧链密度增大，减水剂分子结构中的空间位阻效应和静电斥力作用都会逐渐提高，从而进一步降低 PCE 在水泥颗粒表面上的吸附量，使其分散性能和吸附性能降低。

结合之前的试验结果，也侧面证明了侧链密度与重均相对分子质量、大单体转化率之间呈负相关性，当相对分子质量越大，达到较高转化率时，所需的侧链密度就越低。对于两种工艺的 PCE 产品，应选择适当的相对分子质量、较高的转化率及较低的侧链密度进行分子结构设计调整，以制备出高分散性和高吸附量的优质聚羧酸减水剂产品。

4 结论

以 PCE 加热工艺和常温工艺为基础，对其进行变量设计调整，并结合重均相对分子质量、大单体转化率、侧链密度等结构参数的相关性分析，得到以下结论：

（1）重均相对分子质量、大单体转化率越大，对吸附性能和分散性能的提高作用越大。但是，增大幅度会逐渐减小，趋于平缓状态。在加热工艺下，当重均相对分子质量为55 128，大单体转化率为84.61%时，其吸附性能、分散性能最优。继续增大相对分子质量，吸附、分散性能基本不变，甚至有所降低。在常温工艺下，当重均相对分子质量为103 920，大单体转化率为92.03%时，吸附分散效果最好。

（2）对于侧链密度的影响趋势，低掺量条件下，影响并不明显，但是随着掺量的提高，侧链密度越小，吸附性能和分散性能则越好。在加热工艺下，当侧链密度为0.172 5时，吸附效果较优。在常温工艺下，当侧链密度为0.311 5时，其分散性能和吸附效果分别达到最优效果。

参考文献

[1] Yamada K. Basics of analytical methods used for the investigation of interaction mechanism between cements and superplasticizers [J]. Cement and Concrete Research, 2011, 41 (7): 793 – 798.

[2] Yamada K, Takahashi T, Hanehara K, et al. Effects of the chemical structure on the properties of polycarboxylate – type superplasticizer [J]. Cement and Concrete Research, 2000 (30): 197 – 207.

[3] Hanehara S, Yamada K. Interaction between cement and chemical admixture from the point of cement hydration, absorption behavior of admixture, and paste rheology [J]. Cement and Concrete Research, 1999 (29): 1159 – 1165.

[4] Zingg A, Winnefeld F, Holzer L, et al. Interaction of polycarboxylate – based superplasticizers with cements containing different C3A amount [J]. Cement & Concrete Composites, 2009, 31 (3): 153 – 162.

[5] Winnefeld F, Becker S, Pakusch J, et al. Effects of the molecular architecture of comb – shaped superplasticizer on their performance in cementitious systems [J]. Cement & Concrete Composites, 2007 (29): 251 – 262.

早强型聚羧酸系减水剂对基准
水泥早期水化影响的初步研究

黄伟[1,2,3]，周佳敏[1]，麻秀星[3]，方云辉[1,3]，

柯余良[1,3]，韦建刚[1]，袁从浩[2]

（1. 福州大学土木工程学院福建　福州 350116；2. 福州大学先进制造学院
福建　晋江 362251；3. 垒知控股集团股份有限公司福建　厦门 361004）

摘要：对比研究了普通聚羧酸系减水剂（PCE）与早强型聚羧酸系减水剂（ES‑PCE）
对基准水泥的水化进程、凝结时间与抗压强度的影响，初步分析 PCE 与 ES‑PCE 对水泥早
期水化的影响机理。试验结果表明：PCE 同时延缓了水泥水化的诱导期与加速期，特别是
诱导期，ES‑PCE 也在一定程度上延缓了水化诱导期，基本不影响加速期。PCE 与 ES‑
PCE 的掺入释放了水泥颗粒团状絮凝结构中的水分，有利于水泥水化，PCE 分子结构中大量
的羧基的存在抑制水泥的水化，然而，ES‑PCE 分子结构中羧基含量较低，Ca^{2+} 的络合作用
较弱，缓凝效果并不明显，促进了水泥的水化。在 W/C 为 0.4 时，ES‑PCE 的掺量适宜控制
在 0.3% 以下，在保证减水率的同时，对水泥早期和后期强度均起到一定的增强作用。

关键词：早强型聚羧酸系减水剂；水化热；凝结时间；抗压强度

1 引言

聚羧酸系减水剂（PCE）作为第三代高性能减水剂，其在低掺量时能产生理想的减水和
增强效果，同时具有良好的保坍性、对混凝土干缩性影响较小、SO_4^{2-} 和 Cl^- 含量低等突出
特点，广泛应用于桥梁、大坝、高铁等工程建设。然而传统 PCE 具有一定的缓凝作用，影
响了其在一些工程中的应用。PCE 分子具有可设计性，通过分子结构的设计或官能团的替
换，使得 PCE 具有早强功能，这为高性能混凝土的发展提供了崭新的思路。

近些年有学者研究不同合成方式的早强型聚羧酸系减水剂（ES‑PCE）对混凝土性能的
影响。刘其彬采用 TPEG‑4000，侧链密度为 2.7，TGA 用量为 1.2%，以 H_2O_2‑APS/Vc‑
$FeSO_4$ 为复合引发体系制备 ES‑PCE，明显降低了构件预制厂的蒸养温度与蒸养时间，满足
施工要求。Y. R. Zhang 通过研究发现了带负电荷的 PCE 比带正电荷的梳状聚合物具有更强
的吸附能力和阻滞作用，合成的 ES‑PCE 显著加快了水泥的水化进程，并且对 28 d 强度不
产生负作用。

ES‑PCE 能够在减水率一定的情况下提高混凝土的早期强度，这与水泥基材料早期水
化与微结构的演变息息相关。但由于 ES‑PCE 制备的复杂性与混凝土原材料的多样性，其
研发与应用过程往往具有一定的"盲目性"。目前，大多数研究在针对外加剂方面通常是从

有机化学的角度出发，研究其吸附与构象的影响，鲜有学者从水泥水化动力学的角度探究 ES - PCE 与水泥之间的物理化学作用机制，ES - PCE 的作用机制研究需回归于水泥水化研究范围。本文首先通过等温量热仪测试水灰比为 0.4 时基准水泥的水化进程，最后综合分析 ES - PCE 对基准水泥的凝结时间与抗压强度的影响。

2　试验

2.1　原材料与样品制备

采用国标 GB 8076—2008 规定的外加剂检测专用基准水泥 P·Ⅰ 42.5，山东鲁城水泥有限公司生产，其化学分析结果与物理性能检测结果分别见表 1 和表 2。

表 1　基准水泥化学分析结果　　　　　　　　　　%

SiO_2	Al_2O_3	Fe_2O_2	CaO	MgO	SO_3	Na_2O_{eq}	f - CaO	烧失量	Cl^-
22.89	4.54	3.47	61.98	2.06	2.76	0.53	0.88	1.23	0.022

表 2　基准水泥物理性能检测结果

细度（筛析法）/%	密度 /(g·cm^{-3})	比表面积 /(m^2·kg^{-1})	标准稠度 /%	安定性（雷式法）/mm
0.9	3.14	340	25.2	0.1

ES - PCE 采用厦门科之杰新材料有限公司生产的 S11A 型 ES - PCE，另外，采用 S08F 型的 PCE 作为对照组，两种减水剂的红外光谱如图 1 所示。由图分析可知，2 890 cm^{-1} 处的峰属于烷基（—CH）的伸缩振动吸收峰；1 344 cm^{-1}、1 281 cm^{-1}、964 cm^{-1}、843 cm^{-1} 处的峰属于亚甲基（—CH$_2$）的变角振动吸收峰；1 116 cm^{-1} 处的峰属于醚基（—C—O—C—）的伸缩振动吸收峰；1 724 cm^{-1} 处的峰属于羧基（—C ═O）的伸缩振动吸收峰，从图中可知，PCE 的羧基特征峰强度高于 ES - PCE。

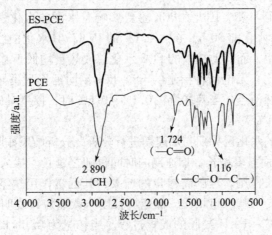

图 1　ES - PCE、PCE 红外图谱分析

2.2 试验方法

水泥水化热试验采用 W/C 为 0.4 的水泥净浆，首先将不同掺量 ES – PCE、PCE 溶于适量水，然后加水至规定量，缓慢掺入基准水泥中，在转速为 350 r/min 的自动搅拌器中搅拌 1 min。试验测试采用 TAM Air 八通道热导式等温量热仪，监测基准水泥 0～3 d 的水化放热，试验操作参照《用等温量热法测定水胶凝混合物的水化动力学的标准操作规程》（ASTM C1679 – 08）进行。

凝结时间试验采用建研华测科技有限公司的 GL – AWK 智能维卡仪，沉降度达到（36 ± 1）mm 的时间为初凝时间，达到（0.5 ± 0.1）mm 的时间为终凝时间。试验制备 W/C 为 0.4 的水泥净浆，在自动搅拌器下保持 350 r/min 的转速搅拌 1 min 后，倒入玻璃片上方的圆环内，如图 2 所示。在恒温恒湿的条件下对浆体进行凝结时间的测定，分别探究不同掺量的 ES – PCE、PCE 对基准水泥初凝时间与终凝时间的影响。

抗压强度试验采用基准水泥∶标准砂∶水的比例为 1∶3∶0.4，加入一定掺量的 ES – PCE、PCE，制备 40 mm × 40 mm × 160 mm 的标准胶砂试件，在标准养护条件下养护至规定的龄期，采用 GB/T 17671—1999《水泥胶砂强度检验方法（ISO 法）》规定的方

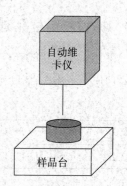

图 2   凝结时间测定示意图

法测定其 1 d、2 d、3 d、7 d 和 28 d 的抗压强度，探究不同掺量 ES – PCE、PCE 对水泥胶砂强度发展规律的影响。

3   结果

3.1 水化热

图 3 为不同掺量 PCE、ES – PCE 对水泥浆体水化放热的影响。从图 3（a）可以看出，掺入 PCE 时，水泥水化诱导期长度随着掺量的增加而延长，到达放热峰值的时间随之延迟。另外，无论掺量大小，水泥水化加速期阶段的斜率基本一致，说明不同 PCE 掺量下，水泥加速期的水化动力学机制不变，因此，PCE 主要影响着水泥的水化诱导期。从总放热曲线（图 3（b））可以看出，水化前 30 h，掺入 0.1% 的 PCE，其水化曲线略低于基准组，之后其水化放热稍高于基准组，而其他掺量的 PCE 水化总放热量均低于基准组。从图 3（c）可以观察到，与基准组对比，无论何种掺量的 ES – PCE，均延长了诱导期的持续时间，并且提高了水化放热速率的峰值点。当其掺量在 0.1%～0.5% 时，掺量对放热峰值提高的作用不大，峰值基本维持在 3.4 mW/g。

采用三点法对水泥的水化诱导期与加速期进行分析，分析结果如图 4 所示。诱导期的长度随着 PCE 掺量的增加而显著增长，加速期的时间也随之延长。掺入 ES – PCE 对水泥净浆的水化诱导期也起着延长作用，但随着掺量的增大，其延缓作用越不明显。ES – PCE 对加速期的作用效果很微弱，与基准组相比，加速期长度略微缩短，说明 ES – PCE 主要影响了水泥水化的诱导期，即 C – S – H 凝胶的成核过程。当掺量为 0.1% 时，PCE 对诱导期长度基本不起作用，较低掺量的 PCE 对基准水泥水化诱导期长度的影响要弱于 ES – PCE。

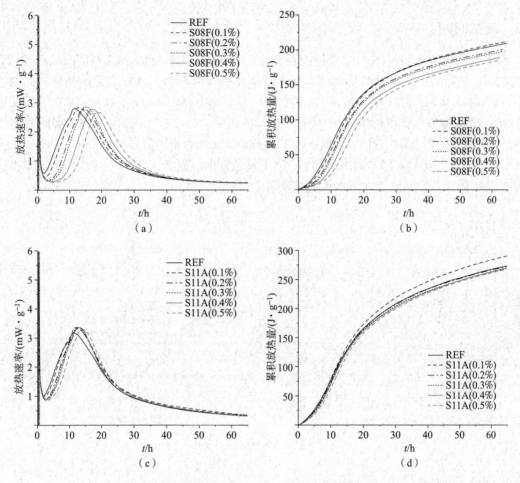

图 3 不同掺量 PCE、ES – PCE 对水化放热的影响

（a）不同掺量 PCE 水化放热速率；（b）不同掺量 PCE 累计放热量；
（c）不同掺量 ES – PCE 水化放热速率；（d）不同掺量 ES – PCE 累计放热量

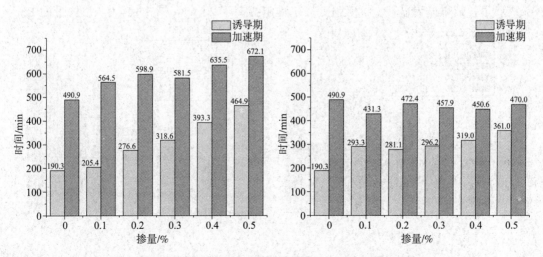

图 4 不同掺量 PCE、ES – PCE 对水化诱导期与加速期的影响

3.2　凝结时间

对比掺量均为 0.5%（与水泥质量的百分比）的 PCE、ES－PCE 水泥净浆的凝结时间，并与对照组进行对比，试验结果如图 5 所示。从图中可以看出，基准水泥的初凝时间约为 340 min，掺入 0.5% 的 PCE、ES－PCE 的初凝时间分别为 450 min 与 330 min 左右；与基准组对比，PCE 的掺入使得初凝时间延长了近 32%，而 ES－PCE 的掺入使得初凝时间略微提前。同样，基准水泥、PCE、ES－PCE 达到终凝的时间分别在 605 min、830 min 及 520 min 左右，与初凝时间试验结果类似，PCE 将终凝时间延长了 37%，而 ES－PCE 略微提前了终凝时间，试验结果与水泥水化热试验现象相吻合。

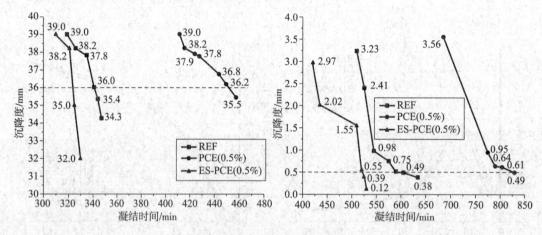

图 5　初凝与终凝时间对比图

3.3　抗压强度

图 6 表明，掺入 PCE 的水泥胶砂 1 d 强度均明显低于空白组，而掺入 ES－PCE 的水泥胶砂 1 d 强度要高于基准组约 5%，体现其早强效果。当养护龄期为 2 d 时，掺量为 0.2% 的 ES－PCE 早强效果最为显著，抗压强度较基准组提高了 20.5%。7 d 时，0.2% 掺量的 ES－

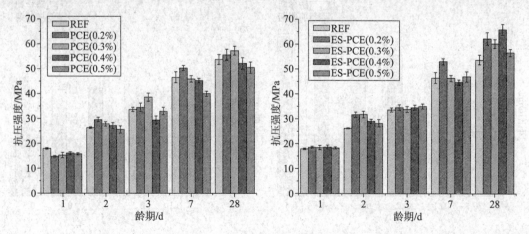

图 6　不同 PCE、ES－PCE 掺量下胶砂抗压强度对比图

PCE 抗压强度较基准组提高了 14%，而同掺量的 PCE 抗压强度提高仅为前者的一半。水化龄期为 28 d 时，0.4% 的 ES – PCE 组强度最高，较基准组提高了 22.6%，可见 ES – PCE 对后期水泥胶砂强度的提高也具有一定的帮助。PCE 的掺量为 0.2% 时，在 1 d 时抗压强度低于基准组 18%，2 d 时，其强度略有提高，7 d 强度高于基准组 7.9%。PCE 具有一定的缓凝效果，在未改变水胶比的情况下，使得早期胶砂强度降低，并随着掺量的增大，强度减小的幅度越大，甚至低于基准组。

4　讨论

综合分析，PCE 对基准水泥水化诱导期与加速期的延长较为明显，并且峰值与放热量的整体下降也都对应着早期强度的下降。较大掺量的 PCE 的缓凝效果越显著，并且影响着水泥早期强度，在 W/C 为 0.4 情况下，将掺量控制在 0.2% 左右较为合适。ES – PCE 的掺量较低时，虽然其对诱导期与加速期有略微增加，但在 1 d 时提高了水泥水化放热，起到了早强的作用。相较于 PCE，ES – PCE 对早期强度提升显著，可能是由于其分子结构中羧基含量较低，对溶液中自由 Ca^{2+} 络合作用较弱，基本不造成水化缓凝的现象，从而体现 ES – PCE 的早强效果。较高掺量的 ES – PCE 对水化前期早强作用较弱，0.5% 掺量时，1 d 的水泥胶砂抗压强度仅提高 2%，实际试验中发现，该掺量造成了较严重的泌水现象，将最优掺量控制在 0.2% ~ 0.3% 较为合适。

5　结论

（1）PCE 与 ES – PCE 均主要影响水泥水化的诱导期，即水化产物 C – S – H 凝胶的成核，特别是 PCE 较为显著，ES – PCE 对水化加速期基本不产生影响。

（2）PCE 与 ES – PCE 的掺入释放了水泥颗粒团状絮凝结构中的水分，有利于水泥水化；ES – PCE 分子结构中羧基含量较低，离子络合作用较弱，缓凝效果并不明显，相当于促进了水泥的水化。在水灰比为 0.4 时，ES – PCE 的掺量控制在 0.3% 以下较为合适，该掺量在保证减水率的同时，对早期和后期强度均起到一定的增强作用。

参考文献

[1] 王子明. 聚羧酸系高性能减水剂——制备、性能与应用 [M]. 北京：中国建筑工业出版社，2009.

[2] 隗功骁. 超早强聚羧酸减水剂对预制混凝土性能的影响 [D]. 北京：北京建筑大学，2015.

[3] 方云辉. 聚羧酸减水剂分子结构对吸附和水化性能影响研究 [J]. 新型建筑材料，2018（11）：14 – 17.

[4] Shu X, Ran Q, Liu J, et al. Tailoring the solution conformation of polycarboxylate superplasticizer toward the improvement of dispersing performance in cement paste [J]. Construction and Building Materials, 2016 (116): 289 – 298.

[5] Sun Jinfeng, Shi Hu, Qian Binbin, et al. Effects of synthetic C – S – H/PCE nanocomposites on early cement hydration [J]. Construction and Building Materials, 2017 (140): 282 – 292.

[6] Salem T M. Electrical conductivity and rheological properties of ordinary Portland cement – silica fume and calcium hydroxide – silica fume pastes [J]. Cement and Concrete Research, 2002, 32 (9): 1473 – 1481.

［7］ Salem T M, Ragai S M. Electrical conductivity of granulated slag – cement kiln dust – silica fume pastes at different porosities ［J］. Cement and Concrete Research, 2001, 31 (5): 781 – 787.

［8］ El – Hosiny F I, Abo – El – Enein S A, Abou – Gamra Z A, et al. Physicochemical and mechanical characteristics of autoclaved Portland cement clinker pastes containing condensed silica fume ［J］. Silicates Industriels, 2000, 65 (1 – 2): 19 – 24.

［9］ Bazzoni A. Study of early hydration mechanisms of cement by means of electron microscopy ［D］. Switzerland: EPFL, 2014.

［10］ Kong Xiangming, Li Qihong. Properties and microstructure of polymer modified mortar based on different acrylate latexes ［J］. Journal of the Chinese Ceramic Society, 2009, 37 (1): 107 – 114.

［11］ 孔祥明, 卢子臣, 张朝阳. 水泥水化机理及聚合物外加剂对水泥水化影响的研究进展 ［J］. 硅酸盐学报, 2017, 45 (2): 274 – 281.

［12］ 陈衡. 基于孔溶液分析和改进 BNG 模型的水泥早期水化热 – 动力学研究 ［D］. 南京: 东南大学, 2018.

［13］ Nicoleau L, Bertolim M A. Analytical model for the alite (C_3S) dissolution topography ［J］. Journal of the American Ceramic Society, 2016, 99 (3): 773 – 786.

［14］ Fernández M M C. Effect of particle size on the hydration kinetics and microstructural development of tricalcium silicate ［D］. Switzerland: EPFL, 2008.

［15］ Scrivener K L, Juilland P, Monteiro P J M. Advances in understanding hydration of Portland cement ［J］. Cement and Concrete Research, 2015 (78): 38 – 56.

［16］ Yoshika K, Sakai E, Daimon M, et al. Role of steric hindrance in the performance of superplasticizers for concrete ［J］. Journal of the American Ceramic Society, 1997, 80 (10): 67 – 71.

水泥与聚羧酸减水剂适应性原因分析

张建纲[1]，毛永琳[1]，周栋梁[1]，杨勇[1]，刘刚[2]

（1. 高性能土木工程材料国家重点实验室，江苏苏博特新材料股份有限公司；

2. 四川苏博特新材料有限公司）

摘要：在全国范围内收集了 29 种商品混凝土中使用的水泥，通过多元回归分析方法研究了水泥矿物组成、比表面积与聚羧酸减水剂性能之间的关系。结果表明，比表面积、C_3A-C 及 K_2SO_4 是影响外加掺量的主要因素，溶解较快的硫酸盐及 C_3A-M 是影响 PCE 早期流动度保持能力的主要因素，C_3A 的总量及 $CaSO_4 \cdot 1/2H_2O$ 是影响 PCE 早期流动度保持能力的主要因素，高 C_3S 含量的水泥聚羧酸减水剂的总体适应性较好。

关键词：水泥适应性；聚羧酸减水剂；矿物组成；化学组成；净浆流动度；多元回归

1 前言

水泥是一种矿物、化学组成复杂的胶凝材料，是决定混凝土材料流变性能、力学性能的主要原材料。我国每年水泥产量超过 20 亿吨，不同地域的企业由于原材料、生产工艺的差异，所生产的水泥的矿物、化学组成及细度等差异明显。聚羧酸减水剂（PCE）具有减水率高、坍落度保持能力强、混凝土收缩小、分子结构可调性强等特点，在混凝土工程中得到了广泛的推广和应用，为现代混凝土的性能带来了革命性的变化。然而聚羧酸减水剂在应用过程中也常常会出现掺量高、流动性快速损失等适应性问题，成为困扰工程技术人员的难题。为此，人们对减水剂与水泥的适应性问题进行了大量的研究。如 Yamada 认为 PCE 和水泥不适应，原因在于其和水泥里面的硫酸盐之间存在着竞争吸附。Serdar Aydin 等人的结果表明，随着水泥细度的增加，达到相同流动度需要的外加剂掺量逐渐增加，净浆流动度经时损失明显增加。可见，水泥与 PCE 适应的因素具有多样性和复杂性，很难从单因素的角度对适应性问题进行定量的解释。本文对全国范围内收集的 29 种水泥开展了研究，通过多元回归分析方法研究了水泥矿物组成、比表面积与聚羧酸减水剂性能之间的关系，从水泥性能的角度对适应性问题进行了探讨和分析。

2 试验部分

2.1 试验材料

（1）水泥：在全国范围内收集了 29 种来自不同企业生产的普通硅酸盐水泥。

张建纲，男，1981.01，高级工程师，南京市江宁区醴泉路 118 号　211108，025 - 52837033。

（2）聚羧酸减水剂：江苏苏博特新材料股份有限公司生产的聚羧酸减水剂 PCE1，其主要成分为丙烯酸（AA）与甲基烯丙基聚氧乙烯醚（HPEG）的共聚物，含固量 20%，减水率 28%。

2.2　试验方法

（1）净浆流动度：按照 GB 8077—2012《混凝土外加剂匀质性试验方法》进行净浆流动度试验，水灰比 0.29，并分别测试 0 min、15 min、30 min、60 min、90 min 的净浆流动度。

（2）水泥矿物组成：采用德国 Bruker‑Axs 公司生产的 D8 DISCOVER X 射线衍射仪测试水泥的矿物组成。

（3）水泥比表面积：采用勃氏法测定水泥的比表面积。

3　试验结果与讨论

3.1　水泥主要矿物组成及比表面积

水泥的主要矿物组成和比表面积测试结果见表 1，其中 $C_3A‑C$ 为立方晶系的铝酸三钙，$C_3A‑M$ 为斜方晶系的铝酸三钙。表 1 的最后两行分别统计了表中水泥各种矿物及比表面积的最大值和最小值。

表 1　水泥主要矿物组成及比表面积

水泥	C_3S /%	C_2S /%	$C_3A‑C$ /%	$C_3A‑M$ /%	C_4AF /%	K_2SO_4 /%	$CaSO_4 \cdot 2H_2O$/%	$CaSO_4 \cdot 1/2H_2O$/%	$CaSO_4$ /%	非晶态 /%	比表面积/ $(m^2 \cdot kg^{-1})$
1	52.36	10.36	1.42	2.55	10.80	0.91	2.55	0.70	7.21	0.00	369
2	51.50	6.24	3.09	1.00	6.95	1.39	2.95	1.71	0.40	16.17	372
3	35.26	9.73	1.95	0.36	8.02	1.48	3.29	0.06	0.27	29.03	393
4	49.30	18.80	2.16	4.76	7.84	0.71	1.27	2.19	0.75	0.00	382
5	46.54	14.87	2.30	0.11	7.68	1.68	0.30	1.83	0.47	9.10	359
6	46.47	12.40	3.10	7.54	4.57	0.81	4.49	0.00	0.00	7.00	359
7	46.41	20.00	3.50	2.05	11.57	0.75	2.03	1.67	0.15	6.72	351
8	48.27	8.25	1.78	2.21	7.76	1.15	6.43	0.00	0.15	19.57	354
9	44.38	16.10	3.56	0.32	8.83	0.36	0.96	1.74	0.00	21.16	355
10	56.86	12.38	2.21	2.18	9.69	0.39	4.06	0.19	0.18	1.52	386
11	40.52	15.11	3.01	2.55	8.04	1.74	0.90	1.73	0.20	17.72	376
12	61.66	7.64	3.82	0.45	8.91	0.65	3.86	0.67	0.09	2.82	380
13	59.86	7.95	3.93	0.48	8.41	0.75	3.35	0.85	0.10	3.20	378
14	62.08	3.60	2.67	2.52	11.23	0.60	1.57	0.00	0.00	5.08	356

续表

水泥	C_3S /%	C_2S /%	C_3A-C /%	C_3A-M /%	C_4AF /%	K_2SO_4 /%	$CaSO_4 \cdot 2H_2O$/%	$CaSO_4 \cdot 1/2H_2O$/%	$CaSO_4$ /%	非晶态 /%	比表面积/ $(m^2 \cdot kg^{-1})$
15	48.48	14.36	2.74	1.67	8.42	1.24	2.85	0.81	0.11	8.77	393
16	42.78	11.34	1.63	1.99	7.55	1.97	2.44	1.72	0.46	17.19	395
17	42.68	8.90	1.77	1.68	6.28	1.50	1.81	0.19	0.17	25.78	386
18	47.65	4.45	2.99	4.45	7.12	0.00	3.64	1.42	0.08	21.82	385
19	55.28	11.79	2.81	2.49	10.18	0.30	0.66	3.50	0.35	5.05	383
20	54.55	13.66	1.90	2.20	9.40	0.96	2.55	0.04	1.79	0.00	353
21	51.48	14.07	3.02	2.63	8.51	0.28	1.44	1.33	0.34	12.30	390
22	48.27	5.40	1.84	3.74	7.56	1.35	3.29	0.00	0.06	18.40	376
23	51.03	20.01	4.43	0.88	8.24	0.72	3.89	0.03	0.07	4.40	365
24	44.00	12.00	2.45	0.51	7.75	2.51	4.65	0.00	0.01	16.84	385
25	56.98	8.98	5.19	0.00	9.63	0.00	5.68	0.16	0.48	3.80	353
26	48.85	18.16	4.49	0.90	9.49	0.44	2.26	0.01	0.10	11.00	399
27	49.48	9.77	1.57	1.98	10.00	2.70	2.12	0.82	0.16	13.54	400
28	52.74	10.27	5.09	3.79	6.65	1.98	2.38	0.00	0.02	8.55	347
29	52.12	9.23	1.76	4.34	8.64	1.60	1.74	0.00	1.47	9.24	375
Max	62.08	20.01	5.19	7.54	11.57	2.70	6.43	3.50	7.21	29.03	400
Min	35.26	3.60	1.42	0.00	4.57	0.00	0.30	0.00	0.00	0.00	347

由表1的测试结果可以看出，不同水泥之间的矿物组成差异非常明显，显示出较大的差异性。四种主要水化矿物的最大值和最小值相差数倍之多，而硫酸盐的种类和含量差异也非常显著。所收集的水泥符合通用硅酸盐水泥对于比表面积的要求，比表面积均在 340 ~ 400 m^2/kg，显示出不同水泥之间由于原材料及粉磨工艺带来的水泥在粉体特性上的差异。上述水泥作为各地区典型的混凝土原材料广泛地应用于混凝土工程中，然而其矿物组成和比表面积上的巨大差异必然带来外加剂的适应性问题。

3.2　水泥净浆流动度

为了使不同水泥的流动性及经时变化数据具有可比性，并考察不同水泥在外加剂掺量方面的差异，通过调整 PCE1 的掺量，使水泥净浆的初始流动度基本一致（220 ~ 240 mm），测试结果见表2。

表2 水泥净浆流动度

水泥	PCE1 掺量/%	水泥净浆流动度/mm					水泥	PCE1 掺量/%	水泥净浆流动度/mm				
		0 min	15 min	30 min	60 min	90 min			0 min	15 min	30 min	60 min	90 min
1	0.60	226	234	224	194	159	16	0.85	235	235	215	203	151
2	0.60	230	234	213	180	130	17	0.85	239	200	198	182	158
3	0.60	230	236	235	166	181	18	0.90	234	213	210	209	176
4	0.60	231	228	217	185	149	19	0.95	228	257	241	245	219
5	0.70	239	237	240	220	202	20	1.00	225	241	261	221	225
6	0.74	232	217	202	151	104	21	1.05	226	235	251	219	240
7	0.75	247	226	225	225	231	22	1.05	241	213	213	187	170
8	0.75	237	240	240	240	223	23	1.10	231	231	231	225	204
9	0.75	237	256	250	245	228	24	1.10	230	232	252	202	190
10	0.80	230	247	240	240	221	25	1.15	230	238	244	235	229
11	0.80	238	224	215	214	205	26	1.15	233	220	222	225	199
12	0.85	235	247	257	255	235	27	1.15	229	255	235	235	228
13	0.85	240	257	260	260	243	28	1.20	232	240	211	184	169
14	0.85	242	240	225	187	176	29	1.20	229	225	202	167	159
15	0.85	230	234	218	174	149							

从表2可以看出，所选的29种水泥中，当初始流动度接近时，外加剂的掺量最低为0.6%，最高为1.2%，掺量相差达到1倍。各种水泥的净浆流动度经时变化规律表现出以下三种趋势：①快速损失型：浆体流动度持续损失，直至完全失去流动性；②缓慢损失型：浆体流动度呈现缓慢损失的特点，流动度保持良好；③先增长后损失型：搅拌结束后，浆体流动度逐渐增长，在15～30 min之间达到最大值，然后缓慢损失。可见，对于同一种聚羧酸减水剂，不同水泥的流动度变化过程存在着巨大的差异，表现出显著的适应性问题。

3.3 分析与讨论

水泥矿物组成、比表面积及净浆流动度的测试结果均表明不同水泥之间的差异性及其与PCE之间存在明显的适应性问题。本文将从水泥矿物组成、比表面积的角度讨论影响水泥与PCE之间适应性的主要因素。将C_3A的种类和含量、硫酸盐的种类和含量、比表面积作为主要变量，通过多元回归分析方法研究其对外加剂掺量及净浆流动度损失过程的影响。选取的模型见式（1）：

$$Y = \beta_1 X_1 + \beta_2 X_2 + \cdots + \beta_i X_i \tag{1}$$

式中，Y为因变量；X_i为影响因素；β_i为因素X_i的回归系数。

3.3.1 PCE1掺量的影响因素分析

通常认为水泥中的C_3A含量、比表面积及硫酸盐的种类和含量等因素对外加剂的适应性具有显著的影响。经过各因素的显著性分析发现，C_3A-C、K_2SO_4及特征粒径比表面积对外加剂的掺量具有更为显著的影响，通过多元回归分析，上述三个因素的回归分析结果如图1和表3所示。

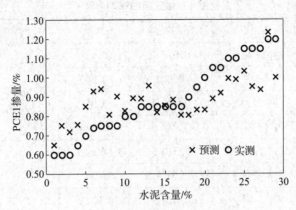

图 1　PCE 掺量保持率多元回归结果

表 3　多元回归模型参数

影响因素	回归系数	P 值	R^2	F 检验
$C_3A - C$	0.027 3	6.1×10^{-5}		
K_2SO_4	0.052 0	0.046	0.964	1.95×10^{-5}
比表面积	0.000 3	9.6×10^{-4}		

　　由多元回归分析结果可以看出，所选的三个因素 P 值均小于 0.05，表明该因素对于 PCE 掺量均有显著的影响，模型的相关系数 R^2 达到 0.964，表明模型能够较好地解释试验结果。模型中，所选参数的系数均为正值，表明其对外加剂掺量的影响均呈现正相关。

3.3.2　PCE1 流动度保持率的影响因素分析

　　以净浆初始流动度为基准，分别以 15 min 和 60 min 流动度与初始流动度的比值作为流动度保持率。经过分析发现，水泥中的 C_3S 含量、$C_3A - M$、早期溶解的硫酸盐 K_2SO_4 和 $CaSO_4 \cdot 1/2H_2O$ 对 15 min 的流动度保持率影响显著。而影响 60 min 流动度保持率的显著因素有 C_3S 含量、C_3A 总量、$CaSO_4 \cdot 1/2H_2O$ 和 $CaSO_4 \cdot 2H_2O$。分别采用多元回归分析方法对上述因素的影响进行分析，结果如图 2、图 3 和表 4 所示。

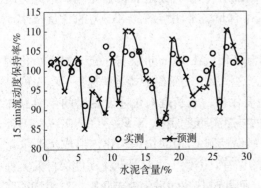

图 2　15 min 流动度保持率多元回归结果

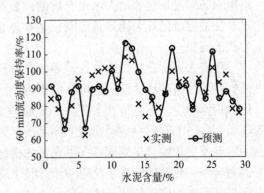

图 3　60 min 流动度保持率多元回归结果

表4　多元回归模型参数

影响因素		回归系数	P 值	R^2	F 检验
15 min 流动度保持率影响因素	C_3S 含量	0.017 7	1.02×10^{-6}	0.95	2.6×10^{-6}
	$C_3A - M$	$-0.003\ 6$	0.060		
	K_2SO_4	0.072 4	0.011		
	$CaSO_4 \cdot 1/2H_2O$	0.047 6	0.040		
60 min 流动度保持率影响因素	C_3S 含量	0.016 5	3.66×10^{-6}	0.98	2.4×10^{-5}
	C_3A 总量	$-0.029\ 5$	0.054 4		
	$CaSO_4 \cdot 2H_2O$	0.028 5	0.032 5		
	$CaSO_4 \cdot 1/2H_2O$	0.078 3	0.024 0		

由多元回归分析结果可以看出，15 min 和 60 min 流动度保持率所选影响因素的 P 值均小于或接近 0.05，表明所选的因素对流动度保持率具有显著的影响。模型的相关系数 R^2 达到 0.95 以上，表明模型能够较好地解释试验结果。其中，15 min 流动度保持率的影响因素中，C_3S、$CaSO_4 \cdot 1/2H_2O$、K_2SO_4 为正值，表明其对流动度保持率的影响均呈现正相关，而 $C_3A - M$ 的系数为负值，表明对流动度损失的影响呈负相关。60 min 流动度保持率的影响因素中，C_3S、$CaSO_4 \cdot 1/2H_2O$、$CaSO_4 \cdot 2H_2O$ 为正值，表明其对流动度保持率的影响均呈现正相关。而 C_3A 总量的系数为负值，表明对流动度损失的影响呈负相关。

3.3.3　分析与讨论

水泥是有多种矿物和化学组分构成的复杂体系，与 PCE 的作用包含着复杂的物理、化学及界面化学作用。水泥水化是一个动态的化学过程，各组分在各个阶段对 PCE 的作用、浆体的流动性变化均有影响。其中，C_3A 的存在使水泥表面带有正电荷，是水泥颗粒吸附 PCE 分子的根本动力所在。典型的 C_3A 为立方晶型（$C_3A - C$），随着碱金属离子的固溶量增加，C_3A 逐渐由单晶变成多晶结构，单斜晶体结构逐渐增加，溶解和水化活性降低。溶解和水化活性更高的立方晶型的 C_3A 更容易在表面形成正电荷，从而对 PCE 形成吸附。水泥中所含的硫酸盐中，硫酸钾具有最快的溶解速度，能够快速与水泥中的 C_3A 发生水化反应，消耗水的同时，也会增大水化产物的比表面积，增加对 PCE 的吸附和覆盖掩埋。因此，决定外加剂掺量的显著因素是水泥中立方晶系的 C_3A 含量、早期溶解的 K_2SO_4 的含量及水泥的比表面积。

随着水泥水化的持续进行，多种矿物开始参与水化，在 15 min 以前，处于快速水化阶段，C_3A 与硫酸盐的反应是早期主要的水化反应。这一反应受到硫酸盐溶解速度、C_3A 的晶体结构影响。C_3A 的持续水化不利于浆体的流动度保持，尤其是水化速度更慢的单斜晶体 $C_3A - M$ 此时开始逐步参与水化，不利于水泥浆体的早期流动度保持。K_2SO_4 和 $CaSO_4 \cdot 1/2H_2O$ 的溶解速度较快，早期能够提供充足的硫酸盐，从而控制 C_3A 的快速水化，形成水泥水化的诱导期，此时较为充足的硫酸盐有利于流动性的保持。因此，决定早期流动度保持的关键因素是溶解速度较快的硫酸盐和 $C_3A - M$ 的含量，而此时 C_3S 的水化尚未开始，对于流动度保持较为有力。当然，K_2SO_4 和 $CaSO_4 \cdot 1/2H_2O$ 的过量使用会造成水泥假凝的现象，引起水泥品质不合格，这已经超出了本文的讨论范围，此处不做讨论。

进入 60 min，水泥水化进入诱导期，此时主要的水化反应仍然是铝酸盐的缓慢溶解与硫酸盐反应生成钙矾石。新生成的水化产物的比表面积不断增加，持续对 PCE 进行吸附，同时，前期吸附的 PCE 由于被掩埋而失效。这一阶段浆体流动的变化及与 PCE 的作用关系仍然取决于 C_3A 的含量及硫酸盐的种类和含量。此时溶解速度较慢的 $CaSO_4 \cdot 2H_2O$ 是控制 C_3A 水化的关键因素，因此有利于这一时间段的浆体流动度保持。

4 结论

本文通过对水泥矿物组成、比表面积与净浆流动度的关系进行多元回归分析，明确了聚羧酸减水掺量及早期、中后期流动度损失的影响因素。主要得到以下结论：

（1）影响 PCE 掺量的关键因素是水泥中立方晶体 C_3A 和 K_2SO_4 的含量及比表面积，这三个因素与外加剂掺量的影响均呈现正相关性。

（2）影响 PCE 15 min 流动度保持性的关键因素是单斜晶体的 C_3A、快速溶解的硫酸盐 K_2SO_4 和 $CaSO_4 \cdot 1/2H_2O$ 的含量。其中，单斜晶体的 C_3A 不利于水泥的早期流动性保持。

（3）影响 PCE 60 min 损失的关键因素是 C_3A 总含量及其与硫酸盐的持续反应。

（4）水泥是矿物组成复杂，对 PCE 性能的影响也是多因素共同作用的结果，随着水化反应的进行，不同阶段的主导因素会逐步发生变化。完全定量解释水泥与 PCE 的适应性仍然需要大量数据的积累和分析。

参考文献

[1] 缪昌文，冉千平，洪锦祥，等. 聚羧酸系高性能减水剂的研究现状及发展趋势 [J]. 中国材料进展，2009，28（11）：36 – 45.

[2] Zingg A，Winnefeld F，Holzer L，et al. Adsorption of polyelectrolytes and its influence on the rheology, zeta potential, and microstructure of various cement and hydrate phases [J]. Journal of Colloid & Interface Science，2008，323（2）：301 – 312.

[3] 左彦峰，王栋民，李伟，等. 超塑化剂与水泥相互作用研究进展 [J]. 混凝土，2007（12）：79 – 83，97.

[4] Yamada K，Takahashi T，Hanehara S，et al. Effects of the chemical structure on the properties of polycarboxylate – type superplasticizer [J]. Cement and Concrete Research，2000，30（2）：197 – 207.

[5] Aydin S，Aytac A H，Ramyar K. Effects of fineness of cement on polynaphthalene sulfonate based superplasticizer – cement interaction [J]. Construction & Building Materials，2009，23（6）：2402 – 2408.

煅烧黏土种类对聚羧酸高性能
减水剂工作性能的影响研究

李冉，雷蕾，Johann Plank

（慕尼黑工业大学无机化学系，德国慕尼黑）

摘要：掺煅烧黏土的复合水泥作为新型低碳水泥引起了业内学者的广泛关注。但是通常来讲煅烧黏土需水量高，可大幅度降低 PCE 对水泥基材料的分散能力。而不同类型的煅烧黏土对 PCE 的作用影响差异较大。本文主要探究了煅烧黏土的类型对复合水泥流动性能的影响。首先通过 XRD 对来自不同地域的煅烧黏土进行表征。然后测试了商用 HPEG PCE 在不同煅烧黏土复合水泥中的工作性能（内掺煅烧黏土量为 20%、30% 和 40%）。最后比较了由不同煅烧黏土制备的水泥砂浆的早期抗压强度。试验结果表明，偏高岭土的含量是影响煅烧黏土复合水泥流动性的关键因素，虽然较高的偏高岭土含量会提高水泥砂浆的早期强度，但会大大降低施工和易性。

关键词：低碳水泥；煅烧黏土；聚羧酸系高性能减水剂；流动度；早期强度

1 引言

水泥熟料生产的过程伴随着大量 CO_2 产生，据调查，每生产 1 吨水泥伴随有 850 kg 二氧化碳排放，给环境带来了极大的负担。解决水泥熟料生产中碳排放量大的问题迫在眉睫。煅烧黏土由于其原材料分布广、烧结温度低、碳排放量低、具有火山灰活性等特点，可作为新型低碳辅助性胶凝材料而受到业内的广泛关注。其中，高岭土的含量是选择黏土原材料的重要指标。与其他黏土矿相比较，偏高岭土具有最高的火山灰活性。研究表明，偏高岭土含量会提高复合水泥砂浆的早期强度。然而，由于煅烧黏土材料通常颗粒细度小于传统硅酸盐水泥熟料，煅烧黏土通常具有较高的比表面积，使得大量聚羧酸减水剂吸附在其表面，从而大大降低了聚羧酸减水剂对水泥基材料的分散能力。本研究中，从不同地域得到三种具有不同偏高岭土含量的煅烧黏土，分别来自中国、德国、印度。将这些煅烧黏土分别与普通硅酸盐水泥熟料按照不同质量比例混合，探讨了偏高岭土的含量对聚羧酸高性能减水剂工作性能的影响。

李冉，女，1993 年 8 月，博士研究生，Technical University of Munich, Lichtenbergstr. 4, Garching bei München, 85747, Tel.：+49（089）28913151。

2　试验

2.1　试验材料

（1）水泥。采用标号为 42.5R 的普通硅酸盐水泥（Schwenk Zement KG，Allmendingen plant，Germany）。水泥密度为 3.15 g/cm³，平均粒径（d_{50}）为 19.8 μm。

（2）煅烧黏土。三种不同的煅烧黏土分别从德国、印度、中国获得。其中，德国煅烧黏土（以下表示为 CCG，即 Calcined Clay from Germany）的煅烧温度为 750 ℃，偏高岭土含量为 23 %。印度和中国的煅烧黏土的煅烧温度均为 800 ℃，偏高岭土含量分别为 45% 和 51%（以下分别表示为 CCI 和 CCC，即 Calcined Clay from India 和 Calcined Clay from China）。

（3）高效减水剂。本文中采用的 HPEG 聚羧酸高性能减水剂由吉林众鑫化工集团有限公司提供，这是一种由 HPEG 大单体以及丙烯酸制备而来，通常用于预拌混凝土的高效减水剂。

2.2　试验方法

2.2.1　煅烧黏土 XRD 表征

煅烧后的样品通过 X 射线衍射仪表征煅烧黏土的矿相。表征条件为：步长 0.15 s/step，2θ 扫描范围为 5°～70°。各煅烧黏土样品的 XRD 图谱如图 1 所示。

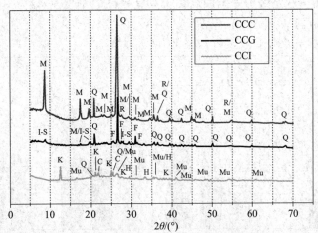

M=Muscovite（白云母），Q=Quartz（石英），R=Rutile（金红石），I-S=Illite-Smectite
（伊利石–蒙脱石），F=Feldspar（长石），K=Kaolinite（高岭土），Mu=Mullite（莫来石），
C=Cristobalite（方石英），H=Hematite（赤铁矿）

图 1　各煅烧黏土样品的 XRD 图谱

2.2.2　水泥需水量测试

首先，将普通硅酸盐水泥熟料与各煅烧黏土样品按照 80:20、70:30 和 60:40 的质量比混合。然后，采用"微型坍落度试验"测量复合水泥浆体的流动度。调整各复合水泥的水灰比，并记录使水泥浆体的摊铺直径达到（18±0.5）cm 的水灰比。

2.2.3 净浆流动度

同样采取"微型坍落度试验"测量复合水泥浆体的流动度,以此评价 HPEG 聚羧酸减水剂的作用效果。根据 DIN EN 1015 中规定的试验方法,首先确定水泥浆体的水灰比。在水泥、拌合水、无减水剂掺入的系统中,测得水泥浆体的摊铺直径为 (18±0.5) cm 时的水灰比为 0.5。在其他煅烧黏土复合水泥中使用同一水灰比。在这一水灰比下,测定水泥浆体摊铺直径为 (26±0.5) cm 时的减水剂的掺量。

2.2.4 抗压强度

根据 DIN EN 196-1,以 0.58 的水灰比和 3.0 的胶砂比制备砂浆样品。复合水泥选用 70∶30 比例。模具尺寸为 40 mm×40 mm×160 mm。在温度为 (20±1)℃和湿度为 90% 的条件下进行养护。养护 24 h 后拆模并进行力学测试。

3 结果与讨论

3.1 煅烧黏土复合水泥的需水量

普通硅酸盐水泥与煅烧黏土复合水泥的需水量结果如图 2 所示。从图 2 可以看出,所有复合水泥的需水量都高于普通硅酸盐水泥。此外,随着煅烧黏土掺量的增加,需水量也随之增加。这是由于煅烧黏土比普通硅酸盐水泥的颗粒更细。值得注意的是,德国煅烧黏土与印度煅烧黏土的表现相似,而中国煅烧黏土复合水泥的需水量远高于另外两种,并且需水量随掺量的增加而急剧增加。这是因为中国煅烧黏土具有更高的细度 (d_{50} 为 10.4 μm) 和较高的偏高岭土含量 (51%)。

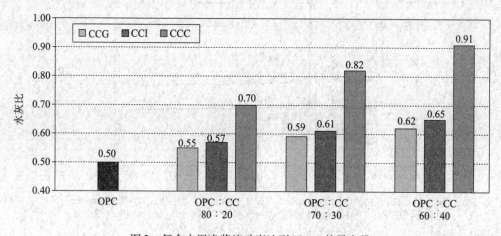

图 2 复合水泥净浆流动度达到 18 cm 的需水量

3.2 PCE 在煅烧黏土复合水泥中的饱和掺量

固定水灰比为 0.5,在该水灰比下,普通硅酸盐水泥净浆流动度为 18 cm,测定普通硅酸盐水泥及煅烧黏土复合水泥浆体摊铺直径为 (26±0.5) cm 时的聚羧酸高效减水剂的掺量。HPEG 聚羧酸高效减水剂在 20%、30% 和 40% 质量分数的煅烧黏土复合水泥中的分散效率如图3所示。发现与需水量结果一致，煅烧黏土复合水泥需要更高剂量的减水剂才能达到目标摊铺直径26 cm。值得注意的是，尽管在需水量结果中，印度煅烧黏土与德国煅烧黏土的表现相近，但是在掺PCE情况下，印度煅烧黏土复合水泥所需的减水剂剂量远高于德国煅烧黏土复合水泥样品。此发现可以与煅烧黏土中偏高岭土的含量相联系。印度煅烧黏土的偏高岭土含量为45%，与中国煅烧黏土接近（约51%），同时，所需减水剂的量相近。因此，我们认为煅烧黏土中的偏高岭土含量是影响PCE在复合水泥中工作效率的重要因素。

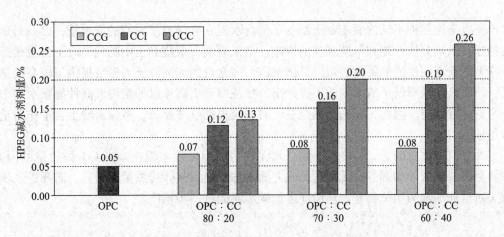

图3 HPEG聚羧酸高效减水剂在各水泥中的饱和掺量（W/C = 0.5）

3.3 煅烧黏土复合水泥的抗压强度

研究表明，偏高岭土的含量是影响煅烧黏土复合水泥砂浆早期强度的重要因素之一，因此，在接下来的试验中，我们采用几种不同偏高岭土含量的煅烧黏土与普通硅酸盐水泥以30∶70的质量比混合，在水灰比W/C = 0.58的条件下制备复合水泥砂浆，并与普通硅酸盐水泥砂浆强度进行比较。结果如图4所示。

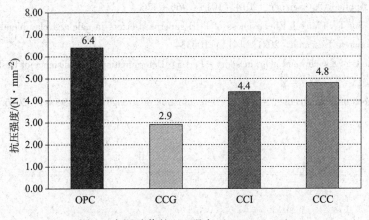

图4 水泥砂浆的1 d强度（W/C = 0.58）

结果表明，与传统硅酸盐水泥相比，复合水泥的早期强度发展缓慢，1 d抗压强度远低于普通水泥砂浆。在复合水泥中，掺有中国煅烧水泥的样品 1 d 强度最高，这是因为这种煅烧黏土具有较高的偏高岭土含量，从而加速水泥中的火山灰反应。此外，印度煅烧黏土复合水泥的早期强度比德国煅烧黏土水泥的早期强度高得多，这是由于德国煅烧黏土具有更低的偏高岭土含量。

4　结论

本研究采用三种不同的煅烧黏土制备了复合水泥，并研究了它们的需水量，以及对聚羧酸高性能减水剂分散性能和早期强度的影响。结果表明，煅烧黏土中的偏高岭土含量是影响这种新型低碳水泥性能的关键因素。具体来讲，高含量的偏高岭土为砂浆提供了较高的早期强度，然而极大地降低了减水剂的工作效率，往往需要更高掺量的聚羧酸高性能减水剂来达到一定的分散性能。因此，在选择煅烧黏土时，应根据具体要求，将偏高岭土含量作为重要参考指标。

另外，值得注意的是，煅烧黏土复合水泥作为新型低碳水泥在减少 CO_2 排放量的同时，也需要更高掺量的外加剂。这无疑从另一方面增加了温室气体排放量。因此，需要进一步开展有关新型外加剂的相关研究，从而促进低碳水泥的进一步推广。

参考文献

[1] Sharma M, Bishnoi S, Martirena F, Scrivener K. Limestone calcined clay cement and concrete：A state – of – the – art review [J]. Cement and Concrete Research, 2021 (149)：106564.

[2] Scrivener K, Martirena F, Bishnoi S, Maity S. Calcined clay limestone cements (LC3) [J]. Cement and Concrete Research, 2018 (114)：49 – 56.

[3] Fernandez R, Martirena F, Scrivener K. The origin of the pozzolanic activity of calcined clay minerals：A comparison between kaolinite, illite and montmorillonite [J]. Cement and Concrete Research, 2011 (41)：113 – 122.

[4] Tironi A, Trezza M A, Scian A N, Irassar E F. Potential use of Argentine kaolinitic clays as pozzolanic material [J]. Applied Clay Science, 2014 (101)：468 – 476.

[5] Li R, Lei L, Sui T, Plank J. Effectiveness of PCE superplasticizers in calcined clay blended cements [J]. Cement and Concrete Research, 2021 (141)：106334.

[6] DIN EN. Methods of test for mortar for masonry – Part 3：Determination of consistence of fresh mortar (by flow table) [S]. 1015 – 3：2007 – 5.

[7] DIN EN. Methods of testing cement – Part 1：Determination of strength [S]. 196 – 1：2016.

改性小单体对聚羧酸减水剂结构与性能的影响研究

刘冠杰[1,2]，王越[2]，王自为[1,2]

（1. 山西山大合盛新材料股份有限公司；2. 山西大学化学化工学院，太原　030006）

摘要：根据聚羧酸减水剂的分子结构，对其中的小单体进行结构改性，再合成聚羧酸减水剂，改善其性能。试验结果显示，聚羧酸减水剂结构中，小单体的主要作用是将功能基团引入减水剂分子的主链上，使减水剂分子与水泥颗粒表面产生吸附。通过改变小单体上官能团的种类，能够有效改善聚羧酸减水剂的吸附性能与分散能力，提高减水剂分子的功能特性。

关键词：聚羧酸减水剂；分子结构；功能小单体；改性；应用性能

1　前言

聚羧酸减水剂是目前应用最广泛的混凝土外加剂，与传统减水剂相比，其具有诸多的性能优势，特别是具有分子结构可设计性这一突出特点。聚羧酸减水剂中，大小单体通过自由基共聚反应，在减水剂分子的主链上接枝一定密度的羧酸基团。羧酸基团在水泥浆体溶液中电离后带有负电荷，吸附于水泥等胶凝材料颗粒表面后，进而产生相互排斥的作用，从而产生良好的分散效果。

在目前的聚羧酸减水剂生产中，最常用的小单体为丙烯酸，主要原因是这种小单体与常见的醚类大单体在竞聚率方面较为接近，因此，在聚合中更容易控制减水剂分子主链的组成和分布状况，获得分布均匀的接枝共聚物。另外，在部分聚羧酸减水剂的合成中，会用到马来酸酐，也是一种常见的小单体品种。

对聚羧酸减水剂合成中使用的小单体进行结构改性，从而提升减水剂产品的功能特性，是非常有效的手段。因此，在本文的研究中，主要是针对丙烯酸与马来酸酐的分子结构进行改性，以实现减水剂产品的特殊功能化。再通过共聚物分子结构表征和外加剂性能测试，确定含有不同官能团的减水剂对水泥水化进程的影响，来研究功能小单体与聚羧酸减水剂分子结构之间的联系。

作者简介：刘冠杰，男，1987.7，理学博士，山西大学混凝土外加剂技术研究中心。

地址：山西省太原市青年东街13号，030001，电话：13453180727，Email：Hsbtlgj@163.com。

2　试验

2.1　试验原料与设备

主要试验原料和设备见表 1 和表 2。

表 1　主要试验原料

原料名称	代号/化学式	厂家	规格
乙二醇单乙烯基基聚乙二醇醚	EPEG	奥克化学扬州有限公司	工业级
丙烯酸	AA	济南铭威化工有限公司	工业级
马来酸酐	MA	天津凯通化学试剂	分析纯
葡萄糖	PT	天津永大化学	分析纯
山梨醇	SL	天津永大化学	分析纯

表 2　主要试验设备

设备名称	厂家	规格
四口烧瓶	天津玻璃制品厂	1 000 mL
恒温水浴锅	北京中兴伟业仪器有限公司	DZKW – 4
蠕动泵	保定雷弗流体科技有限公司	BT101L
电动搅拌器	金坛市医疗仪器厂	JJ – 6
数显智能控温仪	北京东昊力伟科技有限公司	DH48WK

2.2　改性功能小单体的合成

2.2.1　改性水溶性丙烯酸酯小单体

在聚羧酸减水剂复配过程中，经常使用多羟基醇类小分子化合物作为缓凝组分，如葡萄糖、柠檬酸、山梨醇等，应用十分广泛。通过将此类化合物与丙烯酸首先进行酯化反应，制得一类具有良好水溶性的改性丙烯酸酯，将其官能团结构直接接枝于丙烯酸酯结构中。然后进行共聚反应制备聚羧酸减水剂，就能够将多羟基醇类化合物的官能团引入减水剂分子中，实现减水剂的功能化。反应方程式如图 1 所示。

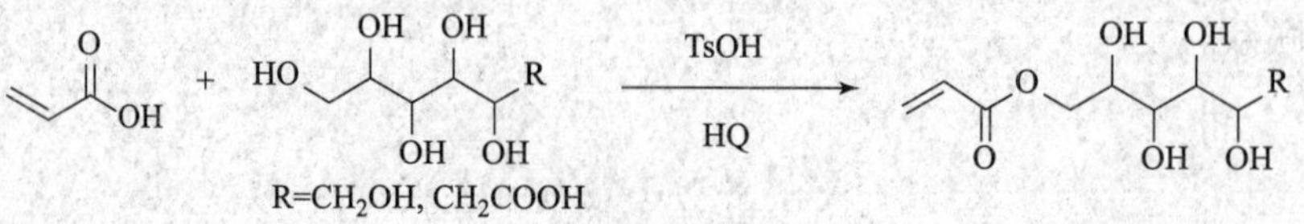

图 1　丙烯酸酯反应方程式

合成方法：在反应瓶中加入一定比例的丙烯酸和葡萄糖，然后装设搅拌器与冷凝管，搅拌均匀后，加入一定量的催化剂对甲苯磺酸与阻聚剂对苯二酚，搅拌溶解。缓慢升温至 80 ~ 90 ℃后，体系溶液逐渐澄清。继续升温，至 90 ℃开始，反应体系颜色逐渐变深，反应 1 h 后逐步变为深棕色。停止加热并继续反应 0.5 h，即制得丙烯酸葡萄糖酯（APT）小单体。

丙烯酸山梨醇酯（ASL）的制备方法与丙烯酸葡萄糖酯的一致。

2.2.2　马来酸单甲酯小单体

马来酸酐具有较大的空间位阻，与大单体进行共聚反应时的竞聚率差别较大。将马来酸酐与甲醇进行醇解反应，制得马来酸单甲酯，可调节其与大单体的共聚反应速率。反应方程式如图 2 所示。

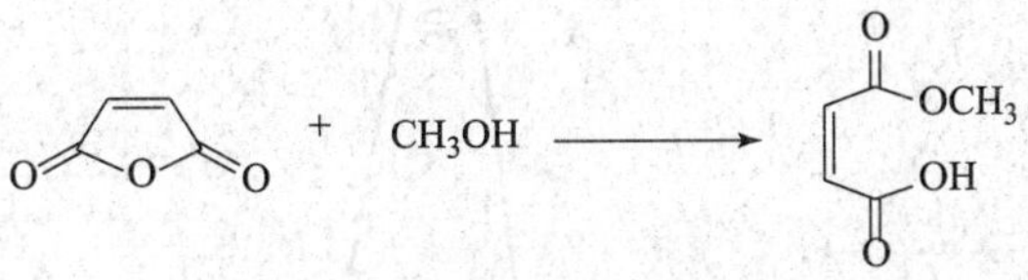

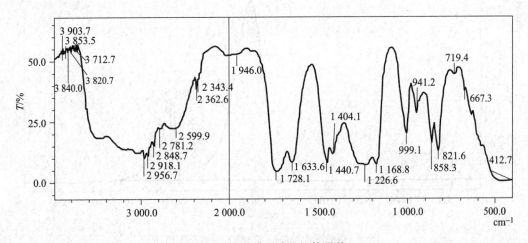

图 2　马来酸单甲酯反应方程式

合成方法：在有冷凝回流装置的四口烧瓶中加入一定量的马来酸酐与溶剂甲醇，逐步升温至回流，并保持温度下搅拌 1 h，体系溶液变清。降温冷却后，即可得到马来酸单甲酯（MAM）改性小单体。

红外图谱：由反应产物的 IR 谱图分析得知 1 730 cm^{-1} 是酯羰基特征吸收峰，1 630 cm^{-1} 是双键特征吸收峰，1 220 cm^{-1} 和 1 170 cm^{-1} 是酯中—C—O—C—结构的不对称伸缩振动吸收峰，2 850 cm^{-1} 是甲基的吸收峰，如图 3 所示。产物的红外谱图中，1 850 cm^{-1}、1 780 cm^{-1} 处未出现马来酸酐环上的 C ＝O 的伸缩振动的特征吸收峰，上述数据与马来酸单甲酯的结构吻合。

图 3　马来酸单甲酯的红外图谱

2.3　聚羧酸减水剂的合成

将上述合成的改性小单体用于聚羧酸减水剂的合成。将一定质量的乙二醇单乙烯基聚乙二醇（EPEG）大单体与去离子水加入反应体系中，搅拌溶解为反应底液；将共聚反应还原剂、上述制得的丙烯酸酯、补充的丙烯酸和链转移剂依次溶解于去离子水中，制成滴加液；在反应底液中加入氧化剂，然后匀速滴入滴加液，45 min 全部滴加完毕；继续保温反应0.5 h 后，加入提前配制好的中和液，搅拌均匀，即制得聚羧酸减水剂。

马来酸单甲酯的使用方法与丙烯酸酯的一致，所有制得的聚羧酸减水剂 GPC 色谱如图 4 ~ 图 6 所示。

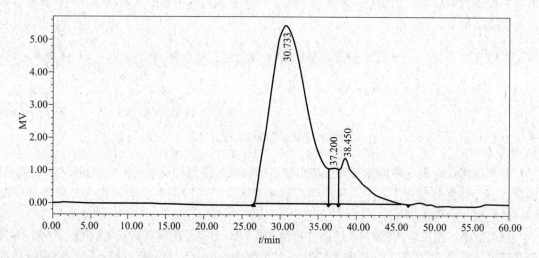

图 4　丙烯酸葡萄糖酯（APT）减水剂 GPC 图

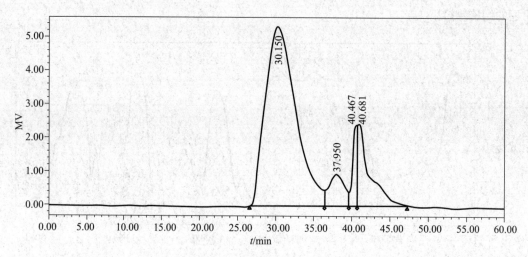

图 5　丙烯酸山梨醇酯（ASL）减水剂 GPC 图

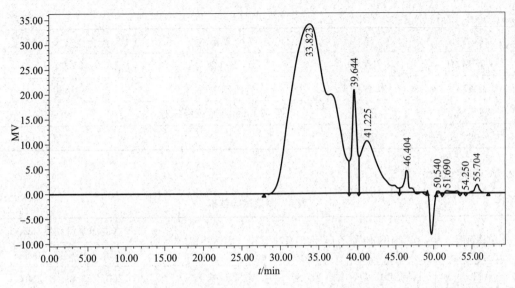

图6　马来酸单甲酯（MAM）减水剂 GPC 图

3　表征与性能评价

3.1　聚合试验结果

对使用不同种类改性小单体制备的减水剂进行 GPC 测试与匀质性检测，见表3。

表3　聚合试验结果

小单体种类	出峰时间/min	转化率/%	含固量/%	密度/(g·cm^{-3})	pH
APT	30.733	88.62	40.0	1.09	6.64
ASL	30.150	84.21	40.1	1.08	6.83
MAM	33.823	80.10	39.9	1.09	6.75

在合成聚羧酸减水剂的共聚反应中，小单体的聚合活性和结构位阻均可能影响反应结果。根据 GPC 测试结果和匀质性指标的检测可以看到，本次合成的几种改性小单体，均具有良好的水溶性，并且能够与 EPEG 大单体进行良好的共聚反应，得到转化率较高、相对分子质量范围可控的聚羧酸减水剂共聚物。

3.2　性能检测

3.2.1　检测原料与配合比（表4）

表4　原料与配合比

原料名称	来源	规格	配合比/(kg·m^{-3})
水泥	太原狮头	P·O 42.5	208
粉煤灰	大唐电力	Ⅱ级粉煤灰	75

续表

原料名称	来源	规格	配合比/(kg·m⁻³)
矿粉	太钢	S95 级	90
细集料	山西地产	机制中砂	880
粗集料	玄武岩	5～20 mm 连续级配碎石	982
水	自来水	—	175

3.2.2 净浆试验（表5）

表5 净浆试验结果

小单体种类	水泥用量/g	水用量/g	固体掺量/%	水泥净浆流动度/mm	
				初始	30 min
APT	300	87	0.15	260	240
ASL	300	87	0.15	270	245
MAM	300	87	0.15	265	240

3.2.3 混凝土试验（表6、表7）

表6 混凝土试验结果

小单体种类	减水剂掺量/%	初始数据/mm		经时数据/mm	
		坍落度	扩展度	坍落度	扩展度
APT	2.0	220	565	205	525
ASL	2.0	225	575	205	510
MAM	2.0	230	560	210	535

表7 强度试验结果

小单体种类	抗压强度/MPa		
	3 d	7 d	28 d
APT	21.6	28.1	38.4
ASL	21.4	27.8	39.2
MAM	22.4	27.9	38.8

根据性能试验的结果可以看到，本次加入了改性小单体的聚羧酸减水剂共聚物，均达到了良好的应用效果。其中，接枝改性丙烯酸酯的样品能够在水泥水化过程中缓慢水解，持续释放具有调凝作用的功能基团，更好地保持混凝土的流动性保持能力。

加入改性的马来酸单甲酯小单体的减水剂样品，适度减少了减水剂共聚物分子主链上的羧基数量及负电荷量，从而达到在水泥颗粒表面最佳的吸附状态，使减水剂分子在水泥表面达到饱和吸附，并保持液相中的一定浓度。

4　结论

通过对聚羧酸减水剂合成中常用的小单体丙烯酸与马来酸酐进行改性，进而合成了具有特征功能的聚羧酸减水剂产品。

（1）小单体结构中的羧基通过共聚反应接枝于减水剂分子主链，在水泥颗粒表面进行吸附后，起到分散减水效果的作用。通过对聚合中的小单体进行改性，能够在聚羧酸减水剂中引入其他的功能基团，进而改变减水剂分子中主链结构与组成，改善减水剂产品的性能特点。

（2）丙烯酸与多羟基醇类化合物进行酯化，制备水溶性的丙烯酸酯，并应用于聚羧酸减水剂的合成，能够有效提高减水剂产品的保持性能，增强混凝土的流动性保持能力；对马来酸酐进行醇解制备马来酸单甲酯，能够改变合成的聚羧酸减水剂共聚物分子主链上阴离子基团的密度，调节减水剂分子在水泥颗粒表面和液相体系中的吸附状态。

（3）聚羧酸减水剂具有分子结构的可设计性，这是其他类型的减水剂产品所不能比拟的。因此，利用好聚羧酸减水剂的这一巨大优势，能够从多个方面对聚羧酸减水剂的分子结构进行改性，从而提高其性能。在实际工程的应用中，面对特殊的施工要求，可通过分子结构设计合成出具有所需性能的聚羧酸减水剂，从而实现聚羧酸减水剂产品的功能化，为聚羧酸减水剂的进一步发展指明方向。

参考文献

[1] 乔敏，冉千平，周栋梁，等．聚羧酸减水剂的分子结构信息对其分散性能的影响［J］．绿色建筑，2011（5）：63–65.

[2] Plank J，Sakai E，Miao C W，et al. Chemical admixtures chemistry，applications and their impact on concrete microstructure and durability［J］. Cement and Concrete Research，2015（78）：81–99.

[3] 谭洪波．功能可控型聚羧酸减水剂的研究与应用［D］．武汉：武汉理工大学，2009.

[4] 王存国，孙琳，林琳，等．不同种类氧化还原引发体系对淀粉与丙烯酸接枝产物吸水性能的影响［J］．功能材料，2008，39（2）：290–296.

[5] 张凤华，王自为，赵婷婷，等．MA–APEG–AM三元共聚减水剂的合成及其分散性能研究［J］．新型建筑材料，2011（5）：69–71.

[6] 刘冠杰，董振鹏，杨雪，等．乙烯醚类大单体EPEG合成聚羧酸减水剂条件与性能研究［J］．混凝土，2021（5）：64–66.

[7] 马保国，谭洪波，孙恩杰，等．聚羧酸系高性能减水剂的构性关系［J］．北学建材，2006，22（2），36–38.

[8] 刘冠杰，王军伟，裴继凯，等．GPC凝胶色谱法检测聚羧酸减水剂的方法研究［J］．混凝土，2020（1）：105–109.

不同施用方式下三乙醇胺和聚羧酸系减水剂对水泥水化反应进程的影响

杨海静[1,2]，孙振平[1,2]，Johann Plank[3]

（1. 同济大学　先进土木工程材料教育部重点实验室；

2. 同济大学　材料科学与工程学院；3. 慕尼黑工业大学　化学系）

摘要：分别采用三乙醇胺和聚羧酸系减水剂作为助磨剂制备水泥，结合水化热及原位 XRD 表征方法，通过与作为外加剂使用的情况相比较，研究二者在不同施用方式下对水泥水化反应进程的影响。结果表明，不同施用方式下，三乙醇胺对水泥水化反应进程的影响不同，尤其是氢氧化钙的生成量存在显著差异，其原因在于两种施用方式下三乙醇胺的存在形式不同；而聚羧酸系减水剂作为助磨剂和外加剂使用时，均会延缓水泥水化，对水化反应进程的影响机制基本相同。

关键词：聚羧酸系助磨剂；水化进程；原位 XRD；外加剂；水化热

1　前言

使用水泥助磨剂（简称"助磨剂"）可以有效提高熟料粉磨效率，不仅有助于节约生产能耗，同时还可以显著减少 CO_2 的排放量，对实现水泥产业可持续发展具有重要意义。目前，水泥助磨剂多以三乙醇胺为主要组分，由于三乙醇胺自身对水泥水化反应的作用效果不稳定，采用以三乙醇胺为助磨剂主要组分磨制的水泥配制混凝土时，常会出现水泥与混凝土减水剂（简称"减水剂"）不相容的问题，导致混凝土拌合物初始流动性差、流动性损失加快、混凝土强度发展规律反常等，严重影响着混凝土工程的质量。

根据助磨剂的作用机理，在粉磨水泥过程中掺加一定量的聚羧酸系减水剂，也会对水泥粉磨效率的提高起到正面作用，也即，聚羧酸系减水剂应该能成为助磨剂的重要组分。作者认为，使用聚羧酸系助磨剂不仅可以提高熟料粉磨效率，同时能降低水泥的标准稠度用水量，使水泥具有良好的工作性能。更为重要的是，采用聚羧酸系助磨剂磨制的水泥配制混凝土时，还有助于提高水泥与后续使用的聚羧酸系减水剂之间的相容性。

水泥基材料的工作性能和力学性能与水泥水化反应进程紧密相关。本文通过监测早期的水泥水化反应放热行为及主要水化产物的演变过程，探究分别将三乙醇胺和聚羧酸系减水剂作为水泥助磨剂和混凝土外加剂使用，对水泥水化反应进程的影响规律及机理，希望对水泥混凝土实际工程有参考价值。

杨海静，女，1991.05，博士生，上海市嘉定区曹安公路 4800 号，201804，15216719129。

2 试验部分

2.1 原材料

聚羧酸系减水剂由丙烯酸和异丁烯基聚氧乙烯醚通过自由基聚合法制备而成,聚合反应式如图1所示,其中,丙烯酸与异丁烯基聚氧乙烯醚的摩尔比($a:b$)为7,异丁烯基聚氧乙烯醚的相对分子质量为1 100(n为23)。凝胶渗透色谱表征结果显示,所制备的聚羧酸系减水剂的重均相对分子质量为71 390,大单体转化率为94.8%。使用时,采用去离子水调节聚羧酸系减水剂的浓度至30.0%。

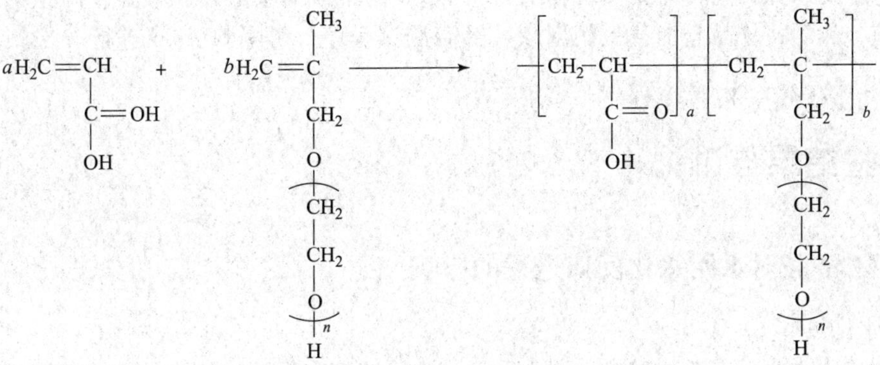

图1 通过自由基聚合法制备聚羧酸系减水剂的反应式

水泥熟料的密度为3 160 kg/m³,氧化物组成和矿物相组成见表1。

表1 水泥熟料的氧化物组成和矿物相组成

氧化物	CaO	SiO$_2$	Al$_2$O$_3$	Fe$_2$O$_3$	MgO	K$_2$O	SO$_3$	TiO$_2$	P$_2$O$_5$	BaO	Na$_2$O	SrO	合计
含量/%	66.02	21.20	5.68	3.26	1.43	0.63	0.36	0.34	0.33	0.18	0.12	0.06	99.61
矿物相	C$_3$S			C$_2$S			C$_3$A			C$_4$AF			合计
含量/%	58.97			20.10			7.59			11.31			97.97

三乙醇胺,化学纯,使用时采用去离子水配制成浓度为30.0%的溶液;二水石膏,分析纯;拌合水为去离子水。

2.2 试验方法

2.2.1 水泥制备

将水泥熟料和二水石膏按质量比95:5配制后,在球磨机中粉磨55 min,得到的对照组水泥比表面积为372 m²/kg,标准稠度用水量为25.0%。在相同的水泥熟料和二水石膏配比下,分别采用三乙醇胺和聚羧酸系减水剂作为助磨剂进行粉磨,掺量分别为0.03%和0.10%(助磨剂折固质量与熟料和二水石膏总质量之比,通过前期试验研究确定此掺量),粉磨时间均为47 min,得到的三乙醇胺助磨剂–水泥的比表面积为375 m²/kg,标准稠度用水量为 26.5%；聚羧酸系助磨剂 – 水泥的比表面积为 379 m²/kg，标准稠度用水量为 24.0%。

2.2.2　水泥水化反应放热行为监测

采用微量热仪监测水泥水化反应 48 h 内的放热速率和累计放热量。制备水泥浆体时，水泥的用量为 4 g，水灰比与每种水泥的标准稠度用水量保持一致。除利用 2.1.1 节中得到的三种水泥制备浆体外，分别将三乙醇胺和聚羧酸系减水剂作为外加剂加入对照组水泥中，来制备浆体，三乙醇胺和聚羧酸系减水剂的掺量分别为 0.03% 和 0.10%，所制备的水泥浆体相应地命名为"对照组水泥 – 三乙醇胺"和"对照组水泥 – 聚羧酸系减水剂"。

2.2.3　水泥浆体的物相组成表征

通过原位 XRD 方法对水泥水化反应 48 h 内的物相组成进行半定量表征，X 射线衍射仪的工作电压为 40 kV，2θ 范围为 5°~55°。水泥浆体的组成与 2.1.2 节的相同，拌合结束后，将水泥浆体盛入样品仓，并立即用厚度为 7.6 μm 的聚酰亚胺透射膜覆盖，防止水分蒸发和碳化反应，然后将样品仓加载入衍射仪，开启测试程序，每隔 60 min 进行一次扫描，共扫描 49 次。

3　试验结果与讨论

3.1　三乙醇胺对水泥水化反应进程的影响

3.1.1　水化热

不同施用方式下三乙醇胺对水泥水化反应放热速率和累计放热量的影响如图 2 所示，与对照组水泥相比，将三乙醇胺分别作为助磨剂和外加剂使用时，水泥的水化放热行为发生了显著变化。

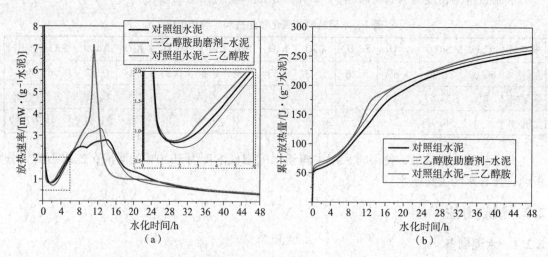

图 2　不同施用方式下三乙醇胺对水泥水化反应放热速率（a）和累计放热量（b）的影响

（1）根据放热速率，可将对照组水泥水化进程划分为诱导前期（0~1 h）、诱导期（1~3 h）、加速期（3~14 h）、减速期（14~28 h）和稳定期（>28 h）。放热速率曲线中，10 h 处出现的肩峰表明 C_3A 溶解速率加快，生成大量钙矾石；18~26 h 处的宽峰表明 SO_4^{2-}

耗尽，使钙矾石转变为单硫型硫铝酸钙。

（2）将三乙醇胺作为助磨剂使用时，水泥水化反应的诱导期、加速期和减速期均显著缩短，累计放热量增加。肩峰开始的时间提前至 7 h，放热速率大幅提高；钙矾石消耗峰开始的时间推迟至 22 h，峰面积较对照组水泥有所减小。

（3）将三乙醇胺作为外加剂使用时，水泥水化反应放热速率曲线的形貌基本与对照组水泥保持一致，但诱导期有所延长，累计放热量增加。肩峰开始的时间提前至 8 h，并且放热速率显著高于对照组；钙矾石消耗峰开始的时间提前至 14 h，但持续时间缩短。

3.1.2 水化产物演变

图 3 为对照组及含有三乙醇胺水泥浆体的原位 XRD 表征结果。在 XRD 谱图中，9.1°处的衍射峰代表钙矾石（E），18.1°处的衍射峰代表氢氧化钙（P），28°~35°处的衍射峰代表 C_3S、C_2S、C_3A 和 C_4AF 矿物相，根据衍射峰的强度，可以半定量表征物相的含量变化。从图 3（a）~图 3（c）可以看出，三乙醇胺助磨剂–水泥的熟料矿物相衍射峰强度略高于对照组水泥，这是因为使用三乙醇胺进行粉磨时，会增加粉磨产物中极细粒径颗粒的含量，本文已通过调节粉磨时间使水泥具有相近的比表面积，这一细微差异的影响基本可以忽略。图 3（d）~图 3（e）钙矾石和氢氧化钙衍射峰的强度数据进一步表明，三乙醇胺作为助磨剂会减少钙矾石的生成量，推迟钙矾石发生转变的时间，同时会在一定程度上加快氢氧化钙的生成速率；而三乙醇胺作为外加剂时，对钙矾石的生成影响较小，但会显著提高氢氧化钙的生成量。

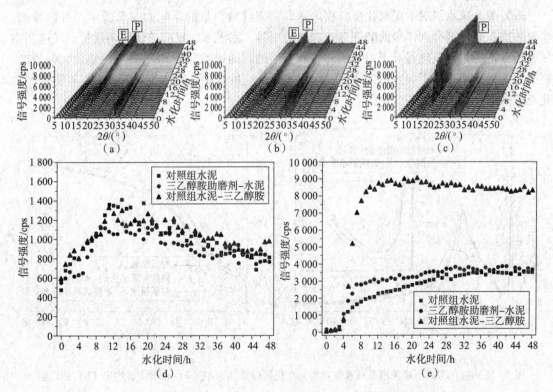

图 3 水化 48 h 内水泥浆体的原位 X 射线衍射谱图及钙矾石和氢氧化钙含量的变化

（a）对照组水泥；（b）三乙醇胺助磨剂–水泥；（c）对照组水泥–三乙醇胺；（d）钙矾石；（e）氢氧化钙

结合水化热和原位 XRD 表征结果可以得知，尽管三乙醇胺作为助磨剂和外加剂时均提高了肩峰的放热速率，但并未对钙矾石的生成量和生成速率产生显著影响，表明添加三乙醇胺后，有可能促进了非晶型硫铝酸盐的生成；而不同施用方式下氢氧化钙的生成量存在巨大差异，三乙醇胺作为外加剂时，显著提高了氢氧化钙的生成量。作为助磨剂时，三乙醇胺主要吸附在水泥颗粒带负电荷的区域；而作为外加剂时，由于水泥发生水化反应，使颗粒表面带有正电荷，导致三乙醇胺主要分布于液相中，并与 Ca^{2+} 和 Fe^{2+}/Fe^{3+} 形成络合物（图4），使液相离子的饱和度降低，从而进一步促进矿物相的溶解，由于 C_3S 的水化度远大于 C_4AF，因此，氢氧化钙的生成量得到大幅提高。

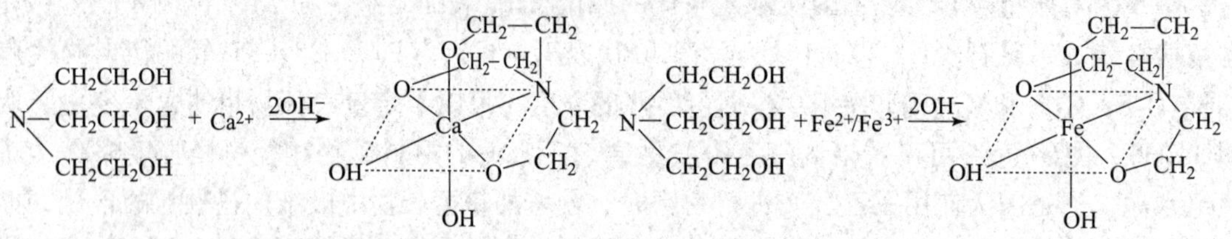

图4   三乙醇胺与 Ca^{2+} 和 Fe^{2+}/Fe^{3+} 的络合反应示意图

3.2   聚羧酸系减水剂对水泥水化反应进程的影响

3.2.1   水化热

聚羧酸系减水剂对水泥水化反应放热速率和累计放热量的影响如图5所示。可以看出，将聚羧酸系减水剂分别作为助磨剂和外加剂使用时，水泥水化反应的诱导期延长，加速期缩短，28 h 前的累计放热量高于对照组；肩峰开始的时间提前至8.5 h，并且放热量大幅增加；钙矾石消耗峰消失。不同施用方式下，水泥水化反应的放热速率曲线基本相同，表明水泥水化反应速率发生了相同的变化。

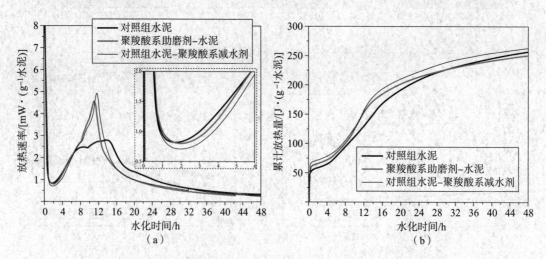

图5   不同施用方式下聚羧酸系减水剂对水泥水化反应放热速率（a）和累计放热量（b）的影响

3.2.2　水化产物演变

图6为对照组及含有聚羧酸系减水剂水泥浆体的原位XRD表征结果。从图6（a）~图6（c）可以看出，聚羧酸系助磨剂－水泥的熟料矿物相衍射峰强度同样略高于对照组水泥。图6（d）~图6（e）所示的钙矾石和氢氧化钙衍射峰的强度数据进一步表明，聚羧酸系减水剂作为助磨剂会抑制钙矾石的生成，减少钙矾石的生成量，并推迟钙矾石发生转变的时间，同时，会在一定程度上加快氢氧化钙的生成速率，但氢氧化钙的生成量减少；聚羧酸系减水剂作为外加剂时，也会抑制钙矾石的生成，氢氧化钙的生成量也有所减少。

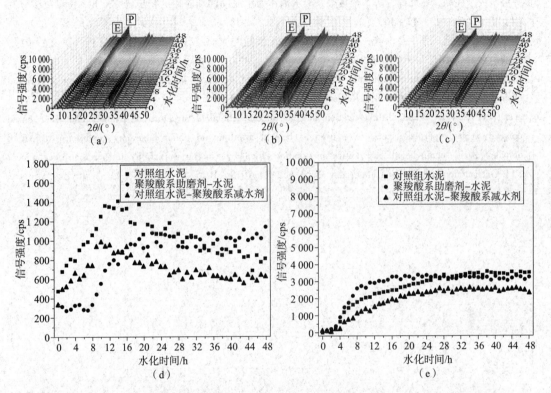

图6　水化48 h内水泥浆体的原位X射线衍射谱图以及钙矾石和氢氧化钙含量的变化

（a）对照组水泥；（b）聚羧酸系助磨剂－水泥；（c）对照组水泥－聚羧酸系减水剂；（d）钙矾石；（e）氢氧化钙

根据水化热和原位XRD表征结果可以得知，不同施用方式下，聚羧酸系减水剂对水泥水化反应进程的影响基本相同，尽管7~14 h内水泥水化反应放热速率加快，累计放热量增加，但诱导期延长，水化产物的生成量减少，表明聚羧酸系减水剂作为助磨剂和外加剂使用时，均具有一定的延缓水化作用。

4　结论

（1）不同施用方式下，三乙醇胺对水泥水化进程的影响机制存在较大差异。三乙醇胺作为助磨剂和外加剂时，均会增强水化放热曲线在10 h的肩峰，但仅促进了非晶型硫铝酸盐的生成，对具有晶型结构钙矾石的生成量和生成速率无显著影响；三乙醇胺作为外加剂时，会显著提高氢氧化钙的生成量，这与作为助磨剂时的作用效果存在较大差异，其原因在于三乙醇胺的存在形式不同。

（2）不同施用方式下，聚羧酸系减水剂对水泥水化反应进程的影响机制基本相同。聚羧酸系减水剂作为助磨剂和外加剂时，均会延缓水泥水化，导致水化反应的诱导期延长，钙矾石和氢氧化钙的生成量减少。

参考文献

[1] Heller T，Müller T，Honert D. Cement additives based on PCE [J]. ZKG International，2011（2）：40 – 48.

[2] 孙振平，水亮亮，杨海静，等．聚羧酸系减水剂作为水泥助磨剂应用的初步研究 [J]. 粉煤灰综合利用，2016（6）：40 – 42 + 46.

[3] 孔祥明，路振宝，张艳荣，等．有机助磨剂对水泥性能的影响及其有机水泥化学分析（英文）[J]. 硅酸盐学报，2012，40（1）：49 – 55.

[4] Karen L Scrivener，Patrick Juilland，Paulo J，Monteiro M. Advances in understanding hydration of Portland cement [J]. Cement and Concrete Research，2015（78）：38 – 56.

[5] Yang H，Sun Z，Plank J. Investigation on the optimal chemical structure of methacrylate ester based polycarboxylate superplasticizers to be used as cement grinding aid under laboratory conditions：Effect of anionicity，side chain length and dosage on grinding efficiency，mortar workability and strength development [J]. Construction and Building Materials，2019（224）：1018 – 1025.

不同侧链长度聚羧酸减水剂对油井水泥浆流变及水化性能的影响研究

喻建伟，孔祥明

（清华大学土木工程系建筑材料所）

摘要：固井工程因其高温高压等工程特殊性，需使用外加剂对油井水泥浆进行调控，以满足更高的性能要求。聚羧酸减水剂已广泛应用于硅酸盐水泥体系中，油井水泥矿物组成、应用条件不同，需专门设计减水剂。本文通过流变测试和水化热测试，研究了不同侧链长度聚羧酸减水剂对油井水泥浆流变及水化性能的影响。研究发现，聚羧酸减水剂在 25 ℃和 80 ℃两种温度下均能显著改善油井水泥浆体的初始流变性能，抑制油井水泥浆体的早期水化，在酸醚质量比相同的情况下，减水剂侧链长度的变化对流变性能的影响不大，但对早期水化的抑制作用随减水剂侧链长度的缩短而增强。

关键词：聚羧酸减水剂；侧链长度；油井水泥浆；流变；水化

1 前言

固井工程条件复杂，由于油、气井注水泥时，需要把水泥浆泵送到井下几百到几千米井眼与套管之间的环形空间，而井下温度和压力随井深而增大，温度最高可达 193 ℃，压力可高达 45 MPa，所以高温高压对水泥性能的影响最大，这也是油井水泥生产和应用的重要问题。这就要求配制的油井水泥净浆在注入管壁与岩石之间的缝隙时，具有良好的流动性和合理的稠化时间。凝结硬化过程是在高温高压下进行的，要求油井水泥有良好的高温稳定性和抗渗透性，并且具备良好的抗腐蚀性能，如抗硫酸盐腐蚀等。因此，固井质量的好坏，不仅影响到油井的顺利进钻，也影响到其今后的顺利生产以及油井的使用寿命和油气采收率。这就需要使用外加剂进行调控，以满足性能要求。

聚羧酸减水剂掺量小，减水率高，分子结构可设计性强，已广泛应用于硅酸盐水泥体系中。Houst、Yamada、冉千平、Tian 等发现聚羧酸减水剂分散效果相对较好，主链、侧链等分子结构的变化会影响分散剂的作用效果；Kong、Zhang、Sowoidnich 等发现聚羧酸减水剂的加入常常延缓水泥水化，其与钙离子的络合作用是导致缓凝的主要原因，分子结构的变化会改变减水剂对水泥水化的影响。但油井水泥工程具有一定的特殊性，与普通硅酸盐水泥相比，其矿物组成 C_3A 含量减少，工程条件为高温高压，因此需专门设计减水剂，以满足性

喻建伟，男，1997.07，硕士研究生，北京市清华园 1 号，100084，010 - 62781986。

孔祥明，男，1974.06，教授，北京市清华园 1 号，100084，010 - 62783703。

能需求。本研究通过设计不同侧链长度聚羧酸减水剂，研究两种温度下各减水剂对油井水泥流变及水化性能的影响。

2 试验部分

2.1 原材料

本研究所用油井水泥为 G 级油井水泥。聚羧酸减水剂保证相同酸醚质量比，大单体侧链长度分别为 500、1 200、2 400、4 000，依次命名为 PCE500 – 2、PCE1200 – 4、PCE2400 – 8、PCE4000 – 14；试验用水均为去离子水。

2.2 配合比

根据工程经验，水灰比设计为 0.38，减水剂的折固掺量为 0.1%，本研究选用 25 ℃ 和 80 ℃ 两个温度条件，明确在不同温度下减水剂对油井水泥浆体的流变和水化的影响规律。

2.3 方法

2.3.1 流变测试

流变测试采用 Brookfield 流变仪进行试验，折算各原料所需质量，液相混合均匀后注入水泥中，混合后在 250 s^{-1} 的剪切速率下搅拌 5 min，立即使用装有 CCT – 40 同轴转子的 Brookfield 流变仪进行流变测试。首先以 250 s^{-1} 的剪切速率预剪切 30 s。然后控制剪切速率从 250 s^{-1} 逐步降低至零，每一步之间间隔 10 s^{-1}。每一步的剪切速率保持 10 s，以检测稳定的剪切应力。试验温度分别为 25 ℃ 和 80 ℃，进行 80 ℃ 试验前，原材料需分别在烘箱中预热至对应温度。

2.3.2 水化热测试

水化热测试采用 TAM – AIR 八通道微量热仪进行试验，折算各原料所需质量，液相混合均匀后注入水泥中，振动 30 s 后装入绝热通道。试验温度分别为 25 ℃ 和 80 ℃，测试持续 48 h。进行 80 ℃ 试验前，原材料需分别在烘箱中预热至对应温度。

3 试验结果与讨论

3.1 不同侧链长度聚羧酸减水剂对油井水泥流变性能的影响

两种温度下油井水泥浆的流变测试结果如图 1 所示。由图 1 可见，两种温度下各聚羧酸减水剂都能显著改善油井水泥浆体的初始流变性能。随着温度升高，空白浆体的初始流变性能会变差，但加入聚羧酸减水剂后，温度的改变并不会对改善后的初始流变性能有显著影响。误差范围内，可以认为 4 种聚羧酸减水剂对油井水泥浆体初始流变性能的影响相当。

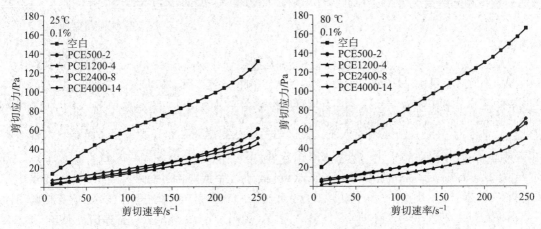

图 1　聚羧酸减水剂对油井水泥流变性能的影响

3.2　不同侧链长度聚羧酸减水剂对油井水泥水化性能的影响

两种温度下油井水泥浆的流变测试结果如图 2 所示。由图 2 可见，两种温度下各聚羧酸减水剂都会抑制油井水泥浆体的早期水化。温度升高，放热峰出现更早，并且出现变窄变高的趋势。各减水剂的影响效果差异明显，可以看到，侧链长度越短，缓凝效果越明显，这可能是因为短侧链的减水剂能够更好地吸附在水泥颗粒表面，从而抑制水泥颗粒的进一步水化。

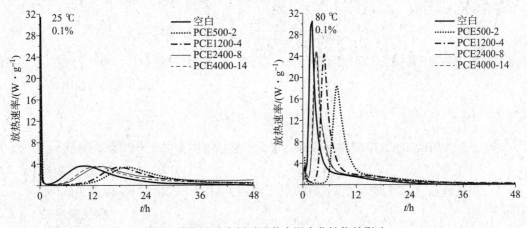

图 2　聚羧酸减水剂对油井水泥水化性能的影响

4　结论

（1）聚羧酸减水剂在 25 ℃和 80 ℃两种温度下均能显著改善油井水泥浆体的初始流变性能，在酸醚质量比相同的情况下，减水剂侧链长度的变化对流变性能的影响不大。

（2）聚羧酸减水剂在 25 ℃和 80 ℃两种温度下均会抑制油井水泥浆体的早期水化，在酸醚质量比相同的情况下，这种抑制作用随减水剂侧链长度的缩短而增强。

参考文献

［1］刘宇雄，王丽娜. 国内新型油井水泥分散剂的研究进展［J］. 科技经济导刊，2017（26）：1-2.

［2］戴卫银，等，油井水泥的生产技术要求和 API 认证［J］. 水泥工程，2016（4）：7-11.

［3］Houst Y F，Flatt R J，Bowen P，et al. New superplasticizers：From research to application［C］. Proceedings of International Conference on Modern Concrete Materials：Binders，Additions and Admixtures，London，UK，1999：445-456.

［4］Yamada K，Takahashi T，Hanehara S，et al. Effects of the chemical structure on the properties of polycarboxylate-type superplasticizer［J］. Cement and Concrete Research，2000，30（2）：197-207.

［5］冉千平，缪昌文，刘加平，等. 梳形共聚物分散剂侧链长度对水泥浆体分散性能的影响及机理［J］. 硅酸盐学报，2009，37（7）：1153-1159.

［6］Hongwei Tian，Xiangming Kong，Jiangbo Sun，et al. Fluidizing effects of polymers with various anchoring groups in cement pastes and their sensitivity to environmental temperatures［J］. Journal of Applied Polymer Science，2019，136（20）：1-11.

［7］Zhang Y R，Kong X M，Lu Z B，et al. Effect of the charge characteristic of the backbone of polycarboxylate superplasticizer on the adsorption and the retardation in cement pastes［J］. Cem Concr Res，2015（67）：184-196.

［8］Zhang Y R，Kong X M. Correlations of the dispersing capability of NSF type and PCE type superplasticizers and their impacts on cement hydration with the adsorption in fresh cement pastes［J］. Cem Concr Res，2015（69）：1-9.

［9］Sowoidnich T. A Study of Retarding Effects on Cement and Tricalcium Silicate Hydration Induced by Superplasticizers［M］. University of Weimar，2015.

聚合物增稠剂的吸附基团对水泥净浆的影响

王鹏程[1,2]，陈健[1,2]，高南箫[1]，乔敏[1,2]，冉千平[1,3]

（1. 江苏苏博特新材料股份有限公司，高性能土木工程材料国家重点实验室；

2. 博特新材料泰州有限公司；3. 材料科学与工程学院，东南大学）

摘要：本文选取了 3 种具有不同吸附基团的聚合物增稠剂，它们分别为基于羧基（PC）、磺酸基（PS）和季铵盐基团（PN）的二元共聚物。通过评价它们在水泥净浆中的吸附，以及它们对净浆流动度、泌水、流变性质的影响，系统讨论了不同吸附基团的聚合物对于水泥净浆的构效关系和作用机理。结果表明，聚合物中的吸附（负电荷）基团在水泥颗粒表面发生吸附，在不同水泥颗粒之间起到桥接作用，负电荷单体和非离子单体共同对水泥浆体产生了影响。该研究为新型增稠剂的开发及应用提供了科学依据。

关键词：增稠剂；吸附基团；水泥净浆；流动度；泌水；流变

1 前言

自密实混凝土是一种较新的建筑材料，它能够在自身重力作用下流动、密实，同时获得很好匀质性，并且不需要附加振动。这种混凝土通常使用具有较高流动性的配合比，但这样也增加了泌水和离析的风险，从而影响混凝土的和易性及硬化后的性能。为了消除这一现象，通常需要加入化学外加剂，增稠剂就是一类新型化学外加剂，它能够有效增强混凝土的抗泌水离析能力，增加混凝土的稳定性和黏聚力。因此，开发高性能的增稠剂对于自密实混凝土的发展有着重要意义。

增稠剂在化学结构上是一类具有超高相对分子质量的水溶性聚合物，主要分为三类：天然聚合物，如淀粉、生物胶等；改性天然聚合物，如纤维素醚等；人工合成聚合物，如聚丙烯酰胺、聚乙烯醇、聚乙二醇等。相比于天然和改性天然聚合物，人工合成的聚合物具有水溶性好、稳定性好等优点，并且在结构上易于化学合成及改性，因此得到了更多的关注。但是不同种类的聚合物对水泥净浆性质的影响还较少被人报道，因此，明晰它们在水泥净浆中的构效关系和作用机理是十分必要的。

本文选取了 3 种具有不同吸附基团的聚合物增稠剂，它们的化学结构如图 1 所示，分别为基于羧基（PC）、磺酸基（PS）和季铵盐基团（PN）的二元共聚物。通过评价它们在水泥净浆中的吸附，以及它们对净浆流动度、泌水、流变性质的影响，系统讨论了不同吸附基团的聚合物对水泥净浆影响的构效关系和作用机理，该研究为新型增稠剂的开发及应用提供了科学依据。

王鹏程，男，1987.12，助理工程师，南京市江宁区醴泉路 118 号，211103，025 - 52839729。

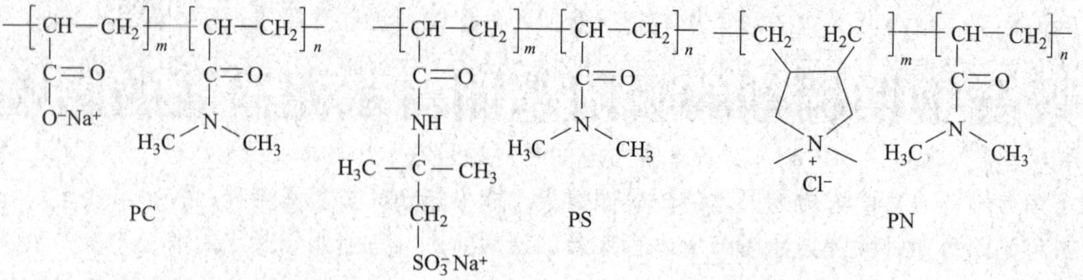

图1　3种不同聚合物的化学结构图

2　试验部分

2.1　试验材料

所有试剂均购自安耐吉化学有限公司，均为试剂级。所用水泥为 P·Ⅱ52.5 硅酸盐水泥，购自南京江南小野田水泥有限公司。所用减水剂为聚羧酸减水剂，为江苏苏博特新材料股份有限公司自制。

2.2　聚合物的制备方法

将丙烯酸、2-丙烯酰胺-2-甲基丙磺酸、二甲基二烯丙基氯化铵分别与 N,N-二甲基丙烯酰胺按 1∶1 的摩尔比混合，配制成质量分数为 20% 的水溶液，并加热到 60 ℃。配制过硫酸铵的 1% 水溶液作为引发剂，在氮气保护下缓慢滴加，约 1 h 滴加完毕，在恒温下反应 5 h。冷却至室温，用液碱将溶液的酸碱度调至中性，即得到聚合物的溶液。

2.3　测试方法

2.3.1　相对分子质量测试

聚合物的相对分子质量通过 LC-20A 水相高效凝胶渗透色谱（日本 Shimadzu）测得，测得的数均相对分子质量见表1。制得的3种聚合物的相对分子质量均较为接近，因此可以排除相对分子质量的因素，单纯考察聚合物吸附基团的影响。

表1　本研究所用的3种聚合物的相对分子质量

聚合物	PC	PS	PN
吸附基团	羧基	磺酸基	季铵盐
数均相对分子质量/($\times 10^6$)	2.63	2.53	2.47

2.3.2　吸附率测试

将 200 g 水泥、200 g 水、3 g 浓度为 6% 的增稠剂混合并高速搅拌。在搅拌 5 min、15 min、30 min、45 min、60 min、90 min 后，分别取出 25 mL 悬浊液，离心后取出 9 g 上清液，加入 1.5 g 浓度为 1 mol·L^{-1} 的盐酸，以除去无机碳。样品的有机碳总含量（TOC）用

Multi N/C3100 TOC 分析仪（德国 Analytikjena）测得，并计算对应的相对吸附率。

2.3.3 Zeta 电位测试

将 100 g 水泥、100 g 水、1.5 g 浓度为 6% 的增稠剂混合并高速搅拌 30 min。将悬浊液在室温下用 DT310 Zeta 电位分析仪（美国 Dispersion Technology）测试 Zeta 电位值。

2.3.4 水泥净浆泌水量测试

将 400 g 水泥、160 g 水、4 g 浓度为 20% 的聚羧酸减水剂、0.25 g 浓度为 6% 的增稠剂混合并搅拌。将得到的水泥净浆倒入 500 mL 的圆筒中，用塑料膜封口，以避免水分蒸发，静置 90 min 后测试样品的泌水量。

2.3.5 水泥净浆流动度及流变曲线测试

将 1 000 g 水泥、350 g 水、5 g 浓度为 20% 的聚羧酸减水剂、0.5 g 浓度为 6% 的增稠剂混合并搅拌。测试得到的水泥净浆的流动度，同时用 R/SP‑SST 应力水泥流变仪（美国 Broolfield）测试流变曲线，并通过宾汉模型计算屈服应力和塑性黏度的数值。

3 结果与讨论

3.1 在水泥净浆上的吸附

我们通过 TOC 试验测试了这几种增稠剂在水泥颗粒表面的吸附。结果如图 2 所示，几种样品的相对吸附率都随着在水泥净浆中的搅拌时间而上升，并在某个时间达到饱和。不同样品的饱和吸附率从高到低依次为 PC > PS ≫ PN。另外，饱和吸附率越高的样品，其达到饱和吸附的时间也越短，说明它们在水泥颗粒表面的吸附能力更强。我们又测试了加入不同增稠剂后水泥净浆的 Zeta 电位，结果见表 2。加入 PN 的净浆的 Zeta 电位相比空白样基本不变，而另外两个样的 Zeta 电位都出现了明显

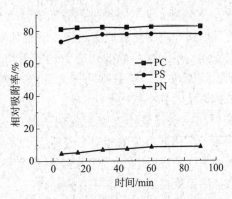

图 2 不同增稠剂在水泥净浆上的相对吸附率

下降。Zeta 电位从低到高依次为 PC < PS ≪ PN，这一排序与 TOC 试验的结果刚好相反。

表 2 加入不同增稠剂后水泥净浆的 Zeta 电位　　　　　　　mV

聚合物	PC	PS	PN	空白
Zeta 电位	−0.57	−0.49	0.65	0.66

从这 3 个样品的吸附基团的化学结构来分析，PN 中的季铵盐基团为阳离子基团，而水泥表面带正电荷，因此它在水泥颗粒表面吸附较弱；PC 中的羧基和 PS 中的磺酸基均为阴离子基团，因此它们在水泥颗粒表面均有较强的静电吸附；PC 中的羧基还可以与水泥表面的 Ca、Mg 等二价离子发生络合作用，因此虽然 PC 的负电性不如 PS 的强，但是它在水泥表面的吸附要略强于 PS。

3.2　对水泥净浆流动度及泌水率的影响

　　我们测试了加入不同增稠剂后水泥净浆的流动度，结果见表3。加入增稠剂后，水泥净浆的流动度都出现了不同程度的减小。不同增稠剂对应的流动度从小到大依次为 PC < PS << PN。这一结果与吸附的结果相对应，即吸附越强的样品，净浆流动度越小，收浆能力越强。我们同时测试了加入不同增稠剂后水泥净浆的泌水量，结果见表3。我们将空白样调到严重泌水，在加入增稠剂后，水泥净浆的泌水量都出现了明显的减小。不同增稠剂对应的泌水量从小到大依次为 PC < PS << PN。这一结果与吸附和流动度的结果相对应，即吸附越强的样品，净浆流动度越小，泌水量也越小。

表3　加入不同增稠剂后水泥净浆的流动度及泌水量

聚合物	PC	PS	PN	空白
净浆流动度/mm	117	136	236	260
泌水量/g	2.7	2.9	15.6	18.5

3.3　对水泥净浆流变特性的影响

　　我们考察了不同增稠剂对水泥净浆流变性能的影响。分别测试了不同增稠剂在水泥净浆中的剪切应力随剪切速率变化的流变曲线，结果如图3所示。可以看到，不同样品的剪切应力均随着剪切速率的增加而逐渐增大，但是不同样品的增长速率不同。增长速率从大到小依次为 PC > PS >> PN。这一排序与增稠剂在水泥浆体上吸附强弱的排序完全相同，说明除了增稠剂本身的相对分子质量大小（决定水溶液的黏度），它们在水泥颗粒上的吸附强弱对于水泥浆体的流变性质也有着显著的影响。

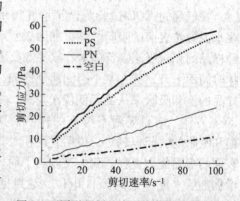

图3　不同增稠剂的水泥净浆的流变曲线

　　增稠剂的加入对水泥浆体的屈服应力和塑性黏度都有明显的影响。由于在流变曲线的初始阶段都近似于线性关系，因此可以借助宾汉模型计算样品的屈服应力和塑性黏度，结果见表4。可以看出，所有增稠剂都可以明显提高水泥浆体的屈服应力和塑性黏度。屈服应力和塑性黏度值从高到低的排序依次为 PC > PS >> PN，这一排序与增稠剂在水泥浆体上吸附强弱的排序完全相同，和净浆流动度及泌水率的排序刚好相反。

表4　加入不同增稠剂后水泥净浆的屈服应力及塑性黏度

聚合物	PC	PS	PN	空白
屈服应力/Pa	12.65	10.66	3.14	0.23
塑性黏度/(Pa·s)	0.511	0.489	0.222	0.183

3.4 作用机理研究

从以上研究可以看出，增稠剂可以降低水泥浆体的流动度和泌水量，同时，能够有效提高浆体屈服应力和塑性黏度。而这些除了和增稠剂的聚合物相对分子质量有关外，还与聚合物中吸附基团的种类密切相关。这是因为吸附基团（阴离子基团）能够在水泥颗粒表面发生吸附，而在不同水泥颗粒之间的吸附可以导致水泥颗粒–颗粒之间的桥接作用（图4）。同时，聚合物中的非离子单体可以通过亲水基团的氢键作用吸附自由水，起到保水的作用。此外，聚合物链在水泥颗粒之间的桥接，以及聚合物链段之间的互缠结构，使整个浆体构成了一个稳定的三维网状结构，能够束缚自由水分子。因此，增稠剂中的吸附基团和非离子单体共同对水泥浆体产生了影响。

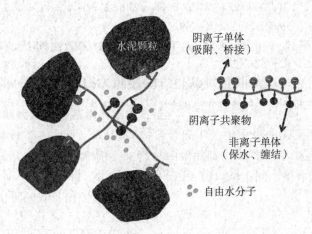

图4 阴离子聚合物和水泥颗粒作用机理示意图

4 结论

本文选取了3种具有不同吸附基团的聚合物增稠剂，它们分别为基于羧基（PC）、磺酸基（PS）和季铵盐基团（PN）的二元共聚物。通过评价它们在水泥净浆中的吸附，以及它们对净浆流动度、泌水、流变性质的影响，系统讨论了不同吸附基团的聚合物对水泥净浆的构效关系和作用机理。结果表明，聚合物中的吸附（负电荷）基团在水泥颗粒表面发生吸附，在不同水泥颗粒之间起到桥接作用，负电荷单体和非离子单体共同对水泥浆体产生了影响。该研究为新型增稠剂的开发及应用提供了科学依据。

参考文献

[1] Ozawa K, Maekawa K, Kunishima H, Okamura H. Performance of concrete based on the durability design of concrete structures [C]. Proc. Second East Asia – Pacific Conf. Struct. Eng. Const., 1989 (1): 445 – 456.

[2] Khayat K H, Guizani Z. Use of viscosity modifying admixtures to enhance stability of fluid concrete [J]. ACI Mater. J., 1997 (94): 332 – 340.

[3] Khayat K H. Viscosity – enhancing admixtures for cement – based materials – an overview [J]. Cem. Concr. Compos., 1998 (20): 171 – 188.

[4] Kawai V. Non – dispersible underwater concrete using polymers, Marine concrete [C]. International Congress on Polymers in Concrete, Brighton UK, 1987.

[5] Pera J, Ambroise J, Rols S, Chabannet M. Influence of starch on the engineering properties of mortars and concretes [C]. Proceedings of 20th International Conference on Cement Microscopy, Lyon, 1998: 120 – 128.

[6] Bülichen D, Kainz J, Plank J. Working mechanism of methyl hydroxyethyl cellulose (MHEC) as water retention agent [J]. Cem. Concr. Res., 2012 (42): 953 – 959.

[7] Plank J, Lummer N R, Dugonjic – Bilic F. Competitive adsorption between an AMPS – based fluid loss polymer and welan gum biopolymer in oil well cement [J]. J. Appl. Polym. Sci., 2010 (116): 2913 – 2919.

[8] Zhang Y R, Kong X M, Lu Z B, Lu Z C, Hou S S. Effects of the charge characteristics of polycarboxylate superplasticizers on the adsorption and the retardation in cement pastes [J]. Cem. Concr. Res., 2015 (67): 184 – 196.

[9] Ghio V A, Monteiro P J M, Demsetz L A. The rheology of fresh cement paste containing polysaccharide gums [J]. Cem. Concr. Res., 1994 (24): 243 – 249.

[10] 任景阳, 李晓庭, 陈健, 高南箫, 乔敏, 冉千平. 不同类型流变改性剂对水泥净浆性能的影响 [J]. 新型建筑材料, 2021 (2): 23 – 26.

[11] Chen J, Gao N X, Wu J Z, Shan G C, Qiao M, Ran Q P, Liu J P. Effects of the charge density of anionic copolymers on the properties of fresh cement pastes [J]. Constr. Build. Mater., 2020 (263): 120207.

聚合体系酸碱值对聚羧酸减水剂性能的影响

陈露，周栋梁，胡聪，李申振，张志勇，杨勇

（高性能土木工程材料国家重点实验室，江苏苏博特新材料股份有限公司）

摘要：在 H_2O_2 – Vc 氧化还原体系下，通过乙酸和氢氧化钠调节聚合体系起始酸碱值，并研究其对合成的聚羧酸减水剂聚合历程和分散性能的影响。结果显示，聚合体系起始溶液的酸碱值对该类聚羧酸减水剂的合成影响非常明显，其根本原因在于对引发剂活性和聚合单体的聚合活性的影响，聚合体系起始溶液的 pH 越小，对共聚反应越有利。

关键词：聚羧酸减水剂；聚合；酸碱值；性能

1 前言

高性能减水剂在实践中通常用于改善混凝土的可加工性，并且已成为混凝土中除砂、石、水泥外不可或缺的第五组分，以改变新拌混凝土的可加工性和/或减少水的需求。高效减水剂在混凝土中的作用机理是分散絮凝的水泥颗粒，并通过在其中产生排斥力来释放包合水。众所周知，高效减水剂在水泥浆中的分散功能是通过吸附在水泥颗粒表面来实现的。由于来自不同的矿物相表面分布着异质电荷，水泥表面与高性能减水剂之间的静电相互作用，使得水泥颗粒可以大量吸附带电的减水剂分子。

对于聚羧酸减水剂（PC），位于聚合物主链上的阴离子羧酸盐基团具有较强的螯合作用，其在矿物表面上与作为抗衡离子的 Ca^{2+} 结合，也促进了 PC 分子在水泥颗粒上的吸附。另外，长的聚醚侧链提供了较强的空间位阻。通常，吸附的高效减水剂分子可能对水泥的水合作用产生一定的影响，通常是阻滞作用。据认为，它们在水泥颗粒表面的覆盖阻碍了水泥与溶液界面的水和离子交换，从而减慢了水泥的水合作用。此外，加入高效减水剂也可能改变水化产物的形核和生长动力学。不同的高效减水剂表现出不同的吸附行为和阻滞作用，与其特定的分子结构密切相关。

聚羧酸减水剂克服了传统减水剂一些弊端，具有掺量低、保坍性能好、混凝土收缩率低、分子结构上可调性强、高性能化的潜力大、生产过程中不使用甲醛等突出优点，成为国内外研究的重点。Winnefeld 等研究了具有不同结构的高效减水剂的效果，发现具有较高相对分子质量、较低侧链密度和较短侧链的 PC 有利于水泥表面的高吸附量。Pourchet 等发现不仅羧基的含量，而且它们沿聚合物主链的重新分配，都将显著影响含羧基聚合物的吸附行为和阻滞作用。张明等将聚乙二醇单甲醚（MPEG400）和巯基乙酸酯化，得到支链型功能单体（MPEGAC），后将其与甲基烯丙基聚醚大单体、丙烯酸聚合，得到一种高适应性多支链聚羧酸系减水剂，减水率高，和易性优异，具有广泛的适应性。王会安等采用 APS 引发

陈露，女，1993.10，工程师，南京市江宁区醴泉路 118 号，211103，025 – 52837088。

甲基丙烯酸、烯基磺酸盐等三元共聚，研究了聚合溶液 pH 为 3 ~ 9 对聚羧酸减水剂聚合的影响，优选出最佳聚合 pH 为 3.6。

本文通过研究聚羧酸合成过程中起始溶液的 pH 对其聚合历程和成品性能的影响，深度分析其原因，以期对聚羧酸减水剂的研发和生产起到指导作用。

2　试验部分

2.1　原材料

甲基烯丙基聚氧乙烯醚（HPEG），相对分子质量 2 200，江苏苏博特新材料股份有限公司生产；丙烯酸、巯基丙酸、35% 双氧水、维生素 C、氢氧化钠、乙酸，分析纯，国药集团化学试剂有限公司。

净浆流动度和混凝土性能测试所采用的水泥均为江南小野田 P·Ⅱ 52.5 水泥，砂为细度模数 $M_x = 2.6$ 的中砂，石子为粒径为 5 ~ 20 mm 连续级配的碎石。

2.2　聚合物的制备

将试验设计量的 HPEG 和水置于带搅拌器的反应装置中，加热至反应温度。待 HPEG 完全溶化后，用乙酸或氢氧化钠调节聚合体系酸碱值分别为 3.7、5.3、7.1、10.3、13.7。往聚合体系中一次性加入配方量的 35% 双氧水，将丙烯酸、巯基丙酸和 L - 抗坏血酸的混合水溶液以匀速滴加的方式加入聚合体系中，滴加 2 h。物料滴加完毕再恒温反应 2 h，得到 40% 浓度的聚羧酸减水剂，产物标记 PCE。

2.3　性能测试方法

2.3.1　聚合物分子信息测定

本试验聚合物相对分子质量及聚醚转化率信息采用高效凝胶色谱 GPC 的方法进行测定。仪器型号：Agilent 1260 色谱仪；凝胶柱：Shodex SB806 + 803 色谱柱串联；洗提液：0.1 mol·L^{-1} NaNO$_3$ 溶液；流动相速度：1.0 mL/min；注射：20 μL 0.5% 水溶液；检测器：示差折光检测器；标准物：聚乙二醇 GPC 标样（Sigma - Aldrich），相对分子质量 1 010 000、478 000、263 000、118 000、44 700、18 600、6 690、1 960、628、232。

2.3.2　聚合物性能评价

水泥净浆流动度测试：本文参照 GB/T 8077—2012《混凝土外加剂匀质性试验方法》进行水泥净浆流动度测试，聚羧酸减水剂折固掺量 0.15%，评价聚合物的分散性能及分散保持性能。

混凝土性能测试：参照 GB 50080—2016《普通混凝土拌合物性能试验方法标准》相关规定进行了坍落度试验及坍落度经时损失试验。混凝土配合比见表 1。

表 1　混凝土配合比　　　　　　kg·m^{-3}

水泥	粉煤灰	砂	大石	中石	小石	水
3.9	1.5	10.5	8.55	5.13	3.42	2.45

3　结果与讨论

3.1　起始酸碱值对聚羧酸聚合历程的影响

试验首先研究了常规聚合过程中聚羧酸聚合体系中 pH 的变化规律，从图 1 中可以看到，甲基烯丙基聚氧乙烯醚底液的初始酸碱值大约在 11.86 左右，随着丙烯酸的加入量增多，大约在 10% 的丙烯酸的加入量时，体系迅速由碱性变为酸性。可见对 pH 的演变影响最大的应该在起始阶段，后期体系的 pH 基本维持在 3 ~ 4。

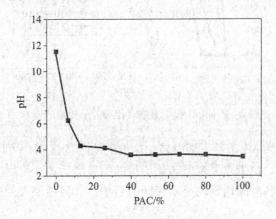

图 1　常规聚羧酸 PCE 体系 pH 演变历程

通过加入乙酸和氢氧化钠溶液控制聚合体系的初始 pH 为 3.7、5.3、7.1、10.3、13.7。监控了聚合物的相对分子质量增长历程和聚醚转化历程，详细试验参数、聚合动力学和样品性能评价见表 2。由表 2 的结果可以看见，所有样品的相对分子质量基本控制在 32 000 左右，当体系的起始液 pH 由酸性变为碱性时，转化率逐渐下降，可见碱性条件是不利于聚合过程的发生的。

表 2　分子结构参数结果

样品	起始液 pH	相对分子质量 M_w	PDI	转化率/%
PCE – 1	3.7	32 438	1.62	88.3
PCE – 2	5.3	32 228	1.66	89.2
PCE – 3	7.1	32 294	1.65	88.2
PCE – 4	10.3	32 321	1.61	82.4
PCE – 5	13.7	31 718	1.52	71.0

从图 2 中相对分子质量演变曲线趋势可以看出：①随着体系碱性的增强，GPC 方法监测到聚合物的形成时间越晚。这应该是体系的碱性制约了 $H_2O_2 - Vc$ 引发体系的引发活性造成的，另外，丙烯酸被中和或者部分被中和也能使聚合行为滞后发生。②随着滴加的单体逐渐

进入体系，聚合体系的碱性逐渐降低，体系渡过碱性造成的引发滞后期后，聚合行为立即发生，聚合物的相对分子质量快速增长至大概类似的区间。③虽然不同碱性的聚合体系发生聚合行为的时间不一样，但最终所生成的聚合物相对分子质量基本相当。

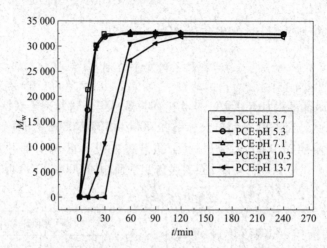

图2 不同 pH 起始溶液对相对分子质量的影响

图3显示出不同起始 pH 条件下聚醚转化速度的明显的区别，可以看出：①由于碱性导致的引发体系作用滞后，也带来了聚醚转化历程的明显滞后；②聚醚的转化总量随碱性增强而逐渐降低，聚合体系各时间周期均显示相同的趋势；③碱性偏大的聚合体系整体聚醚转化率偏低。

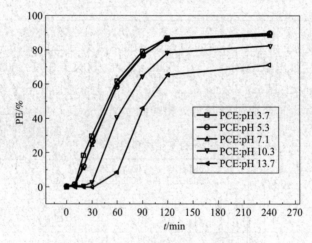

图3 不同 pH 起始溶液对转化率的影响

计算了聚合反应过程中真实的酸醚比演变过程，由于聚醚聚合诱导期的存在，所有样品的聚合前期均会生成相对酸醚比较高的组分，随着聚醚的转化速率上升，酸醚比逐渐下降，在反应的后期，剩余的聚醚量减少，生成的 PCE 实际酸醚比上升，具体如图4所示。对于起始溶液碱性样品，聚合滞后严重，导致其生成相对较多的高酸组分，实际平均酸醚比较高。

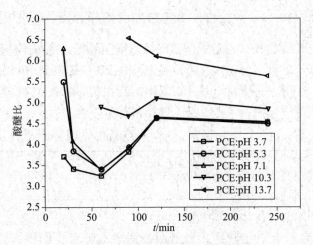

图4　聚合过程真实酸醚比发展历程

3.2　起始酸碱值对聚羧酸分散性能的影响

从图5所示的聚合物分散能力来看，初始流动度先增大后减小，其初始最大流动度是在pH 10.3左右。体系碱性的提高似乎部分提高了分散能力，但分散保持能力有明显的降低，流动度保留率越来越低。经分析，认为造成分散能力增强的原因是聚合行为发生滞后，使发生聚合的某个时期内活性单体比正常体系偏多，部分产物的酸醚比较高，提高了初始分散能力，同时也降低了保坍能力。此外，聚醚转化率偏低造成整体聚合物的平均酸醚比偏高，初始分散能力增强，溶液中剩余的PCE减少，不能提供持续的吸附 – 分散作用，流动性保持能力偏弱。

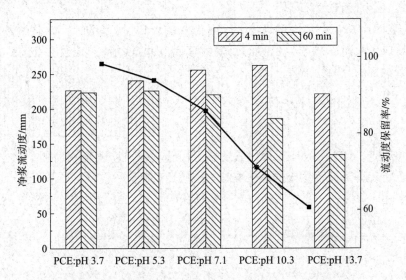

图5　不同pH起始溶液对净浆流动性及流动保持性的影响

3.3　混凝土应用评价

采用 C30 混凝土的配合比,对起始溶液酸碱值不同的样品进行了应用评价,见表 3。从结果可以看出,样品间的含气量基本相近,随着 pH 从 3.7 提高到 10.3,样品的初始扩展度和坍落度差别较小,但进一步提高 pH,其减水能力明显减小。并且样品随着 pH 的上升,30 min 和 1 h 坍落度损失加大,与上文净浆的结果基本一致。

表 3　混凝土应用性能

样品	含气量/%	坍落度（cm）/扩展度（cm）			起始酸碱值
		0 min	30 min	60 min	
PCE－1	3.5	21.0/58.0	21.0/48.0	20.5/45.5	3.7
PCE－2	3.4	21.0/57.0	20.5/49.5	20.0/43.0	5.3
PCE－3	4.0	21.0/58.5	20.5/44.0	20.0/39.5	7.1
PCE－4	3.6	21.5/58.5	20.0/39.5	19.6/37.5	10.3
PCE－5	3.7	19.5/52.0	19.5/37.5	19.0/36.0	13.7

3.4　起始酸碱值对聚羧酸聚合体系影响机理分析

丙烯酸的 pK_a 约为 4.25,起始溶液的酸碱度改变了丙烯酸类单体的离解度,在 pH 低于 pK_a 的条件下,以非离子化状态或质子化存在,其活性相对较高;在大于 pK_a 的条件下,以去质子化的离子状态存在,活性降低。由此可知,调整酸碱值可以改变丙烯酸与聚醚大单体的竞聚率,改变生成的聚羧酸聚合物的序列结构,这对不同活性的聚醚大单体匹配合适的丙烯酸聚合速率有一定的意义。

碱性环境对 H_2O_2－Vc 体系的影响大,因为双氧水和 Vc 呈酸性,在碱性条件下,会发生酸碱中和反应,从而不能产生足够的引发共聚反应的自由基,导致共聚反应的转化率降低,聚羧酸减水剂的分散性下降。

4　结论

(1) 聚羧酸起始溶液的 pH 对聚羧酸聚合历程影响很大,随着 pH 的增大,会使聚合发生滞后,聚合转化率降低,生成的聚羧酸平均酸醚比升高。

(2) 不同 pH 条件下,合成的聚羧酸减水剂在净浆和混凝土中的分散能力不尽相同,随着碱性增强,分散能力先增大后减小,分散保持能力明显下降。

(3) pH 会影响丙烯酸单体的离解状态,从而影响聚合活性;同时,碱性条件会降低 H_2O_2－Vc 体系的引发效率。

参考文献

[1] 米金玲,朱乘胜. 聚羧酸减水剂在高性能混凝土中的应用 [J]. 绿色环保建材,2020 (8):9－10.

[2] 雷红仙,黄萍. 混凝土聚羧酸减水剂的种类及功能研究现状分析 [J]. 公路交通科技:应用技术版,

2019（8）：55 - 58.

［3］ Sha Shengnan，et al. Influence of the structures of polycarboxylate superplasticizer on its performance in cement - based materials - A review ［J］. Construction and Building Materials，2020（233）：117257

［4］ 刘从振，范英儒，王磊，等. 聚羧酸减水剂对硫铝酸盐水泥水化及硬化的影响 ［J］. 材料导报，2019，33（4）：60 - 64.

［5］ Xun W，Wu C，Li J，et al. Effect of Functional Polycarboxylic Acid Superplasticizers on Mechanical and Rheological Properties of Cement Paste and Mortar ［J］. Applied Sciences，2020，10（16）：5418.

［6］ 沙胜男，史才军，向顺成，等. 聚羧酸减水剂的合成技术研究进展 ［J］. 材料导报，2019（3）：558 - 568.

［7］ 张小芳. 水化调控型聚羧酸减水剂的制备及研究 ［J］. 新型建筑材料，2019，46（4）：117 - 120.

［8］ Xingqi Huang，Xiaorong Li，et al. Application of polycarboxylate superplasticizer in the concrete ［C］. Materials Science Forum，2017：2076 - 2080.

［9］ Liu B，Yu K，Yang Y，et al. Research and application of polycarboxylic acid water reducer with different molecular weight ［C］. E3S Web of Conferences，2020（179）：01021.

［10］ Winnefeld F，Becker S，Pakusch J，Götz T. Effects of the molecular architecture of comb - shaped superplasticizers on the performance in cementitious systems ［J］. Cem. Concr. Compos，2007（29）：251 - 262.

［11］ Pourchet S，Liautaud S，Rinaldi D，Pochard I. Effect of the repartition of the PEG side chains on the adsorption and dispersion behaviors of PCP in presence of sulfate ［J］. Cem. Concr. Res，2012（42）：431 - 439.

［12］ 张明，郭春芳，贾吉堂. 高适应性多支链聚羧酸系减水剂合成及性能研究 ［J］. 硅酸盐通报，2019，38（4）：351 - 354.

［13］ 王会安. 聚羧酸系高效减水剂的试验研究 ［D］. 西安：西安建筑科技大学，2007.

［14］ 周栋梁，陈露，严涵，等. 无水聚羧酸减水剂的热引发聚合历程及性能 ［J］. 新型建筑材料，2018（7）：111 - 114.

［15］ 钟丽娜，等. 起始溶液 pH 对聚羧酸减水剂分散性和分散保持性的影响 ［J］. 新型建筑材料，2017（442）：128 - 131.

聚羧酸减水剂微结构对吸附、流变及水化热的影响研究

林志君[1]，张小芳[1]，陈展华[1]，肖悦[1]，方云辉[1,2]

（1. 科之杰新材料集团有限公司；2. 厦门市建筑科学研究院有限公司）

摘要：本文合成不同酸醚比、不同相对分子质量、引入不同小单体的聚羧酸减水剂，通过改变主链及侧链结构参数，研究不同微结构聚羧酸减水剂对水泥净浆流动度、流变触变性、水泥吸附量及水泥水化热的影响。结果表明，酸醚比为 3.5 的减水剂的分散性能最好；相对分子质量大的减水剂的分散性能更好；小单体的引入影响微结构参数，进而影响减水剂性能；在较低掺量下，相对分子质量及侧链密度不会影响水泥水化进程。

关键词：聚羧酸减水剂；酸醚比；相对分子质量；小单体；吸附量；水化热

1 前言

聚羧酸减水剂是高分子表面活性剂的一种，一般具有强极性阴离子基团如磺酸基、羧酸基等疏水基主链和聚氧乙烯侧链。分子主链上的强极性阴离子基团主要起锚固、增溶作用，使聚羧酸减水剂吸附在水泥颗粒或水化产物表面；而亲水性长侧链提供空间位阻作用，具有分散和分散保持性。聚羧酸减水剂的微结构影响着水泥净浆及混凝土的性能。聚羧酸减水剂掺入混凝土中，吸附和水泥水化同时发生。吸附是减水剂与水泥颗粒发生相互作用的基础。聚羧酸减水剂的相对分子质量大小、主链聚合度、侧链密度、官能团位置均影响着吸附量。聚羧酸减水剂微结构也影响着水泥水化过程，如主链长度的增加可以有效抑制水泥水化。李顺等认为侧链较短和侧链接枝密度适中的聚羧酸减水剂表现出较强的缓凝作用，但左彦峰等认为侧链聚合度的增大可以延缓水泥的初始水化。上述研究结果存在分歧，聚羧酸减水剂对水泥水化的影响有待进一步深入的研究。

本文通过改变聚羧酸减水剂侧链密度、主链聚合度及引入功能小单体，研究各因素对其分散性、触变性及对吸附和水化热机理的影响。

2 试验部分

2.1 原材料

（1）基准水泥。

（2）聚醚大单体 TPEG、次磷酸钠、丙烯酸、过硫酸铵、甲基丙烯酸、甲基丙烯磺酸

林志君，男，1986.01，工程师，福建省厦门市翔安区内垵中路 169 号，361101，0592 - 7628378。

钠、2 - 丙烯酰胺 - 2 - 甲基丙磺酸、衣康酸。

（3）聚羧酸减水剂。

2.2　试验方法

2.2.1　聚羧酸减水剂合成工艺

在 500 mL 四口烧瓶中加入相对分子质量为 2 400 的聚醚大单体和去离子水的混合溶液，搅拌后，升温至一定温度。待溶液温度及颜色澄清后，加入次磷酸钠。搅拌均匀后，分别缓慢、匀速滴加 A 料（过硫酸铵和去离子水的混合溶液）和 B 料（丙烯酸和去离子水的混合溶液），A 料和 B 料均 3 h 滴加完毕，保温 1 h 后加入 NaOH 水溶液进行中和，得到减水剂产品。

2.2.2　红外光谱表征

采用 Avatar360 光谱仪，美国 PerkinElmer 公司，扫描范围为 6 000 ~ 400 cm^{-1}，光谱分辨率为 4 cm^{-1}。

2.2.3　凝胶色谱表征

采用 Water 1515 Isocratic HPLP pump/Water 2414，色谱柱由 Ultrahydragel 250 和 Ultrahydragel 500 两根串联，流动相为 0.05% 叠氮化钠的 0.1 mol/L 硝酸钠水溶液，流速为 0.8 mL/min。

2.2.4　微结构计算

通过凝胶色谱测试可以获得聚羧酸减水剂分子的相对分子质量及转化率，进而得到相应的侧链密度和主链聚合度。侧链密度和主链聚合度的计算公式见式（1）及式（2）。

$$侧链密度 = \frac{Z_z n(\text{TPEG})}{n(\text{AA}) + Z_z n(\text{TPEG})} \tag{1}$$

式中，Z_z 表示大单体 TPEG 的转化率；$n(\text{TPEG})$ 表示投料时 TPEG 的物质的量；$n(\text{AA})$ 表示投料时丙烯酸的物质的量。

$$主链聚合度 = \frac{M_w}{M} \tag{2}$$

式中，M_w 表示聚羧酸高分子的重均相对分子质量；M 表示结构单元理论相对分子质量。

2.2.5　净浆流动度

净浆流动度参照 GB/T 8077—2012《混凝土外加剂匀质性试验方法》进行测试。

2.2.6　流变触变性

采用德国安东帕 MCR302 旋转流变仪，设定温度为 20 ℃，记录 47 个点，得到流变触变环曲线。

2.2.7　吸附试验

水灰比为 2，称取水和水泥并加入 0.2% 水泥折含固量的聚羧酸减水剂，磁力搅拌 5 min 后倒入离心管，离心转速为 5 000 r/min，时间 10 min。取上层清液作为吸附后样品。配置 4 个减水剂溶液，浓度分别为 0.5 g/L、1 g/L、1.5 g/L 和 2 g/L，作为标准溶液。采用岛津 TOC - VCPH 总有机碳分析仪测定标准溶液，制作标准曲线，测定样品溶液中的 TOC 面积，该面积代入标准曲线公式中得到吸附量。

2.2.8 水化热

采用 TA 公司 TAM Air 微量热仪测定水泥水化热曲线。试验前将样品及去离子水提前 24 h 放入 20 ℃恒温室，水灰比为 0.35，称取 100 g 水泥和 35 g 聚羧酸减水剂水溶液（聚羧酸减水剂折含固量为 0.15%），经过充分混合后，称取水泥浆 3.000 g，放入仪器中进行测试。

3　试验结果与讨论

3.1　不同酸醚比聚羧酸减水剂结构表征及性能研究

3.1.1　不同酸醚比聚羧酸减水剂结构表征

试验中分别合成酸醚比为 2.5、3.0、3.5、4.0 和 4.5 的聚羧酸减水剂，其中聚醚大单体的量保持不变，仅改变丙烯酸加入量。相应合成样品编号为 KZJ-1、KZJ-2、KZJ-3、KZJ-4 和 KZJ-5。对不同酸醚比聚羧酸减水剂进行红外光谱测试，得到的红外谱图如图 1 所示。

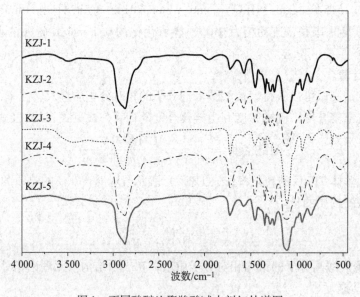

图 1　不同酸醚比聚羧酸减水剂红外谱图

从图 1 可知，3 510 cm⁻¹ 附近为缔合状态的 OH 的伸缩振动吸收峰，2 870 cm⁻¹ 吸收峰为聚氧乙烯侧链中烷烃中 C—H 键的伸缩振动产生的，1 724 cm⁻¹ 为酯键吸收峰或羧基 C =O 的伸缩振动吸收峰，1 454 cm⁻¹ 处为羧基 C =O 的对称伸缩振动吸收峰，1 331 ~ 1 360 cm⁻¹ 为 EO 链的特征吸收峰，1 350 cm⁻¹、1 108 cm⁻¹ 附近为醚键 C—O—C 的不对称伸缩振动吸收峰，950 cm⁻¹ 附近为反式双键 OH 的外变角振动吸收峰。以上峰的存在说明不同酸醚比减水剂中均存在 EO 链、羧基、醚键及羟基。而在 3 000 ~ 3 100 cm⁻¹ 范围没有清晰的峰出现，说明没有烯烃类 C—H 键的吸收峰存在；1 600 ~ 1 680 cm⁻¹ 范围内也不存在吸收峰，说明没有 C =C 双键的存在。

将凝胶色谱数据代入式（1）及式（2），得到不同酸醚比聚羧酸减水剂的主链聚合度及侧链密度数据，见表1。由表1可知，随着酸醚比的增大，侧链密度逐渐减小，但是对主链聚合度影响不大。

表1　不同酸醚比聚羧酸减水剂微结构数据

样品名称	重均相对分子质量	转化率/%	主链聚合度	侧链密度/%
KZJ-1	40 721	83.13	16.967 08	24.96
KZJ-2	34 643	78.48	14.434 58	20.74
KZJ-3	48 532	88.13	20.221 67	19.16
KZJ-4	39 308	79.96	16.378 33	16.67
KZJ-5	47 309	89.00	19.712 08	16.52

3.1.2　不同酸醚比聚羧酸减水剂吸附及流变特性研究

对不同酸醚比减水剂进行净浆流动度及净浆流变性能测试，其中，净浆水灰比设为0.29，减水剂折固掺量为水泥质量的0.15%。采用TOC仪器进行吸附量测试，其中，净浆水灰比设为2。不同酸醚比的净浆流动度和吸附量如图2所示。

由图2可知，随着酸醚比的增大，净浆流动度呈先上升后下降趋势，最大值为265 mm，对应酸醚比为3.5。而吸附量也呈先上升后下降趋势，在酸醚比为4.0时，吸附量达到最大。

对水泥净浆进行流变测试。随着剪切速率增大及减小，测试对应的剪切应力，得到触变环曲线及触变环面积，如图3及表2所示。触变环曲线面积越大，说明破坏该结构所需的能量越大，该结构越稳定。

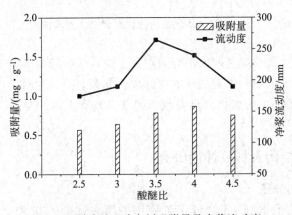

图2　不同酸醚比减水剂吸附量及净浆流动度

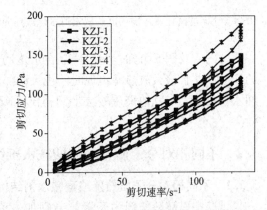

图3　不同酸醚比减水剂水泥净浆触变环曲线

表2　不同酸醚比减水剂水泥净浆触变环面积

样品编号	酸醚比	触变环面积/(Pa·s⁻¹)
KZJ-1	2.5	1 859.7
KZJ-2	3.0	1 945.2
KZJ-3	3.5	1 442.6
KZJ-4	4.0	1 607.0
KZJ-5	4.5	2 997.2

由图3及表2可知，随着酸醚比的增大，触变环整体纵坐标先由大到小，再变大，和净浆流动度大小呈相反趋势。酸醚比为3.5时，触变环面积最小，对应净浆流动度最大，说明该减水剂分散性最好，相同剪切速率下剪切应力最小。而随着酸醚比继续增大，侧链密度减小到16.52%，此时净浆流动偏小，并且触变环面积达到2 997.2 Pa·s^{-1}，吸附量呈下降趋势。以上数据表明，侧链密度过大或过小时，聚羧酸分子在水泥颗粒表面存在脱附或者吸附量不足的情况，水泥颗粒分散性差，水泥颗粒团聚或者水化产物形成的网状或者胶凝结构使得触变环面积较大，结构较难破坏。

3.1.3 不同酸醚比聚羧酸减水剂水化热研究

通过微量热仪测试掺入不同酸醚比聚羧酸减水剂及空白样品，得到热流及积累热水化放热曲线，如图4及图5所示。

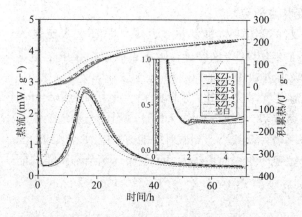 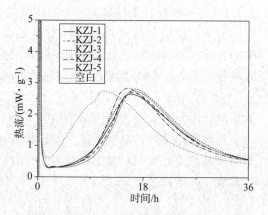

图4 不同酸醚比减水剂热流及积累热水化放热曲线　　图5 不同酸醚比减水剂36 h热流曲线

由图4及图5可知，空白样品在水化诱导期及加速期放热时间均大于掺入聚羧酸减水剂的样品，并且最大放热峰出现时间也大幅提前。说明聚羧酸减水剂的加入能有效抑制水泥早期水化反应。与其他聚羧酸减水剂相比，KZJ-4的水化放热峰较为提前，具有一定的早强效果。

3.2 不同相对分子质量聚羧酸减水剂结构表征及性能研究

3.2.1 不同相对分子质量聚羧酸减水剂结构表征

试验中以链转移剂为变量，分别加入前面KZJ-3合成工艺使用的链转移剂的0.50、0.75、1.00、1.25和1.50倍的量，相应合成样品编号为KZJ-6、KZJ-7、KZJ-3、KZJ-8和KZJ-9。对不同相对分子质量聚羧酸减水剂进行红外光谱测试，得到的红外谱图如图6所示。

由图6可知，3 509 cm^{-1}附近为缔合状态的OH的伸缩振动吸收峰，2 867 cm^{-1}吸收峰为聚氧乙烯侧链中烷烃中C—H键的伸缩振动产生的，1 729 cm^{-1}为酯键吸收峰或羧基C=O的伸缩振动吸收峰，1 454 cm^{-1}处为羧基C=O的对称伸缩振动吸收峰，1 331~1 360 cm^{-1}为EO链的特征吸收峰，1 350 cm^{-1}、1 108 cm^{-1}附近为醚键C—O—C的不对称伸缩振动吸收峰，947 cm^{-1}附近为反式双键OH的外变角振动吸收峰。以上峰的存在说明不同相对分子

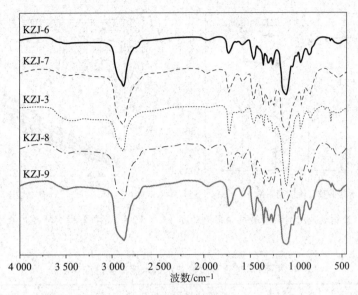

图6 不同相对分子质量聚羧酸减水剂红外谱图

质量聚羧酸减水剂中均存在 EO 链、羧基、醚键及羟基。

将凝胶色谱数据代入式（1）及式（2），得到不同相对分子质量聚羧酸减水剂的主链聚合度及侧链密度数据，见表3。

表3 不同相对分子质量聚羧酸减水剂微结构数据

样品名称	重均相对分子质量	转化率/%	主链聚合度	侧链密度/%
KZJ－6	93 730	89.97	39.054 17	19.48
KZJ－7	63 701	89.63	26.542 08	19.42
KZJ－3	48 532	88.13	20.221 67	19.16
KZJ－8	36 897	87.28	15.373 75	19.01
KZJ－9	34 462	87.70	14.359 17	19.08

由表3可知，随着链转移剂掺量的增大，所对应的聚羧酸减水剂相对分子质量急剧减小。其中，KZJ－9相对分子质量为34 462，远小于 KZJ－6 的相对分子质量。相对地，KZJ－6为长主链短侧链的结构，而 KZJ－9 为短主链长侧链的结构。

3.2.2 不同相对分子质量聚羧酸减水剂吸附及流变特性研究

不同相对分子质量的净浆流动度和吸附量如图7所示。

由图7可知，随着相对分子质量的减小，净浆流动度整体呈下降趋势，说明相对分子质量大的减水剂提高了空间位阻效应，分散性较好。其中，KZJ－6、KZJ－7 和 KZJ－3 净浆流动度相差不大，为 270 mm 左右，说明相对分子质量提高到一定程度后，分散性不会随着相对分子质量增大而变好。吸附量波动较大，说明在该折固掺量下，减水剂分散性能受吸附量影响较小。

不同相对分子质量聚羧酸减水剂水泥净浆触变环曲线及触变环面积如图8及表4所示。

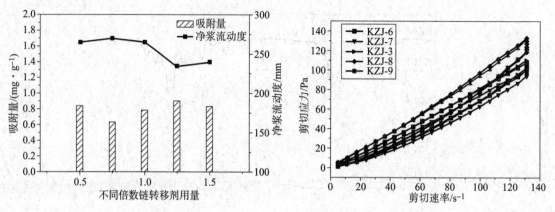

图7　不同相对分子质量减水剂吸附量及净浆流动度　　　图8　不同相对分子质量减水剂触变环曲线

表4　不同相对分子质量减水剂水泥净浆触变环面积

样品编号	相对分子质量	触变环面积/(Pa·s⁻¹)
KZJ－6	93 730	1 218.6
KZJ－7	63 701	1 120.7
KZJ－3	48 532	1 442.6
KZJ－8	36 897	1 899.5
KZJ－9	34 462	1 654.5

　　由图8及表4可知，KZJ－7的触变环剪切应力整体最小，流动性最好，水泥净浆分散性最好，对应的触变环面积也是最小，说明剪切破坏所需能量最小，水泥浆内部分散性较好，不易形成胶凝结构。KZJ－8、KZJ－9二者的触变环面积均大于其他三个，并且相同剪切速率下剪切应力大于其他三个，说明水泥净浆内部结构较难破坏，分散性较低。以上数据说明相对分子质量和水泥分散性有直接关系，主链聚合度高，侧链较多，更多的疏水基团进入溶液中，起到较佳的空间位阻作用，因此减水剂以折固掺量为0.15%比例加入基准水泥中时，其相对分子质量越大，水泥分散性越好，并且大于一定数值后，分散性趋于稳定。

3.2.3　不同相对分子质量聚羧酸减水剂水化热研究

　　通过微量热仪测试掺入不同相对分子质量减水剂样品及空白对照样品，得到热流及积累热水化放热曲线，如图9和图10所示。

　　由图9及图10可知，掺入不同相对分子质量减水剂的样品，其放热峰出现时间及积累热大小均小于空白对照样品。不同相对分子质量减水剂水化放热的热流及积累热相差不大，其原因可能是随着水化放热的进行，在0.15%折固掺量下，减水剂并非饱和吸附，溶液中减水剂逐渐被消耗，较小相对分子质量的减水剂也逐渐被吸附在水泥颗粒或水化产物表面，而较大相对分子质量后期吸附的量较少，因而水化放热速率和大小均一致。

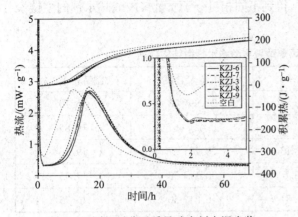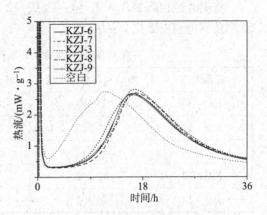

图9 不同相对分子质量减水剂水泥净浆热流及积累热曲线

图10 不同相对分子质量减水剂水泥净浆36 h热流曲线

3.3 不同小单体取代聚羧酸减水剂结构表征及性能研究

3.3.1 不同小单体取代聚羧酸减水剂结构表征

试验中以小单体种类为变量，取代KZJ-3合成工艺中丙烯酸1/5摩尔比例的用量，小单体分别为甲基丙烯酸、甲基丙烯磺酸钠、2-丙烯酰胺-2-甲基丙磺酸及衣康酸，相应合成样品编号为KZJ-10、KZJ-11、KZJ-12和KZJ-13。对不同小单体取代聚羧酸减水剂进行红外光谱测试，得到的红外谱图如图11所示。

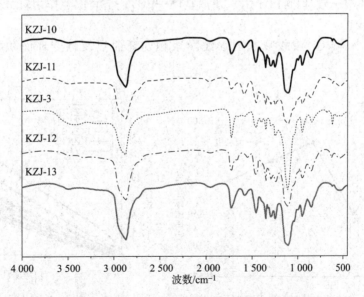

图11 不同小单体1/5取代丙烯酸聚羧酸减水剂红外谱图

由图11可知，3 509 cm^{-1}、2 867 cm^{-1}、1 729 cm^{-1}、1 454 cm^{-1}、1 331~1 360 cm^{-1}等特征峰表明引入不同小单体的聚羧酸减水剂中均存在EO链、羧基、醚键及羟基。KZJ-11及KZJ-12的红外谱图中，1 350 cm^{-1}附近为磺酸基特征峰，说明二者成功引入了磺酸基团。

将凝胶色谱数据代入式（1）及式（2），得到不同相对分子质量聚羧酸减水剂的主链聚合度及侧链密度数据，见表5。

表5 不同小单体1/5取代丙烯酸聚羧酸减水剂微结构数据

样品名称	重均相对分子质量	转化率/%	主链聚合度	侧链密度/%
KZJ－10	50 633	74.57	21.097 08	16.70
KZJ－11	20 212	75.37	8.421 667	16.85
KZJ－3	48 532	88.13	20.221 67	19.16
KZJ－12	72 272	78.6	30.113 33	17.45
KZJ－13	40 362	74.81	16.817 50	16.75

由表5可知，引入不同小单体后，合成的减水剂侧链密度和主链聚合度均不相同。其中，KZJ－11引入甲基丙烯磺酸钠小单体，起到一定的链转移剂作用，合成得到的减水剂相对分子质量远小于其他四种减水剂。

3.3.2 不同小单体取代聚羧酸减水剂吸附及流变特性研究

引入不同小单体减水剂的净浆流动度和吸附量，如图12所示。

由图12可知，引入甲基丙烯磺酸钠的减水剂KZJ－11，其净浆流动度为五者中最小值，其吸附量处于较低数值。说明相对分子质量小且吸附量小的减水剂，分散性较差。KZJ－12相对分子质量最大，但是净浆流动度小于KZJ－3，说明相对分子质量过大也会影响水泥颗粒分散性。KZJ－10的相对分子质量和KZJ－3的相近，但是转化率比KZJ－3的小，其吸附量大于KZJ－3，但是由于引入亲油基团—CH$_3$，空间位阻作用较KZJ－3稍差，因此净浆流动性较差。

引入不同小单体聚羧酸减水剂水泥净浆触变环曲线及触变环面积如图13及表6所示。

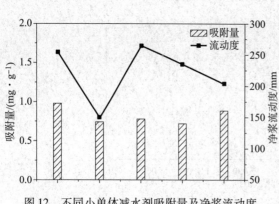

图12 不同小单体减水剂吸附量及净浆流动度

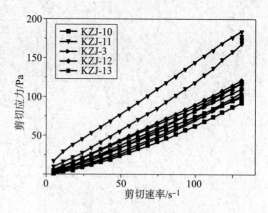

图13 不同小单体减水剂触变环曲线

表6 不同小单体聚羧酸减水剂水泥净浆触变环面积

样品编号	重均相对分子质量	触变环面积/(Pa·s⁻¹)
KZJ-10	50 633	1 147.4
KZJ-11	20 212	2 645.0
KZJ-3	48 532	1 442.6
KZJ-12	72 272	920.3
KZJ-13	40 362	1 521.4

由图13及表6可知，KZJ-11触变环剪切应力整体最大，触变环面积最大，为 2 645.0 Pa·s⁻¹，说明水泥净浆内部颗粒团聚或者胶凝结构较多，分散性较差，KZJ-11 触变环曲线结果也符合净浆流动性数值。采用触变环曲线能更好地表征水泥净浆的流动性能。

4 结论

（1）不同酸醚比聚羧酸减水剂影响聚羧酸侧链密度，当酸醚比为3.5时，减水剂分散性能最好。

（2）对于不同相对分子质量的聚羧酸减水剂，相对分子质量较大时，减水剂分散性能较好，在大于一定数值时，减水剂分散性不随相对分子质量增大而变好；当相对分子质量为 63 701 时，触变环面积最小，净浆流动度最好。

（3）引入不同功能小单体的聚羧酸减水剂，其中引入甲基丙烯磺酸钠起到链转移剂作用，减水剂相对分子质量最小，触变环面积最大，净浆流动度最差。而引入甲基丙烯酸的 KZJ-10，—CH$_3$基团的存在在一定程度上降低了空间位阻效应，在相同相对分子质量的情况下，KZJ-3的分散性能要优于KZJ-10。

（4）对不同酸醚比及不同相对分子质量聚羧酸减水剂进行水化热测试，结合吸附测试结果表明，在0.15%水泥折固掺量下，减水剂未形成饱和吸附，因此相对分子质量和侧链密度对水化放热速率和积累热影响不大。

参考文献

[1] Tian H W, Kong X M, Su T, Wang D M. Comparative study of two PCE superplasticizers with varied charge density in Portland cement and sulfoaluminate cement systems [J]. Cement and Concrete Research, 2019 (115): 43-58.

[2] 王子明，卢子臣，路芳，刘晓，李慧群. 梳形结构聚羧酸系减水剂主链长度对性能的影响 [J]. 硅酸盐学报，2013，41 (11): 1534-1539.

[3] 李顺，余其俊，韦江雄. 聚羧酸减水剂的分子结构对水泥水化过程的影响 [J]. 硅酸盐学报，2012，40 (4): 613-619.

[4] 左彦峰，王栋民，高振国，郭群，梅世刚，刘建龙. 聚羧酸系减水剂组成与结构特征对水泥水化进程的影响 [J]. 新型建筑材料，2016 (12): 25-29.

[5] 夏保华. 膨润土触变性水泥浆在伊朗BZD-1井漏失井固井的应用 [J]. 今日科苑，2012 (4): 115.

聚羧酸减水剂分子尺寸对吸附－分散性能的影响

王福涛，高育欣，刘明，曾超，张磊，叶子，闫松龄

（中建西部建设建材科学研究院有限公司，成都 610000）

摘要：研究了聚羧酸减水剂（PCE）中单掺合复掺不同分子尺寸的 PCE 的分散、流变、吸附层厚度和吸附量的交互影响，揭示出不同分子尺寸 PCE 的协同效应。结果表明：相同流动度下，复掺分子尺寸小的 PCE 较单掺的掺量和屈服应力分别降低20%和65%，复掺后，吸附量和吸附层厚度较单掺增大 15% 和 30% 以上，即不同分子尺寸的 PCE 复掺后更有利于占据颗粒表面未被占据的吸附位点，导致吸附量和吸附层厚度增加，有利于絮凝结构的分散和自由水的释放，提升浆体流动度和降低黏度。

关键词：聚羧酸减水剂；吸附层厚度；分散性能；流变行为

1 前言

随着我国建筑业的发展，超高层建筑日益增多。超高层泵送混凝土具有强度高、负荷能力大、耐久性优异、节约资源和能源等特点。但实际生产中，水胶比低、胶凝材料用量大，导致混凝土黏度大，引发混凝土搅拌、运输、泵送等一系列施工问题。聚羧酸减水剂具有减水率高、掺量低、可设计性强等优点，已成为制备超高层泵送混凝土的重要组分。随着聚醚大单体种类的丰富和构效关系的深入研究，明确 PCE 主链和侧链长度的单一和交互作用，对它的使用和推广应用具有重要意义。

冉千平等和 Muhammet Gökhan Altun 等研究了侧链长度对自密实混凝土性能的影响，发现短侧链较长侧链聚合物的吸附量大、分散性能低，但上述研究主要集中于单掺时不同侧链长度的 PCE 对水泥浆体分散性能的影响，未考虑复掺后分散性能、吸附层厚度、吸附量等交互影响。本文系统地研究了不同侧链长度的 PCE 在单掺和复掺时对胶凝材料颗粒表面的吸附行为和分散流变性能的影响，以期为减水剂的使用提供有效的技术支撑。

2 试验

2.1 原材料

4－羟丁基乙烯基聚氧乙烯醚（VPEG－1200、VPEG－2400、VPEG－3000、VPEG－4000），

王福涛，男，1991.06，工程师，四川省眉山市彭山区青龙镇青龙大道 143 号，610000，15882315909。

工业纯，上海台界化工有限公司；丙烯酸（AA）、2-巯基乙醇（ME）、甲醛次硫酸氢钠和30% 双氧水，分析纯，上海阿拉丁生化科技股份有限公司；30% 氢氧化钠，工业纯。水泥采用峨胜 P·O 42.5 水泥。

2.2 聚羧酸减水剂的制备

底料配制：在四口烧瓶中加入一定量的 4-羟丁基乙烯基聚氧乙烯醚和去离子水，搅拌溶解。A 料配制：称取 AA、ME 溶解于去离子中。B 料配制：称取甲醛次硫酸氢钠溶解于去离子水中。待四口烧瓶内温度为 20 ℃时，预加 20% 的 A 料于烧瓶中。开始滴加 B 料，约 2 min 后，加入 H_2O_2 后滴加 A 料。A、B 料分别滴加 50 min 和 70 min，滴毕后熟化 1.0 h。待熟化后，加入 30% 氢氧化钠溶液将 pH 调节至 6.5 ± 0.5，得到不同侧链长度的聚羧酸减水剂（PCE-1200、PCE-2400、PCE-3000、PCE-4000）。

2.3 结构表征

将 PCE 用 MD44-3.5KD 透析袋透析纯化后冷冻干燥，以凝胶色谱（Water 1515 型，美国）对 PCE 的相对分子质量及相对分子质量分布进行测试，详细测试方法见参考文献 [8]。水泥孔隙模拟液参考文献 [9] 进行配制。以水泥孔隙液为溶剂，配制 200 mg/L 的 PCE 溶液。通过多角度粒度与高灵敏度 Zeta 电位分析仪（NanoBrook Omni，布鲁克海文，美国），在波长 633 nm，散射角度 90°，室温 25 ℃下测量 PCE 的流体力学半径。

2.4 性能测试

净浆流动度按照 GB/T 8077—2012《混凝土外加剂匀质性试验方法》，以 W/C = 0.29 调整减水剂掺量，控制净浆流动度为（250 ± 5）mm。称取 300 g 浆体倒入 Marsh 时间测定仪的漏斗中，记录流空时间作为水泥浆体 Marsh 时间。

采用多角度粒度与高灵敏度 Zeta 电位分析仪（NanoBrook Omni，布鲁克海文，美国），在波长 620 nm，散射角度 90°测量纳米 C-S-H 吸附 PCE 前后的粒径差异，计算 PCE 的吸附层厚度，测量 5 次，以获得平均值。纳米 C-S-H 的制备方法和测试方法见参考文献 [8]。

采用 Elementar Analysensyteme 公司的 Liquid TOC Ⅱ 总有机碳（TOC）测定仪，测试水泥颗粒对 PCE 的吸附量，详细测试方法见参考文献 [8]。

采用博勒飞流变仪（Model R/S SST2000，美国）研究水胶比为 0.29 和 0.18 时减水剂对浆体的流变性能的影响。通过调整减水剂掺量，控制浆体流动度在（250 ± 5）mm，测试的具体过程如下：在 0~50 s^{-1} 的剪切速率下剪切 1 min 后，稳定 1 min，在 1 min 内剪切速率由 50 s^{-1} 降到 0，选取降速段作为流变研究段。

3 结果与讨论

3.1 PCE 结构参数

假设聚醚单体按投料比聚合，以投料比为聚合单元计算 PCE（图 1）的聚合度。以 PCE-3000 为基准，通过调节链转移剂用量和计算聚合度来控制 PCE 的主链长度。

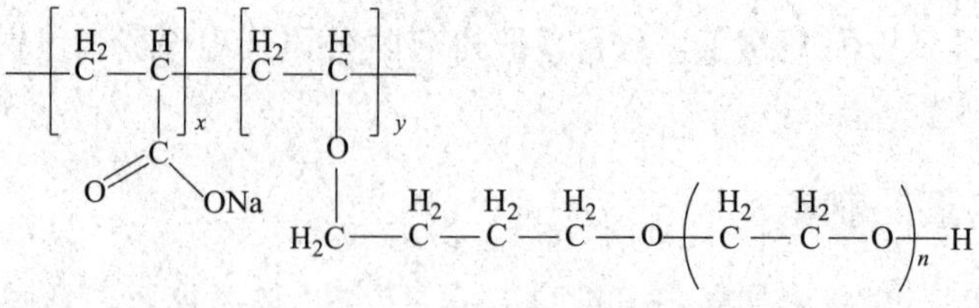

图 1　PCE 的分子结构式

表 1 表明以相对分子质量为 1 200、2 400、3 000、4 000 的 VPEG 聚醚单体制备的 PCE – 1200、PCE – 2400、PCE – 3000、PCE – 4000 的相对分子质量随侧链长度的增加而增加，但 PCE 的主链聚合度相等，即 PCE 的主链长度一致；PCE – 1200 的电荷密度最高，PCE – 2400、PCE – 3000 和 PCE – 4000 的电荷密度较为接近。

表 1　PCE 结构参数

样品	摩尔组成/%		M_n	M_w	PDI	聚合度	羧基密度/
	x	y					$(mmol \cdot g^{-1})$
PCE – 1200	0.8	0.2	13 631	25 489	1.87	81	2.54
PCE – 2400	0.8	0.2	25 578	49 110	1.92	88	1.44
PCE – 3000	0.8	0.2	31 562	62 492	1.98	82	1.18
PCE – 4000	0.8	0.2	41 492	79 249	1.91	90	1.03

聚合度：据聚合物重均相对分子质量计算主链聚合度；羧基密度：计算值，为每克聚合物中 COO^- 的数量。

用动态光散射法测试 PCE 在模拟水泥孔隙液中的流体力学半径，如图 2 所示。从图 2 可以看出，PCE – 1200、PCE – 2400、PCE – 3000、PCE – 4000 均出现三个峰，其中小峰代表单分子聚合物，单个分子直径分别为 1.8 nm、4.19 nm、9 nm 和 15 nm，表明制备了系列不同分子尺寸的 PCE 聚合物，其分子尺寸随侧链长度的增加而增加。其他强度峰是由于分子相互交联聚集、分子缠结而成。

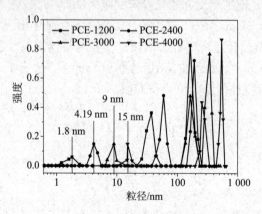

图 2　PCE 在水泥孔隙液中的流体力学半径

3.2 单掺合复掺 PCE 对水泥浆体分散性能的影响

以 PCE－3000 为基础体系，分别复掺 PCE－1200、PCE－2400 和 PCE－4000，记为 PCE－3000＋1200、PCE－3000＋2400 和 PCE－3000＋4000，按照 9：1、8：2、7：3、6：4 和 5：5 的比例复掺，讨论复掺时对分散性能的交互影响，如 9：1 为 PCE－3000 和 PCE－1200 的质量比。

侧链长度对 PCE 分散性能的影响如图 3（a）所示。图 3（a）表明，相同流动度下，PCE 掺量随侧链长度的增加而先减少后增大，其 PCE－3000 的分散性能最好。当侧链长度进一步增大时，由于侧链过长，导致分子侧链卷曲和锚固基团的包埋，侧链空间位阻和静电斥力减弱，分散性能下降。随水胶比（W/C）的降低，PCE 掺量显著增加，但 PCE－1200 的掺量增加量最少，主要是由于 PCE－1200 分子侧链短、电荷密度高和聚合物分子尺寸小，在水泥颗粒表面吸附层更致密，致使水泥颗粒表面静电斥力效应强。但 PCE－4000 的掺量增加量最大，主要是长侧链卷曲且卷曲后分子尺寸较大，致使空间斥力减弱和吸附层不致密。因此，低水胶比体系下，聚羧酸减水剂应考虑静电斥力和空间斥力协同作用。

图 3（b）表明，复掺后，PCE－3000＋1200 和 PCE－3000＋2400 的分散性优于单掺 PCE－3000，Marsh 时间较单掺 PCE－3000 更短，即黏度更低。主要是由于在 PCE－3000 中掺入分子尺寸更小的 PCE 更有利于占据胶凝材料颗粒表面未被 PCE－3000 占据的吸附位点，增大吸附层厚度和吸附量，提升空间斥力和静电斥力。随着吸附层厚度的增加，胶凝材料颗粒表面的溶剂化层厚度被压缩，释放自由水。小分子尺寸的 PCE 侧链更短，分子聚集倾向减弱，分子链和分子间的作用力降低，进一步降低了浆体黏度。

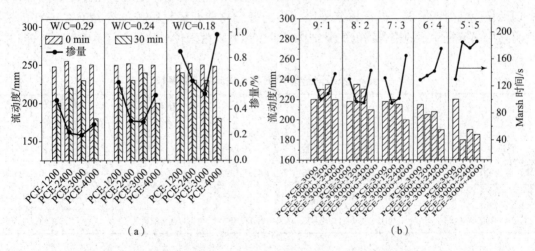

(a)   (b)

图 3　单掺（a）和复掺（b）对 PCE 分散性能的影响

3.3 水泥浆体流变性能

在 W/C＝0.29 和 W/C＝0.18 时，通过调整 PCE 掺量来控制净浆流动度于（250±5）mm，对比单掺 PCE－3000 和复掺小分子尺寸的 PCE 对水泥浆体流变性能的影响。通过对比

Bingham 模型、Herschel – Bulkley 模型和 Modified Bingham 模型，采用 Herschel – Bulkley（H – B）模型拟合剪切应力 – 剪切速率曲线，计算流变参数：

$$\tau = \tau_0 + K\gamma^n \tag{1}$$

式中，τ 为剪切应力，Pa；τ_0 为屈服应力，Pa；γ 为剪切速率，s^{-1}；K 为稠度系数，$Pa \cdot s^n$；n 为流变指数，$n < 1$ 时，浆体剪切变稀，$n > 1$ 时，剪切增稠。

PCE 作用下的水泥浆体的流变曲线和流变参数分别如图 4 和表 2 所示。表 2 表明，复掺 PCE – 1200 和 PCE – 2400 的分散性能优于单掺 PCE – 3000，但复掺 PCE – 4000 的掺量较单掺 PCE – 3000 高。在 W/C = 0.29 和 W/C = 0.18 时，复掺 PCE – 1200 较单掺 PCE – 3000 掺量降低 20% 以上。图 4（a）、图 4（c）和表 2 表明，当 W/C = 0.29 和 W/C = 0.18 时，掺入 PCE 的水泥浆体流变曲线符合 Herschel – Bulkley 模型，并且掺入 PCE 的浆体均具有剪切增稠效应。由表 2 可看出，W/C = 0.29 和 W/C = 0.18 时，复掺 PCE – 1200 的水泥浆体的屈服应力为 0.81 Pa 和 1.12 Pa，较单掺 PCE – 3000 的浆体下降了 28% 和 65%，复掺小分子尺寸 PCE 的剪切黏度低于单掺 PCE – 3000，即在基础体系 PCE – 3000 中复掺分子尺寸小于 PCE – 3000 的聚合物均具有很好的降黏效果，但复掺分子尺寸大于基础体系的 PCE – 4000 的浆体的屈服应力增加，并且剪切增稠效应更强。屈服应力主要取决于浆体胶凝材料颗粒间或网状结构的摩擦及相互吸附产生的阻力。黏度反映的是作用应力与流动速度之间的关系。复掺小分子尺寸 PCE 的屈服应力和剪切黏度均低于单掺 PCE – 3000，表明复掺后浆体中的絮凝结构和网状结构较少，颗粒间相互作用小，体系中自由水更多，浆体分散性能更好，但 PCE – 3000 + 4000 的屈服应力增大，主要是由于 PCE – 4000 的分子尺寸和侧链长度均大于 PCE – 3000，其链缠绕效应增加，导致颗粒间絮凝结构增多，屈服应力增大，自由水含量减少。复掺 PCE 水泥浆体的流变系数 $n > 1$，表现出剪切增稠行为。随着剪切速率的增加，先剪切稀化，后剪切增稠。但复掺分子尺寸小的聚合物剪切稀化段较单掺 PCE – 3000 的短，表明复掺分子尺寸小的聚合物的絮凝结构较少，体系自由水较多，具有优良的分散性能和降黏性能。

表 2　掺不同结构 PCE 的水泥浆体流变参数

样品	W/C	掺量/%	τ_0/Pa	K/($Pa \cdot s^n$)	n	R^2	W/C	掺量/%	τ_0/Pa	K/($Pa \cdot s^n$)	n	R^2
PCE – 3000		0.18	1.12	0.09	1.55	0.999		0.54	3.16	0.21	1.81	0.999
PCE – 3000 + 1200	0.29	0.15	0.81	0.06	1.64	0.999	0.18	0.40	1.12	0.09	1.86	0.998
PCE – 3000 + 2400		0.16	1.46	0.08	1.56	0.999		0.45	2.61	0.18	1.82	0.999
PCE – 3000 + 4000		0.20	1.13	0.08	1.66	0.999		0.68	3.37	0.21	1.86	0.999

3.4　PCE 的吸附行为

聚羧酸减水剂的锚固基团吸附到胶凝材料颗粒表面，形成聚合物吸附层。通常情况下，胶凝材料颗粒表面吸附层越厚，吸附量越大，本节通过对比复掺不同分子尺寸的聚羧酸减水剂的吸附量和吸附前后纳米 C – S – H 粒径，计算聚合物吸附层厚度，解释不同分子尺寸下的分散行为。

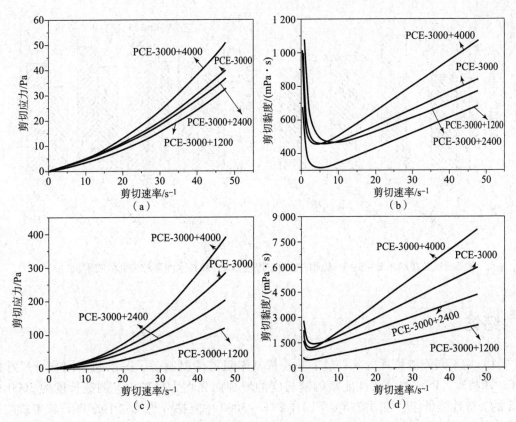

图4 PCE 对水泥浆体流变曲线的影响

(a)，(b) W/C＝0.29；(c)，(d) W/C＝0.18

聚羧酸减水剂在纳米 C－S－H 的吸附层厚度和水泥颗粒表面的吸附量如图5所示。可知，同浓度下，复掺的吸附层厚度均大于单掺 PCE－3000 的吸附层厚度，并且复掺 PCE－1200 的吸附层厚度最厚为8.92 nm。复掺 PCE 的吸附层厚度随着 PCE 分子尺寸的增加而变薄，主要是由于 PCE 的分子构象和分子尺寸不同，分子尺寸小的聚合物更能吸附填充未被 PCE－3000 占据的吸附位点，提高吸附层的致密性和吸附层厚度。但复掺分子尺寸较大的 PCE 的吸附层厚度变薄，主要是由于减水剂在颗粒表面的吸附过程中是竞争吸附和吸附动态平衡，分子尺寸大的 PCE 吸附到颗粒表面，长侧链伸展后增加了吸附层的厚度，但由于分子尺寸较大，致使吸附层致密程度降低，吸附层变薄。由图5（b）可知，复掺的 PCE－3000＋1200 和 PCE－3000＋2400 的吸附量较单掺 PCE－3000 更大。但是 PCE－3000＋4000 的吸附量低于单掺 PCE－3000，进一步佐证了小分子尺寸的聚合物更易吸附到未被 PCE－3000 占据的吸附位点，并且分子尺寸大的聚合物占据的吸附位点更多。水胶比越小，吸附量越大，主要是因为低水较比下，PCE 的掺量较高，意味着减水剂的浓度较高，吸附推动力更大，导致吸附量升高。结合分散和流变特性，发现在 PCE－3000 体系中复掺分子尺寸小的聚合物更有利于水泥浆体的分散和降低浆体黏度。

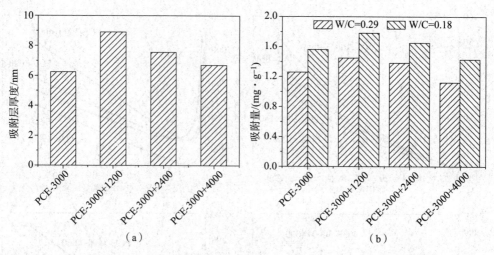

图 5　PCE 在纳米 C－S－H 表面的吸附层厚度（a）和在水泥颗粒表面的吸附量（b）

4　结论

（1）用不同侧链长度的 4－羟丁基乙烯基聚氧乙烯醚制备了一系列不同分子尺寸的 PCE。单掺时，PCE 的分散性能随侧链长度的增加而先增大后减少，侧链长度为 3000 的 PCE 的分散性能最佳。相同流动度下，在 PCE－3000 中复掺分子尺寸小的 PCE 较单掺的掺量和 Marsh 时间分别降低 20% 和 15% 以上。

（2）当 W/C＝0.29 和 W/C＝0.18 时，在 PCE－3000 中复掺 PCE－1200 的屈服应力较单掺 PCE－3000 下降了 28% 和 65%，但复掺 PCE－4000 的屈服应力增加。在 PCE－3000 中复掺分子尺寸小的 PCE 的剪切黏度均低于单掺的剪切黏度。在 PCE－3000 中复掺分子尺寸小的 PCE，有利于占据未被 PCE－3000 占据的吸附位点，因此复掺后的吸附量更大，吸附层厚度更厚和更致密，对絮凝结构的分散性更好，黏度更低。

参考文献

［1］ He Y, Zhang HX, Hooton R D. Effects of organosilane－modified polycarboxylate superplasticizer on the fluidity and hydration properties of cement paste［J］. Constr Build Mater, 2017（132）：112－123.

［2］ Feneuil B, Pitois O, Roussel N. Effect of surfactants on the yield stress of cement paste［J］. Cem Concr Res, 2017（100）：32－39.

［3］ L Y Yaphary, Lamb R H W, et al. Chemical technologies for modern concrete production［J］. Proce Engine. 2017, 172：1270－1277.

［4］ Zhang Q, Liu J, et al. Effect of superplasticizers on apparent viscosity of cement－based material with a low water－binder ratio［J］. J Mater Civil Eng, 2016, 28（9）：4016085.

［5］ 水亮亮，杨海静，孙振平，等. 聚羧酸系减水剂作用机理的研究进展［J］. 建筑材料学报，2020，23（1）：64－69.

［6］ Ran Q, Somasundaran, Miao C, et al. Effect of the length of the side chains of comb－like copolymer dispersants on dispersion and rheological properties of concentrated cement suspensions［J］. J Colloid Interf

Sci, 2009, 336 (2): 624 – 633.

[7] Makul N. Modern sustainable cement and concrete composites: Review of current status, challenges and guidelines [J]. Sustain Mater Techno, 2020, 25 (23): 15.

[8] Huang Z, Yang Y, Ran Q, et al. Preparing hyperbranched polycarboxylate superplasticizers possessing excellent viscosity – reducing performance through in situ redox initialized polymerization method [J]. Cement Concrete Comp, 2018 (93): 323 – 330.

[9] Chuang P, Zhang S, Ke Y, et al. Effect of different macromonomer molecular size in polycaroxylate superplasticizer by molecular dynamics simulation [J]. Mater Sci Eng, 2020 (738): 120 – 133.

[10] 白静静，王敏，史才军，等. 降黏性聚羧酸减水剂的设计合成及在低水胶比水泥 – 硅灰体系中的作用 [J]. 材料导报. 2020, 34 (6): 172 – 179.

[11] Iig M, Plank J. Effect of non – ionic auxiliary dispersants on the rheological properties of mortars and concretes of low water – to – cement ratio [J]. Constr Build Mater, 2020 (259): 119780.

[12] Qi H, Ma B, Tan H, et al. Effect of sodium gluconate on molecular conformation of polycarboxylate superplasticizer studied by the molecular dynamics simulation [J]. J Mol Model, 2020, 26 (3).

[13] 刘梅堂，牟伯中，刘洪来，等. 多分散高分子在固液界面吸附层厚度的 Monte Carlo 模拟 [J]. 高校化学工程学报，2004 (3): 275 – 280.

第 2 部分
制备与性能研究

基于短支链淀粉大单体合成支化型
ST－g－PCE 减水剂的研究

赖振峰[1]，王万金[1,2]，黄靖[1,2]，李晓帆[1]，王浩[1]，丁印[1]

（1. 建研建材有限公司；2. 中国建筑科学研究院有限公司）

摘要： 采用含有不饱和双键的短支链淀粉大单体，与聚醚、丙烯酸单体通过自由基聚合方法，制备了一种支化型 ST－g－PCE 减水剂。并研究了淀粉大单体用量、酸醚比、引发剂用量、反应温度等对支化型 ST－g－PCE 减水剂分散性能的影响，得到了合成支化型 ST－g－PCE 减水剂的最佳试验条件：STM 和引发剂用量分别为 TPEG 的 6% 和 1.6%，酸醚比为 4.2，反应温度为 45 ℃，滴加时间为 2 h，保温时间为 3 h。水泥净浆的研究结果表明，支化结构 ST－g－PCE 减水剂比传统梳状结构 PCE 具有更高的减水性和分散保持性能，并且能有效降低水泥基材料的表观黏度，具有降黏的效果。

关键词： 淀粉大单体；支化型；聚羧酸；减水剂

1　前言

在我国大规模的基础设施的建设中，混凝土是现代城市建设最大宗的建筑材料，而混凝土外加剂是混凝土的核心材料。聚羧酸系减水剂由于掺量低、减水率高及混凝土坍落度保持性好等优点，在建筑行业得到了广泛的应用。但随着机制砂、尾矿砂等的普遍应用，聚羧酸系减水剂的适应性及敏感性问题日益突出。另外，合成聚羧酸系减水剂的酯类和醚类大单体的价格一直居高不下。使用成本低廉、绿色环保的改性天然高分子材料取代部分大单体将成为改善聚羧酸系减水剂性能和降低材料成本的发展趋势。

淀粉作为来源广泛的天然绿色可再生高聚物，研发淀粉作为原料制备混凝土减水剂具有重要的社会和经济意义。近年来，国内外学者通过降解、羧甲基化、磺化、酯化和接枝共聚等变性处理制备淀粉基减水剂；也有学者将淀粉衍生物用作聚羧酸的合成原料，如用羧甲基淀粉醚、糊精、蔗糖等代替部分聚醚，用作单体合成改性聚羧酸减水剂，取得了一定的研究进展。

蜡质玉米淀粉是支链淀粉含量在 95% 以上、具有高度分支结构的多聚糖类物质，本研究利用含有不饱和双键的酸降解短支链淀粉作为大单体（STM），与丙烯酸、异戊烯基聚氧乙烯醚（TPEG）按照一定的比例通过共聚反应合成全新支化结构的淀粉改性聚羧酸系减水剂；讨论了 STM 用量和加入方式、酸醚比、链转移剂、引发剂和聚合温度对其在水泥净浆中分散能力的影响规律，确定了最佳工艺条件。

赖振峰，男，1984.09，高级工程师，北京市北三环东路 30 号，100013，010 - 64517445。

2 试验部分

2.1 原材料

异戊烯醇聚氧乙烯醚（TPEG），辽宁奥克化学股份有限公司，工业级；丙烯酸（AA）、巯基丙酸（THA）、双氧水、L-抗坏血酸（Vc），均为分析纯试剂，国药集团化学试剂有限公司；自制含不饱和双键的淀粉大单体（STM，不饱和双键取代度为0.025）；去离子水等。

2.2 试验方法

2.2.1 支化型聚羧酸减水剂的合成

向四口烧瓶中加入 TPEG、双氧水和去离子水，混合均匀后，通氮气除去体系中的氧气，然后将四口烧瓶置于一定温度的水浴中，将 AA 和 STM 的水溶液与 Vc、THA 的水溶液分别滴加到烧瓶中，控制反应体系的温度，滴加结束后保温一段时间，用液碱中和 pH 至 7 左右，即得支化型聚羧酸减水剂，记为 ST-g-PCE（图 1）。此外，将用相同的方法制备的未加入 STM 的合成样品作为对比样，记为 PCE。

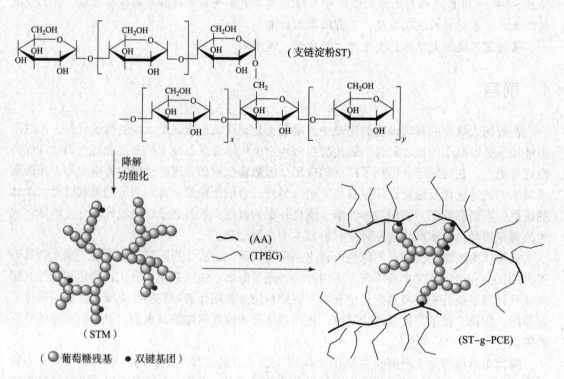

图 1　支化型 ST-g-PCE 减水剂的合成技术路线

2.2.2 测试与表征

（1）水泥净浆流动度试验：按照 GB 8077—2012《混凝土外加剂匀质性试验方法》进行，将水灰比固定为 0.29，在减水剂折固掺量为 0.15% 的条件下，用基准水泥进行净浆流动度的测定。

（2）测试减水剂溶液的表观黏度：采用 NDJ – 5S 型旋转黏度计，控制溶液温度为 25 ℃，保持转速为 6 r/min，测试时间为 1 min，取表观黏度的平均值作为减水剂溶液的黏度。

（3）测试水泥净浆经时黏度变化：采用 NDJ – 5S 型旋转黏度计，控制水泥浆体温度保持在（23 ±1）℃，转速为 6 r/min，水灰比取 0.4，水泥净浆的流动度均控制在（250 ±5）mm，测试浆体初始至 60 min 的经时黏度变化，每间隔 5 min 测定一次。启动转子瞬间的最大黏度数值记为"初始黏度"，在 2 min 内黏度数值稳定平衡后，记为"稳定黏度"。

3　试验结果与讨论

3.1　STM 淀粉大单体的 GPC 凝胶色谱分析

蜡质玉米淀粉是一种支链淀粉含量在 95% 以上的多聚糖类物质，是由高度分支的分子呈放射状排列组成的，具有结晶区和无定形区交替结构。蜡质玉米淀粉颗粒的结晶区排列松散不紧密，使得热气、水分等更容易进入微晶束内部，将链间氧键结合力降低，使淀粉结晶区结构改变，从而使结晶度降低，容易发生物化反应。采用蜡质玉米淀粉，在酸化降解的支链淀粉大分子上引入碳碳双键，制备 STM 淀粉大单体。图 2 所示为 STM 淀粉大单体 GPC 谱图。

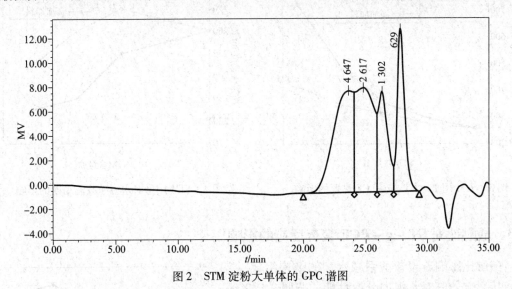

图 2　STM 淀粉大单体的 GPC 谱图

由图 2 可知，STM 的相对分子质量不是均一的，而是由几种相对分子质量组成的：4 647、2 617、1 302、629。出现这种情况的原因，一方面，淀粉原本相对分子质量差异就较大；另一方面，酸化降解淀粉制备过程中不均匀水解，加剧了其相对分子质量不均匀程度。

3.2　STM 淀粉大单体投料方式和用量对 ST – g – PCE 聚合反应的影响

STM 淀粉大单体因具有支化结构，并且含有活性碳碳双键，在有引发剂的温和条件下，可与聚醚、丙烯酸单体进行接枝共聚合反应，从而制备出具有支化型淀粉 – 聚羧酸减水剂。本研究针对 STM，采用两种加料方式：一是在聚合反应前一次性加入反应瓶中；另一种是在聚合过程中采用滴加的方式。固定 $n(AA):n(TPEG)=4:1$，其他条件保持不变，改变 STM 的用量，STM 与 TPEG 的质量比分别为 3%、6%、9%、12%，探究 STM 加料方式和用量对 ST-g-PCE 性能的影响。从图 3 可以看出，不管是采用一次性加料方式还是采用滴加方式，随着 STM 加入量的增加，ST-g-PCE 的黏度也随之增加。采用一次性加料方式，随着 STM 用量的增加，物料黏度增长率较大，表明 STM 和 TPEG、AA 发生支化交联的程度越来越明显。当 STM 加入量达 20% 时，聚合过程中发生凝胶反应。采用 STM 缓慢滴加方式可以有效控制支化程度，防止过度支化而产生凝胶效应。因此，在本研究中，采用 STM 滴加方式来制备 ST-g-PCE 减水剂。

图 4 是采用两种方式制备的 ST-g-PCE 减水剂中 STM 用量对水泥净浆初始流动度的影响，由图 4 可知，采用一次性加入 STM 的方式时，随着其用量的增加，ST-g-PCE 对水泥净浆分散性能呈现逐渐下降的趋势；而采用滴加加料的方式，净浆流动度表现为先增大后变小，当 STM 的用量达到 TPEG 的 6% 时，水泥的净浆分散性能最好。分析其原因，当 STM 一次性加入底液进行反应时，随着其用量增大，反应体系内的支化程度过高，使得相对分子质量急剧增加，影响水泥净浆的流动性，因此，在 ST-g-PCE 的合成工艺中选择滴加 STM 的方式较为适宜，STM 的最佳用量为 TPEG 的 6%。

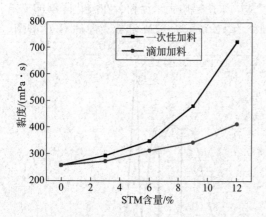

图 3　STM 用量对 ST-g-PCE 黏度的影响

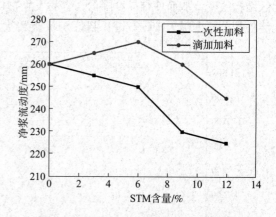

图 4　STM 用量对水泥净浆流动度的影响

3.3　酸醚比对 ST-g-PCE 聚合反应的影响

酸醚比影响着聚羧酸系减水剂的结构组成，也直接影响着其对水泥的分散性能。按照 2.2.1 节所述的反应条件，STM 用量为 TPEG 的 6%，保持聚合工艺不变，仅改变 AA 用量，设定酸醚比分别为 3.4、3.6、3.8、4.0、4.2 和 4.4，合成了一系列 ST-g-PCE 减水剂。通过对净浆流动度的测定，研究酸醚比对聚羧酸系减水剂性能的影响，如图 5 所示。从图中可以看出，酸醚比越大，水泥净浆初始流动度越大，当酸醚比达到 4.2 时，净浆流动度接近最大；继续增加酸醚比，

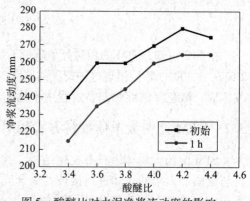

图 5　酸醚比对水泥净浆流动度的影响

水泥净浆初始流动度达到最大后，流动性反而出现下降的趋势。综合考虑，酸醚比定在4.2效果最佳。

3.4 引发剂用量对 ST‐g‐PCE 聚合反应的影响

引发剂的用量影响着 STM、AA 和 TPEG 聚合反应的速率和聚合物相对分子质量的大小，而这些都是决定 ST‐g‐PCE 分散性能的主要因素。在 STM 用量为 TPEG 的 6%、酸醚比为 4.2 的条件下，改变引发剂双氧水的用量，设定引发剂用量占 TPEG 质量的 1.0%、1.2%、1.4%、1.6%、1.8% 和 2.0%，合成一系列 ST‐g‐PCE 减水剂。由图 6 可知，引发剂用量为 TPEG 质量的 1.6% 时，水泥净浆流动度达到最大值 275 mm。可见，随着引发剂用量的增加，接枝率升高，分散效果增加；引发剂用量高于 1.6% 时，可能由于丙烯酸均聚物增多，影响了 ST‐g‐PCE 减水剂的产率，分散效果下降。

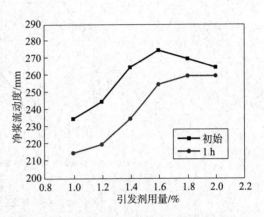

图 6 引发剂用量对水泥净浆流动度的影响

3.5 反应温度对 ST‐g‐PCE 聚合反应的影响

固定 STM 用量为 TPEG 的 6%，引发剂用量为聚醚质量 1.6%，AA 和 STM 单体滴加时间为 2 h，滴加完后保温 3 h，在上述条件下，聚合温度对 ST‐g‐PCE 共聚物性能的影响结果如图 7 所示。研究结果表明，聚合温度从 35 ℃ 升到 60 ℃，水泥净浆流动度从 255 mm 逐渐增大，说明随着聚合温度的升高，聚合物的聚合度不断提高，水泥的分散性能得到增强；45 ℃ 时净浆流动度达到最大，为 280 mm，再升到 60 ℃ 时，净浆流动度反而下降，表明聚合温度太高导致丙烯酸自聚倾向增大，副反应增多。

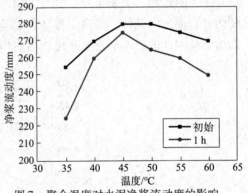

图 7 聚合温度对水泥净浆流动度的影响

3.6 ST‐g‐PCE 对水泥分散性及黏度的影响

为研究支化型 ST‐g‐PCE 减水剂对水泥的分散作用，测定 ST‐g‐PCE 和普通 PCE 在不同掺量下的水泥初始净浆流动度和 1 h 后流动度的保持值，测试结果如图 8 所示。由图 8 可知，随着 ST‐g‐PCE、PCE 减水剂掺量的增加，水泥初始净浆流动度及 1 h 后流动度不断增大。PCE 对掺量较敏感，在 0.10%~0.12% 这个较窄的范围内变化非常显著，而当掺量超过 0.16% 即达到饱和掺量时，净浆流动度不再增加，最大流动度达到 280 mm。ST‐g‐PCE 在 0.10%~0.16% 掺量区间内均匀上升，净浆流动度随掺量增加变化较为显著；当掺量达到 0.16% 时，这种变化趋于平缓；掺量达到 0.20% 时，最大净浆流动度达到 290 mm。对比两种结构的聚羧酸系减水剂的 1 h 后流动度发现，ST－g－PCE 具有较小的净浆流动度损失。表明了 ST－g－PCE 减水剂由于其特有的支化结构，分子构象偏刚性，能有效地分散水泥颗粒，防止水泥颗粒团聚，长时间保持分散体系的稳定性。

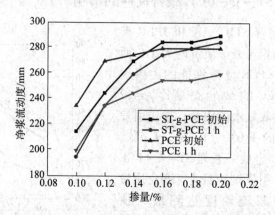

图 8　ST－g－PCE、PCE 的水泥净浆流动度曲线

图 9 为 ST－g－PCE、PCE 水泥净浆经时黏度变化的测试结果，可以看到，在 0.4 水灰比、相同的流动度（250 mm）下，ST－g－PCE 的表观黏度比 PCE 的要小。同时，随着测试时间的增长，ST－g－PCE 的表观黏度增长率也比 PCE 的小。ST－g－PCE 的初始黏度和稳定黏度差值变化幅度较 PCE 的小，表明 ST－g－PCE 能有效降低水泥基材料的表观黏度，具有降黏的作用。分析原因，由于 PCE 具有柔性侧链的梳状结构，随着转子的定向转动，其向着其他方向延伸，提高了浆体的黏度和剪切应力；而对于支化型结构的 ST－g－PCE，其构象是刚性的，不易发生变化，当剪切速率增加时，黏度变化幅度较小。

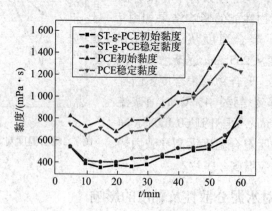

图 9　ST－g－PCE、PCE 对水泥浆体黏度的影响

4　结论

（1）本研究采用含有不饱和双键的短支链淀粉大单体（STM），通过自由基聚合方法聚合丙烯酸、聚醚，制备了一种支化型 ST－g－PCE 减水剂。最佳的试验条件为：STM 和引发

剂用量分别为 TPEG 的 6% 和 1.6%，酸醚比为 4.2，反应温度为 45 ℃，滴加时间为 2 h，保温时间为 3 h。

（2）水泥净浆流动度测试结果表明，相比梳形结构 PCE 减水剂，合成的支化结构 ST - g - PCE 减水剂掺入水泥净浆后，表现出更高的减水性能和分散保持性能。

（3）水泥净浆黏度测试结果表明，支化结构 ST - g - PCE 减水剂的构象是刚性的，不易发生变化，能有效降低水泥基材料的表观黏度，具有降黏的效果。

参考文献

[1] Tegiacchi F, Casu B. Alkylsulfonated polysaccharides and mortar and concrete mixes containing them [P]. US, 1988.

[2] Dongfang Zhang, Benzhi Ju, Shufen Zhang, et al. Dispersing Mechanism of Carboxymethyl Starch as Water - Reducing Agent [J]. Journal of Applied Polymer Science, 2007 (105): 486 - 491.

[3] 谢慈仪. 混凝土外加剂作用机理及合成基础 [M]. 重庆：西南师范大学出版社，1993.

[4] 王赟. 淀粉基绿色建筑材料的应用研究进展 [J]. 中国胶黏剂，2021，21 (1): 57 - 60.

[5] 何禄. 阴离子淀粉的制备与应用性能研究 [D]. 大连：大连理工大学，2008.

[6] 赖振峰，王万金，贺奎，等. 微波辐射法制备生物基减水剂及其性能研究 [C]. 中国建筑学会建筑材料分会混凝土外加剂应用技术专业委员会年会，2013.

[7] 王田堂，严云，胡志华，等. 用作混凝土减水剂的改性淀粉的合成及分散性能 [J]. 硅酸盐学报，2010 (7): 47 - 52.

[8] 房桂明，于涛，刘传昆，等. 各种助剂与聚羧酸减水剂的复配研究 [J]. 商品混凝土，2012 (2): 48 - 50.

[9] 王友奎，赵帆，李绵贵，等. 聚羧酸减水剂的分子结构设计及在混凝土中的应用 [J]. 中国混凝土进展，2010: 223 - 229.

纳米微球形聚羧酸减水剂的制备

彭苈影，屈浩杰，赵旭，王学川，于鹏程，卢通，钱珊珊，郑春扬

（江苏奥莱特新材料股份有限公司）

摘要：以 4 – 氰基 – 4 –（硫代苯甲酰）戊酸（CPADB）为链转移剂，偶氮二氰基戊酸（ACVA 或 V501）为引发剂，通过水相 RAFT 聚合诱导自组装（PISA），成功制备了 P(PEGMA – r – AA) – b – PMMA 纳米微球形聚羧酸减水剂。采用 DLS 对自组装纳米微球的粒径及粒径分布进行分析，结果表明，所制备的纳米粒子平均粒径约为 36.9 nm，并且粒径分布较窄（PSD = 0.075）。此外，净浆流动度及混凝土测试结果表明，P(PEGMA – r – AA) – b – PMMA 纳米微球形聚羧酸减水剂具有优异的保坍性能。

关键词：可逆加成 – 断裂链转移聚合；聚合诱导自组装；聚羧酸减水剂；纳米微球

1 前言

随着混凝土技术及混凝土外加剂的发展，大量高分子材料以水溶性聚合物、聚合物乳液等多种形式被应用于混凝土材料中。其中，减水剂由于大大提高了混凝土的流动性、工作性和强度等各项性能指标，成为混凝土外加剂中最重要的组成之一。聚羧酸减水剂是一种梳形结构的水溶性高分子，由含有吸附基团的主链和提供空间位阻的聚氧乙烯醚侧链组成，利用静电排斥和空间位阻作用促进水泥颗粒分散，释放自由水，从而提高浆体的流动性能。聚合物乳液则是由乳液聚合得到的乳浊液，聚合物颗粒在乳化剂作用下稳定分散于介质中，其被广泛应用于水泥混凝土或砂浆中，用来改善混凝土和砂浆的多种性能，比如提高黏结力、抗折强度、抗渗性能及耐久性能等。若是将聚羧酸减水剂和聚合物乳液相结合，有望进行优势互补，或能开发出新的特性。

因此，本文尝试采用 RAFT 聚合诱导自组装制备纳米微球形聚羧酸减水剂乳液，以期获得更优异的性能，为聚羧酸减水剂的合成提供新的思路。

2 试验部分

2.1 试验材料

甲基丙烯酸聚乙二醇单甲醚酯（PEGMA，$M_n = 500$），分析纯，Sigma – Aldrich 公司；丙烯酸（AA），分析纯，国药集团化学试剂有限公司；甲基丙烯酸甲酯（MMA），分析纯，国药集团化学试剂有限公司；4 – 氰基 – 4 –（硫代羰基苯甲酰）戊酸（CPADB），98%，苏州朗格生物科技有限公司；偶氮二氰基戊酸（ACVA 或 V501），98%，安耐吉化学；基准

水泥 P · I 42.5，粉煤灰（比表面积 440 m²/kg），河砂（细度模数 2.63，表观密度 2 635 kg/m³），碎石（表观密度 2 705 kg/m³，符合连续级配 5~25 mm）。

2.2 RAFT 聚合诱导自组装制备 P(PEGMA-r-AA)-b-PMMA 纳米微球形聚羧酸减水剂

以 CPADB 为链转移剂，ACVA 为引发剂，摩尔比为 $n(PEGMA):n(AA):n(CPADB):n(ACVA)=20:40:1:0.2$，采用水相 RAFT 聚合法制备 PPEGMA 大分子 RAFT 试剂；随后以 MMA 为疏水性单体，摩尔比为 $n(MMA):n(P(PEGMA-r-AA)):n(ACVA)=100:1:0.2$，采用 RAFT 聚合诱导自组装法制备 P(PEGMA-r-AA)-b-PMMA 纳米微球形聚羧酸减水剂，如图 1 所示。

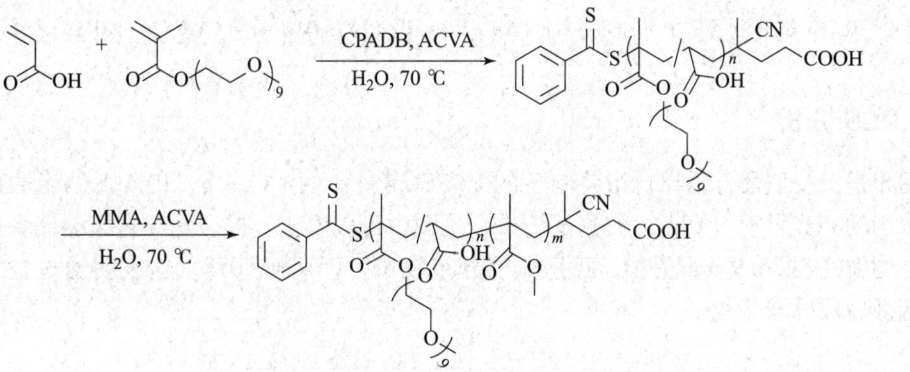

图 1 RAFT 聚合诱导自组装制备 P(PEGMA-r-AA)-b-PMMA 纳米微球形聚羧酸减水剂

2.3 测试与表征

RAFT 聚合诱导自组装制备的微球粒径及粒径分布通过 NanoBrook 90Plus 动态光散射仪（DLS）测定，以水为溶剂，在室温（25 ℃）下测定，每个样品（0.10%）至少测定三次。

参照 GB/T 8077—2012《混凝土外加剂匀质性试验方法》进行净浆检测；参照 GB 8076—2008《混凝土外加剂》进行混凝土检测。

3 结果与讨论

3.1 纳米微球形聚羧酸减水剂的合成

聚合诱导自组装（PISA）的主要过程是一种可溶性的聚合物链在某种溶剂中引发另一单体进行扩链，随着不溶性链段的增长，两亲型嵌段聚合物逐渐不溶，并原位析出，自组装形成纳米聚集体。

本研究中先以 PEGMA 和 AA 为聚合单体，通过 RAFT 溶液聚合制备了水溶性的大分子 P(PEGMA-r-AA)；随后以 MMA 为疏水性单体，预先合成的 P(PEGMA-r-AA) 为大分子 RAFT 试剂，进行 RAFT 聚合诱导自组反应，从而成功制备了 P(PEGMA-r-AA)-b-PMMA

纳米微球形聚羧酸减水剂。合成的相应产品如图2所示，其中，P(PEGMA-r-AA) 为红色黏稠溶液，P(PEGMA-r-AA)-b-PMMA 为淡粉色乳液。

（a）   （b）

图2　RAFT 聚合制备的 P(PEGMA-r-AA)（a）及 P(PEGMA-r-AA)-b-PMMA（b）样品

3.2　DLS 分析

图3是 RAFT 聚合诱导自组装制备的 P(PEGMA-r-AA)-b-PMMA 纳米微球形聚羧酸减水剂动态光散射（DLS）的测试结果。从图中可以看出，聚合诱导自组装制备的纳米微球的平均粒径在 36.9 nm 左右，并且粒径分布较窄，PSD=0.075。这表明通过自组装形成的纳米微球尺寸较为均一。

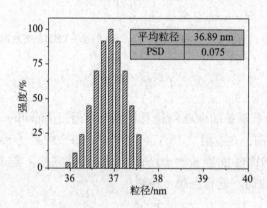

平均粒径	36.89 nm
PSD	0.075

图3　纳米微球形聚羧酸减水剂的 DLS 谱图

3.3　水解速率的测定

将 P(PEGMA-r-AA)-b-PMMA 纳米微球形聚羧酸减水剂（NP-PCE）与市售保坍型聚羧酸减水剂（SR-PCE）在同条件下进行水解试验，结果如图4所示。所配置的碱性溶液为 0.015 mol/L 的 NaOH 溶液，pH 为 12.18，加入等质量（折固）的 NP-PCE 和 SR-PCE，观察溶液 pH 的变化。由于减水剂中本身还有一定量的羧基，所以加入后瞬间溶液 pH 有较明显的下降。随后随着酯基水解，pH 逐渐降低。保坍型聚羧酸减水剂前半小时 pH 降低趋势较为明显，随后趋于平稳，而纳米微球形聚羧酸减水剂的 pH 变化趋势较缓，远远慢于保坍型聚羧酸减水剂。这主要是因为纳米微球形聚羧酸减水剂中甲基丙烯酸甲酯单元聚集在微球内部，在微球结构被破坏后才逐步水解，所以水解速率相对较慢。

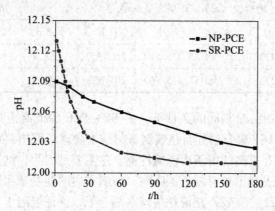

图4　掺保坍型聚羧酸减水剂（SR‒PCE）和微球形聚羧酸减水剂
（NP‒PCE）的碱性溶液 pH 变化

3.4　水泥净浆流动度的测定

采用净浆流动度试验来研究保坍型聚羧酸减水剂（SR‒PCE）和微球形聚羧酸减水剂（NP‒PCE）对水泥浆体分散及分散保持性能的影响，结果如图5所示。同掺条件下，NP‒PCE 的初始净浆流动度略小，但分散保持性能非常好，这主要是因为微球形减水剂内核 PMMA 缓慢水解，从而提供长时间保持性能，与上述水解试验结果一致。

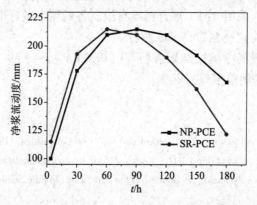

图5　掺保坍型聚羧酸减水剂（SR‒PCE）和微球形聚羧酸减水剂
（NP‒PCE）的新拌水泥净浆流动度及经时损失

3.5　混凝土性能测试

将保坍型聚羧酸减水剂（SR‒PCE）和微球形聚羧酸减水剂（NP‒PCE）进行混凝土应用性能测试，混凝土配比（kg/m³）为水泥∶粉煤灰∶砂∶小石∶大石∶水 = 304∶76∶741∶422∶634∶160，具体试验结果见表1。

表 1 混凝土中应用性能对比

样品	掺量/%	坍落度（mm）/扩展度（mm）				抗压强度/MPa		
		初始	1 h	2 h	3 h	3 d	7 d	28 d
SR－PCE	0.19	210/430	225/560	225/510	180/360	33.9	42.7	47.3
NP－PCE		190/370	230/560	225/560	205/520	34.5	43.9	49.2

由表 1 可知，在折固掺量相同的条件下，掺 NP－PCE 的混凝土拌合物 3 h 时仍具有较高的流动性，即采用 RAFT 聚合诱导自组装制备的纳米微球形聚羧酸减水剂，与市售保坍型聚羧酸减水剂相比，具有更高的坍落度保持性能。这主要是因为，纳米微球形减水剂由于自身空间位阻作用，初期表现出相对较低的吸附，包裹在内的酯基基团逐渐水解，提供吸附基团，从而达到长时间持续、有效补充消耗的减水剂分子，保证混凝土在较长时间内保持较好的工作性能。而普通保坍型减水剂中酯基直接暴露在碱性环境中，水解速率相对较快，保坍时间有限。此外，混凝土抗压强度数据显示，微球形聚羧酸减水剂对混凝土强度无不利影响。

4 结论

（1）通过 RAFT 溶液聚合制备了水溶性的大分子 P(PEGMA－r－AA)，随后以预先合成的 P(PEGMA－r－AA) 为大分子 RAFT 试剂，进行 RAFT 聚合诱导自组反应，从而成功制备了 P(PEGMA－r－AA)－b－PMMA 纳米微球形聚羧酸减水剂。

（2）DLS 结果表明，采用 RAFT 聚合诱导自组制备的纳米微球形聚羧酸减水剂粒径较为均一，PSD＝0.075，平均粒径在 36.9 nm 左右。

（3）净浆流动度和混凝土测试结果表明，P(PEGMA－r－AA)－b－PMMA 纳米微球形聚羧酸减水剂具有优异的坍落度保持性能。

参考文献

[1] Ohama Y. Polymer－base admixtures [J]. Cement and Concrete Composites, 1998, 20 (1): 189－212.

[2] Giraudeau C, D'Espinose de Lacaillerie J B, Souguir Z. Surface and Intercalation Chemistry of Polycarboxylate Copolymers in Cementitious Systems [J]. Journal of the American Ceramic Society, 2009, 92 (11): 2471－2488.

[3] 巫辉，郭惠玲，雷家珩，等. 聚羧酸系高效减水剂的合成及其作用机理研究 [J]. 武汉理工大学学报，2006, 28 (9): 18－20, 59.

[4] Jenni A, Holzer L, Zurbrigen R, et al. Influence of polymers on microstructure and adhesive strength of cementitious tile adhesive mortars [J]. Cement and Concrete Research, 2005, 35 (1): 35－50.

[5] Jenni A, Zurbrigen R, Holzer L, et al. Changes in microstructures and physical properties of polymer－modified mortars during wet storage [J]. Cement and Concrete Research, 2006, 36 (1): 79－90.

[6] Canning S L, Smith G N, Armes S P. A critical appraisal of RAFT－mediated polymerization－induced self－assembly [J]. Macromolecules, 2016 (49): 1985－2001.

新型 VPEG 聚羧酸减水剂
低温制备及其性能研究

王昭鹏，钟丽娜

（科之杰新材料集团有限公司，厦门，3631010）

摘要： 采用新型聚醚大单体（4－羟丁基乙烯基聚氧乙烯醚）作为大单体，丙烯酸作为小单体，以低温双氧水－还原剂体系，通过自由基聚合合成了 VPEG 型聚羧酸高性能减水剂，研究不同酸醚比对减水剂分散性能的影响和最佳合成工艺，采用傅里叶红外光谱（FTIR）、凝胶渗透色谱（GPC）等表征对减水剂进行了结构与性能的测试。试验结果表明，最佳合成工艺：酸醚比为 3.87，双氧水（H_2O_2）用量、甲醛合次硫酸氢钠（FF6）用量、硫代乙醇酸（TGA）用量为大单体的 1.25%、0.18%、0.45%，聚合温度为10 ℃，保温 1 h。合成的减水剂跟预期设计相符合，并且比市售减水剂分散性能、保坍性能更优。

关键词： VPEG；低温合成；结构性能；聚羧酸高性能减水剂

1 引言

近年来，经济的高速发展和社会的进步离不开建筑行业的贡献，混凝土作为最重要的建筑材料之一，又是建筑物最重要的组成部分，起着至关重要的作用。混凝土外加剂是构成混凝土的组分之一，其使混凝土适应施工的环境及条件，从而提升混凝土物理性能（耐久性能等）。

聚羧酸减水剂（PCE）作为"新起之秀"，分子结构的可塑性和多样性及优异的减水保坍性能深受人们的广大关注。目前最常见的大单体主要为聚酯类和聚醚类两大类，但是前者合成工艺复杂，从而使后者受到的关注大幅度提高。常见的聚醚类大单体主要有三种：第一种为烯丙基聚乙二醇醚（APEG）；第二种为异丁烯基聚乙二醇醚（HPEG）、异戊烯基聚乙二醇醚（TPEG），在市面上使用较广；第三种为对反应条件比较敏感的 4－羟丁基乙烯基聚氧乙烯醚（VPEG）。

VPEG 聚醚大单体反应活性较高，因此可以得到性能多样性的减水剂。但是 VPEG 大单体也存在着一些问题，如稳定性差、易于降解，因此要求制备环境温度低于常温，要求的聚合条件苛刻，而新型 VPEG 大单体，适应性好，易于调控。本文采用新型 VPEG 大单体，在低温、常温的条件下，通过双氧水－还原剂体系合成新型 VPEG 聚羧酸减水剂，研究最佳合成工艺和酸醚比对减水剂分散性的影响，同时也对其进行结构表征和性能测试。

2 试验

2.1 试验材料

VPEG（4－羟丁基乙烯基聚氧乙烯醚，相对分子质量 2 400，辽宁奥克化工有限公司），AA（丙烯酸，福建滨海化工有限公司），H₂O₂（过氧化氢，福州一化化学品股份有限公司），TGA（硫代乙醇酸，南京国晨化工有限公司），FF6（甲醛合次硫酸氢钠，常熟市锦铂贸易有限公司），NaOH（30% 液碱，福建湄洲湾氯碱工业有限公司）。试验中所有的药品均为工业级，去离子水为实验室自制。

水泥（C，P·O 42.5 闽福水泥），砂（S，机制砂，细度模数 $M_x = 2.7$），碎石（G，5～25 mm），聚羧酸减水剂（PCE－S，50%，科之杰新材料集团有限公司）。

2.2 制备方法

往四口玻璃圆底烧瓶中加入 VPEG、AA、H₂O₂、去离子水，在机械搅拌作用下，使固体溶解。将配制的滴加液（TGA 水溶液、FF6 水溶液、AA 水溶液）滴加进上述溶液中。初始温度为 10 ℃（全程反应温度不超过 20 ℃）。滴加结束后，保持温度约 1 h。保温结束后，加入 NaOH，调节 pH 为中性。搅拌 30 min 后，即得到含固量 50% 的新型 VPEG 聚羧酸减水剂 PCE－V，其制备流程如图 1 所示。

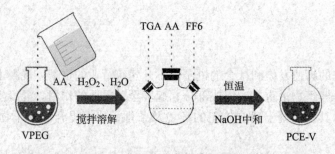

图 1 PCE－V 的制备流程图

2.3 表征

2.3.1 水泥净浆流动度

依据 GB/T 8077—2012《混凝土外加剂匀质性试验方法》进行表征，其中水泥和水的用量分别为 300 g 及 87 g，减水剂的用量为其折固掺量的 0.15%。

2.3.2 傅里叶红外光谱（FTIR）

用胶头滴管吸取一定量的样品（提纯），均匀涂抹于溴化钾（KBr）面上，置于紫外灯下进行干燥，采用傅里叶红外光谱仪（FTIR，Spectrum 100，Perkin－Elmer，美国）进行检测。

2.3.3 凝胶渗透色谱（GPC）

流动相的配制：称取一定量叠氮化钠和硝酸钠溶解于去离子水中，定容于 1 000 mL 的容量瓶中，进行抽滤后超声 30 min 备用。将待测样品称取 0.02 g 溶于 10 mL 的流动相，过滤（0.45 μm）备用。

采用凝胶渗透色谱仪（GPC，Waters 1515/2414，美国）对样品进行检测。

2.3.4　混凝土性能测试

按照 GB 8076—2008《混凝土外加剂》和相关测试指南及标准，对 VPEG 进行了混凝土性能测试（抗压强度比、坍落度等）。PCE 的折含固量为 0.4%，混凝土配合比见表 1。

表 1　原材料及混凝土配合比　　　　　　　　　　　　　　　　　　kg·m⁻³

C	S	G	W
360	805	1 045	178

3　结果与讨论

3.1　正交试验设计及分析

固定合成初始温度 10 ℃，选取 H_2O_2 用量（A）、酸醚比（B）、FF6 用量（C）、TGA 用量（D）4 个因素（其中 A、C、D 为占大单体的质量分数），设计 3 水平 4 因素正交试验。水平因素表及正交试验结果见表 2 和表 3。

表 2　水平因素表

水平	因素			
	A/%	B	C/%	D/%
1	1.43	2.68	0.13	0.45
2	1.34	2.98	0.18	0.54
3	1.25	3.27	0.22	0.63

表 3　正交试验结果及分析

序号	A/%	B	C/%	D/%	净浆流动度/mm
1#	1.43	2.68	0.13	0.45	221
2#	1.43	2.98	0.18	0.54	233
3#	1.43	3.27	0.22	0.63	208
4#	1.34	2.68	2.98	0.63	196
5#	1.34	2.98	3.27	0.45	232
6#	1.34	3.27	0.13	0.54	244
7#	1.25	2.68	0.22	0.54	215
8#	1.25	2.98	0.13	0.63	238

续表

序号	A/%	B	C/%	D/%	净浆流动度/mm
9#	1.25	3.27	0.18	0.45	254
K_{1j}	220.6	210.7	234.3	235.7	—
K_{2j}	224.0	234.3	227.7	230.7	—
K_{3j}	235.6	235.3	218.3	214.0	—
R	15.00	24.7	16.0	21.7	—

注：K_{ij} 为各因素 j（表中为 A、B、C）在水平 i（$i=1$、2、3）下的结果平均值；R 为每个因素下 K_{ij} 间差值的绝对值，即各因素影响程度。

表 3 为 PCE 正交试验结果。从表中可见，当进行正交试验时，R 值可以反映各因素的影响情况，对 PCE 的影响大小顺序为 B、D、C、A，即酸醚比对其影响最大，TGA 的用量次之，H_2O_2 用量和 FF6 用量最小且相当。通过正交试验可知，最佳合成工艺为 $A_3B_3C_2D_1$，即 9#工艺，即 H_2O_2、FF6、TGA 用量为大单体质量的 1.25%、0.18%、0.45%，酸醚比为 3.27，此条件下制备的样品命名为 PCE – V1。

3.2 酸醚比对减水剂分散性能的影响

AA 是组成 PCE 分子中主链最重要的部分，主要是因为 AA 上的羧基带的电荷易于吸附在水泥颗粒表面并起到锚定作用，因此，调整酸醚比对 PCE 具有较大的影响。固定合成原材料参数及合成工艺，调整酸醚比（2.6 ~ 4.2），研究酸醚比对 PCE 性能的影响，试验情况如表 4 和图 2 所示。

表 4 不同酸醚比对减水剂分散性能的影响

序号	A/%	B	C/%	D/%	净浆流动度/mm
10#	1.25	2.68	0.18	0.45	216
14#	1.25	2.98	0.18	0.45	232
9#	1.25	3.27	0.18	0.45	254
11#	1.25	3.57	0.18	0.45	260
12#	1.25	3.87	0.18	0.45	270
13#	1.25	4.17	0.18	0.45	268

从表 4 和图 2 可知，随着酸醚比的增大，PCE 的净浆流动度呈现一直增大的趋势，当酸醚比为 3.87 时，PCE 的净浆流动度达到 270 mm，分散性能最佳。这主要因为当酸醚比小于 3.87 时，羧酸的量（AA）导致分子链变化，当含量较少时，卷曲程度较大，不利于吸附在水泥的表面，从而造成了水泥的团聚，影响了分散性能。当酸醚比大于 3.87 时，容易减弱空间位阻效应，形成主链长、侧链密的高分子聚合物，发生聚集，影响水泥的分散能力。当酸醚比为 3.87 时，吸附性能、分散性能、空间位阻等性能最优，该工艺下合成的样品为 PCE – V2。

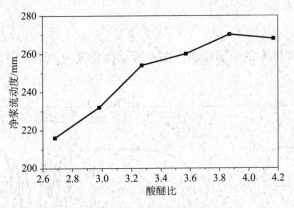

图2　酸醚比对 PCE 性能的影响

3.3　GPC 分析

PCE 的相对分子质量及其分布对性能有着显著的影响，当相对分子质量过大时，分子链之间会发生缠绕而形成无规构象，导致分子内部之间活动不足，进而吸附在表面上，从而影响到空间位阻和静电作用，导致 PCE 的分散性变差。因此，验证 PCE 的相对分子质量及其分布有着重要的意义。

对 PCE – S、PCE – V1、PCE – V2 进行 GPC 测试，所得结果如表5 和图3 所示。从中可知，PCE – V2 的 M_n 为 47 365、M_p 为 69 031，分别是 PCE – S 的 1.7 倍、PCE – V1 的 1.1 倍；M_w 为 115 074，分别是 PCE – S 的 2.6 倍、PCE – V1 的 1.4 倍，PCE – V2 的转化率为 91.04%，比 PCE – S（82.99）、PCE – V1（84.89）的大，转化率较高；PCE – V2 的 M_w/M_n 为 2.43，而 PCE – S、PCE – V1 的为 1.62 和 2.01，相对分子质量分布相对较窄。

表5　减水剂样品的分子质量及多分散性

样品编号	数均相对分子质量（M_n）	重均相对分子质量（M_w）	峰位相对分子质量（M_p）	分子质量分布系数（M_w/M_n）	转化率/%
PCE – S	27 500	44 490	38 117	1.62	82.99
PCE – V1	41 469	83 236	61 577	2.01	84.89
PCE – V2	47 365	115 074	69 031	2.43	91.04

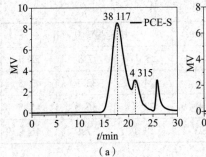
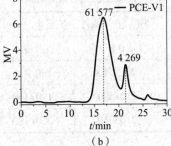
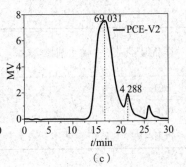

图3　样品的凝胶色谱图

(a) PCE – S；(b) PCE – V1；(c) PCE – V2

3.4 FTIR 分析

通过 FTIR 来探测 PCE 的分子结构。图 4 所示为合成的 PCE – V1、PCE – V2 样品的红外光谱图。

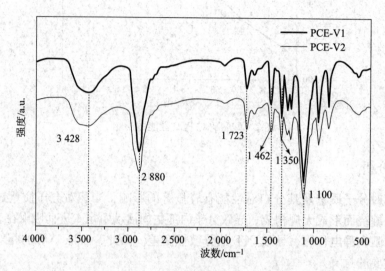

图 4 PCE – V1 和 PCE – V2 红外光谱图

从图 4 可知，样品在 3 428 cm^{-1} 出现的特征峰为羟基（—OH）的伸缩振动峰，2 880 cm^{-1} 的特征峰是甲基（—CH$_4$）和亚甲基（—CH$_3$）的 C—H 伸缩振动峰，1 723 cm^{-1} 特征峰则为羧基（—COOH）的 C≡O 伸缩振动峰，1 462 cm^{-1} 和 1 350 cm^{-1} 特征峰是—CH$_4$ 和—CH$_3$ 的 C—H 弯曲振动峰，1 110 cm^{-1} 处出现醚基（C—O—C）的伸缩振动特征峰。因此，合成的 PCE – V1 和 PCE – V2 分子结构中包含着羟基、羧基、醚基等多种官能团，说明该样品符合预期设计分子结构，并且制备成功。

3.5 混凝土应用性能

将 PCE – V1、PCE – V2 及市售 PCE – S 用于混凝土应用性能测试（坍落度、扩展度），试验结果见表 6。

表 6 混凝土应用性能测试结果

样品编号	减水剂掺量/%	坍落度（mm）/扩展度（mm）		抗压强度比/MPa		
		0 h	1 h	3 d	7 d	28 d
PCE – S		205/510	180/410	24.9	33.5	42.5
PCE – V1	0.4	210/590	190/440	27.7	36.8	45.5
PCE – V2		210/610	200/480	28.1	37.9	46.2

从表 6 可知，在相同掺量下，PCE – V1 和 PCE – V2 的初始坍落度与 PCE – S 的相当，但是扩展度远大于 PCE – S，说明合成的 PCE – V1 和 PCE – V2 的分散性能较好；PCE – V2

的1 h保坍能力明显高于 PCE‒S、PCE‒V1,说明 PCE‒V2 的保坍性能较优;PCE‒V2 的
3 d抗压强度比达到28.1 MPa,7 d达到37.9 MPa,28 d达到46.2 MPa,远比 PCE‒S 的高,
性能较优,应用价值较大。

4 结论

(1)以 VPEG 为大单体,通过低温氧化‒还原体系合成新型 VPEG 型聚羧酸减水剂。通
过正交试验和单因素调整,最佳工艺为:H_2O_2 用量、FF6 用量、TGA 用量为大单体质量的
1.25%、0.18%、0.45%,酸醚比为3.87,合成温度为10 ℃,试验温度不超过20 ℃,全程
反应时间3 h。

(2)从 GPC 可知,PCE‒V2 的相对分子质量较大,转化率较高,性能最优;而 FTIR
的结果表明,合成的 PCE‒V2 具有羧基、羟基、醚基等相关基团,符合预期设计构想。

(3)对合成的 PCE‒V1、PCE‒V2 及 PCE‒S(市售)进行混凝土应用性能测试,结
果表明,合成的 PCE‒V1 和 PCE‒V2 样品性能(保坍性能及分散性能)均优于 PCE‒S,
并且抗压强度比比 PCE‒S 的更优,说明 PCE‒V1 和 PCE‒V2 有着极大的应用价值和研究
意义。

参考文献

[1] Childs C M, Perkins K M, Menon A, et al. Interplay of anionic functionality in polymer‒grafted lignin superplasticizers for portland cement [J]. Industrial and Engineering Chemistry Research, 2019, 58 (43): 19760‒19766.

[2] 冯全祥,胡清,刘才林,等. 聚羧酸减水剂的室温合成研究 [J]. 新型建筑材料, 2018, 45 (9): 108‒112.

[3] 邵幼哲,赖华珍,方云辉. VPEG 型聚羧酸减水剂的研制 [J]. 新型建筑材料, 2019, 46 (11): 33‒36.

[4] 曾君. VPEG 型聚羧酸减水剂的合成 [J]. 广州化工, 2015, 43 (3): 105‒107.

[5] 张少敏. 新型聚醚大单体低温制备聚羧酸减水剂及其性能研究 [J]. 硅酸盐通报, 2020, 39 (9): 2844‒2848.

[6] 徐创霞,刘洋,张伟,等. 新型聚羧酸混凝土减水剂的合成 [J]. 四川建筑科学研究, 2017, 43 (6): 100‒104.

[7] 姚恒,柯凯,吕阳. 不同结构聚羧酸减水剂在吸附质浆体表面的吸附‒分散效应 [J]. 硅酸盐通报, 2019, 38 (12): 3773‒3779.

[8] 钟丽娜. 抗泥型聚羧酸减水剂的合成及性能研究 [J]. 新型建筑材料, 2018, 45 (5): 41‒44+48.

一种接枝木质素缓释型聚羧酸高性能减水剂的合成及研究

符惠玲，仲以林，曾石娇，邓焕友，韦朝丹

（广东瑞安科技实业有限公司）

摘要：本研究通过以甲基烯丙基聚氧乙烯醚、复合聚醚、异构酯单体、木质素磺酸钠为大单体，在引发剂作用下，利用异构酯单体更高的活性及其具有的协同增效作用，在聚羧酸大单体中接枝入木质素结构，进行共聚反应，合成具有木质素基团的缓释型聚羧酸减水剂PC–12。试验结果表明，相对普通缓释型聚羧酸高性能减水剂等同类产品，PC–12的初始分散性能和经时保坍性能都相对更好，并且由于接枝入木质素，其保水性能相对更好，敏感性更低，综合性能优异。

关键词：异构酯；木质素磺酸钠；缓释型；保坍性能

1　前言

这几年，砂短缺已经上升为全球性的大问题，其消耗量巨大，价格飞涨，从而使得全机制砂的使用逐渐成为趋势。但目前机制砂存在质量良莠不齐，形状不规则，棱角较多，含泥量高、含粉量偏高及级配不合理等问题，采用全机制砂拌制的混凝土较敏感，一方面极易出现离析、泌水、包裹性不佳等问题，另一方面含泥量高时，经时损失又极大。木质素磺酸盐虽然是第一代减水剂，减水率较低，但其与聚羧酸减水剂的相容性良好，在聚羧酸减水剂中掺入木质素，可以有效改善机制砂起浆性差、泌水、板结的问题，增强聚羧酸的保水性、保坍性，降低材料的敏感度。

据文献报道，目前在聚羧酸减水剂中引入木质素的方法主要有两种。一种方法是直接将木质素磺酸盐与聚羧酸复配。但是聚羧酸减水剂与木质素磺酸盐的复配并不能改变聚羧酸减水剂的分子结构，改性效果难以保证。同时，当木质素磺酸盐用量较大时，反而会大大降低聚羧酸的分散性能，保坍性能也较差。另一种方法是直接以木质素磺酸盐作为一种大单体，与聚羧酸减水剂的大单体进行聚合反应，得到木质素接枝的聚羧酸减水剂。这种方法改性较彻底，但由于木质素磺酸盐中的不饱和双键含量比较低，合成难度较大，目前的相关研究较少。

本研究通过以甲基烯丙基聚氧乙烯醚、复合聚醚、异构酯单体、木质素磺酸钠为大单体，在引发剂作用下，利用异构酯单体更高的活性及其具有的协同增效作用，在聚羧酸大单体中接枝入木质素结构，进行共聚反应，合成具有木质素基团的缓释型聚羧酸减水剂PC–12。

符惠玲，女，1988.03，工程师，广东省佛山市南海区狮山工业园北园中路，0757–81082321。

异构酯单体是由特种醇起始剂加成而得的大单体，具有较高的反应活性，与丙烯酸竞聚力相近，极易与丙烯酸发生自由基共聚。此外，异构酯中的 EO 键还可以通过氢键作用促进反应体系中的其他大单体的反应，从而达到协同增效的作用，使木质素结构能够成功引入聚羧酸分子结构中；同时，在侧链上也引入异构酯结构，在水泥碱性环境下，酯基发生水解后逐渐释放出羧基，起到二次分散作用，从而提升聚羧酸分子的保坍性能，使得合成的聚羧酸减水剂兼具良好的和易性及保坍性能，尤其对于砂石料品质差的情况效果显著。

2　试验部分

2.1　试验主要原材料及主要仪器设备

试验主要原材料：甲基烯丙基聚氧乙烯醚（TPEG）、复合聚醚、异构酯活性单体（德国科莱恩）、木质素磺酸钠、丙烯酸（AA）、丙烯酸羟乙酯（HEA）、双氧水（H_2O_2）、高效还原剂、巯基丙酸、巯基乙醇及氢氧化钠等（以上试剂均可市售购得）。

试验主要仪器设备：DF - 101S 恒温水浴锅；JF2004 电子分析天平；BT100 - 2J 型蠕动恒流泵；DF - 101S 加热磁力搅拌器；凝胶色谱仪（GPC）；NJ - 160A 水泥净浆试验机；HJW - 30 型混凝土搅拌机；TYE - 2000C 型混凝土压力试验机。

2.2　PC - 12 聚羧酸减水剂合成工艺

将甲基烯丙基聚氧乙烯醚粉剂、复合聚醚、木质素磺酸钠投入装有搅拌器、温度计的四口烧瓶中，加水开启搅拌溶解，并加热升温至一定的温度。待烧瓶内单体粉剂溶解完全后，投入引发剂。搅拌 5~10 min 后，同时滴加 A 料混合液和 B 料混合液。其中，A 料为由丙烯酸、丙烯酸羟乙酯、异构酯单体和水搅拌均匀配制而成的混合液，B 料为由高效还原剂、巯基丙酸、巯基乙醇和水搅拌溶解均匀配制而成的混合液。A 料混合液滴加 2.5~3 h、B 料混合液滴加 3~3.5 h，滴加完毕后，在一定的温度下保温 1~1.5 h。降温冷却后，加碱中和，调节 pH 至 5~6，制得所需含固量为 44% 左右的接枝木质素聚羧酸高性能减水剂 PC - 12。

2.3　PC - 12 聚羧酸减水剂的表征

不同聚羧酸减水剂的相对分子质量及其分布通过水性凝胶渗透色谱仪（GPC）测定，以质量分数为 0.1% 硝酸钠水溶液为流动相，按照流速为 1.0 mL/min，温度为 30~35 ℃，进样量为 15~20 μL 的条件进行 GPC 测试，最后以聚苯乙烯为标准物质，得到相对分子质量及其分布数据。

2.4　性能测试

2.4.1　水泥净浆性能

根据 GB 8077—2012《混凝土外加剂匀质性试验方法》中水泥净浆流动度的测试方法，对聚羧酸减水剂进行净浆流动度测试。水泥选用粤秀 P·Ⅱ 42.5R 水泥和海螺 P·Ⅱ 42.5R 水泥，聚羧酸减水剂选用我司生产的普通缓释型聚羧酸减水剂 PC - 8、市售具有改善和易性功能的缓释型聚羧酸减水剂 PC - A、我司生产的接枝木质素的缓释型聚羧酸高性能减水剂

PC－12，选用0.9%的折固掺量，0.35的水胶比。

2.4.2　新拌混凝土性能

根据 GB 8076—2008《混凝土外加剂》的试验方法，分别测试掺加减水剂的混凝土的工作性能及经时保坍性能。由于 PC－12 母料为缓释型母液，初始加水率相对低些，因此和减水型母液按1∶1复配；分别选用两种不同厂家生产的水泥：粤秀 P·Ⅱ 42.5R 水泥和海螺 P·Ⅱ 42.5R 水泥；选用三种砂：级配较合理的机制砂、较粗的机制砂及级配单一的海峡砂，砂的细度模数见表1，具体混凝土配合比见表2。

表1　砂的级配分布表

砂的种类	累计筛余/%						细度模数	级配区
	4.75 mm	2.36 mm	1.18 mm	0.6 mm	0.3 mm	0.15 mm		
机制砂1	0.71	14.47	34.75	50.29	83.46	93.54	2.75	Ⅱ区
机制砂2	0.75	16.08	39.3	66.34	86.11	95.8	3.02	Ⅰ区
海峡砂	0	0.06	0.4	38.2	96.7	99.1	2.34	不在级配区

表2　混凝土配合比　　　　　　　　　　　　　　　　kg·m⁻³

配合比序号	水泥	灰	矿	砂	碎石	水
1#	190	80	60	790（机砂1）	1 070	160
2#	190	80	60	810（机砂2）	1 050	160
3#	190	80	60	750（海峡砂）	1 110	160

2.4.3　混凝土力学性能

根据 GB/T 50081—2002《普通混凝土力学性能试验方法标准》，分别测试上述三种聚羧酸高性能减水剂在 7 d、28 d 龄期的混凝土立方体抗压强度。

3　结果与讨论

3.1　聚羧酸减水剂的 GPC 分析

聚羧酸相对分子质量的大小及其分布会对聚羧酸减水剂性能造成重要影响，在一定范围内，随着相对分子质量增大，聚羧酸减水剂的分散性能会提高。但相对分子质量不能过大，过大则分子呈无规线团构象，起不到良好的分散作用；相对分子质量过小，则分子链段太短，无法形成足够的静电斥力和空间位阻效应，因此相对分子质量需要控制在合适范围内才具有良好的综合性能。

将三种聚羧酸母液进行 GPC 测定，由表3可以看出，PC－12 的相对分子质量相对大于 PC－8 和 PC－A，而其相对分子质量分布指数却相对最小，说明其分散性能相对更好些，并且相对分子质量在一个相对较窄的范围内分布更均匀，因此，PC－18 的化学结构相对于另两种母液更理想。

表 3　不同聚羧酸减水剂的 GPC 分析

样品编号	M_w	M_n	M_w/M_n
PC – 8	47 236	19 121	2.470 3
PC – 12	52 173	29 230	1.784 9
PC – A	46 876	21 720	2.158 2

注：M_w/M_n 为相对分子质量分布指数；M_w 为重均相对分子质量；M_n 为数均相对分子质量。

3.2　聚羧酸减水剂母液对不同水泥净浆流动性能的影响

水泥净浆流动度及其损失能在一定程度上反映减水剂与水泥之间的相容性及保坍效果，虽然本次研究的减水剂母液为缓释型，但其初始仍有一定减水率，通过净浆流动度对比，可初步判断不同减水剂之间的性能差异。本文分别选用粤秀、海螺两种水泥进行对比，比较三种缓释型母液对不同水泥初始和经时净浆流动度差异。测试结果如图 1 和图 2 所示。三种缓释型母液初始流动度都很小，1 h 后增长都较大，3 h 左右达到顶峰，随即下降。从与不同水泥的净浆试验表明，PC – 12 虽是缓凝型母液，但其初始流动度相对大些，缓释效果也相对好些，主要是因为 PC – 12 相对分子质量更大，并且反应活性更高，此外，异构酯侧链独特的分子结构使其相较于其他缓释型母液具有相对高的分散性能及较优的保坍性能。

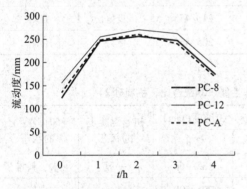

图 1　几种缓释型母液在粤秀水泥中的
净浆流动度情况

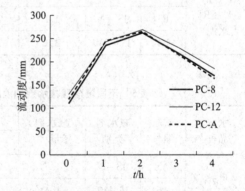

图 2　几种缓释型母液在海螺水泥中的
净浆流动度情况

3.3　聚羧酸减水剂的混凝土工作性能

由于以上用到的三种母液均为缓释型母液，初始加水率相对低些，因此分别和减水型母液按 1∶1 搭配，并掺入缓凝剂、引气剂等辅助材料进行复配，得到由我司生产的普通缓释型聚羧酸减水剂复配的 JS – 8、接枝木质素缓释型聚羧酸减水剂复配的 JS – 12、市售有改善和易性功能的缓释型聚羧酸高性能减水剂复配的 JS – A。另外，为了同复配木钠的产品对比和易性，在 JS – 8 基础上，加入 10% 木钠取代母液复配成 JS – 8M，减水剂质量均为 10%。参照实际混凝土工程应用的配合比，分别在两种水泥、三种砂中进行试验，比较四种减水剂的减水率、保坍性及混凝土和易性等。

混凝土试验结果见表4~表6。由试验结果可知，在正常级配的机砂中，JS-12减水率及保坍性能同其他几个样品并没有太明显的差异；但在级配不好、缺少细粉的砂中，其减水率和保坍性能则明显优于其他几个样品，尤其在细度模数为3.1的粗机砂中，JS-12体现出了更为优越的工作性能，并且比掺木钠复配的JS-8M的综合性能明显要好。这可能是由于PC-12中异构酯反应活性更高，并且具有协同增效作用，接枝入的木质素结构反应更完全，总体性能会优于复配的效果。但在试验中发现，JS-12在海峡砂中的敏感性相对还是略大于木钠复配的JS-8M，如经时未出现泌水，则和易性良好，经时一旦出现泌水，则包裹性会差于JS-8M，这可能与复配时木钠的用量相对高一些有关。

表4 不同聚羧酸减水剂的混凝土工作性能（1#配合比，机制砂1）

水泥品种	试验编号	减水剂类别	减水剂掺量/%	坍落度（mm）/扩展度（mm）		初始混凝土的状态	经时混凝土的状态
				初始	2 h		
粤秀 P·Ⅱ 42.5R 水泥	A1	JS-8	1.9	215/520	190/440	良好	一般，稍泌水
	A2	JS-12	1.9	225/550	205/480	良好	良好
	A3	JS-A	1.9	210/525	200/460	良好	良好
	A4	JS-8M	1.9	220/540	200/475	良好	良好
海螺 P·Ⅱ 42.5R 水泥	B1	JS-8	2.1	210/530	200/430	良好	良好
	B2	JS-12	2.1	220/555	210/465	良好	良好
	B3	JS-A	2.1	225/540	210/455	良好	良好
	B4	JS-8M	2.1	220/540	205/460	良好	良好

表5 不同聚羧酸减水剂的混凝土工作性能（2#配合比，机制砂2）

水泥品种	试验编号	减水剂类别	减水剂掺量/%	坍落度（mm）/扩展度（mm）		初始混凝土的状态	经时混凝土的状态
				初始	2 h		
粤秀 P·Ⅱ 42.5R 水泥	A5	JS-8	1.7	210/525	185/460	一般	泌水、料堆积
	A6	JS-12	1.6	215/530	205/500	良好	良好
	A7	JS-A	1.7	210/530	200/470	良好	一般，稍泌水
	A8	JS-8M	1.7	220/540	200/485	良好	一般
海螺 P·Ⅱ 42.5R 水泥	B5	JS-8	1.85	210/515	195/445	一般	有泌水
	B6	JS-12	1.75	210/520	200/490	良好	良好
	B7	JS-A	1.85	220/520	200/470	良好	稍有泌水
	B8	JS-8M	1.85	210/520	200/470	良好	良好

表6　不同聚羧酸减水剂的混凝土工作性能（**3#配合比，海峡砂**）

水泥品种	试验编号	减水剂类别	减水剂用量/%	坍落度（mm)/扩展度（mm)		初始混凝土的状态	经时混凝土的状态
				初始	2 h		
粤秀 P·Ⅱ 42.5R 水泥	A9	JS-8	1.6	210/505	195/470	一般	泌水、料散
	A10	JS-12	1.5	200/510	200/490	良好	稍泌水
	A11	JS-A	1.6	215/510	200/480	良好	一般，泌水
	A12	JS-8M	1.6	215/520	200/480	良好	良好
海螺 P·Ⅱ 42.5R 水泥	B9	JS-8	1.7	210/530	200/470	一般	泌水
	B10	JS-12	1.6	215/525	200/500	良好	良好
	B11	JS-A	1.7	220/535	205/480	良好	泌水
	B12	JS-8M	1.7	220/530	210/480	良好	良好

3.4　聚羧酸减水剂的混凝土力学性能

如图3~图8所示，测试的混凝土试块强度均增长良好，强度均达到设计要求。JS-12由于其复配母液的高活性及增效作用，以及复配后在混凝土中良好的分散效果及和易性，成型试块质量更加均匀、密实，各龄期强度比其他几种聚羧酸减水剂要略高一些，表现出了良好的力学性能。

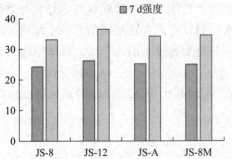

图3　几种聚羧酸减水剂对粤秀水泥各龄期强度的影响（机制砂1）

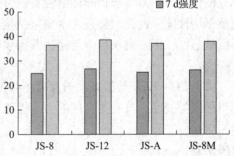

图4　几种聚羧酸减水剂对海螺水泥各龄期强度的影响（机制砂1）

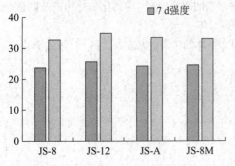

图5　几种聚羧酸减水剂对粤秀水泥各龄期强度的影响（机制砂2）

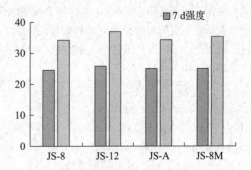

图6　几种聚羧酸减水剂对海螺水泥各龄期强度的影响（机制砂2）

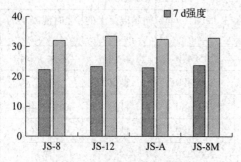

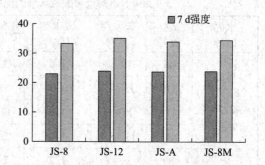

图 7　几种聚羧酸减水剂对粤秀水泥
各龄期强度的影响（海峡砂）

图 8　几种聚羧酸减水剂对海螺水泥
各龄期强度的影响（海峡砂）

4　结论

（1）通过对分子结构进行设计，以甲基烯丙基聚氧乙烯醚、复合聚醚、异构酯单体、木质素磺酸钠为大单体，在引发剂作用下，利用异构酯单体更高的活性及其具有的协同增效作用，在聚羧酸大单体中接枝入木质素结构，共聚反应合成具有木质素基团的缓释型聚羧酸减水剂 PC - 12。

（2）与普通的缓释型聚羧酸减水剂及市面同类产品相比，PC - 12 相对分子质量更大，反应活性更高，具有异构酯侧链独特的分子结构，相较于其他缓释型母液具有更好的分散性能及保坍性能。此外，接枝入木质素结构，使其保水性能较好，在级配较差的砂中使用，可降低敏感性；但在海峡砂中使用，其保水性能会略不如复配时掺木钠的产品，具体原因仍有待探究。

（3）PC - 12 聚羧酸减水剂混凝土强度增长较好，相对高于普通的缓释型聚羧酸减水剂及市面同类产品，具有更良好的力学性能。

参考文献

[1]　杨文烈，邸春福. 机制砂的生产及在混凝土中的应用 [J]. 混凝土，2008（6）：113 - 117.
[2]　邬锦斌，莫莫，陆国彦. 海峡砂对混凝土性能的影响及控制措施 [J]. 广东建材，2019（9）：13 - 15.
[3]　孙振平，张建峰，王家丰. 本体聚合聚羧酸系高性能减水剂的研究 [J]. 中国化学外加剂及矿物外加剂研究与应用新进展 2016 年科隆杯优秀论文汇编，2016：150 - 155.
[4]　刘冠杰，王自为，任建国，裴继凯. 聚羧酸减水剂聚醚大单体的应用研究进展 [J]. 日用化学品科学，2018（10）：13 - 16.

降黏型聚羧酸系减水剂的合成及性能

陈国新[1,2,3,4]，祝烨然[1,2,3,4]，杜志芹[1,2,3,4]，朱素华[2,3,4]

(1. 南京水利科学研究院，江苏　南京，210029；

2. 南京瑞迪高新技术有限公司，江苏　南京，210024；

3. 水利部水工新材料工程技术研究中心，江苏　南京210029；

4. 安徽瑞和新材料有限公司，安徽　马鞍山243000)

摘要：以乙烯基聚氧乙烯醚（HM-008）、丙烯酸（AA）、苯乙烯（St）、丙烯酸甲酯（MA）等为单体，通过水溶液聚合法制备出一种降黏型聚羧酸系减水剂 PC-418F，并采用水泥净浆 T_{200}、Marsh 时间及混凝土 T_{500}、倒坍落度筒时间进行了降黏性能比较。结果表明，掺 PC-418F 的水泥净浆或混凝土在流动度相当的前提下，具有更短的 T_{200}、Marsh 时间、混凝土 T_{500} 及倒坍落度筒时间，降黏性能优异。

关键词：聚羧酸系；减水剂；降黏型；合成；性能

1　前言

随着混凝土结构物大型化、高层化的发展，工程混凝土强度不断提高，高强甚至超高强混凝土被大量应用，提高混凝土强度的方法有采用高标号水泥、增加胶凝材料总量、降低水胶比等。这些措施会导致混凝土黏度不可避免地增加，流动性随之下降。降低混凝土黏度的手段主要有使用磨细矿渣、硅灰等矿物外加剂，以及使用引气剂、降黏剂等化学外加剂两种，这样一方面需要额外增加成本，另一方面，如果添加量不适当，可能引起黏度增大、强度降低或影响外观等问题。

日本触媒公司于 2004 年申请了降低混凝土黏度的多羧酸外加剂专利，该外加剂的结构中引入的丙烯酸烷基酯单体具有疏水性，在调黏方面发挥作用。日本的 T. Sugamata 研究了一种可用于水灰比小于 0.20 的超高强混凝土中的新型聚羧酸系减水剂，其分散性能优于传统的聚羧酸系减水剂，并且能够明显降低混凝土的黏度，也能降低屈服应力，改善混凝土的各种性能。

减水剂的作用之一是降低水泥浆体的屈服剪切应力，从而提供流动性。通过在聚羧酸系减水剂的分子结构中引入疏水性基团，调节减水剂的 HLB 值，合成出兼具减水和降黏功能的降黏型聚羧酸系减水剂，可有效避免复配降黏组分带来的适应性问题，在高强混凝土和自密实混凝土中具有广阔的应用前景。

陈国新（1972—），男，1972.10，正高级工程师，南京市虎踞关34号，210024，025-85829719。

2 试验

2.1 降黏型聚羧酸系减水剂的合成

2.1.1 合成原材料

乙烯基聚氧乙烯醚 HM-008，工业级，浙江皇马；丙烯酸（AA），工业级，卫星石化；苯乙烯（St），化学纯；丙烯酸甲酯（MA），化学纯；丙烯酸羟乙酯（HEA），工业级，常州瑞科森；巯基乙酸异辛酯（TGB），工业级，诸城众鑫；抗坏血酸（VC），工业级，石药集团；液碱和双氧水均为工业级。

2.1.2 合成工艺

将 HM-008、St、MA 和水投入反应釜，升温至 25 ℃搅拌溶解，并加入双氧水；分别滴加（AA + HEA + TGB）混合水溶液和 VC 水溶液，前者在 45 min 内滴完，后者在 1 h 内滴完，然后保持在 40 ℃保温 0.5 h；降至室温并加入水和液碱，调节 pH 为 6~6.5，即得到降黏型聚羧酸系减水剂 PC-418F。

2.2 性能试验

2.2.1 净浆和混凝土试验原材料

水泥：金宁羊 P·Ⅱ 52.5 水泥，江南小野田产，基准水泥，曲阜中联水泥有限公司产；河砂：细度模数为 2.7；石：5~20 mm 碎石，连续级配；选用本公司产的标准型聚羧酸系减水剂 PC102 和国内某品牌降黏型聚羧酸系减水剂 PCE-VR 作为对比。

2.2.2 水泥净浆流动度

试验参考 GB/T 8077—2012《混凝土外加剂匀质性试验方法》中水泥净浆流动度测定方法进行，掺加不同品种及掺量的减水剂，控制水泥净浆流动度为（250±10）mm，测量其水泥净浆流动度达到 200 mm 的时间 T_{200}，依此来反映浆体的流动性能。

2.2.3 Marsh 时间

测试时，将 500 g 的水泥净浆倒入 Marsh 筒内，测试浆体从下部料嘴流出 50 mL、100 mL、150 mL 及留空所用的时间，分别记为 T_{50}、T_{100}、T_{150} 及 $T_空$ 的 Marsh 时间，以此来表征其流动性能。Marsh 时间越短，浆体的流动性能就越好。

2.2.4 混凝土性能

混凝土坍落度和扩展度参照 GB/T 50080—2011《普通混凝土拌合物性能试验方法标准》进行测试；混凝土扩展时间 T_{500} 参照 JGJ/T 283—2012《自密实混凝土应用技术规程》进行测试；混凝土倒坍落度筒时间测试方法为：将坍落度筒倒置，将混凝土一次性装入坍落度筒并抹平，将坍落度筒平稳提起，用秒表记录坍落度筒内混凝土排空的时间即为倒坍落度筒时间。

3 结果与讨论

3.1 水泥净浆流动度

使用金宁羊和基准两种水泥，在 0.29 和 0.24 两种水灰比下通过调整减水剂掺量，使水泥净浆流动度为（250±10）mm，比较三种不同聚羧酸系减水剂的 T_{200}，依此比较浆体流速，结果如图 1 所示。

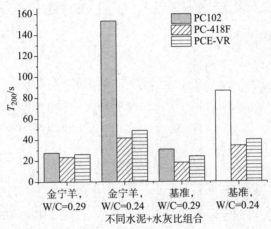

图 1 不同聚羧酸系减水剂在相同净浆流动度下的流速

由图 1 所示结果可见，在达到相同净浆流动度时，掺加三种聚羧酸系减水剂的水泥净浆流速存在很大差异，两种水泥中掺降黏型聚羧酸系减水剂 PC－418F 的水泥净浆流速均明显更快，尤其是在低水胶比（0.24）的情况下，T_{200} 仅为掺标准型聚羧酸系减水剂 PC102 的 1/3 左右，流速也快于对比样 PCE－VR，降低了水泥浆体黏度。

3.2 Marsh 时间

水泥浆体流动度控制方法同上，测试浆体从下部料嘴流出 50 mL、100 mL、150 mL 及留空所用的时间，分别记为 T_{50}、T_{100}、T_{150} 及 $T_{空}$ 的 Marsh 时间，比较不同掺量下三种不同品种聚羧酸系减水剂在两种水泥中的 Marsh 时间，结果如图 2 所示。

由图 2 所示结果可见，当净浆流动度相同时，两种水泥及两种水灰比中掺 PC－418F 的净浆 Marsh 时间均为最短，即流速最快，在低水灰比（W/C=0.24）时，流速降低效果更为明显，金宁羊水泥中 $T_{空}$ 的 Marsh 时间比 PC102 缩短了 57.6%；而对比样 PCE－VR 在基准水泥中的 Marsh 时间反而比 PC102 的更长，即未体现出降黏效果。

根据 Marsh 时间测定标准法，采用水灰比 0.35，比较不同掺量下三种不同品种聚羧酸系减水剂在两种水泥中的 Marsh 时间，结果如图 3 所示。

由图 3 结果可见，在两种不同水泥中，不同减水剂掺量时，掺 PC－418F 的水泥净浆 Marsh 时间均为最短，即流速最快。在基准水泥中，Marsh 时间降低效果更明显，在掺量为 0.30% 时，与 PC102 相比，Marsh 时间可缩短 20.3%。

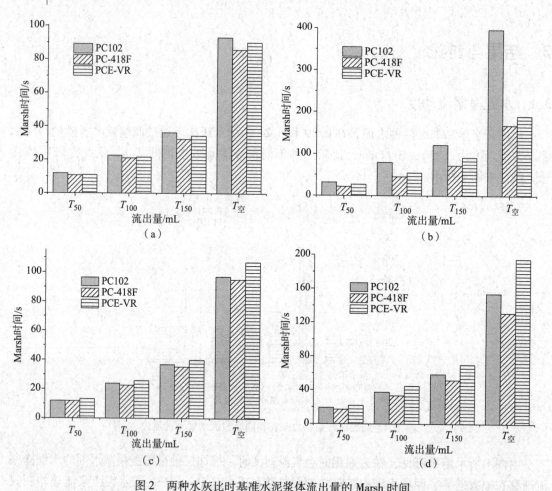

图2　两种水灰比时基准水泥浆体流出量的 Marsh 时间

（a）金宁羊，W/C＝0.29；（b）金宁羊，W/C＝0.24；（c）基准，W/C＝0.29；（d）基准，W/C＝0.24

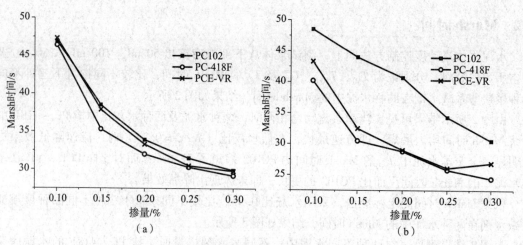

图3　不同掺量下的水泥浆体 Marsh 时间

（a）金宁羊；（b）基准

3.3　新拌混凝土性能比较

采用 C70 高性能泵送混凝土进行减水剂降黏性能对比，水泥为金宁羊 P·Ⅱ 52.5 水泥，粉煤灰为华能电厂Ⅰ级灰，矿粉为南京梅宝 S95 级，硅灰为进口埃肯硅灰，混凝土配合比见表1，新拌混凝土性能见表2。

表1　混凝土配合比　　　　　　　　　　　　　　　　　　　kg·m^{-3}

水泥	粉煤灰	矿粉	硅灰	砂	石	水	减水剂
400	60	100	48	700	940	150	6.0

表2　新拌混凝土性能

减水剂	坍落度/mm		扩展度/mm		T_{500}/s	倒坍落度筒时间/s
	初始	1 h	初始	1 h		
PC102	255	240	610	515	18.2	24.9
PC-418F	250	245	615	525	12.4	14.8
PCE-VR	245	235	600	485	14.1	18.6

由表2所示结果可知，掺三种不同聚羧酸系减水剂的混凝土坍落度与扩展度初始值及损失均相近；但掺 PC-418F 的混凝土扩展时间 T_{500} 略优于 PCE-VR，明显优于 PC102，倒坍落度筒时间规律与之相同；相对 PC102，掺 PC-418F 的 T_{500} 缩短了 31.9%，倒坍落度筒时间缩短了 40.6%。由此可见，掺 PC-418F 的混凝土在坍落度与扩展度相当的前提下，具有更优异的降黏性能。

4　结论

(1) 掺降黏型聚羧酸系减水剂 PC-418F 的水泥浆流速 T_{200} 更快，在低水灰比（0.24）时，T_{200} 仅为 PC102 的 1/3。

(2) 与对比样相比，掺聚羧酸系减水剂 PC-418F 的水泥净浆具有较短的 Marsh 时间，低水灰比时降黏效果更明显。金宁羊水泥中，在 0.24 水灰比时，$T_空$ 的 Marsh 时间比 PC012 缩短了 57.6%。

(3) 掺 PC-418F 的混凝土具有较短的 T_{500} 及倒坍落度筒时间，其中倒坍落度筒时间相对 PC102 可缩短 40.6%。

(4) 所合成的降黏型聚羧酸系减水剂 PC-418F 具有优异的降黏性能。

参考文献

[1] 吴中伟，廉慧珍. 高性能混凝土 [M]. 北京：中国铁道出版社，1999.

[2] Yamada K, Hanehara S, Honma K. Effect of the Chemical Structure on the Properties of Polycarboxylate Type Superplasticizer [J]. Cement &Concrete Research, 2000, 30 (2): 197–207.

[3] Sugamata T. 新型高效减水剂对材料流变性能的影响 [C]. 第七届超塑化剂会议及其他化学外加剂国标会议论文集，2003：239–249.

EPEG 聚醚与酯类单体共聚型外加剂的合成与应用

朱伟亮，邵越峰，邵田云

（上海台界化工有限公司）

摘要： 本试验制备了聚乙二醇单甲基醚（MPEG）的甲基丙烯酸酯化产物，并将其与通过阴离子开环聚合反应合成的 EPEG 改性聚醚、甲基丙烯酸进行自由基共聚反应，制备了一种酯醚共聚羧酸混凝土外加剂。试验结果表明，以甲苯为带水剂，酯化反应 4 h 以上，酯化率较高。试验优选聚合反应温度为 25 ℃、反应时间为 5 h，聚合反应单体残留量较低，甲基丙烯酸物质的量与大单体物质的量之比为 4:1，所合成的聚羧酸混凝土外加剂的水泥净浆初始流动度和水泥净浆经时流动度均较好。

关键词： 酯化反应；酯醚共聚；共聚；外加剂

1 前言

聚羧酸混凝土外加剂又名超塑化剂，是混凝土建筑中使用最为广泛的混凝土外加剂之一，已超过传统萘系减水剂和木质磺酸盐减水剂的总和，特别是在高铁工程、高压泵送混凝土工程、高强度/超高强度混凝土等技术领域，聚羧酸混凝土外加剂具有明显优势。聚羧酸混凝土外加剂是最近 20 年迅速发展的一种高性能混凝土外加剂，当掺量为胶凝材料质量的 0.2% ~ 0.3% 时，减水率可达到 25% ~ 35%，并能有效改善胶凝材料水化反应凝固后的结构与性能。

自 2010 年以来，聚羧酸混凝土外加剂使用含有不饱和碳碳双键的醚类单体，该类单体相较于聚乙二醇（PEG）或聚乙二醇单甲基醚（MPEG），自身不需要酯化反应就具有自由基共聚反应活性，可以只通过一步聚合反应合成聚羧酸减水剂，所使用的不饱和聚氧乙烯醚主要为 HPEG 类聚氧乙烯醚和 IPEG 类聚氧乙烯醚。为进一步提升聚羧酸混凝土外加剂的性能，近年来以其他种类不饱和有机化合物作为端基，通过阴离子聚合反应合成不饱和改性聚氧乙烯醚，乙二醇单乙烯基醚（EPEG 改性聚醚）就是其中之一。本试验所使用的乙二醇单乙烯基醚（EPEG 改性聚醚）为本公司自主合成，以乙二醇单乙烯为端基，通过与环氧乙烷（EO）的乙氧基化反应合成，其分子结构自由度更高，合成的聚羧酸外加剂具有更高的反应活性和坍落度保持性能。

聚羧酸减水剂所用的支链单体原料一般可分为酯类聚醚单体和改性聚醚单体。酯类单体一般由具有活性羟基的聚醚与不饱和羧酸酯化制成，其减水率较高，分子结构设计的自由度大。2001 年日本触媒公司首先以甲基丙烯酸与甲氧基聚乙二醇为原料制备了分散性和分散

朱伟亮，男，1986.03，高级工程师，上海市金山区漕泾镇金轩路 66 号，201507，18686999969。

保持性都较好的聚羧酸高效混凝土外加剂。由醚类单体合成的混凝土外加剂的减水率往往低于酯类单体，但其流动度经时损失较小。本文制备甲基丙烯酸的聚乙二醇单甲醚酯（MPEG - MAA），然后将其与不同比例的乙二醇单乙烯基醚（EPEG 改性聚醚）和甲基丙烯酸（MAA）进行聚合，制备了兼具初始减水率和流动性保持性能的聚羧酸混凝土外加剂，并研究了其合成的工艺条件与性能。

2 试验部分

本试验以合成的重均相对分子质量为 3 000 的乙二醇单乙烯基醚（EPEG 聚氧乙烯醚）与聚乙二醇单甲基醚（MPEG）的酯化物为聚羧酸外加剂的侧链单体原料，以氧化还原反应产生活性自由基，引发自由基共聚反应，合成不同反应物比例的聚羧酸外加剂，并通过水泥净浆流动度试验确定最佳的自由基共聚反应条件。

2.1 试验材料

甲基丙烯酸，分析纯；聚乙二醇单甲醚（MPEG - 1200），工业级；新型改性聚醚（EPEG - 3000），工业级；对甲苯磺酸，分析纯；对苯二酚，分析纯；维生素 C，工业级；过氧化氢，工业级；巯基丙酸，分析纯。

2.2 试验方法

酯类单体合成：按照一定比例在干燥的四口烧瓶中依次加入 MPEG - 1200 和经过干燥处理的甲基丙烯酸，加入甲苯作为带水剂，在氮气保护条件下加入一定量对甲苯磺酸和 0.3% 的对苯二酚，在 105 ℃以上条件下回流反应，并每隔一段时间通过酸碱滴定方法测定酯化率。当酯化率达到 90% 以上时，停止反应。减压除去带水剂，并对所制备的酯化产物进行纯化后，所得浅褐色产物即为酯化产物 MPEG - MAA。

聚羧酸混凝土外加剂的合成：称取一定量醚类单体 EPEG 和去离子水加入四口烧瓶中，加入引发剂过氧化氢与维生素 C，分别以恒速滴加方式加入甲基丙烯酸、制备的酯类单体 MPEG - MAA 和链转移剂巯基丙酸，在 25 ℃水浴条件下机械搅拌进行共聚反应。反应结束后，加入 NaOH 调节 pH 至中性。

3 试验结果与讨论

合成酯类单体的反应过程中，影响因素主要有反应物种类、反应物摩尔比例、反应时间、反应温度、是否使用带水剂等；合成聚羧酸混凝土外加剂的影响因素包括物料比例、反应物种类、引发给予链转移剂用量、反应条件等。本试验采用控制变量方法，控制其他变量条件不变，改变其中单一的变量条件，从而确定最优化的反应条件。

3.1 酯化条件对质化率的影响

3.1.1 醇酸摩尔比的影响

图 1 为不同醇酸比对 MPEG - 1200 单体酯化率的影响。由于 MPEG 单体不具备聚合反

应活性，需要通过酯化反应引入双键官能团，因此一般不饱和羧酸的摩尔数大于 MPEG 的摩尔数。在反应过程中的不同时段取样，通过标定浓度的氢氧化钠溶液滴定计算出酯化率。从试验结果可以看出，醇酸比为 1∶1.1 时，酯化率较低，无法作为聚羧酸混凝土外加剂的单体，而甲基丙烯酸比例增大后，酯化率明显提升，醇酸比为 1∶1.5 时，酯化率已经可以达到 90%，进一步增加甲基丙烯酸的比例对酯化率提高已不明显。因此，本试验采用醇酸比为 1∶1.5 进行酯化反应。

3.1.2 催化剂用量的影响

在固定醇酸比为 1∶1.5 条件下，本试验分别加入不同比例对甲苯磺酸作为催化剂。图 2 为催化剂的用量对酯化率的影响。试验结果表明，对甲苯磺酸能明显提高酯化反应的速率和酯化率，当催化剂用量为单体质量 2.0% 时，酯化率可以达到较为理想的水平，进一步提高催化剂的用量对酯化率的影响已不明显，并可能导致副反应产物增多。本试验优选的催化剂用量为反应单体质量的 2.0%。

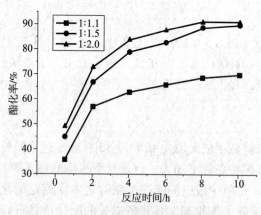

图 1　醇酸比对酯化率的影响

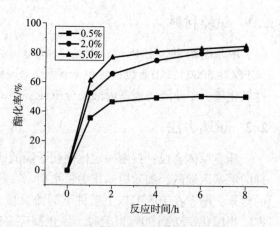

图 2　催化剂用量对酯化率的影响

3.1.3 甲苯带水剂的影响

酯化反应是一个可逆反应，水的存在会导致酯化反应产物水解，影响酯化率，而酯化反应本身会生成一定量的水分子，从而影响酯化率。本试验以甲苯作为带水剂，酯化反应过程中，生成的水被分离除去，促进酯化反应的进行。在相同反应条件下，使用甲苯作为带水剂的酯化试验最终酯化率达到 90%，如图 3 所示，而未使用带水剂的对照试验，酯化率仅为 71%，无法达到要求。

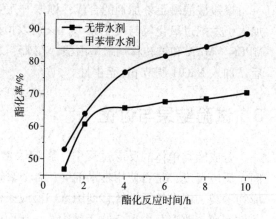

图 3　带水剂对酯化率的影响

3.2　合成条件对混凝土外加剂性能的影响

3.2.1　甲基丙烯酸与大单体摩尔比例

图 4 为羧酸与大单体的摩尔比对合成的聚羧酸混凝土外加剂流动性的影响。从试验结果

可以看出，大单体作为混凝土外加剂分子的侧链，通过空间位阻作用增大水泥颗粒分散性。当不含大单体侧链或侧链基团较少时，都无法起到增大水泥颗粒分散性的作用。当甲基丙烯酸与大单体的摩尔比为1:4时，加入该混凝土外加剂的水泥净浆流动性最佳，进一步增大单体的量，会导致起吸附作用的羧基比例减小，从而影响吸附性，因此水泥净浆流动度降低。

3.2.2　酯类单体与醚类单体的摩尔比

图5为改变酯类单体与醚类单体的摩尔比对合成的聚羧酸混凝土外加剂性能的影响。通常酯类单体的初始减水率较高，对粉煤灰的适应性较好，但对含泥量较为敏感，不过酯类单体的吸附速率快，混凝土外加剂分子的消耗迅速，混凝土的坍落度保持性能较差；醚类单体的初始减水率一般低于酯类单体，但其坍落度保持性能较为突出。

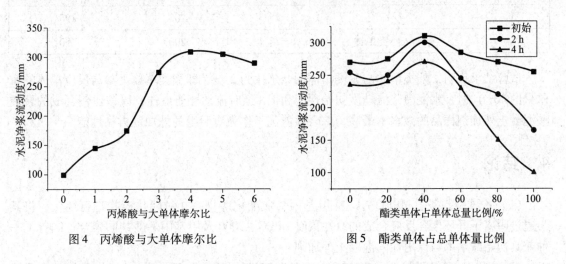

图4　丙烯酸与大单体摩尔比　　　　　图5　酯类单体占总单体量比例

本试验通过改变酯类单体和醚类单体的比例，对合成的混凝土外加剂进行水泥净浆流动性的测试。从图中可以看出，当酯类单体摩尔量为总大单体摩尔量的40%时，初始净浆流动度和水泥净浆经时流动度都较好，酯类单体所占比例较大时，水泥净浆的经时流动度明显变差。

3.2.3　反应时间的影响

图6为反应时间对合成混凝土外加剂性能的影响，通过对水泥净浆流动性的测试，表明合成的混凝土外加剂性能随着反应时间的延长，呈现先增大后减小的趋势。但反应时间较短时，会导致大量单体残留，合成产物性能较差。反应时间达到5 h时，各种单体基本反应完全，混凝土外加剂相对分子质量适当，因此净浆流动性较好。进一步延长反应时间，会导致混凝土外加剂分子链长进一步增长，聚羧酸混凝土外加剂分子无法充分展开并发挥性能，混凝土外加剂的性能呈下降趋势。

通过上述试验，本试验优化选择的酯

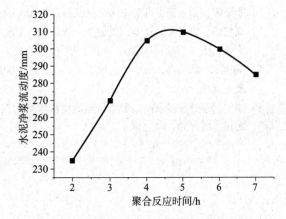

图6　反应时间对混凝土外加剂性能的影响

类单体与醚类单体的摩尔比例为2:3，设定其他条件不变，对比酯类单体与醚类单体的摩尔比例为1:4、3:2、4:1的样品，通过水泥净浆流动度试验确定上述样品的减水率与坍落度保持性能，见表1。

表1 不同酯醚单体摩尔比样品性能

样品序号	酯醚单体摩尔比	减水率/%	初始流动度/mm	1 h经时流动度/mm
1	未加入酯类单体	22.9	225	175
2	1:4	23.6	220	195
3	2:3	26.6	235	220
4	3:2	25.5	220	190
5	4:1	25.3	205	195
6	未加入醚类单体	25.1	200	190

试验结果表明，酯类单体与醚类单体的摩尔比为2:3（即酯类单体占参与反应单体的摩尔量的40%）时，水泥净浆流动度初始性能和1 h经时流动性能最佳，以该比例合成的聚羧酸混凝土外加剂样品的减水率最高，综合性能优于作为对照组的外加剂样品性能。

4 结论

（1）本试验制备了MPEG-1200甲基丙烯酸酯化产物，并对酯化产物进行纯化，将其与通过阴离子开环聚合反应合成的改性聚醚EPEG-3000及甲基丙烯酸共同聚合，制备了一种兼具初始减水率与保坍性的混凝土外加剂。

（2）通过试验条件优选，确定反应温度为25 ℃，反应时间为5 h，活性单体基本无残余；甲基丙烯酸与大单体摩尔比为1:4、酯类单体占总单体摩尔量的40%时，所合成的聚羧酸混凝土外加剂兼具初始减水率和坍落度保持性能。

参考文献

[1] 蒲心诚. 超高强高性能混凝土 [M]. 重庆：重庆大学出版社，2004.

[2] 李崇智，李永德，冯乃谦. 21世纪的高性能混凝土外加剂 [J]. 混凝土，2001 (5)：3-6.

[3] 周栋梁，冉千平，江姜，刘加平，缪昌文. 温度对不同酯类聚羧酸接枝共聚物性能的影响 [J]. 东南大学学报（自然科学版），2010，40 (S2)：133-137.

[4] 逄建军，魏明高，魏中原，魏文龙，王栋民. 酯醚共聚型聚羧酸超塑化剂的合成及性能研究 [J]. 混凝土世界，2018 (10)：62-65.

[5] 李安，李顺，温永向. 醚类与酯类聚羧酸减水剂对水泥水化及分散性能的影响 [J]. 新型建筑材料，2016，43 (3)：44-48.

共价修饰型杂化纳米晶核早强剂的效能研究

严涵[1,2]，舒鑫[1]，周栋梁[1]，张建纲[1]，李申振[1]，杨勇[1,2]

(1. 高性能土木工程材料国家重点实验室，江苏苏博特新材料股份有限公司；

2. 南京博特新材料有限公司)

摘要：通过含硅烷偶联剂基团的分散剂制备了分散剂共价修饰的杂化纳米晶核。研究了该材料对水泥基材料早期水化和强度发展的作用机制。结果表明，该材料的粒径较同条件下使用传统分散剂制备的对照组小，对高碱环境耐受性更强，其早强效应比对照材料略有推迟，但16 h～1 d的早强效应更高，其改性砂浆样品比由无硅基团制备的纳米晶核更早达到20 MPa强度。该材料的效能行为说明通过调节分散剂与其所修饰纳米粒子间作用力的强弱是调节杂化纳米材料性能的有力手段。

关键词：纳米早强剂；水化；硅烷偶联剂；表面修饰

1 前言

以水化硅酸钙纳米晶核为代表的纳米早强剂是近年来备受关注的新型早强剂，其早强效应源于晶种效应，能在水化早期迅速诱导水化产物成核生长。相比传统早强外加剂，纳米早强剂具有早强效能高、后期倒缩低的优势，是快速提升混凝土制品早期强度的有力的技术方案，在管桩、管片等领域有巨大的应用潜力。

由于纳米材料的效能受惠于其纳米级的尺寸和与之对应的高比表面积，保证纳米材料在水泥浆体中的空间分布和实际尺寸，一直是纳米材料在本方向应用的关键。对于纳米早强剂，业界多基于聚合物分散剂进行分散稳定性和性能的调控，关于分散剂对于纳米早强剂调控制备或修饰已有多篇文献报道，例如，Sun 等研究了梳形分散剂调控的杂化纳米晶核制备，发现杂化纳米晶核可以更好地加速早期水化反应，并且3 d 龄期的孔隙率下降。Luc Nicoleau 研究了由多种具有不同结构和吸附基团的梳形分散剂制备的杂化纳米晶核早强剂的早强效能和行为，发现由羧酸型和膦酸型分散剂制备的纳米晶核，其纳米片单元的尺寸、结合方式和早强效能都有所不同。

目前，聚合物分散剂与晶种的修饰/结合模式大多是与电荷作用，在高碱高盐的水泥浆体中易发生解吸，并导致可能的晶核分散失稳。基于此，本研究将尝试通过在分散剂链段中引入硅烷偶联剂基团，制备分散剂与晶核以共价键牢固结合的有机/无机杂化型纳米晶核型早强剂；并期望以此探明分散剂与晶种结合强弱对晶种效能释放的影响机制。

严涵，男，1989.07，高级工程师，南京市江宁区醴泉路118号，211100，025-52837033。

2 试验部分

2.1 原材料

试验所用无机试剂包括四水硝酸钙、无水硅酸钠、氢氧化钠、过氧化氢（30%）。所有有机试剂为甲基烯丙基聚乙二醇（HPEG，工业级，$M_w = 2\ 500$）、丙烯酸、甲基丙烯酰氧基丙基三甲基硅烷（硅烷偶联剂 KH - 570）、巯基丙酸，抗坏血酸。上述试剂，若无特殊说明，均为分析纯。

2.2 试验方法

2.2.1 含硅烷偶联剂基团的梳形分散剂的合成

采用自由基共聚法，通过引入可聚合硅烷偶联剂参与聚合，合成了硅吸附基团的梳形高分子分散剂，具体合成过程如下：30 ℃下，向含有甲基烯丙基聚乙二醇（45%）和适当含量的过氧化氢的反应器中，分别匀速滴入丙烯酸、KH - 570、巯基丙酸的单体混合溶液（1 h）和抗坏血酸溶液（1 h 15 min），滴加完毕后，保温 0.5 h，之后加入碳酸钠溶液中和至 pH = 6 左右，所制样品需在 2 h 内进行下一步合成（见 2.2.2 节），否则，其中硅吸附基团将因水解而失效。除含硅分散剂外，还合成一组无硅的分散剂作为对照。结果见表 1。

表 1　梳形分散剂的合成配比

样品	$n(\mathrm{AA})/n(\mathrm{HPEG})$	$n(\mathrm{KH} - 570)/n(\mathrm{HPEG})$
PCASi - 1	3.6	0.4
PCASi - 2	3.2	0.8
PCASi - 3	2.4	1.6
PCASi - r	4.0	0

2.2.2 共价修饰型分散剂修饰的纳米晶核早强剂的制备

采用 2.2.1 节中合成的分散剂调控制备了纳米晶核早强剂（NS，后文以 NS - #标记编号），每个样品分别制备一组晶核，其中，以 PCA - 对照制备的纳米晶核早强剂样品标记为 NS - r，晶核以硝酸钙和硅酸钠为钙源和硅源。流程如下：在 15 ℃，氮气保护下，向盛有一定量打底水的反应器中，分别滴入一定量的新制（2 h 以内）分散剂（30%）溶液、硝酸钙（20%）溶液、硅酸钠（10%）溶液，其中硝酸钙和硅酸钠溶液摩尔比为 1∶1，所有溶液均在 5 h 内匀速滴完，之后升温至 45 ℃反应 2 h。最终产物中，分散剂和纳米晶核（按 $CaSiO_3$ 计）的理论质量分数分别为 1.2% 和 2.0%，各物料用量据此计算。制备完成后，将样品透析提纯 7 d，以去除无机盐副产物。

2.2.3 材料的表征

通过凝胶渗透色谱（Shimazu LC - 20AD）表征了各组分散剂样品的相对分子质量和转化率，早强剂中纳米晶核的尺寸分布以动态光散射（ALV CGS - 3）表征，测试了晶核在水和饱和氢氧化钙中的粒径，以模拟从一般环境到浆体溶液的变化。样品中无机晶核和有机聚合物组分的实际含量以热重分析（TA SDT－Q600）测定。

2.2.4　早强效能评价

分别从砂浆和水化行为两方面评价了样品的早强效能。砂浆试验基于 GB 17671—1999 中砂浆拌合及强度测试流程。测试使用 P·Ⅰ 42.5 基准水泥，ISO 标准砂，配比为 600 g 胶材、1 350 g 砂、0.38 水胶比，纳米晶核折固掺量为 0.08% 胶材质量（以晶核净重计），同时，各样品以同等掺量的减水剂（PCA－Ⅳ，江苏苏博特新材料股份有限公司提供）调节流动度至 180 mm 以上且无离析。砂浆成型后，从终凝后的整点到 24 h，每隔一定时间（16 h 前 2 h，之后 4 h）测定其抗压强度，24 h 后 3 d、7 d、28 d 各测定一次强度。早期水化曲线通过微量热仪（TAM Air）测定，测试水灰比为 0.4。

3　试验结果与讨论

3.1　材料的结构参数特性

分散剂的参数见表 2，从中可见，KH－570 的引入使得分散剂的相对分子质量和转化率下降，其用量越高，效应越明显，这可能是其聚合基团和丙烯酸及聚醚活性有差异所致。

表 2　杂化纳米晶核的结构参数

样品	分散剂			平均粒径/nm		聚合物质量分数/%
	编号	M_w/kDa	转化率%	蒸馏水	饱和氢氧化钙	
NS－1	PCASi－1	25.5	91.6	129.7	141.2	38.5
NS－2	PCASi－2	23.9	89.7	119.4	128.7	38.0
NS－3	PCASi－3	20.8	84.3	109.3	121.3	37.9
NS－r	PCASi－r	24.8	92.4	137.8	177.0	38.7

各晶核早强剂样品的有机物含量随着分散剂中硅烷偶联剂含量的升高而轻微降低，这是分散剂链段中硅烷偶联剂替代丙烯酸单元所致。

各样品在蒸馏水和饱和氢氧化钙溶液中的平均粒径及分布如表 2 和图 1 所示。从图中可

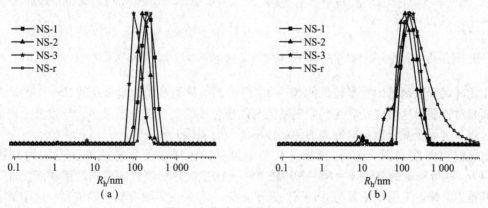

图 1　杂化纳米晶核的尺寸分布

（a）在水中；（b）在饱和氢氧化钙溶液中

见，使用含硅烷偶联剂基团分散剂制备的纳米晶核早强剂的平均粒径较无硅吸附基团分散剂制备的对照组低，并且硅烷偶联剂含量越高，粒径越小，NS – 3 的粒径较 NS – 1 的小20.4%。这是由于硅烷偶联剂基团与晶核中硅酸根发生反应，形成共价连接，使得分散剂与晶核的锚固更牢固，对晶核的稳定化作用更强。而且，在饱和氢氧化钙溶液中，NS – 1 ~ NS – 3 的粒径变化程度较小（增大 7% ~ 11%），而对照组的粒径增加达 28%，并且分布图中出现了数百纳米粒径区间的拖尾，说明其在氢氧化钙溶液中有一定程度的失稳，二者对比进一步印证了硅烷偶联剂分散剂对晶核空间分布的稳定化作用。

3.2　分散剂中硅吸附基团对其早强效能的影响

各样品改性砂浆的终凝约 24 h 强度如图 2 所示。从图中可见，含该杂化纳米晶核早强剂的样品，其终凝时间比空白组提前 1 ~ 2 h，并且强度发展显著加快，10 h 强度提升达68% ~ 196%，12 h 强度提升为 78% ~ 113%。而各组早强剂改性样品中，终凝约 12 h 的强度提升仍然以由传统分散剂制备的 NS – r 为最明显。而 12 h 之后，共价锚固型纳米晶核早强剂 NS – 1 和 NS – 2 的砂浆试块强度开始反超，其 16 h ~ 1 d 龄期的强度提升效果好于 NS – r，比 NS – r 更快达到 20 MPa 强度，尤其是 NS – 2。这一方面是含硅烷偶联剂的分散剂与晶核间的共价键连接强化了其与晶核的结合力和表面覆盖，进而相对弱化了水化早期晶核与水化产物的成核效应，令水化加速效应峰值出现时间推迟；同时，该分散剂较强的稳定化效应优化了早期水化过程中晶核的空间排布，与更和缓的早强效应一起使得该样品在 16 h ~ 1 d 出现比对照更强的早强效能。

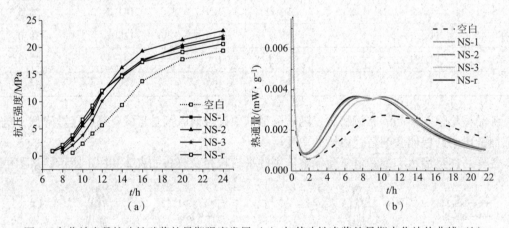

图 2　杂化纳米晶核改性砂浆的早期强度发展（a）与其改性净浆的早期水化放热曲线（b）

相比硅烷偶联剂基团含量较低的 NS – 2，分散剂中该类基团含量最高的 NS – 3 的早强效能反而相对较弱，这可能是硅烷偶联剂基团与晶核生成的共价键连接过多，导致稳定化遮蔽效应过强，进而令被分散剂修饰表面的晶核不能及时起效。

水化放热曲线如图 2（b）所示。从图中可见，各样品的主放热峰比空白对照提前2.5 ~ 4 h。共价修饰的 NS – 1 ~ NS – 3 相较 NS – r 的主放热峰位置随着硅烷偶联剂含量升高而不断推迟，NS – 1 的峰位置与 NS – r 的几乎重叠，而 NS – 3 则有较明显推迟。这印证了强度试验中观察到的现象。

从表 3 中的砂浆初始流动度也可见分散剂硅烷偶联剂含量导致的不同锚固牢固度造成的

影响。其中 NS - r 组的初始流动度最高，而 NS - 1 到 NS - 3 组则依次降低。这说明砂浆受来自晶种分散剂的分散作用较低，进而表明与晶核共价锚固程度高的分散剂不易受水化产物的竞争吸附，与晶种的解吸附过程相对较慢。

各砂浆样品的后期强度见表 3。从表中可见，对 7 d 和 28 d 强度总体影响不大，掺早强剂样品和空白样品的差距在 5% 以内。3 d 强度方面，分散剂中硅官能团含量较高的 NS - 3 改性的砂浆的强度似乎有轻微的提升，这可能是前述分散剂强锚固和遮蔽效应导致晶核效能的延迟释放所致。

表 3　杂化纳米晶核改性砂浆的初始流动度和 1 d 及以后强度发展

编号	早强剂	初始流动度 /mm	强度/MPa			
			1 d	3 d	7 d	28 d
空白	—	193	19.33	28.78	45.75	55.27
1	NS - 1	227	21.77	29.34	45.24	55.09
2	NS - 2	216	22.46	29.57	46.60	55.78
3	NS - 3	202	22.05	31.09	47.22	57.57
4	NS - r	240	21.18	29.50	46.03	54.26

4　结论

在本研究中，通过在梳形聚合物分散剂中引入硅烷偶联剂基团，调控合成了分散剂共价修饰锚固的纳米晶核型早强剂。经表征和初步的水化行为及早强效能测试，得出以下结论：

（1）相比传统的梳形高分子分散剂，引入硅烷偶联剂基团的分散剂调控制备的纳米晶核尺寸更小，在饱和氢氧化钙溶液中空间分布更稳定，有助于保持其在水泥浆体中的空间分布稳定性。

（2）砂浆测试结果表明，相比由传统分散剂制备的纳米晶核早强剂，经含硅烷偶联剂基团分散剂共价修饰制备的纳米晶核的早强效应起效时间略晚，但在 16 h ~ 1 d 的效能更强，改性砂浆样品的强度更早达到 20 MPa，这说明在分散剂中引入具有共价修饰效应的基团，强化分散剂与被修饰纳米材料的结合力，是调节纳米材料效能发挥时间和空间节点的可行手段。

参考文献

[1] Reches Y. Nanoparticles as concrete additives：Review and perspectives [J]. Construction and Building Materials，2018（175）：483 - 495.

[2] Camiletti J，Soliman A M，Nehdi M L. Effect of nano - calcium carbonate on early - age properties of ultra - high - performance concrete [J]. Magazine of Concrete Research，2013，65（5）：297 - 307.

[3] 王丽秀，范瑞波，徐忠洲，等，新型聚羧酸高性能纳米籽晶早强减水复合剂的制备及性能研究 [J]，新型建筑材料，2019（46）：66 - 72.

[4] John E，Matschei T，Stephan D，Nucleation seeding with calcium silicate hydrate - A review [J]. Cement

and Concrete Research, 2018 (113): 74 – 85.

[5] Chuah S, Li W G, Chen S J, et al. Investigation on dispersion of graphene oxide in cement composite using different surfactant treatments [J]. Construction and Building Materials, 2018 (161): 519 – 527.

[6] Sun J, Shi H, Qian B, et al. Effects of synthetic C – S – H/PCE nanocomposites on early cement hydration [J]. Construction and Building Materials, 2017 (140): 282 – 292.

[7] Nicoleau L, Gädt T, Chitu L, et al. Oriented aggregation of calcium silicate hydrate platelets by the use of comb – like copolymers [J]. Soft Matter, 2013 (9): 4864.

[8] GB/T 17671—1999, 水泥胶砂强度检验方法 [S].

两种乙烯基醚类单体制备降黏聚羧酸减水剂的研究

王双平，王建军，程晓亮，张晓娜，张宗青

（山东卓星化工有限公司）

摘要： 采用两种不同类型单体，以 EP12（相对分子质量小的乙烯基乙二醇醚单体）、VP08（相对分子质量小的乙烯基丁二醇醚单体）、丙烯酸为主要原料，在水溶液聚合条件下，加入降黏单体 VPA6（乙烯基磷酸酯），以双氧水和硫酸亚铁、E51 为引发体系，分别制备两种降黏聚羧酸减水剂 JN-1、JN-2。确定了最佳酸醚比和 VPA6 的用量；以倒坍落度筒排空时间初步评价样品的降黏性能。经测试验证，JN-1、JN-2 的坍落度保持性和降黏效果显著；由 VP08 合成的 JN-2 的降黏性能优于由 EP12 合成的 JN-1。

关键词： 降黏；聚羧酸；减水剂

1 前言

随着我国经济的不断发展，一些超高层、大跨度及有特殊功能要求的重要建筑不断出现，高性能混凝土成为重点发展的方向之一，因其具有快硬、高强、高密实性等特点，逐步在建筑市场得到青睐。良好的流动性、工作性、可泵送性是混凝土实现安全应用的前提，在高强度等级混凝土拌制过程中，为了保证混凝土的力学性能，经常采用大量胶材、低水胶比，从而导致混凝土黏度高、流速慢等问题，大大影响了混凝土的可泵送性及工作性能。降黏型聚羧酸减水剂对高强和超高强混凝土、高流动性自密实混凝土的发展起到了巨大的促进作用，是目前国内外混凝土外加剂研究开发的热点领域。

本文主要以实现降低高强混凝土的黏度、提高混凝土流速为目标，采用两种不同类型单体，以 EP12、VP08、丙烯酸为主要原料，在水溶液聚合条件下，加入降黏单体 VPA6，以双氧水和七水合硫酸亚铁、E51 为引发体系，分别制备两种降黏聚羧酸减水剂 JN-1、JN-2。经测试验证，JN-1、JN-2 的坍落度保持性和降黏效果都明显优于市售进口降黏型聚羧酸减水剂 PC-1。

2 实验

2.1 原材料及仪器设备

（1）合成原材料。

EP12（相对分子质量小的乙烯基乙二醇醚单体）、VP08（相对分子质量小的乙烯基丁

王双平，男，1983.12，高级工程师，山东淄博张店区云龙国际 B 座，255000，0533-2159608。

二醇醚单体）、VPA6（乙烯基磷酸酯），山东卓星化工自制；丙烯酸、双氧水（27.5%）、3-巯基丙酸、液碱（30%）均为工业级，市售；七水合硫酸亚铁，试剂，化学纯；PC-1，降黏型聚羧酸减水剂（50%），市售进口。

（2）测试原材料。

水泥：山铝 P·O 42.5R；细骨料：细度模数为 1.1 的河砂和细度模数为 3.1 的卵石机制砂；粗骨料：碎石，5~10 mm（小石）和 10~20 mm（大石）连续级配；矿粉：S95；粉煤灰：Ⅱ级；水：自来水。

（3）仪器设备。

四口烧瓶；温度计；数显恒温水浴锅，HH-1 型，常州普天仪器制造有限公司；电动搅拌器，H2010G 型，上海梅颖浦仪器仪表制造有限公司；蠕动泵，YZ15 型，保定雷弗流体科技有限公司；水泥净浆搅拌机，NJ-160B 型，无锡建议仪器机械有限公司；混凝土试验搅拌机，HJW-30 型，无锡建议仪器机械有限公司；数字式压力试验机，DY-3008DFX 型，无锡东仪制造科技有限公司。

2.2　合成工艺

将四口烧瓶安装好，放入数显恒温水浴锅中，称取一定量的 EP12 或 VP08 和去离子水，充分溶解后，水浴锅中加入碎冰块降温，加入双氧水、七水合硫酸亚铁，搅拌 2 min 后，立即滴加 A、B 组分。A 组分包括丙烯酸、VPA6、3-巯基丙酸及去离子水；B 组分包括 E51 及去离子水。A 组分滴加时间为 40 min，B 组分滴加时间为 50 min；滴加完毕后保温 1 h，用质量分数为 30% 的液碱调节溶液 pH 至 6~7，补余水至含固量为 50%，即制得降黏型聚羧酸减水剂。用 EP12 合成的 JN-1，反应温度不超过 25 ℃；用 VP08 合成的 JN-2，反应温度不超过 10 ℃。

2.3　性能测试与表征

2.3.1　水泥净浆流动度

按照 GB/T 8077—2012《混凝土外加剂匀质性试验方法》进行测试，W/C 为 0.29，减水剂折固掺量为 0.18%。

2.3.2　混凝土应用性能

按照 JGJ 281—2012《高强混凝土应用技术规程》进行混凝土拌合物性能测试，采用倒坍落度桶测试混凝土拌合物的排空时间 t 来评价产品配制混凝土黏度情况；按 GB/T 50080—2011《普通混凝土拌合物性能测试方法》和 GB/T 50081—2002《普通混凝土力学性能测试方法》测定混凝土性能。

控制混凝土的初始扩展度均为（650±20）mm，C60 混凝土试验配合比（kg/m³）为：m(水泥)：m(河砂)：m(卵石机制砂)：m(小石)：m(大石)：m(粉煤灰)：m(矿粉)：m(水) = 380：230：550：380：710：30：100：155，减水剂折固掺量均为胶凝材料的 0.18%。

3　工艺优化

工艺参数：双氧水（27.5%）用量为单体质量的 0.75%，E51 用量为单体质量的 0.15%，

3－巯基丙酸用量为丙烯酸质量的 4%，七水合硫酸亚铁用量为体系总量的 8 ppm。

3.1 JN－1 的工艺优化

3.1.1 酸醚比的确定

在相同条件下，固定 VPA6 用量，通过净浆流动度和倒坍落度桶排空时间试验确定最佳酸醚比，试验结果如图 1 所示。

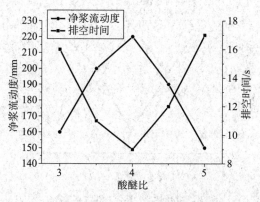

图 1 酸醚比对 JN－1 性能的影响

由图 1 可以看出，随着酸醚比增大，净浆流动度先逐渐增大后减小，而排空时间先减小后增大，当酸醚比为 4 时，净浆流动度达到最大，排空时间最小，即混凝土黏度最小。

3.1.2 降黏单体 VPA6 用量的确定

在相同条件下，酸醚比为 4，通过净浆流动度和倒坍落度桶排空时间试验确定 VPA6 最佳用量，试验结果如图 2 所示。

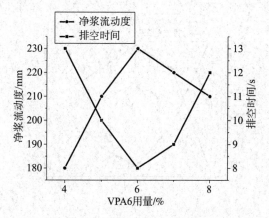

图 2 VPA6 用量对 JN－1 性能的影响

由图 2 可以看出，随着 VPA6 用量的增加，净浆流动度先逐渐增大后减小，而排空时间先减小后增大，当 VPA6 用量占单体总质量的 6% 时，净浆流动度达到最大，排空时间最小，即混凝土黏度最小。

在酸醚比为 4，VPA6 用量占单体总质量的 6% 时，制得 50% 的降黏聚羧酸减水剂，记为 JN－1。

3.2 JN-2的工艺优化

3.2.1 酸醚比的确定

在相同条件下，固定VPA6用量，通过净浆流动度和倒坍落度桶排空时间试验确定最佳酸醚比，试验结果如图3所示。

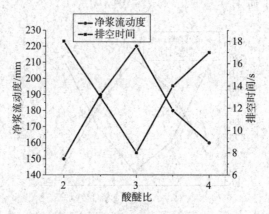

图3 酸醚比对JN-2性能的影响

由图3可以看出，随着酸醚比增大，净浆流动度先逐渐增大后减小，而排空时间先减小后增大，当酸醚比为3时，净浆流动度达到最大，排空时间最小，即混凝土黏度最小。

3.2.2 降黏单体VPA6用量的确定

在相同条件下，酸醚比为3，通过净浆流动度和倒坍落度桶排空时间试验确定VPA6最佳用量，试验结果如图4所示。

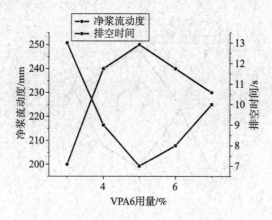

图4 VPA6用量对JN-2性能的影响

由图4可以看出，随着VPA6用量的增加，净浆流动度先逐渐增大后减小，而排空时间先减小后增大，当VPA6用量占单体总质量的5%时，净浆流动度达到最大，排空时间最小，即混凝土黏度最小。

在酸醚比为3，VPA6用量占单体总质量的5%时，制得50%的降黏聚羧酸减水剂，记为JN-2。

4 混凝土的性能对比试验

将降黏型聚羧酸减水剂 JN‑1、JN‑2 与市售进口降黏型聚羧酸减水剂 PC‑1（含固量均为 50%）在相同条件下进行对比试验，混凝土性能测试结果见表 1。

表 1 混凝土应用性能对比试验结果

种类	坍落度（mm）/扩展度（mm）		排空时间/s		抗压强度/MPa	
	初始	2 h	初始	2 h	7 d	28 d
PC‑1	220/630	180/430	9.2	16.2	50.6	64.4
JN‑1	220/640	210/480	8.2	13.8	51.8	65.8
JN‑2	230/650	220/520	6.8	10.2	52.0	66.2

5 结论

（1）以 EP12 制备的降黏型聚羧酸减水剂 JN‑1 的最佳工艺配比为：酸醚比为 4，降黏小单体 VPA6 占单体总质量的 6%。

以 VP08 制备的降黏型聚羧酸减水剂 JN‑2 的最佳工艺配比为：酸醚比为 3，降黏小单体 VPA6 占单体总质量的 5%。

（2）合成的降黏型聚羧酸减水剂 JN‑1、JN‑2 的坍落度保持性和降黏效果都明显优于市售进口降黏型聚羧酸减水剂 PC‑1，而且混凝土 7 d、28 d 抗压强度均高于掺 PC‑1 的混凝土。JN‑2 的混凝土应用性能略优于 JN‑1。由此说明本文制备的两种降黏型聚羧酸减水剂的降黏效果良好，混凝土的抗压强度也略有提高。

参考文献

[1] 黄大能. 高性能混凝土与超高标号水泥 [J]. 混凝土与水泥制品，1996（4）：8‑10.

[2] 李伟雄，唐晓雪，周峰. 缓凝型减水剂对商品混凝土性能的影响 [J]. 混凝土，2004（9）：51‑53.

[3] 冉千平，游有鲲，丁蓓. 低引气性聚羧酸类高效减水剂的制备及其性能研究 [J]. 新型建筑材料，2003（6）：33‑35.

[4] 徐月梅，徐亚玲，孙振平. 超高性能混凝土（UHPC）流动性及力学性能的影响因素分析 [J]. 建筑科技，2020，4（1）：76‑80.

[5] 段淑文. 高强混凝土的研究应用和发展 [J]. 建材与装饰，2019（15）：45‑46.

纳米颗粒型聚羧酸减水剂的制备与研究

康净鑫，邵志恒，黄永毅，李芳

（厦门路桥翔通股份有限公司，福建厦门 361000）

摘要：以丙烯酸、丙烯酸丁酯为主单体，非离子型不饱和聚氧乙烯醚和阴离子型甲基丙烯磺酸钠（SMAS）等为共聚单体，以过硫酸铵（APS）等为引发剂进行无皂乳液聚合，制得聚合物纳米粒子。结果表明：$n(AA):n(HPEG)=4:1$，疏水单体用量为 20%，引发剂用量为 0.65%，SMAS 用量为 1.25% 时，制得的纳米颗粒型聚羧酸减水剂产品在净浆、混凝土试验中表现出良好的分散性能及保持效果。

关键词：无皂乳液聚合；纳米粒子；聚羧酸减水剂

1 前言

混凝土作为重要的建筑工程材料，为了适应多种环境的要求，需要提高混凝土的综合性能，因此，研究和开发高性能混凝土显得十分重要。使用高性能减水剂不仅保证新拌混凝土具有较高坍落度和高流动性，而且硬化混凝土具有足够高的强度和耐久性。聚羧酸减水剂因其在低掺量下具有超分散性能，与混凝土具有较好的适应性，所以它在日本、欧洲和北美的推广应用很快。

目前，聚羧酸减水剂的合成大多数采用溶液聚合法，所得到的结构以梳形聚合物、超支化聚合物等为主，较少采用其他聚合方式如无皂乳液聚合等。在公开的相关技术资料和研究报道中，对纳米颗粒型聚羧酸减水剂的研究也较少。本文通过改变现有聚羧酸减水剂的聚合工艺，以丙烯酸、丙烯酸丁酯为主单体，非离子型不饱和聚氧乙烯醚和阴离子型甲基丙烯磺酸钠（SMAS）等为共聚单体，过硫酸铵（APS）、过硫酸钾等为引发剂进行无皂乳液聚合，制得聚合物纳米粒子。该纳米粒子不仅可以分散水泥颗粒，还能起到缓释保坍等作用。

2 试验

2.1 试验主要原料与仪器

合成原材料：异戊烯醇聚氧乙烯醚（TPEG）、丙烯酸（AA）、丙烯酸丁酯（BA）、甲基丙烯磺酸钠（SMAS）、甲基丙烯酸 - 2 - 羟乙酯（HEMA）、疏基丙酸、过硫酸铵（APS）、过硫酸钾（KPS）、氢氧化钠等。

主要仪器：傅里叶红外光谱仪、核磁共振（NMR）波谱仪、激光粒度仪、水泥净浆搅

康净鑫，男，1989.05，工程师，主要从事混凝土外加剂合成研究工作。电话：18050190146。

拌机、混凝土搅拌机等。

2.2　合成

合成路线如图 1 所示。

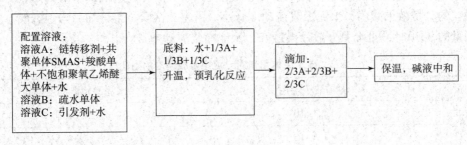

图1　合成路线

3　结果与讨论

3.1　纳米颗粒减水剂配方优化

3.1.1　疏水单体对减水剂性能的影响

表 1 为采用不同疏水单体的水泥净浆流动度测试结果。由表可知，随着疏水单体链长的增加，水泥净浆流动度大致趋势为先增大后减小。随着碳链长度增加，纳米粒子型减水剂粒径增大，分子链柔性较大，减水剂吸附在水泥颗粒上，颗粒之间距离较大，对水泥颗粒起到润滑作用，增大了水泥净浆流动度。随着碳链长度增加，又导致增溶胶束数量降低，并且均聚物在粒子间起到架桥的作用，乳胶粒逐渐相互靠近而聚并在一起，从而对水泥颗粒的润滑作用降低，对水泥分散性降低。试验证明，丙烯酸丁酯（BA）作为疏水单体用于合成纳米粒子型聚羧酸减水剂对水泥具有较好的分散性。

表1　不同疏水单体对净浆流动性能的影响

序号	疏水单体	水泥净浆流动度/mm
1	甲基丙烯酸甲酯	80
2	苯乙烯	95
3	丙烯酸乙酯	153
4	丙烯酸异丁酯	225
5	丙烯酸丁酯	253
6	丙烯酸异辛酯	186
7	甲基丙烯酸缩水甘油酯	161
8	丙烯酸月桂酯	219
9	甲基丙烯酸十八烷基酯	214
10	丙烯酸-2-甲氧乙基酯	188

乳化作用来自亲水基和亲油基两部分，以丙烯酸丁酯为主要的反应单体，可以提供油性基团，具有较好的亲油性，而丙烯酸主要提供亲水基团部分。当丙烯酸丁酯的用量增大时，初始乳胶粒子增多，聚合稳定性较好，但是随着丙烯酸丁酯用量继续增大，粒子数目继续增加，每个乳胶粒表面电荷密度减小，对水泥吸附性减小，颗粒之间的润滑效果降低，导致对水泥颗粒的分散效果减弱，水泥净浆流动度减小。由表2试验结果可知，当丙烯酸丁酯占总单体用量的20%时，对水泥分散效果最好，水泥净浆流动度最大。

表2   疏水单体用量对水泥净浆流动度的影响

序号	丙烯酸丁酯用量/%	水泥净浆流动度/mm
1	10	166
2	15	213
3	20	225
4	25	187

3.1.2   酸醚比对减水剂性能的影响

由表3可知，当羧酸和聚醚的物质的量之比为4∶1时，初始水泥净浆流动度最大；当物质的量之比较小时，由于羧酸基团比例较小，降低了水泥粒子表面的吸附力，导致净浆流动度小；当物质的量之比较大时，由于聚醚基团比较少，从而不能提供较好的位阻作用，减水效果较差，所以净浆流动度也较小。

表3   酸醚比对水泥净浆流动度的影响

序号	酸醚比	水泥净浆流动度/mm
1	3.5∶1	205
2	3.75∶1	217
3	4∶1	269
4	4.25∶1	236
5	4.5∶1	213

3.1.3   引发剂对减水剂性能的影响

由表4可以看出，采用引发剂过硫酸铵聚合得到的减水剂对水泥分散性影响较小，采用过硫酸钾和偶氮二异丁腈得到的减水剂对水泥的分散性能较差。这可能和引发剂在水中的溶解性有关，过硫酸铵在水中溶解性较好，并且当引发剂用量占总单体的0.65%时，合成得到的减水剂对水泥的分散性能最好。

表4   引发剂种类对水泥净浆流动度的影响

序号	酸醚比	引发剂用量/%	水泥净浆流动度/mm
1	过硫酸钾	0.75	268
2	偶氮二异丁腈	0.75	250

续表

序号	酸醚比	引发剂用量/%	水泥净浆流动度/mm
3		0.75	212
4		0.65	271
5	过硫酸铵	1.30	187
6		1.96	145
7		2.60	124

3.1.4 SMAS 用量对减水剂性能的影响

由于阴离子型反应性共聚单体 SMAS 和非离子型反应性共聚大单体共同作用，SAMS 使乳胶粒表面的负电荷数增加，粒子间的静电排斥作用和醚基空间位阻作用均能提高对水泥的分散性。当 SMAS 用量较少时，随着 SMAS 用量增加，磺酸根离子在聚合物表面形成亲水层，并且乳胶粒表面的电荷数增加，使纳米粒子型减水剂能够很好地吸附水泥颗粒，同时粒子之间的排斥作用增加，润滑效果提高，对水泥的分散效果提高，减水性能提高。但当 SMAS 用量太大时，反应性的共聚单体形成胶束随之增多，导致凝胶产物增加。由表 5 可知，本试验最佳 SMAS 用量为 1.25%。

表5 SMAS 用量对水泥净浆流动度的影响

序号	SMAS 用量/%	水泥净浆流动度/mm
1	1.00	235
2	1.25	272
3	1.5	248
4	1.75	221

综上所述，在聚合过程中，选用 HPEG 大单体，过硫酸铵为引发剂，丙烯酸、丙烯酸丁酯为主单体，酸醚比为 4:1，疏水单体用量为 20%，引发剂用量为 0.65%，SMAS 用量为 1.25%，合成出纳米颗粒型聚羧酸减水剂。

3.2 纳米颗粒型减水剂的表征

3.2.1 激光粒度测试

由激光粒度测试分析可以得到合成的纳米粒子型聚羧酸减水剂的粒径大小及分布，如图 2 所示。乳胶粒的平均粒径为 204 nm；整个粒径分布图中只在约 256 nm 处有一个峰，并且峰宽较窄，说明粒径分布集中。

3.2.2 透射电镜分析

从图 3 透射电镜图能够较为清晰地看到，图中乳胶粒粒径分布较均匀，外观呈不规则球状。无皂乳液聚合

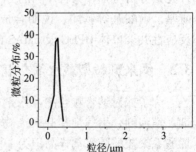

图 2 纳米颗粒型聚羧酸
减水剂粒度分布图

得到的乳胶粒大小不一，并且乳液稳定，体系中的引发剂在预乳化得到的大小不一的乳胶粒中对单体进行引发聚合，得到很多大小不均的粒子。

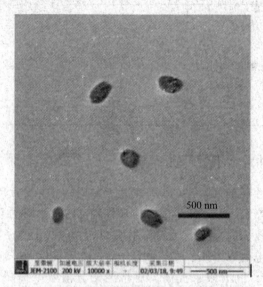

图3　纳米颗粒型聚羧酸减水剂透射电镜（JEM）图

3.2.3　红外分析

图4所示为纳米粒子型聚羧酸减水剂的红外光谱透射谱图，2 956.5 cm^{-1}、2 874.4 cm^{-1}处的吸收峰分别为甲基（—CH$_3$）的反对称伸缩振动峰和对称吸收峰，1 459.4 cm^{-1}为—CH$_2$的弯曲振动吸收峰，1376.4 cm^{-1}为—CH$_3$的对称变形振动峰，1 726.9 cm^{-1}为丙烯酸酯中 C $=$ O 基团的伸缩振动峰，1 164.8 cm^{-1}为酯基中 C—O—C 的对称伸缩振动峰，1 062.1 cm^{-1}为醚基中—O—的伸缩振动峰，1 234.2 cm^{-1}为磺酸基（—SO$_3$—）的振动吸收峰。通过对无皂乳液的红外光谱分析可知，聚合产物的分子链上含有酯基、醚基、磺酸基等基团，说明合成的产物是 BA 与反应性共聚单体 HPEG 及 SMAS 的共聚物。

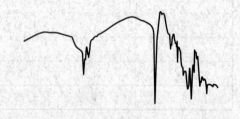

图4　纳米颗粒型聚羧酸减水剂的红外谱图

3.3　纳米颗粒型减水剂在混凝土中的应用研究

为了探讨纳米颗粒型减水剂在混凝土中的应用效果，对共聚产物进行复配，选用缓凝剂、消泡剂、引气剂和共聚产物复合制得混凝土外加剂 NM05、NM06。另外，市售普通丙烯酸系聚羧酸减水剂样品记为 LQ100。

采用 C30/C40 两个配合比（表6）对减水剂 NM05、NM06 和 LQ100 进行混凝土性能试验的比对。由表7试验数据可知，在使用闽福水泥进行混凝土性能试验中，纳米颗粒型聚羧酸减水剂在混凝土中的和易性良好，7 d、28 d 抗压强度与对比产品相当。研发产品的减水性能略低于 LQ100，保坍性能优于 LQ100。研发产品在混凝土中具有较好的减水性能，并能有效改善混凝土的和易性、包裹性。

表 6　混凝土配合比

强度等级	砂率/%	混凝土配合比/(kg·m⁻³)					
		水泥	水	机制砂	石子	粉煤灰	S95 矿粉
C30	42.5	239	172	768	1 039	50	67
C40	41.0	280	166	721	1 038	60	80

表 7　混凝土的工作性能及力学性能

强度等级	减水剂	掺量/%	坍落度（mm）/扩展度（mm）	表观密度/(kg·m⁻³)	和易性	1 h 损失/mm	含气量/%	抗压强度/MPa	
								7 d	28 d
闽福 C30	LQ100	1.25	210/460	2 341	微泌水	50	3.1	28.7	40.1
	NM05	1.3	205/440	2 344	良好	40	2.9	29.5	43.5
	NM06	1.3	210/430	2 336	良好	45	2.8	30.1	42.3
闽福 C40	LQ100	1.4	215/520	2 358	良好	45	2.9	38.8	48.9
	NM05	1.45	205/500	2 366	良好	30	2.8	41.3	52.3
	NM06	1.45	210/510	2 364	良好	35	3.0	39.1	49.9

4　总结

本文采用无皂乳液聚合的合成工艺，以不饱和羧酸化合物、不饱和聚醚、甲基丙烯磺酸钠、链转移剂和引发剂等为原料，制得高分散纳米颗粒型减水剂。研究发现，选用 HPEG 大单体，过硫酸铵为引发剂，丙烯酸、丙烯酸丁酯为主单体，酸醚比为 4∶1，疏水单体用量为 20%，引发剂用量为 0.65%，SMAS 用量为 1.25% 时，制得的减水剂具有较好的净浆流动度。

共聚产物经复配，并进行混凝土工作性能及力学性能试验验证，表现出较好的减水分散及缓释保坍效果，能显著改善混凝土的和易性，并且不影响其力学性能。

参考文献

[1] 王玲，高瑞军. 聚羧酸系减水剂的发展历程及研发方向 [J]. 混凝土世界，2013（11）：54 – 57.

[2] 缪昌文，冉千平，洪锦祥，等. 聚羧酸系高性能减水剂的研究现状及发展趋势 [J]. 中国材料进展，2009，92（11）：2471 – 2488.

[3] 朱宝莉，邹华，李骥安，等. 引发剂用量对本体法丙烯酸酯橡胶结构及性能的影响 [J]. 合成橡胶工业，2013，36（2）：142 – 146.

[4] 虞焕新. 不同聚醚类聚羧酸减水剂对水泥水化的影响 [J]. 硅酸盐通报，2012（4）：2 – 6.

超长缓释型聚羧酸减水剂制备及其应用研究

汪苏平[1]，汪源[1]，潘阳[2]，胡志豪[1]，李正平[1]

(1. 武汉源锦建材科技有限公司；2. 武汉三源特种建材有限责任公司，武汉 430000)

摘要：以异戊烯醇聚氧乙烯醚、丙烯酸、丙烯酸羟乙酯、二烯丙基二甲基氯化铵为主要原材料，通过自由基聚合方法合成了一种超长缓释型聚羧酸减水剂，探究了不同试验因素对产品性能的影响，并通过红外光谱和核磁共振对其分子结构进行了表征。研究表明：在酸醚比为 1.9，酯醚比为 6.8，二烯丙基二甲基氯化铵用量为丙烯酸羟乙酯的 2%，反应温度为 25 ~ 35 ℃时，所合成超长缓释型聚羧酸减水剂具备最佳性能，混凝土保坍时长达到 4 h 以上。

关键词：超长保坍；缓释型；聚羧酸减水剂

1 引言

随着混凝土行业的快速发展，对混凝土综合性能提出了越来越高的要求，为了满足施工需要，要求混凝土具备一定的保坍时间，而我国国土面积辽阔，所处的地理位置四季的温度变化大、混凝土原材料也具有较大的差别，同时，混凝土在运输与施工过程中，容易出现坍落度损失太快的问题，给工程施工带来了许多麻烦，也给混凝土拌合物的质量控制增加了难度。尤其是在酷热的夏天，运输和泵送混凝土时，混凝土拌合物中的水分蒸发加快了混凝土的坍落度损失。

在解决混凝土坍损问题上，国内外学者展开了大量研究，除了添加缓凝剂外，使用缓释型聚羧酸减水剂逐步成为主要解决方法之一。缓释型聚羧酸减水剂是以聚羧酸减水剂为基础，对其分子结构进行修饰，引入不饱和羧酸的衍生物，对分子中的缓释型基团进行保护，后期在水泥浆体中水解释放出大量羧基基团，持续发挥分散作用。目前应用较多的保坍型聚羧酸减水剂保坍时间多在 3 h 以内，而随着施工要求的日益提高，对保坍时长也提出了越来越高要求。

本研究以异戊烯醇聚氧乙烯醚、丙烯酸、丙烯酸羟乙酯、二烯丙基二甲基氯化铵为原材料，合成一种超长缓释型聚羧酸减水剂，对其最佳合成工艺进行了探索，并对其混凝土应用性能进行了研究。

第一作者：汪苏平 (1993.5—)，男，湖北荆州人，硕士，助理工程师，单位地址：湖北省武汉市青山区工人村丝茅墩环厂西路 1－28 号，邮政编码：434300，Email：wsp_job@163.com。

通信作者：汪源 (1985.4—)，男，湖北黄冈人，硕士，工程师，主要从事混凝土外加剂的研究和应用工作，Email：wang416yuan@126.com。

2　试验

2.1　原材料及试验仪器

（1）合成原料：异戊烯醇聚氧乙烯醚（TPEG）（相对分子质量为 2 400）、丙烯酸（AA）、丙烯酸羟乙酯（HEA）、二烯丙基二甲基氯化铵（DMDAAC）、双氧水（HP）、维生素 C（Vc）、巯基乙醇（MPA）、液碱（SH，质量分数为 32%，纯度≥32%），均为工业级；去离子水，自制。

（2）测试原料：华新水泥 P·O 42.5；粉煤灰Ⅰ级；机制砂（细度模数为 2.8）；碎石（粒径 5~30 mm，连续级配碎石）；M13 减水型聚羧酸减水剂（减水率为 40%），M21 保坍型聚羧酸减水剂，含固量均为 40%，武汉三源特种建材有限责任公司；HKH-6 保坍型聚羧酸减水剂，市售；白糖，聚醚消泡剂，三萜皂苷，均为工业级；自来水。

（3）试验仪器：数显恒温水浴锅，HH-1 型，常州普天仪器制造有限公司；电动搅拌器，H2010G 型，上海梅颖浦仪器仪表制造有限公司；蠕动泵，YZ15 型，保定雷弗流体科技有限公司；水泥净浆搅拌机，NJ-160A 型，无锡建仪仪器机械有限公司；混凝土试验搅拌机，HJW-30 型，无锡建仪仪器机械有限公司；数字式压力试验机，DY-3008DFX 型，无锡东仪制造科技有限公司；红外光谱仪，Thermo Nicolet Avatar 370 型。

2.2　超长缓释型聚羧酸减水剂合成工艺

向四口烧瓶中按比例加入一定量自来水和 TPEG，升温至一定温度，使其完全溶解于水中，再向上述体系中加入双氧水，均匀搅拌 10 min 后向烧瓶内滴加 A、B 料单体，A 料组分为 MPA、Vc 和自来水，B 料组分为 HEA、DMDAAC 和自来水。A 料滴加时间为 4 h，B 料滴加时间为 3.5 h。滴加结束后保温 2 h，用质量分数为 32% 的液碱调节溶液 pH 至 6~7，补余水即制得含固量为 40% 的超长缓释型聚羧酸 M22。

2.3　测试与表征

参照 GB/T 8077—2012《混凝土外加剂匀质性试验方法》进行水泥净浆流动度测试，减水剂母液掺量为胶凝材料的 0.38%。参照 GB 8076—2008《混凝土外加剂》进行混凝土性能测试。参照 GB/T 50081—2002《普通混凝土力学性能试验方法标准》进行混凝土力学性能测试。红外光谱测试方法：将冷冻干燥后的样品用 KBr 压片，波数范围为 450~4 000 cm^{-1}，扫描 32 次。

3　结果与讨论

探究超长缓释型聚羧酸减水剂最佳制备条件，分别考察了酸醚比、酯醚比、二烯丙基二甲基氯化铵用量、反应温度对产品性能的影响，结果如下。

3.1 酯醚比对减水剂性能的影响

酯类基团对于缓释型减水剂在水泥浆体中后期分散能力至关重要，因此，探究了不同酯醚比对产品保坍性能的影响，试验结果如图 1 所示。

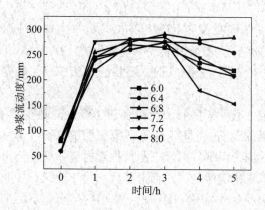

图 1 酯醚比对减水剂性能的影响

从图中可以看出，随着酯醚比的增加，保坍时间逐渐变长，但增加至一定程度后不再明显增加，通过丙烯酸羟乙酯为分子结构中引入酯类基团，在水泥浆体中不断水解出羧基基团，从而持续起到分散作用。

3.2 酸醚比对减水剂性能的影响

酸醚比对产品分散性能有较大影响，因此，探究了酸醚比对产品性能的影响，结果如图 2 所示。

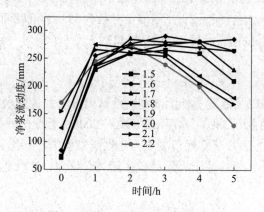

图 2 酸醚比对减水剂性能的影响

从图中可以看出，随着酸醚比的增加，保坍时长呈现先变长后缩短的趋势，其原因可能在于，聚羧酸减水剂分子中一定比例的羧基基团有益于其对水泥颗粒表面的吸附，增加减水剂分子的整体吸附量，从而更好地发挥分散作用，对初始分散性能起到明显改善作用，并逐步水解，持续起着分散作用。

3.3　二烯丙基二甲基氯化铵用量对减水剂性能的影响

二烯丙基二甲基氯化铵作为引入阳离子的关键单体，探究了二烯丙基二甲基氯化铵用量对缓释性能的影响，结果如图3所示。

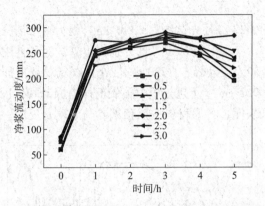

图3　二烯丙基二甲基氯化铵用量对减水剂性能的影响

从图中可以看出，随着二烯丙基二甲基氯化铵用量的增加，保坍时间得到明显延长，有研究表明，聚羧酸系减水剂分子在水泥的高盐、高 pH 环境中的构象受到高浓度钙离子影响会倾向于蜷缩，从而降低了其吸附和分散的能力。而通过引入阳离子单体，一方面，可降低减水剂分子对盐离子的敏感性，提升减水剂分子在高盐环境下分子舒展程度；另一方面，引入的阳离子可提高对 C_2S、C_3S 组分的吸附能力，有利于减水剂分子对水泥颗粒的分散。但过多二烯丙基二甲基氯化铵的引入反而会降低羧基密度，影响分子整体吸附性能。

3.4　反应温度对减水剂性能的影响

反应温度对聚合反应的反应速率有较大影响，因此，探究了不同反应温度条件对超长缓释型聚羧酸减水剂性能的影响，试验结果如图4所示。

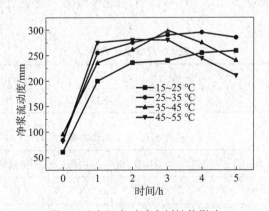

图4　反应温度对减水剂性能影响

从图中可以看出，在25~35 ℃温度区间条件下合成样品具备最优保坍时间。在该反应体系中，较低反应温度下整体反应速率较低，可能导致整体聚合度较低；而在较高温度条件下，整体反应剧烈，减水剂相对分子质量过大，不利于发挥其分散性。

综上所述，在酸醚比为 1.9，酯醚比为 6.8，二烯丙基二甲基氯化铵用量为丙烯酸羟乙酯的 2%，反应温度为 25 ~ 35 ℃条件下，所合成的超长缓释型聚羧酸减水剂具备最佳性能。

3.5 红外光谱分析

图 5 所示为所合成的 M22 红外光谱图，3 330 cm^{-1} 处为减水剂分子与水形成氢键缔合羟基的伸缩振动峰，2 870 cm^{-1} 和 1 350 cm^{-1} 处分别为甲基的对称伸缩振动峰和对称变形振动峰，1 100 cm^{-1} 处为醚键伸缩振动峰，1 730 cm^{-1} 处为碳氧双键特征吸收峰，1 450 cm^{-1} 处为亚甲基的变形振动峰，952 cm^{-1} 处为分子中碳氧键伸缩振动峰，1 250 cm^{-1} 处为碳氮键伸缩振动吸收峰。上述结果表明，各原材料按照预期参与了聚合反应。

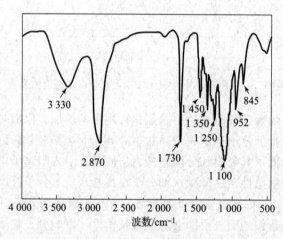

图 5 M22 红外光谱图

3.6 混凝土性能

通过 C30 强度等级混凝土试验，对 M22 性能进行检测，混凝土配合比及减水剂配方见表 1 和表 2。

表 1 混凝土配合比   kg · m^{-3}

强度等级	水泥	粉煤灰	砂	石	水
C30	300	100	825	1 010	170

表 2 减水剂配方（折含固量）

组别	M13	M21	M22	HKH - 6	白糖	三萜皂苷	消泡剂	水
基准组	10	5	—	—	1.5	0.05	0.01	83.44
试验组 A	10	—	5	—	1.5	0.05	0.01	83.44
试验组 B	10	—	—	5	1.5	0.05	0.01	83.44

混凝土性能检测结果见表3。

表3 混凝土性能测试结果

组别	掺量/%	坍落度（mm）/扩展度（mm）					抗压强度/MPa	
		初始	1 h	2 h	3 h	4 h	7 d	28 d
基准组	1.1	225/550	230/575	230/555	205/495	155/400	30.2	38.7
试验组A	1.1	230/560	225/575	225/565	210/520	175/450	31.0	38.1
试验组B	1.0	225/560	235/580	235/560	230/565	220/550	30.8	38.4

从表3所示的结果中可以看出，在达到相同初始坍落度/扩展度情况下，对比基准组及试验组A，使用M23的试验组B的整体掺量更低，同时，其保坍时间最长，可达到4 h，表明M22的初始分散及缓释保坍性能均优于M21及HKH-6。

4 结论

（1）以异戊烯醇聚氧乙烯醚、丙烯酸、丙烯酸羟乙酯、二烯丙基二甲基氯化铵为主要原材料，合成了一种超长缓释型聚羧酸减水剂，其最佳合成工艺为：酸醚比为1.9，酯醚比为6.8，二烯丙基二甲基氯化铵用量为丙烯酸羟乙酯的2%，反应温度为25~35℃。

（2）混凝土试验结果表明，该产品保坍时间可达到4 h，优于市售保坍型减水剂产品。

参考文献

[1] 郭延辉，郭京育，赵霄龙. 聚羧酸系高效减水剂及其应用技术 [M]. 北京：机械工业出版社，2005.

[2] Sha S, Wang M, Shi C, et al. Influence of the structures of polycarboxylate superplasticizer on its performance in cement - based materials - A review [J]. Construction and Building Materials, 233.

[3] 王福涛，刘东，曾超，等. 保坍型聚羧酸减水剂的合成及吸附动力学研究 [J]. 新型建筑材料，2019，46 (5)：1-6.

[4] 孙振平，吴乐林，胡匡艺，等. 保坍型聚羧酸系减水剂的研究现状与作用机理 [J]. 混凝土，2019，356 (6)：56-59+65.

[5] 周普玉. 保坍型固体聚羧酸减水剂的制备工艺及性能研究 [J]. 新型建筑材料，2019，46 (3)：53-56.

[6] 万甜明，舒豆豆，何年，等. 高适应性缓释保坍型聚羧酸减水剂的常温合成及其性能研究 [J]. 新型建筑材料，2019，46 (2)：68-72，108.

[7] 张华，袁宵梅，茹晓红，等. 小坍落度保持型聚羧酸保坍剂的合成及性能研究 [J]. 新型建筑材料，2019，46 (4)：121-123，136.

[8] 巫晓鑫，陆智明，黄凯波，等. 一种新型聚羧酸系高性能减水剂的合成及性能研究 [J]. 混凝土，2019 (12)：84-87.

柠檬酸改性低相对分子质量减水剂的
合成及性能研究

卢通[1]，钱珊珊[1,2]，王子明[2]，刘晓[2]，郑春扬[1]

(1. 江苏奥莱特新材料股份有限公司，江苏省（奥莱特）混凝土高分子助剂工程技术
研究中心，江苏 南京 211505；2. 北京工业大学，材料与制造学部，北京 100124)

摘要：以柠檬酸（CA）和聚乙二醇单甲醚（MPEG）为原料，通过酯化反应制备出柠檬酸改性低相对分子质量减水剂（LMS）。通过凝胶渗透色谱（GPC）表征了聚合物的分子结构，通过动态光散射（DLS）、水泥净浆流动度、混凝土性能测试及水泥净浆凝结时间等研究了减水剂的性能。结果表明：在相同掺量条件下，存在一个最优相对分子质量范围，使得低相对分子质量减水剂可以同时具有优异的初始分散性能和分散保持性能。本研究结果为低相对分子质量减水剂的后续研究提供了理论依据。

关键词：柠檬酸；减水剂；分散性能

1 前言

聚羧酸系减水剂（PCE）作为第三代高性能减水剂已广泛应用于机场、铁路、桥梁和房屋等工程，极大地推动了现代化进程。传统 PCE 是以聚丙烯酸类聚合物为主链和以聚环氧乙烷为侧链构成的梳状共聚物，一般通过水溶液自由基聚合制备。近几年来，关于 PCE 的研究较多还在围绕改变原材料配比、吸附基团、反应条件及主链与侧链的长度等方面进行，以使掺其的新拌混凝土能够具有更好的和易性。但这些研究可能还不够多，笔者认为，由绿色可再生原料开发出混凝土减水剂的研究也是当前的迫切任务之一。

柠檬酸（2－羟基－1,2,3－三羧基丙烷，CA）是一种多羧基有机酸，它和它的衍生物在混凝土中常被用作缓凝剂与聚羧酸减水剂一起复配使用。我国的柠檬酸生产量大，价格低，除了将柠檬酸用作缓凝剂外，有研究者已经尝试以柠檬酸为原料制备功能单体来合成减水剂。王文平等以柠檬酸和丙烯酸为主要原料，制备出了功能单体 2－丙烯酰氧基－1,2,3－三羧基丙烷，最终合成的四元共聚减水剂比市售聚羧酸减水剂具有更为优异的减水率、分散性能及分散保持性能。吕生华等在聚丙烯酸类减水剂中接枝了柠檬酸和丙烯酸甲酯，最终得到的减水剂相对于传统的乙烯基减水剂具有良好的耐水性、隔水性及配伍性。尽管现在对柠檬酸的报道较多，但是对以柠檬酸为原料合成混凝土减水剂的研究较少，并且以柠檬酸为原料合成的减水剂大多还是以丙烯酸类化合物为单体进行的，因此，以柠檬酸取代传统聚丙烯酸来提供功能基团制备混凝土减水剂将具有足够的创新性和市场性。

卢通，男，1994，硕士，江苏省南京市六合区汇鑫路 22 号，211505，电话：18860455853。

基于此，笔者拟以柠檬酸和聚乙二醇单甲醚（MPEG）为原料，通过酯化反应合成低相对分子质量减水剂（low - molecular superplasticizers，LMS）。低相对分子质量减水剂的相对分子质量一般远低于传统 PCE，有文献报道，低相对分子质量减水剂不仅可以具有良好的分散性能，还可以具有优异的坍落度保持能力，这与单个分子的链长和吸附基团的个数有一定的关系。本文通过改变 MPEG 的相对分子质量，用柠檬酸与其合成了不同相对分子质量的低相对分子质量减水剂，并通过对其进行微观表征及宏观性能测试，深入探究了低相对分子质量减水剂的作用机理及应用性能。

2　试验部分

2.1　原材料

柠檬酸（CA）、对甲苯磺酸（TSA）、浓硫酸、氢氧化钠，分析纯，国药集团化学试剂有限公司；透析袋，$M_w = 500$，美国生物医学公司；聚乙二醇单甲醚（MPEG，$M_w = 550$、1 000、2 200、3 000），工业级，奥克化学（扬州）有限公司；M18 聚羧酸减水剂，江苏奥莱特新材料股份有限公司。

基准水泥（P·Ⅰ，42.5），中国联合水泥基团有限公司子公司曲阜中联水泥有限公司；砂，Ⅱ级中砂，细度模数为2.6；碎石，连续级配为5 ~ 25 mm。表1和表2分别为水泥的化学组成和混凝土配合比。

表1　水泥化学组成　　　　　　　　　　%

SiO$_2$	Al$_2$O$_3$	Fe$_2$O$_3$	CaO	MgO	SO$_3$
21.98	4.77	3.55	64.45	2.40	2.45

表2　混凝土配合比　　　　　　　kg·m^{-3}

等级	水泥	砂	石	水	减水剂
C30	360	810	1 030	162	3.6

2.2　LMS 的合成

在圆底烧瓶中加入 200 g 的不同相对分子质量的 MPEG 和一定量的 CA（CA 与 MPEG 的摩尔比为 1.2），放入油浴锅中加热至 120 ℃溶解。溶解完全后，真空状态下脱水，在溶液表面基本无气泡生成时滴加 0.1 g 浓硫酸，然后升温至 155 ~ 165 ℃反应 3 ~ 4 h，得到粗产物。最后将粗产物用透析袋透析（6 h × 3 次），去除剩余 CA，得到最终产物柠檬酸改性低相对分子质量减水剂。

3　试验结果与讨论

3.1　结构表征

通过酯化反应合成的柠檬酸改性低相对分子质量减水剂（LMS）和传统聚羧酸减水剂

M18 的 GPC 测试结果如表 3 和图 1 所示。结果显示，所合成的 LMS 为相对分子质量分布较窄的单峰，出峰时间靠后，相对分子质量远低于 M18，稍高于原料 MPEG，随着原料 MPEG 相对分子质量的增加而增加。可以推断，试验主要产物为柠檬酸上的羧基与 MPEG 上的羟基进行酯化反应形成的低相对分子质量聚合物。

表 3　聚羧酸减水剂与 LMS 的 GPC 数据

样品	M_w	M_n	M_w	PDI
M18	—	21 838	34 739	1.59
LMS－1	550	673	761	1.13
LMS－2	1 000	929	1 236	1.33
LMS－3	2 200	1 833	2 430	1.38
LMS－4	3 000	2 438	3 317	1.36

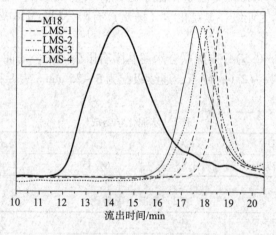

图 1　聚羧酸减水剂与 LMS 的 GPC 流出曲线

3.2　DLS 分析

图 2 所示为四种 LMS 的动态光散射（DLS）测试结果。结果显示，四种 LMS 的粒径都在 10 nm 以内，随着其相对分子质量的增大，LMS 的粒径呈现递增的趋势，这与所设计减水剂的结构相一致。除此之外，当 LMS 相对分子质量增大，粒径分布标准方差（ε）也随之增大。这是因为当所用 MPEG 的相对分子质量增大时，其与柠檬酸反应条件更为苛刻，制备的减水剂相对分子质量分布范围更宽，使得 LMS 粒径均一性变差。

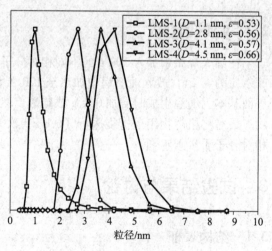

图 2　LMS 动态光散射测试结果

3.3 分散性能分析

相同 LMS 掺量对水泥净浆流动度的影响如图 3 所示。在相同的掺量条件下比较初始流动度，可以发现，随着 LMS 的相对分子质量的增大，初始流动度的增长趋势逐渐减弱，主要原因为：LMS 的相对分子质量增大提高了减水剂的空间位阻，减少水泥颗粒之间絮凝结构的形成，但随着相对分子质量继续增大，用于吸附的减水剂分子数量变少，导致初始分散和分散保持作用变差。

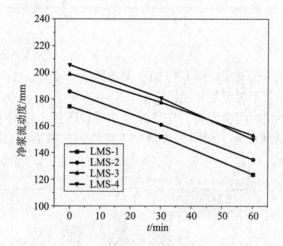

图 3 时间对水泥净浆流动度的影响（LMS 掺量为 0.3%）

不同 LMS 掺量对水泥净浆流动度的影响如图 4 所示。随着减水剂掺量的增加，净浆流动度有明显的增强。混凝土性能测试结果与净浆流动度测试结果一致，表明存在一个最优相对分子质量范围，使得减水剂同时具有优异的分散能力与分散保持能力，具体结果见表 4。抗压强度数据显示，掺四种 LMS 的混凝土的强度基本相当。

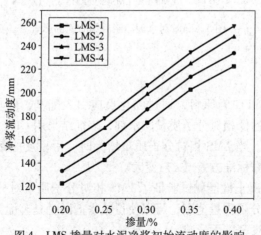

图 4 LMS 掺量对水泥净浆初始流动度的影响

表4　LMS 对混凝土性能的影响

样品	坍落度（mm）/扩展度（mm）		抗压强度/MPa		
	初始	60 min	3 d	7 d	28 d
LMS-1	185/390	140/—	32.7	37.5	40.3
LMS-2	190/420	155/—	33.7	37.9	40.9
LMS-3	200/470	180/400	34.1	38.4	41.8
LMS-4	205/480	175/380	33.9	38.0	41.5

3.4　凝结时间分析

图5给出了通过维卡仪测定的掺 LMS 的水泥净浆凝结时间。可以发现，掺 LMS 的水泥净浆初凝和终凝时间相对于对照组分别延长了 2.5~4 h 和 2.6~4 h，并且随着相对分子质量的增大，水泥净浆凝结时间会变短。这是因为，当 LMS 掺入水泥中时，会水解释放柠檬酸，LMS 相对分子质量增加时，相同固掺情况下释放的柠檬酸数目降低，缓凝作用减弱，因而凝结时间相对较短。

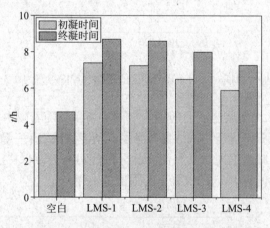

图5　LMS 对水泥净浆凝结时间的影响

4　结论

（1）以柠檬酸和 MPEG 为原料，通过酯化反应引入酯基，成功合成了系列以—COOH 为吸附基团的柠檬酸改性低相对分子质量减水剂，表征结果用 GPC 测试给出了证明。

（2）DLS 测试表明，当 LMS 相对分子质量增大时，由于反应条件苛刻，会使聚合物粒径均一性变差，粒径分布标准方差（ε）变大。

（3）水泥净浆和混凝土性能测试验证了 LMS 相对分子质量对分散性能的影响。结果表明，存在一个最优相对分子质量范围，可以使得减水剂同时具有优异的分散能力与分散保持能力，并且对混凝土强度基本无影响。

（4）水泥净浆凝结时间测试表明，同固掺情况下，随着 LMS 相对分子质量的增大，水泥净浆凝结时间会变短，这是由水泥净浆中 LMS 水解释放的柠檬酸的缓凝作用导致的。

参考文献

［1］ Aïtcin P C. Cements of yesterday and today: Concrete of tomorrow ［J］. Cement and Concrete Research, 2000, 30 (9): 1349 – 1359.

［2］ 高王玲, 赵霞, 高瑞军, 等. 我国混凝土外加剂产量统计分析及未来市场发展预测 ［J］. 新型建筑材料, 2016, 43 (7): 1 – 6.

［3］ Yamada K, Takahashi T, Hanehara S, et al. Effects of the chemical structure on the properties of polycarboxylate – type superplasticizer ［J］. Cement and Concrete Research, 2000, 30 (2): 197 – 207.

［4］ 李崇智, 冯乃谦, 王栋民, 等. 梳形聚羧酸系减水剂的制备、表征及其作用机理 ［J］. 硅酸盐学报, 2005, 33 (1): 87 – 92.

［5］ Winnefeld F, Becker S, Pakusch J, et al. Effects of the molecular architecture of comb – shaped superplasticizers on their performance in cementitious systems ［J］. Cement and Concrete Composites, 2007, 29 (4): 251 – 262.

［6］ 段建平, 吕生华, 高瑞军, 等. 减水剂中磺酸基和羧基吸附特点及其影响因素探讨 ［J］. 混凝土, 2012 (1): 84 – 87.

［7］ Kong F R, Pan L S, Wang C M, et al. Effects of polycarboxylate superplasticizers with different molecular structure on the hydration behavior of cement paste ［J］. Construction and Building Materials, 2016 (105): 545 – 553.

［8］ Feng H, Pan L S, Zheng Q, et al. Effects of molecular structure of polycarboxylate superplasticizers on their dispersion and adsorption behavior in cement paste with two kinds of stone powder ［J］. Construction and Building Materials, 2018 (170): 182 – 192.

［9］ Stecher J, Plank J. Adsorbed layer thickness of polycarboxylate and polyphosphate superplasticizers on polystyrene nanoparticles measured via dynamic light scattering ［J］. Journal of Colloid and Interface Science, 2020 (562): 204 – 212.

［10］ Ezzat M, Xu X W, Cheikh K E, et al. Structure – property relationships for polycarboxylate ether superplasticizers by means of RAFT polymerization ［J］. Journal of Colloid and Interface Science, 2019 (553): 788 – 797.

［11］ Möschner G, Lothenbach B, Figi R, et al. Influence of citric acid on the hydration of Portland cement ［J］. Cement and Concrete Research, 2009, 39 (4): 275 – 282.

一种嵌段聚醚合成的早强型聚羧酸减水剂

邵越峰，邵田云，朱伟亮

（上海台界化工有限公司）

摘要：本文探索合成一种含有嵌段聚醚官能团和酰胺基官能团的早强型混凝土外加剂，并通过系列试验确定最佳反应条件。通过对合成样品的水泥净浆流动性测试，确定反应物比例和反应条件对聚羧酸类混凝土外加剂的初始减水率的影响。通过凝结时间测定和胶砂试件力学性能测定，发现使用所合成聚羧酸减水剂的胶砂试件强度增加较快，相同龄期试件的抗压强度较高。

关键词：共聚反应；早强；酰胺基；嵌段聚醚

1 前言

聚羧酸高效减水剂是目前使用最广泛、用量最大的混凝土外加剂，在传统混凝土领域（如大型工业建筑、高层/超高层民用建筑、大型桥梁工程等）对既有设计要求和施工工艺起到促进升级的作用，在新兴施工工艺领域（如装配式桥梁、预制混凝构件建、高温蒸养、高速铁路等）日益以起到不可替代的作用，对建筑工程领域未来发展起到推动作用。

聚羧酸减水剂通常为不饱和羧酸、不饱和聚醚等，通过静电斥力作用、空间位阻作用、液膜作用等增加水泥颗粒的分散性，但与此同时，对水泥水化过程存在抑制作用，聚羧酸减水剂侧链的羧基、磺酸基、羟基等官能团均起缓凝作用，从而延长初凝时间和终凝时间。多数工程施工需要聚羧酸减水剂具有良好的缓凝保坍性能，但在一些建筑领域，则需要混凝土在较短时间内具备一定的力学结构性能，特别是在常温或低温条件下，力学性能快速提升对于加快施工进度，节约工期起到了重要作用。

国内对早强型聚羧酸减水剂的研究较少，早强型混凝土外加剂需求相对较低，多数对混凝土早强性能有较高要求的建筑工程通常通过复配早强剂实现，但无机类早强剂会引入金属离子等，可能加速混凝土的腐蚀，有机类的早强剂加入量过大则会导致水泥矿物组分过快生成钙矾石结构，影响固化后混凝土微观结构和力学性能。

本文探索合成了通过酰胺基官能团改性的聚羧酸减水剂，并且不含具有缓凝性能较强的磺酸基的早强型聚羧酸减水剂。合成过程中加入了一定量的具有共聚反应活性的酰胺类化合物。此外，本试验使用环氧乙烷（EO）与环氧丙烷（PO）嵌段聚合聚醚（PEM）替代以环氧乙烷为原料合成的改性聚醚，所使用的嵌段聚醚（PEM）的重均相对分子质量为2 800，环氧乙烷（EO）与环氧丙烷（PO）的摩尔比为6∶1。测定了不同物料比例的混凝土外加剂的初始减水率，并测试了添加本试验合成的早强型聚羧酸减水剂的水泥胶砂试件的力学性能。

邵越峰，男，1987.08，副总经理，上海市金山区漕泾镇金轩路66号，201507，021 - 67256299。

2 试验部分

2.1 试验材料

丙烯酸（AA），分析纯；嵌段聚醚 PEM（重均相对分子质量2 800），工业级；2－甲基－2－丙烯酰胺（2－Methylacrylamide），分析纯；过氧化氢，分析纯；维生素C，分析纯；巯基丙酸，工业级；氢氧化钠，工业级。

2.2 试验方法

在四口烧瓶中加入一定量重均相对分子质量为2 800的嵌段聚醚（PEM）、丙烯酸、丙烯酰胺和去离子水，在15 ℃条件下机械搅拌，使之充分溶解后，加入过氧化氢水溶液与维生素C水溶液，并同时开始滴加作为链转移剂的巯基丙酸水溶液、丙烯酸。反应结束后，加入氢氧化钠水溶液中和，调节pH至中性或弱酸性，加入去离子水调节含固量至40%，制备的聚合物即为酰胺基改性的早强型聚羧酸减水剂。

本试验主要测定水泥净浆流动性和胶砂试件的力学性能。其中，水泥净浆流动性的测定方法依据GB 8076—2008《混凝土外加剂》；对于胶砂试件的力学性能测定，将胶砂试件放置于恒温养护箱中，通过抗压抗折一体机进行测定试件的抗压性能。

3 试验结果与讨论

3.1 反应物比例对聚羧酸减水剂性能的影响

图1为羧酸与改性聚醚摩尔比对水泥净浆初始流动度的影响；图2为羧酸与丙烯酰胺摩尔比对水泥净浆初始流动度的影响。从图1中可以看出，当其他条件相同时，随着丙烯酸摩尔比增加，所合成混凝土外加剂的减水率呈现先快速增加后缓慢下降的趋势。这主要因为在没有常见吸附基团磺酸基的条件下，羧基成为起主要吸附作用的官能团。当羧基比例较小时，所合成的聚羧酸减水剂难以有效分散，因而无法起到相应作用；随着羧基比例增大，羧基和侧链聚醚官能团逐渐达到均衡状态；进一步增大羧酸比例，吸附官能团已经达到饱和，但聚醚官能团不足可能导致空间位阻作用减小，进而影响混凝土外加剂性能。

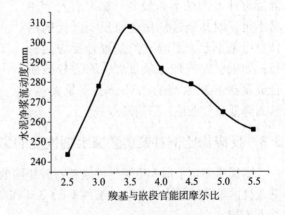

图1 羧基与嵌段官能团摩尔比对性能的影响

图2表明，随着丙烯酰胺与丙烯酸摩尔比的增大，所合成聚羧酸减水剂的水泥净浆流动度呈现先缓慢降低后快速降低的变化趋势。酰胺基的引入会在一定程度上改变混凝土外加剂

分子的电荷状态，降低水膜厚度，从而促进水化过程，达到早强效果。但如果酰胺基比例过大，则液膜厚度不足，会影响水泥颗粒的分散性，从而使其初始减水率降低。

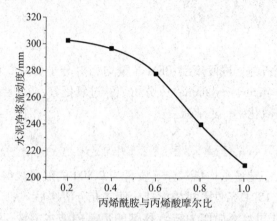

图 2　丙烯酰胺与丙烯酸摩尔比对性能的影响

　　酰胺基的引入对拌合后的水泥净浆流动性影响较小，所合成的酰胺基改性的聚羧酸减水剂依然具有良好的分散性，可以保证预制混凝土具有较好的性能。酰胺基的引入可以改变胶凝材料水化反应进程，缩短胶凝材料的凝结时间。试验结果表明，酰胺基官能团的引入可以达到初始不损失流动性，并更快使结构强度上升的目的。

3.2　引发剂用量对合成减水剂性能的影响

　　图 3 表明随着引发剂过氧化氢用量增加，所合成混凝土外加剂的初始减水率呈现先升高后降低的变化趋势。当过氧化氢用量为反应物料总质量的 0.9% 时，所合成混凝土外加剂减水率最高。如果引发剂用量不足，则其通过氧化还原反应产生的活性自由基不足，影响自由基聚合反应的进行；如果引发剂加入量过大，则会导致所合成聚羧酸减水剂的相对分子质量偏高，从而降低其分散性，影响减水率。

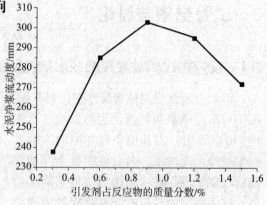

图 3　引发剂用量对聚羧酸减水剂性能的影响

3.3　反应物比例对聚羧酸减水剂性能的影响

　　本试验测定了加入不同比例酰胺基官能团的嵌段聚醚合成的聚羧酸减水剂和未加入酰胺基改性的聚羧酸减水剂的胶砂试件 1 d、3 d 和 28 d 的强度变化，所用试件均在恒温恒湿条件下养护。

　　表 1 为胶砂试验材料配比。胶砂试件按照加入外加剂种类的不同，分为三组，每组制作相同胶砂试件 9 块，试件规格均为 40 mm × 40 mm × 160 mm 匀质长方体。按照测试时间，分别在 1 d、3 d、28 d 进行抗压强度测试，每组测试试件为三块。经抗压强度试验，每组三块胶砂试件的抗压强度平均值相差均小于 10%。选择每组三个试件的抗压强度中位值为本组抗

压强度试验结果。

表1 胶砂试件材料配合比

kg·m⁻³

物料种类	P·O 42.5 水泥	标准砂	水	外加剂
物料质量	600	1 800	300	15.8

通过表2可以看出，使用合成的早强型聚羧酸减水剂的胶砂试件的抗压性能在不同养护龄期均明显优于加入普通聚羧酸减水剂的胶砂试件，这表明所合成的酰胺基改性的早强型聚羧酸减水剂可以有效促进胶凝材料的水化反应进程，宏观上表现为抗压强度增加。酰胺基相对于羧基的比例增大，有利于提高合成聚羧酸减水剂的早强性能。

表2 酰胺基官能团摩尔比例对胶砂试件强度的影响

MPa

时间/d	对照组聚羧酸减水剂	酰胺基和羧基摩尔比为1:4的聚羧酸减水剂	酰胺基和羧基摩尔比为1:3的聚羧酸减水剂
1	9.5	12.7	15.1
3	16.3	23.6	26.3
28	42.8	42.6	42.1

4 结论

（1）本试验制备了一种含有酰胺基且使用 EO/PO 嵌段聚氧乙烯醚为大单体的早强型聚羧酸减水剂，其初始减水率与普通聚羧酸减水剂的接近，可以满足混凝土建筑工程对于聚羧酸减水剂减水率的应用需求。

（2）本试验研究了丙烯酸与嵌段聚氧乙烯醚摩尔比、丙烯酰胺与丙烯酸摩尔比及引发剂用量对聚羧酸减水剂性能影响的变化规律。

（3）本试验测定了不同胶砂试件在不同养护龄期条件下的抗压强度。通过对试验结果的分析表明，合成的聚羧酸减水剂促进胶砂 1 d 和 3 d 抗压强度增加。

参考文献

[1] 邰文亮. 聚羧酸系高效减水剂的制备及其性能研究 [D]. 上海：华东理工大学，2013.

[2] 余强. 聚羧酸系减水剂在高速铁路预制梁中的应用 [J]. 中国新技术新产品，2019 (24)：97-98.

[3] 张力冉，王栋民，刘治华，等. 早强型聚羧酸减水剂的分子设计与性能研究 [J]. 新型建筑材料，2012 (3)：72-77.

[4] 钟世云，李丹. 聚羧酸减水剂的物理结构对其分散性影响研究 [J]. 新型建筑材料，2019，46 (10)：84-87.

[5] 张茜，边延伟，陈占虎，韩瑞涛. 预制构件用早强型减水剂的制备与性能研究 [J]. 粉煤灰综合利用，2019 (6)：27-30.

[6] 何燕，张雄，张永娟，等. 含不同官能团聚羧酸减水剂的吸附-分散性能 [J]. 同济大学学报（自然科学版），2017，45 (2)：244-248.

一种抗絮凝剂（PAM）聚羧酸减水剂的合成及性能研究

程晓亮，王建军，王双平，张晓娜

（山东卓星化工有限公司）

摘要：以乙烯基丁二醇醚单体（VPEG－2000）、顺酐乙醇胺酯（MA）、丙烯酸等为主要原材料，通过自由基聚合反应，制备得到了抗絮凝剂（PAM）聚羧酸减水剂（ZX－15），并对其进行性能分析。试验结果表明，在砂石含絮凝剂（PAM）较高的情况下，抗絮凝剂（PAM）聚羧酸减水剂 ZX－15 在较小的掺量下能够达到较好的减水分散效果，而且 1 h 后的坍落度损失和扩展度损失均小于普通聚羧酸减水剂 PC－6，因此 ZX－15 能有效地改善絮凝剂（PAM）对聚羧酸减水剂性能的影响。

关键词：乙烯基丁二醇醚单体；絮凝剂；聚羧酸减水剂

1 前言

近年来，随着建筑业的蓬勃发展，河砂作为一种优质的材料在建筑业中得到了广泛的应用，现在河砂越来越短缺的情况下，机制砂在建筑业得到了大规模使用。由于机制砂含有不同种类和数量的泥与石粉，需要用水洗除掉其中大部分的泥与石粉，以免影响混凝土的使用。但是近年来国家对环保的要求越来越高，现在要求洗砂的水需净化处理，不能乱排放，因此砂石生产企业使用絮凝剂（PAM）来净化水质，实现水的循环利用，由此伴随而来的是絮凝剂（PAM）的残留带来的混凝土损失过快的问题。因此，为了应对絮凝剂（PAM）残留较高的砂石料，拟合成一种抗絮凝剂（PAM）减水剂，解决由于砂石絮凝剂（PAM）残留过大而导致的混凝土流动性小和坍损大的问题，降低絮凝剂（PAM）的残留对聚羧酸减水剂的影响，具有良好的应用前景。

2 试验

2.1 试验原材料与仪器

合成原材料：乙烯基丁二醇醚单体（VPEG－2000），工业级，山东卓星化工有限公司；丙烯酸，化学纯，山东齐鲁石化开泰实业股份有限公司；顺酐乙醇胺酯（MA），工业级，山东卓星化工有限公司；双氧水 H_2O_2（浓度为 27.5%），工业级，烟台东方化学有限公司；L－抗坏血酸（Vc），工业级，山东鲁维制药有限公司；巯基丙酸，工业级，南京国晨化工

程晓亮，男，1983.9，中级工程师，山东省淄博市张店区华光路 28 号，255028，0533－2159608。

有限公司；氢氧化钠（NaOH），工业级，潍坊亚星化学有限公司；去离子水（合成用）；ZX－15（40%含固量），某大品牌市售聚羧酸减水剂 PC－6（40% 含固量）。

主要设备：JJ－5 型水泥胶砂搅拌机，无锡建仪仪器机械有限公司；SJD－30 型强制式单卧轴混凝土搅拌机，沧州森众试验仪器有限公司；NJ－160 型水泥搅拌机，河北华旺试验设备有限公司。

2.2 合成工艺

将适量的去离子水、乙烯基丁二醇醚单体 VPEG－2000 及氢氧化钠加入四口烧瓶，搅拌溶解后，加入 H_2O_2。分别滴加混合料 A（丙烯酸和顺酐乙醇胺酯溶液）和混合料 B（巯基丙酸和 Vc 溶液），A 料和 B 料均滴加 1 h，之后保温 1 h。滴加过程中使用冰水浴，让反应温度不超过 25 ℃。滴加结束后，保温反应 1 h，然后加入配制好的片碱溶液进行中和，使 pH 在 6~7 之间，即得抗絮凝剂（PAM）聚羧酸减水剂 ZX－15，含固量为 40%。

3 结果与讨论

3.1 水泥净浆流动度试验

按照 GB/T 8077—2012《混凝土外加剂匀质性试验方法》进行测试，W/C 为 0.29，减水剂折固掺量为 0.18%。采用山水 P·O 42.5 水泥，试验测定了不同絮凝剂（PAM）含量对水泥净浆流动度的影响，结果如图 1~图 4 所示。

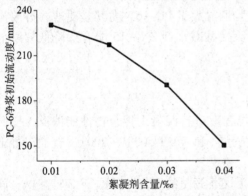

图 1　絮凝剂含量对 PC－6 净浆初始流动度的影响

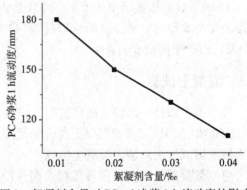

图 2　絮凝剂含量对 PC－6 净浆 1 h 流动度的影响

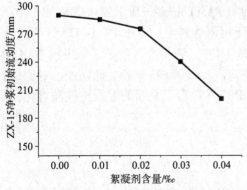

图 3　絮凝剂含量对 ZX－15 净浆初始流动度的影响

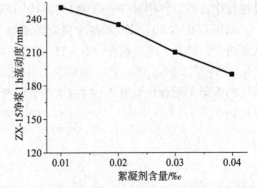

图 4　絮凝剂含量对 ZX－15 净浆 1 h 流动度的影响

由图1～图4可知，水泥的净浆流动度随着絮凝剂含量的增加而急剧减小；当絮凝剂（PAM）含量为0.02‰时，采用普通聚羧酸减水剂PC－6，水泥的净浆流动度由290 mm减小到217 mm，流动度减少了25.2%；而采用合成的ZX－15，水泥的净浆流动度由290 mm减小到275 mm，流动度只减少5.2%。由此可见，ZX－15的抗絮凝剂（PAM）的效果明显好于PC－6。

3.2　砂浆流动度试验

采用山水P·O 42.5水泥，砂浆配合比为水泥∶水∶砂子∶Ⅱ级粉煤灰、S95矿粉 = 450∶260∶1 350∶90∶60。试验测定了絮凝剂（PAM）对砂浆流动度的影响，结果见表1。

表1　絮凝剂（PAM）含量对砂浆流动度的影响

序号	絮凝剂（PAM）含量/‰	外加剂	初始流动度/mm	1 h流动度/mm
1	0	PC－6	285	240
2	0.02	PC－6	205	140
3	0.02	ZX－15	265	225

由表1试验结果可知，絮凝剂（PAM）的存在会大大影响普通聚羧酸减水剂的分散性能，特别是对1 h后砂浆流动度影响非常大。但是，在减水剂掺量相同的条件下，掺减水剂ZX－15的砂浆初始流动度和1 h后的砂浆流动度均明显大于PC－6，尤其是对改善砂浆流动度的保持率作用显著，说明抗絮凝剂（PAM）聚羧酸减水剂ZX－15能有效降低絮凝剂（PAM）对砂浆流动度的影响。

3.3　混凝土试验

按照JGJ T281—2012《高强混凝土应用技术规程》进行混凝土拌合物性能测试；按照GB/T 50080—2011《普通混凝土拌合物性能测试方法》和GB/T 50081—2002《普通混凝土力学性能测试方法》测定混凝土性能。

将抗絮凝剂（PAM）聚羧酸减水剂（ZX－15）复配适量的SJ引气剂、葡萄糖酸钠，同时，将聚羧酸减水剂PC－6复配同样的助剂，两个减水剂有效含固量均为14%。另外，试验过程中，将市售相对分子质量1.8×10^7的絮凝剂（PAM）按砂子质量的0.02‰加入。

采用C30、C40、C50混凝土进行试验，试验所用原材料为：山水P·O 42.5水泥，山东潍坊产；碎石，连续级配（5～25 mm），含泥量1.0%，胶州产；砂子，细度模数M_x为2.4，含泥量2.0%，潍坊产；粉煤灰，Ⅱ级灰，济南产；级别S95矿粉，潍坊产。对比试验所用的混凝土配合比见表2。对减水剂ZX－15与PC－6进行了全面的混凝土性能对比，结果见表3。

表2　混凝土试验配合比

混凝土	砂率/%	混凝土配合比/(kg·m⁻³)					
		水泥	砂	碎石	粉煤灰	矿粉	水
C30	46.7	245	842	960	75	80	170
C40	45.0	280	801	980	60	100	160
C50	42.0	365	738	1 020	40	85	155

表3　混凝土拌合物性能

混凝土	减水剂	掺量/%	坍落度/mm		扩展度/mm		28 d抗压强度/MPa
			初始	1 h	初始	1 h	
C30	PC-6	1.8	210	150	520	350	34.0
	ZX-15	1.6	220	200	540	490	35.2
C40	PC-6	2.1	215	160	535	370	44.2
	ZX-15	1.8	225	190	540	500	45.5
C50	PC-6	2.3	230	170	545	400	57.2
	ZX-15	2.1	235	205	560	495	58.5

　　由表3混凝土试配结果可知，在絮凝剂（PAM）含量较大的情况下，抗絮凝剂（PAM）减水剂 ZX-15 复配的减水剂的分散性能明显好于普通减水剂 PC-6 复配的产品。ZX-15 在较低的掺量下就能获得比 PC-6 更大的初始坍落度和扩展度，并且1 h后的坍落度损失和扩展度损失均明显小于 PC-6，说明与 PC-6 相比，ZX-15 具有较好的抗絮凝剂（PAM）效果。

4　结论

　　（1）絮凝剂（PAM）对净浆和砂浆都具有明显的影响，通过对比合成的 ZX-15 与市售的 PC-6 聚羧酸减水剂，ZX-15 对絮凝剂（PAM）的影响要明显小于市售聚羧酸减水剂 PC-6。

　　（2）混凝土试配结果表明，砂石含絮凝剂（PAM）较大的情况下，抗絮凝剂（PAM）聚羧酸减水剂 ZX-15 在较小的掺量下能够达到较好的减水分散效果，并且1 h后的坍落度和扩展度损失均小于普通聚羧酸减水剂 PC-6，ZX-15 具有良好的抗絮凝剂（PAM）效果。

参考文献

[1] 姚雪涛，姜山．浅析水处理絮凝剂对混凝土性能的影响［J］．商品混凝土，2019（8）：73-74．

[2] 符惠玲，仲以林，韦朝丹，邓焕友．絮凝剂在机砂中的残留量对混凝土性能的影响［J］．广东建材，2020，36（6）：10-12．

[3] 杨贵淞，杜生平，罗小东，吴涛，朱金华．絮凝剂对 C30 混凝土和易性和强度的影响 [J]．商品混凝土，2019（11）：47-50.

[4] 王国栋．增黏剂对混凝土性能的影响研究 [D]．北京：北京建筑大学，2013.

[5] 刘兴龙．商品混凝土常见工程事故及分析 [J]．福建建材，2020（2）：113-115.

[6] 顾国芳，曹民干．水溶性聚合物对水下施工混凝土性能的影响 [J]．建筑材料学报，2003（1）：30-34.

抗泥型聚羧酸减水剂的合成及应用性能研究

毛玉成[1,2]，冯慧[2]，王伟山[1]，郑柏存[1,2]

（1. 上海三瑞高分子材料股份有限公司，上海 200231；

2. 华东理工大学体育新材料研发中心，上海，200237）

摘要：通过分子结构设计，在聚羧酸减水剂（PCE）分子主链上引入磷酸酯基团，合成了抗泥型聚羧酸减水剂 VIVID－656，并对其在含膨润土的水泥砂浆中的流动性能进行了测试。结果表明，掺加市售普通减水剂时，钠基膨润土对水泥浆流动性的不利影响大于钙基膨润土，并且膨润土掺量达到 3% 时，砂浆扩展度明显下降。含磷酸酯基团的抗泥型减水剂对含泥量敏感性相对较低，分散性和分散保持性均具有明显优势。

关键词：抗泥；磷酸酯；聚羧酸减水剂；膨润土

1 引言

聚羧酸减水剂是一类梳形的高分子聚合物，作为混凝土中一类重要的外加剂，其具有对环境无污染、结构和性能可调性好、掺量低、减水率高、保塑性好等诸多优点，是目前国内外应用最多的混凝土外加剂之一。然而近几年的研究和工程应用结果表明，使用含泥（高岭土、膨润土等）砂石时，减水剂对泥土的敏感性强，导致减水剂的利用率下降。

近年来，随着建筑行业的快速发展，我国混凝土产量迅速增长，天然砂资源匮乏，机制砂逐渐成为建筑施工的主要选择，砂石骨料的开采量明显增加。然而由于砂石骨料的含泥量较高，不同含泥量的砂石骨料粒形与级配差异大，使混凝土拌合物的需水量增大；同时，含泥骨料中的层状结构膨润土、白云母等会吸附聚羧酸减水剂，使预拌混凝土流动性变差，易出现泌水、扒底等现象，施工泵送困难，很难达到施工要求。

目前，国内外的研究已经提出了一系列解决含泥砂石应用难题的方法。主要是针对现有减水剂的分子结构进行优化设计、合成新型减水剂和复配小分子牺牲剂等。Zheng 等利用木质素改性 TPEG 型 PCE，得到支链爪形结构的 PCE－Ls，该减水剂具有较强的空间位阻、球效应、吸气和表面活性，掺入的水泥浆体具有更低的屈服应力、更低的塑性黏度和更好的稳定性。J. Stecher 等以 2－甲基丙烯酰氧乙基磷酸酯为单体，以不同摩尔比的聚乙二醇甲基丙烯酸酯为高分子单体，通过共聚反应合成了新型聚磷酸盐高效减水剂，其在水泥表面附着力更强，并能够提高在低水灰比下混凝土的流动性能。钟丽娜等通过低温下的共聚合反应，利用 VPEG、丙烯酸、2－甲基丙烯酰氧乙基磷酸酯等以不同摩尔比合成了一系列的抗泥型聚羧酸减水剂，其分散性和分散保持性优于传统减水剂。高南萧等以不饱和季铵盐单体与不饱和非（阴）离子单体进行水溶液自由基共聚，合成了系列阳离子聚合物型牺牲剂，降低了

毛玉成，男，1988 年 8 月生，硕士研究生，上海三瑞高分子材料股份有限公司，200231。

PCE 在蒙脱土表面的吸附量，提高了含蒙脱土水泥的流动性。

本文从聚羧酸减水剂的分子结构设计入手，通过引入甲基丙烯酸羟乙酯磷酸酯（HEMAP）与 TPEG、AA 单体进行共聚合反应，生成抗泥型聚羧酸减水剂。使用对混凝土流动性影响最大的膨润土测试水泥砂浆的流动性，探讨了膨润土类型、掺量及不同水泥类型对水泥浆的初始扩展度及经时损失的影响，通过抗泥型减水剂与市售减水剂的性能对比，对该抗泥型减水剂的应用性能进行了研究。

2 试验原材料及合成工艺

2.1 合成原料

丙烯酸（AA），分析纯，上海凌峰化学试剂有限公司；异戊烯醇聚氧乙烯醚（TPEG），$M_n = 2\,400$，佳化化学股份有限公司；甲基丙烯酸羟乙酯磷酸酯（HEMAP），化学纯，广东精德化学材料有限公司；双氧水，化学纯，35%，上海凌峰化学试剂有限公司；维生素 C，化学纯，国药集团化学试剂有限公司；巯基乙醇（TGA），化学纯，国药集团化学试剂有限公司；氢氧化钠，化学纯，上海凌峰化学试剂有限公司；硝酸钠，化学纯，国药集团化学试剂有限公司。

2.2 性能测试材料

基准水泥，P·Ⅰ 42.5，中国建筑材料科学研究总院混凝土外加剂检测专用基准水泥；海螺水泥，P·O 42.5，上海海螺水泥有限公司；江南 – 小野田水泥，P·Ⅱ 52.5，江南 – 小野田水泥有限公司；钠基膨润土，YH – ED 型，200 目，浙江宇宏新材料有限公司；钙基膨润土，200 目，黄山市白岳活性白土有限公司；标准砂，厦门艾斯欧标准砂有限公司；项目砂洗出泥（施工现场取样砂，该砂含泥量 5.1%，洗出泥成分未做分析）。

PCE – 1（HPEG 合成）、PCE – 2（EPEG 合成）均为市售聚羧酸减水剂，其分子结构式如图 1 所示。

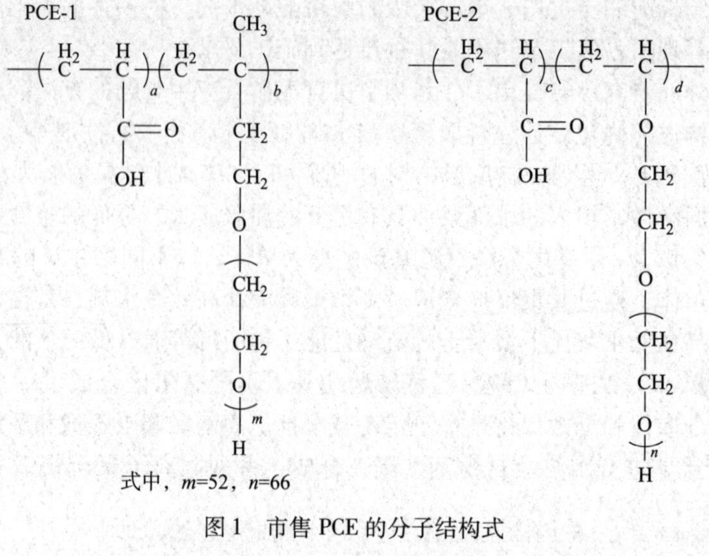

式中，$m=52$，$n=66$

图 1 市售 PCE 的分子结构式

钠基膨润土的主要化学成分的质量分数和钙基膨润土的主要化学成分的质量分数分别见表1和表2。

表1 钠基膨润土的主要化学成分的质量分数 %

成分							烧失量
SiO_2	Al_2O_3	MgO	CaO	Fe_2O_3	K_2O	Na_2O	
68.5	17.18	1.55	0.83	0.78	0.17	3.25	10.3

表2 钙基膨润土的主要化学成分的质量分数 %

成分									烧失量
SiO_2	Al_2O_3	MgO	CaO	Fe_2O_3	TiO_2	K_2O	Na_2O	P_2O_2	
72.99	16.33	4.67	3.18	1.78	0.35	0.17	0.04	0.05	11.7

2.3 合成工艺

称取一定量的 TPEG 投入配有搅拌装置、测温装置和蠕动进样装置的四口烧瓶中，加入适量的水，搅拌并完全溶解 TPEG。分别配置 A 溶液（丙烯酸、甲基丙烯酸羟乙酯磷酸酯、适量水）和 B 溶液（维生素 C、巯基乙醇、适量水）。室温条件下，向四口烧瓶内一次性投入一定量双氧水，搅拌 2 min，然后同时开始滴加 A 溶液和 B 溶液，控制 A 溶液滴加时间为 2 h，B 溶液滴加时间为 2.5 h。反应过程中，注意根据烧瓶内液体黏度的升高适当提高转速。B 溶液滴加结束后，熟化 1 h，之后用氢氧化钠调节 pH 至 7.0 左右，得到抗泥型聚羧酸减水剂（VIVID – 656）。

3 表征及测试方法

3.1 凝胶渗透色谱分析

采用凝胶渗透色谱（GPC）测试合成的抗泥型聚羧酸减水剂的数均相对分子质量（M_n）、重均相对分子质量（M_w）和多分散性指数（PDI）等，测试仪器为 Waters 1515/Waters 2414，流动相为 0.1 mol/L 的 $NaNO_3$ 溶液，流速为 1 mL/min。

3.2 水泥砂浆扩展度及经时损失

按国家标准 GB/T 8077—2012《混凝土外加剂匀质性试验方法》执行。用截锥模（高 60 mm，上直径 70 mm，下直径 100 mm）测量砂浆的流动度。在环境温度 20 ℃，水灰比（W/C）0.35 的条件下制备新拌砂浆。在 600 g 水泥和 1 350 g 标准砂中加入一定量的 PCE 溶液，低速搅拌 90 s，停置 90 s，接着高速搅拌 60 s。搅拌结束后，将新拌浆体迅速倒进截锥模中，并用铁棒捣实。然后将锥模提起，使浆体流动 30 s 后测量两个垂直方向上的浆体直径。每个样品至少测试两次，取平均值作为最终值。在整个试验过程中，环境温度和湿度分别维持在（20 ±2）℃和 50% ±5%。

4 结果与讨论

4.1 抗泥型减水剂的表征

聚羧酸减水剂的相对分子质量、相对分子质量分布及反应转化率都对其性能有着十分重要的影响。合成反应转化率偏低，直接导致聚羧酸减水剂母液的有效成分含量偏低，减水分散作用下降；相对分子质量分布越窄，减水分散性能越好；聚羧酸减水剂的相对分子质量偏低，在分散时的静电作用和位阻作用不足，相对分子质量偏高，分散剂分子自身容易发生纠缠卷曲，都会对聚羧酸的分散性能产生影响。

由表3可知，引入磷酸酯单体合成的抗泥型聚羧酸减水剂 VIVID–656（图2），其数均相对分子质量和重均相对分子质量均与 PCE–1 的接近，但是 VIVID–656 的合成反应转化率和相对分子质量分布更窄（图3）。

表3 三种减水剂的 GPC 结果

减水剂	转化率/%	M_w	M_n	PDI
VIVID–656	90.52	28 374	13 481	1.76
PCE–1	88.51	26 433	13 461	1.96
PCE–2	90.98	41 351	20 322	2.03

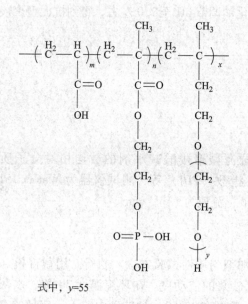

式中，$y=55$

图2 抗泥型 PCE（VIVID–656）的分子结构式

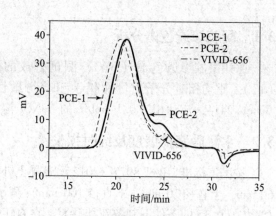

图3 三种减水剂的 GPC 谱图

4.2 膨润土类型对水泥砂浆流动性的影响

聚羧酸减水剂对砂石骨料中的含泥量十分敏感，黏土的存在一方面会吸水膨胀，降低混凝土的流动性；另一方面会通过范德华力、静电作用、插层作用等，与聚羧酸减水剂分子发生作用，进一步降低聚羧酸减水剂的分散性能。

在各种黏土矿物中，对聚羧酸减水剂分散作用影响最大的是膨润土，膨润土对聚羧酸减水剂的吸附能力比水泥强10倍，并且改性后的钠基膨润土对聚羧酸减水剂的影响远大于天然钙基膨润土。

从图4可以看出，在不含膨润土的砂浆中，抗泥型聚羧酸减水剂 VIVID-656 具有很好的初始分散性和保塑性，加入1%钠基膨润

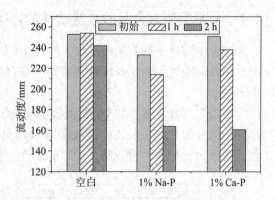

图4　膨润土类型对掺 VIVID-656 的
水泥砂浆扩展度的影响

土或钙基膨润土后，聚羧酸的分散能力明显下降，在保塑性上体现更加明显，并且在相同含泥量条件下，钠基膨润土的影响明显大于钙基膨润土。

4.3　膨润土掺量对水泥砂浆流动性的影响

通过以钙基膨润土替代不同比例的水泥，研究聚羧酸减水剂对含泥量的敏感性。

从图5可以看出，当钙基膨润土掺量为1%左右时，抗泥型聚羧酸减水剂 VIVID-656 受膨润土影响很小，VIVID-656 对砂浆的分散性良好，初始流动度和经时流动度甚至有小幅度上升，这主要是由于聚羧酸减水剂添加量过高。当膨润土掺量高于2%时，抗泥型聚羧酸减水剂 VIVID-656 对砂浆的初始分散性受膨润土影响很小，但是经时流动度受膨润土掺量影响明显，这是因为随着膨润土掺量的提高，吸附的聚羧酸减水剂的量也随之增加，导致孔隙液中的聚羧酸减水剂浓度下降，从而影响砂浆的经时流动度。

图6中对比了抗泥型聚羧酸减水剂和市售聚羧酸减水剂 PCE-1 及 PCE-2 在含不同比例的钙基膨润土的砂浆中的分散性能。从图中可以看出，抗泥型聚羧酸减水剂 VIVID-656 受膨润土影响较小，当钙基膨润土掺量低于3%时，能够表现出比较稳定的分散性能。而对于聚羧酸减水剂 PCE-1 和 PCE-2，当钙基膨润土掺量提高时，分散性基本呈明显下降趋势。

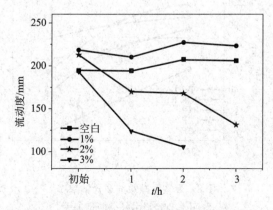

图5　钙基膨润土掺量对砂浆扩展度的影响

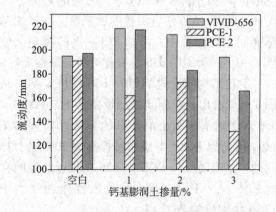

图6　PCE 分子结构对含膨润土砂浆扩展度的影响

4.4 水泥类型对含泥砂浆流动性的影响

试验中选择不同类型的水泥，掺加1%钙基膨润土，评价抗泥型聚羧酸减水剂对不同类型水泥的适应性。为了保证砂浆流动度在合适范围内，控制不同类型水泥的砂浆试验的水灰比不同。

由图7可知，在掺加1%钙基膨润土的砂浆中，不同结构的聚羧酸减水剂在不同类型的水泥中的分散性并不一致。聚羧酸减水剂PCE-1在不同类型水泥中都有较好的初始分散性，表现为初始流动度较高，但1 h流动度下降明显，说明PCE-1对膨润土含量更加敏感。

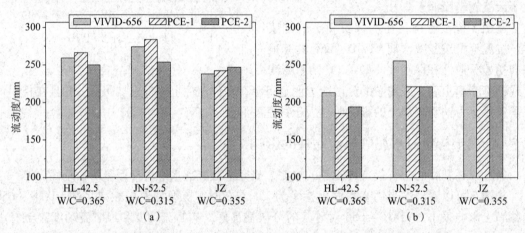

图7 水泥类型对掺加不同结构减水剂的膨润土水泥砂浆扩展度的影响
（a）初始；（b）1 h

聚羧酸减水剂PCE-2在基准水泥拌制的砂浆中的分散性较好，初始分散性甚至略好于VIVID-656。除此之外，VIVID-656在三种水泥拌制的砂浆中均表现出了更好的分散性。

4.5 抗泥型聚羧酸减水剂的抗泥性能评价

为了评估抗泥型聚羧酸减水剂VIVID-656与市售聚羧酸减水剂PCE-1之间的差异，以确认VIVID-656对含泥量的敏感性，在掺加钠基膨润土的砂浆中，增加PCE-1的用量，使PCE-1与VIVID-656具有相近的分散性能。

对比结构相近的VIVID-656和PCE-1，从图8可以看出，在相同添加量条件下，VIVID-656对含钠基膨润土的砂浆的分散性能远高于PCE-1。当PCE-1添加量提高约20%时，拌制的砂浆流动度与VIVID-656的接近。说明在此条件下，VIVID-656的分散性能约相当于120%添加量的PCE-1。

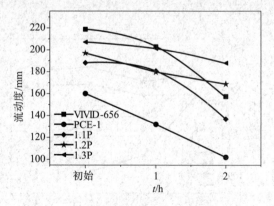

图8 聚羧酸减水剂在含钠基膨润土的砂浆中的分散性能

5　结论

（1）通过砂浆试验与市售聚羧酸减水剂 PCE-1 及 PCE-2 相比，结果表明，抗泥型聚羧酸减水剂 VIVID-656 在不同类型的水泥、含不同类型的膨润土、不同的含泥量条件下，分散性和分散保持性均具有明显优势。

（2）含泥砂浆试验结果表明，抗泥型聚羧酸减水剂对含泥量敏感性相对较低，性能较市售聚羧酸减水剂提高 10%~20%。

参考文献

[1] Plank J，Sakai E，Miao C W，Yu C，Hong J X. Chemical admixtures—Chemistry，applications and their impact on concrete microstructure and durability [J]. Cem. Concr. Res，2015（78）：81-99.

[2] Lei L，Plank J，A study on the impact of different clay minerals on the dispersing force of conventional and modified vinyl ether based polycarboxylate superplasticizers [J]. Cem. Concr. Res，2014（60）：1-10.

[3] 王伟山，冯中军，邓最亮，等. 聚羧酸减水剂分子结构对含膨润土水泥砂浆流动性的影响 [J]. 混凝土，2014（11）：132-135.

[4] 李彬，王玲. 聚羧酸减水剂抗泥性的研究进展 [J]. 硅酸盐学报，2020，48（11）：1852-1858.

[5] Feng H，Pan L，Zheng Q，Li J，Xu N，Pang S. Effects of molecular structure of polycarboxylate superplasticizers on their dispersion and adsorption behavior in cement paste with two kinds of stone powder [J]. Constr. Build. Mater，2018（170）：182-192.

[6] Li R，Lei L，Sui T，Plank J. Effectiveness of PCE superplasticizers in calcined clay blended cements [J]. Cem. Concr. Res，2021（141）：106334.

[7] Akhlaghi O，Aytas T，Tatli B，et al，Modified poly（carboxylate ether）-based superplasticizer for enhanced flowability of calcined clay-limestone-gypsum blended Portland cement [J]. Cement and Concrete Research，2017（101）.

[8] Zheng T，Zheng D，Qiu X，et al，A novel branched claw-shape lignin-based polycarboxylate superplasticizer：Preparation，performance and mechanism [J]. Cem. Concr. Res，2019（119）：89-101.

[9] Stecher J，Plank J. Novel concrete superplasticizers based on phosphate esters [J]. Cem. Concr. Res.，2019（119）：36-43.

[10] 钟丽娜. 抗泥型聚羧酸减水剂的合成及性能研究 [J]. 新型建筑材料，2018，45（5）：41-44+48.

[11] 高南箫，陈健，赵爽，乔敏，单广程. 阳离子聚合物改善聚羧酸减水剂抗泥性能及作用原理 [J]. 硅酸盐学报，2020，48（11）：1834-1841.

一种新型抗泥缓释功能单体的研制与应用

刘景相[1,2]，赵禹潼[1,2]

(1. 山东功单新材料有限公司；2. 河北功单科技有限公司)

摘要：以三丙二醇、马来酸酐、对羟基苯甲醚、甲基磺酸和环己烷为原料，酯化合成一种新型功能单体马来酸酐三丙二醇酯，再以异戊烯醇聚氧乙烯醚、丙烯酸、马来酸酐三丙二醇酯为单体，次亚磷酸钠为链转移剂，双氧水和抗坏血酸为引发剂，通过水溶液自由基聚合反应，合成一种具有抗泥缓释功能的聚羧酸母液。通过红外光谱、核磁共振对其分子结构进行表征，以水泥净浆流动度经时损失和混凝土坍落度经时损失为评价指标，对比抗泥缓释聚羧酸母液和普通缓释聚羧酸母液在不同含泥量河砂拌制的混凝土中的表现，表明添加马来酸酐三丙二醇酯功能单体的抗泥缓释聚羧酸母液具有良好的抗泥保坍性能。

关键词：功能单体；聚羧酸母液；抗泥缓释；合成应用

1　前言

聚羧酸系减水剂作为第三代混凝土高性能外加剂，因其减水率高、保坍性能好、绿色环保、分子结构可设计性强等优点，被广泛应用于各种混凝土工程中。但是，随着我国混凝土行业的不断发展，砂石资源越来越匮乏，砂石骨料的质量相应也越来越差，许多砂石在高含泥量的山体河流等地方开采，从而导致其含泥量越来越多。聚羧酸减水剂对砂石中的含泥量特别敏感，在混凝土中优先被泥大量吸附，使得聚羧酸减水剂的分散性和分散保持性下降，混凝土坍落度经时损失增大，施工性能下降。因此，研制一种可以抵抗含泥量相对较高的砂石给混凝土带来不利影响的功能单体和聚羧酸减水剂，对减水剂及混凝土行业的发展具有极其重要的意义。

大量研究表明，通过对聚羧酸分子结构进行设计，引入具有抗泥功能的单体，在一定程度上提高了聚羧酸减水剂的抗泥性能，但是混凝土的分散性和分散保持性下降。国内有些学者对木质素磺化改性与聚羧酸减水剂进行复配，通过包裹泥颗粒来降低泥含量对聚羧酸减水剂的影响，但其掺入后，并没有明显提高混凝土的流动性。Plank 等利用相对分子质量小的羟烷基替代聚氧乙烯醚的侧链，结果表明，此类聚羧酸减水剂的分散性受黏土矿物的影响较小，含有羟烷基侧链的聚羧酸减水剂具有明显的抗泥作用。还有些研究引入羧酸酯，常用的为丙烯酸羟乙酯，利用丙烯酸羟乙酯部分取代羧酸基团，可降低聚羧酸分子主链上的电荷密度，抑制聚羧酸分子在水泥颗粒表面的吸附速率，通过控制吸附达到分散作用缓慢释放的目的。但是实际应用表明，此类型的羧酸酯类聚羧酸减水剂对砂石含泥量特别敏感。另外，李慧群等研究了缓释型聚羧酸减水剂的缓释效果与分子结构中所含羧酸酯类单体的种类、数

刘景相，男，1983.07，硕士，工程师，山东菏泽，17344416007。

量、水解速率快慢和释放时间长短等因素有关。

结合以往研究，本文自制一种含有相对分子质量小的羟烷基和酯基的抗泥缓释型功能单体。利用聚羧酸减水剂分子结构的可设计性原理，引入此功能单体，合成一种具有抗泥缓释作用的聚羧酸减水剂。

2 试验部分

2.1 原材料

（1）功能单体，自制。所用原料：三丙二醇、马来酸酐、对羟基苯甲醚、甲基磺酸、环己烷。

（2）抗泥缓释聚羧酸母液（KH – PC），自制。所用原料：异戊烯醇聚氧乙烯醚（TPEG – 2400）、丙烯酸（AA）、功能单体、抗坏血酸（Vc）、次亚磷酸钠、双氧水（27.5%）、软化水。

（3）水泥：冀东 P·O 42.5；碎石：5~25 mm，连续级配；天然河砂：细度模数 2.6，含泥量控制在 ≤3% 、3%~5% 、5%~7% 、≥7%，晒干备用；粉煤灰（Ⅱ级）、自来水。

2.2 试验方法

2.2.1 功能单体的合成

将一定量的三丙二醇、马来酸酐、对羟基苯甲醚、甲基磺酸和环己烷放入密闭反应容器内加热并持续搅拌，持续升温待固体全部溶解，在 130~140 ℃进行酯化反应，持续反应（4±0.5）h，再过滤，抽真空除去环己烷，最后得到三丙二醇马来酸酐酯功能单体。

2.2.2 抗泥缓释聚羧酸母液（KH – PC）的合成

将一定量的异戊烯醇聚氧乙烯醚倒入装有温度计、搅拌器和蠕动泵进料设备的四口烧瓶中，加入适量的软化水，开启搅拌器，依次加入次亚磷酸钠和双氧水，再分别滴加由一定量丙烯酸、功能单体和软化水组成的 A 液及由一定量 Vc 和软化水组成的 B 液，A 液和 B 液滴加时间分别为 2.5 h 和 3.0 h。滴加完毕并保温 1.0 h 后补水，即得抗泥缓释型聚羧酸母液 KH – PC。

2.2.3 性能测试与表征

红外光谱分析：实验室采用的设备为德国布鲁克公司生产，在一定条件下对功能单体样品和抗泥缓释聚羧酸母液样品进行测定。

核磁共振分析：实验室采用日本电子株式会社生产的 JNM – ECZR 核磁共振谱仪，在一定条件下对功能单体样品和抗泥缓释聚羧酸样品进行测定。

水泥净浆性能：按照 GB/T 8077—2012《混凝土外加剂匀质性试验方法》进行测试，减水剂掺量为折固掺量。

混凝土性能：按照 GB/T 8076—2008《混凝土外加剂》、GB/T 50080—2016《普通混凝土拌合物性能试验方法标准》和 GB/T50081—2002《普通混凝土力学性能试验方法标准》。混凝土配合比（kg/m³）：水泥：粉煤灰：河砂：碎石：水 = 280：80：790：1 040：170，减水剂掺量为折固掺量。

3 试验结果与讨论

3.1 红外光谱分析

将微量烘干后的功能单体样品和抗泥缓释聚羧酸母液样品分别与溴化钾共同研磨后压成薄片，采用红外光谱仪进行测定分析，如图 1 和图 2 所示。

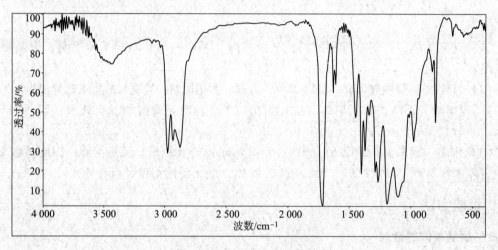

图 1 功能单体的红外光谱分析

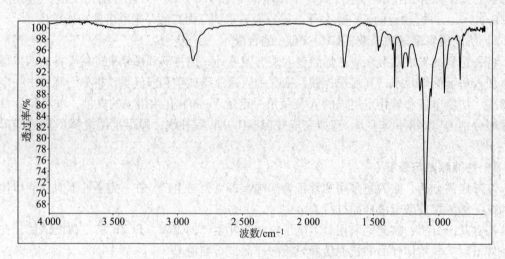

图 2 抗泥缓释聚羧酸母液的红外光谱分析

由图 1 可以看出，1 407 cm^{-1} 处为 COO—的对称伸缩振动吸收峰，证明有大量羧基的存在；1 646 cm^{-1} 处为 C ═O 的吸收峰；1 730 cm^{-1} 处为酯基的吸收峰；1 370 ~ 1 450 cm^{-1} 处为甲基和亚甲基的特征峰；1 108 cm^{-1} 处为 C—O—C 键的伸缩振动峰。以上吸收峰的出现，表明原料按照预期设计反应得到目标产物。

由图2可以看出，951 cm⁻¹和842 cm⁻¹处分别为C—O键和C—C键的伸缩振动峰，1 108 cm⁻¹处为C—O—C键的伸缩振动峰，1 730 cm⁻¹处为酯基的吸收峰，2 925 cm⁻¹和1 460 cm⁻¹处为—CH₂—的不对称伸缩峰和变形振动峰，1 720 cm⁻¹处为C＝O的特征吸收峰。以上吸收峰的出现，表明原料按照预期设计反应得到目标产物。

3.2　核磁共振氢谱分析

将微量烘干后的功能单体样品和抗泥缓释聚羧酸母液样品采用核磁共振氢谱分析，如图3和图4所示。

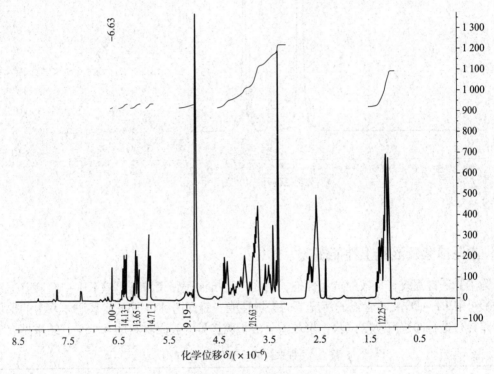

图3　功单的核磁共振氢谱分析

由图3可以看到，产物分子结构中的特征H原子在^{1}H NMR谱中显示出不同的峰。功能单体原样谱图在$\delta = 1.22 \times 10^{-6}$处为甲基基团的特征峰，共聚物中马来酸酐的特征峰位于$\delta = 2.79 \times 10^{-6}$处，$\delta = 4.11 \times 10^{-6} \sim 4.19 \times 10^{-6}$处为—C—O—CH₂—的特征峰，在$\delta = 4.25 \times 10^{-6}$处清晰可见酯键的特征峰，$\delta = 3.86 \times 10^{-6}$处为—CH₂—OH的特征峰。以上结果表明，成功得到了目标产物。

由图4可以看出，聚羧酸母液样品的原样谱图在$\delta = 1.7 \times 10^{-6}$处为甲基上氢（—CH₃—）的化学位移，$\delta = 2.3 \times 10^{-6}$处为亚甲基上氢（—CH₂—）的特征峰，$\delta = 3.5 \sim 3.8 \times 10^{-6}$处为聚氧乙烯基上氢［—(CH₂CH₂O)—］的宽峰，$\delta = 4.25 \times 10^{-6}$处清晰可见酯键的特征峰，$\delta = 4.7 \times 10^{-6}$处为烯烃键上氢（＝CH—）的特征峰。上述结果表明，成功合成了目标产物。

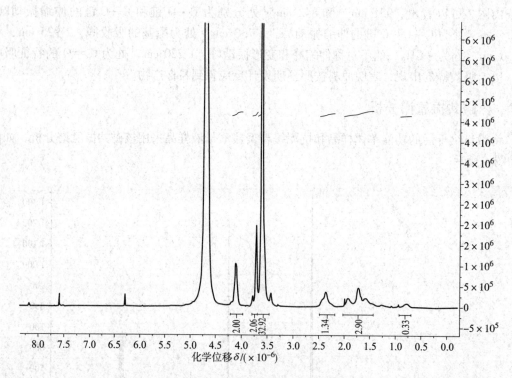

图4 聚羧酸母液的核磁共振氢谱分析

3.3 水泥净浆及混凝土性能研究

为了验证抗泥缓释母液的抗泥性能，首先对比抗泥缓释聚羧酸母液 KH – PC 和普通缓释聚羧酸母液 PT – PC 在不含泥的情况下的保坍性能。对比两种母液在纯水泥体系中的保坍性能的差异，进行净浆流动度试验，聚羧酸母液折固掺量为胶凝材料的 0.15%，结果见表1。

表1 两种聚羧酸母液净浆性能对比

产品代号	水泥净浆流动度/mm			凝结时间/h	
	初始	1 h	2 h	初凝	终凝
KH – PC	182	235	195	4.2	8.5
PT – PC	185	240	193	4.5	8.7

由表1可以看出，抗泥缓释聚羧酸母液和普通缓释聚羧酸母液的净浆流动度及经时损失相差不大，而且水泥凝结时间不受影响。由此可见，在不受含泥量影响的纯水泥体系中，抗泥保坍型聚羧酸母液和普通缓释母液的保坍性能相当。

为了验证砂含泥量对抗泥缓释型聚羧酸母液 KH – PC 和普通缓释聚羧酸母液 PT – PC 之间的差异，选用不同含泥量的河砂进行混凝土性能对比，其中聚羧酸母液固体掺量为胶凝材料的 0.20%。

由表2可以看出，当砂含泥量较低时，KH – PC 母液和 PT – PC 母液的保坍性能相差不大，但是随着砂含泥量的提高，添加了抗泥缓释功单的聚羧酸母液的保坍性能得到了很大的改善，特别是砂含泥量较高时，混凝土的初始分散性不受影响，但是抗泥保坍性能明显优于普通缓释聚羧酸母液。这是因为抗泥保坍功单的加入，功能单体侧链上小分子的羟烷基的大大降低了泥土颗粒对聚羧酸分子的吸附，侧链中所含的酯键在水泥碱性环境中逐步水解，释放出羧基集团，从而维持了聚羧酸分子的分散作用，使得混凝土的抗泥保坍性能得到大大提高。

表2 两种聚羧酸母液应用不同含泥量砂的混凝土性能对比

砂含泥量 /%	产品 代号	初始		1 h		强度/MPa	
		坍落度 /mm	扩展度 /mm	坍落度 /mm	扩展度 /mm	7 d	28 d
≤3	KH-PC	220	550	210	540	23.1	35.0
	PT-PC	225	555	210	535	22.8	34.8
3~5	KH-PC	210	545	200	520	24	36.2
	PT-PC	215	550	190	450	23.7	35.7
5~7	KH-PC	205	540	195	490	22.4	34.6
	PT-PC	210	545	170	375	22.2	34.0
≥7	KH-PC	205	530	195	480	21.5	34.1
	PT-PC	210	535	160	330	21.1	33.0

4 结论

（1）通过酯化反应和水溶液自由基聚合反应得到具有抗泥缓释功能的功能单体和聚羧酸母液。

（2）利用红外光谱和核磁共振分析对功能单体和聚羧酸母液进行表征，证明了合成的聚合物和设计的结构相符。

（3）通过水泥净浆流动度试验，表明抗泥缓释聚羧酸母液和普通缓释母液在纯水泥体系中的保坍性能相当；混凝土试验结果表明，在砂含泥量较低时，抗泥缓释聚羧酸母液和普通缓释聚羧酸母液性能相差不大，当砂含泥量较高时，抗泥缓释聚羧酸母液的抗泥保坍性能明显优于普通缓释聚羧酸母液，而且含泥量越高，优势越明显。

参考文献

[1] Winnefeld F, Becker S, Pakusch J, et al. Effects of the molecular of comb-shaped superplasticizers on their performance in cementitious systems [J]. Cement & Concrete Composites, 2007, 29 (4)：251-62.

[2] 王子明，李慧群. 聚羧酸系减水剂研究与应用新进展 [J]. 混凝土世界，2012, 38 (8)：50-56.

[3] 王子明，程勋. 不同黏土对聚羧酸系减水剂应用性能的影响 [J]. 商品混凝土，2010 (3)：24-26.

[4] 詹洪，王友奎. 抗泥型聚羧酸减水剂的制备及性能研究 [J]. 混凝土，2015 (3)：102-103.

[5] 陈国新，祝烨然. 抗泥型聚羧酸减水剂的合成及性能研究 [J]. 混凝土，2013 (4)：87-89.

[6] 朱红娇，张光华. 抗泥型聚羧酸减水剂的制备及性能 [J]. 化工进展，2016 (9)：2920-2925.

［7］ Lei L，Plank J. Synthesis and properties of a vinyl ether – based polycarboxylate superplasticizer for concrete possession clay tolerance ［J］. Industrial Engineering Chemistry Research，2014（53）：1048 – 1055.

［8］ 陈友志，张迈. 磺化木质素对蒙脱土吸附聚羧酸减水剂的抑制作用及机理 ［J］. 硅酸盐学报，2017，46（2）：202 – 207.

［9］ Lei L，Plank J. Aconcept for a polycarboxy late super plasticizer possessing enhanced clay tolerance ［J］. Cem Concr Res，2012，42（10）：1299 – 1306.

［10］ Liu X. Mechanism and application performance of slow – release polycarboxylate superplasticizer ［J］. Adv Mater Res，2012（8）：574 – 579.

［11］ 李慧群，姚燕. 羧酸酯水解速率对缓释型聚羧酸超塑化剂分散性能的影响 ［J］. 硅酸盐学报，2020，48（2）：246 – 252.

高保坍型聚羧酸减水剂的制备及性能研究

邹灵俊，唐江，陈志杰，陈敏

（浙江恒丰新材料有限公司）

摘要：本研究采用异戊烯醇聚氧乙烯醚（TPEG）、丙烯酸（AA）、丙烯酸羟乙酯（HEA）、丙烯酸羟丙酯（HPA）和甲基丙烯基酒石酸单酯为原材料，以巯基丙酸为链转移剂，采用双氧水－Vc引发体系，通过自由基聚合，制备出一种高保坍型聚羧酸减水剂。考察了不同条件对减水剂性能的影响，结果表明，当反应温度为 30 ℃，$n(AA):n(TPEG):n(HEA):n(HPA)=2.3:1.0:1.0:2.0$，链转移剂、双氧水、Vc用量分别为大单体质量的 0.5%、0.7%、0.16%，并引入甲基丙烯基酒石酸单酯（TPEG 质量的 3%）时，合成的高保坍型聚羧酸减水剂性能最佳；折固掺量为 0.3% 时，混凝土保坍时间可达 3 h，非常适用于对工作时间要求较长的混凝土。

关键词：聚羧酸减水剂；高保坍；甲基丙烯基酒石酸单酯

1 前言

近年来，随着我国的基础建设、工业与民用建筑规模不断加大，对内继续加大基础设施建设，对外积极参与国外重点工程项目及高铁技术的输出，都离不开高性能混凝土技术的提高，而高性能混凝土技术的发展对混凝土外加剂提出了更高、更多样化的要求。聚羧酸减水剂由于其独特的结构特性，具有减水率高、掺量低、优异的保坍性能、绿色环保及分子结构可设计性等优点，已经广泛应用于高铁、地铁、桥梁、大坝等大型基础设施工程，是目前国内外减水剂市场的主导产品，更是推动高性能混凝土技术及施工技术不断发展的核心产品。

然而大量工程实践证明，由于优质砂石资源不断减少，以及在高温条件下、长距离运输过程中，混凝土坍落度经常会出现损失过快的现象，使混凝土工作性能下降，无法正常浇筑，甚至出现施工现场随意加水的现象，严重影响了混凝土的力学性能及耐久性。目前在实际应用中，通常是通过复配葡萄糖酸钠、白糖、柠檬酸等缓凝剂来抑制混凝土坍落度损失，但是这些缓凝剂的加入并不能完全解决混凝土坍落度损失过快的问题，而且如果缓凝剂加入量没有控制好，可能会导致混凝土离析、滞后泌水、凝结时间过长、早期强度低等新问题的出现。

聚羧酸减水剂由于其分子结构具有可设计性的特点，因此，可以通过不同结构单元的组合、引入功能型官能团等途径，来制备具有不同功能类型的聚羧酸减水剂产品。本文采用异戊烯醇聚氧乙烯醚、丙烯酸、丙烯酸羟乙酯、丙烯酸羟丙酯及甲基丙烯基酒石酸单酯等为原材料，进行水溶液自由基聚合，并通过调整聚合温度、链转移剂用量、丙烯酸羟乙酯与丙烯酸羟丙酯的使用比例及引入甲基丙烯酒石酸单酯等因素，合成了一种高保坍型聚羧酸减水剂，并对其性能进行测试、分析与讨论。

2 试验部分

2.1 原材料

异戊烯醇聚氧乙烯醚（HF-5250）：工业级，浙江恒丰新材料有限公司；丙烯酸：工业级，卫星石化；丙烯酸羟乙酯、丙烯酸羟丙酯，化学试剂，罗恩试剂；甲基丙烯基酒石酸单酯，工业级，河北某化工公司；巯基丙酸、双氧水、抗坏血酸，化学试剂，南京化学试剂股份有限公司；液碱（32%），工业级；去离子水。

水泥：海螺 P·O 42.5 水泥；ISO 标准砂；河砂，连续级配，细度模数 2.5；机制砂，细度模数 3.0；碎石，5~25 mm，连续级配；粉煤灰，Ⅱ级。

2.2 试验仪器及设备

恒温水浴锅：HH-1-2L，江苏科析仪器有限公司；顶置式电动搅拌器：RWD100E，上海沪析实业有限公司；恒流泵：BT-100-2J，保定兰格；水泥胶砂搅拌机：JJ-5，无锡建仪仪器机械有限公司；单卧轴强制式混凝土搅拌机：HJW-30，上海乐傲试验仪器有限公司；四口烧瓶；温度计：精确度 0.1 ℃；电子天平：JJ1000，精确度 0.01 g。

2.3 合成方法

将四口烧瓶置于恒温水浴锅中，往四口烧瓶中加入一定量的去离子水和 HF-5250，开启搅拌器，使大单体与水混合均匀；当单体水溶液温度达到配方规定的反应温度后，加入一定量的双氧水和丙烯酸，继续搅拌 10 min；同时滴加 A、B 料，其中 A 料由一定量的丙烯酸、丙烯酸羟乙酯、丙烯酸羟丙酯、甲基丙烯基酒石酸单酯及去离子水组成，B 料由一定量的巯基丙酸、Vc 和去离子水组成；A 料滴加时间控制在 2.5~3 h，B 料滴加时间控制在 3~3.5 h；B 料滴加完后保温 1 h；最后用一定量的液碱中和，调节聚合物的 pH 为 5~6，并补充一定量的去离子水将聚合物浓度稀释至 50%，即得到一种高保坍型聚羧酸减水剂：HF-SR-525。

2.4 性能试验

砂浆流动度测试方法参照 GB/T 8077—2012《混凝土外加剂匀质性试验方法》及 GB/T 2419—2005《水泥胶砂流动度测定方法》中的相关测试方法，测试不同样品在相同掺量下的砂浆初始流动度和流动度经时变化。

混凝土性能试验按照 GB/T 50080—2016《普通混凝土拌合物性能试验方法标准》所规定的试验方法进行混凝土坍落度/扩展度试验，并对比不同样品在相同掺量下坍落度/扩展度的经时变化情况。

3　试验结果与讨论

3.1　反应温度对高保坍型聚羧酸减水剂性能的影响

不同温度条件下，单体的活性、引发剂的引发效率、自由基聚合过程中的聚合度和聚合速率都不尽相同。固定 $n(AA):n(TPEG):n(HEA):n(HPA)=2.3:1.0:1.0:2.0$，链转移剂、双氧水、Vc 用量分别为大单体质量的 0.5%、0.7%、0.16%，考察不同反应温度对减水剂性能的影响。试验结果如图 1 所示。

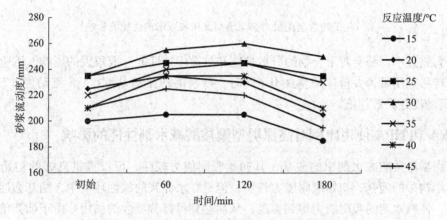

图 1　反应温度对高保坍型聚羧酸减水剂性能的影响

从图 1 试验结果可知，随着反应温度的升高，砂浆的初始流动度和流动度保持性能呈先增大后减小的趋势。当反应温度低于 20 ℃时，减水剂的性能较差，因为温度低的情况下，引发剂的半衰期更长，反应前期自由基数量少，单体的活性也比较低，反应不能充分进行，反应物中未参与反应的单体比例较高；随着反应温度的升高，自由基释放速度加快，单体的活性提高，有利于反应的进行；而当温度过高时，会导致共聚反应速度过快，甚至出现暴聚现象，使共聚反应无法按正常的速率进行，分子结构出现较大的偏差，性能明显下降。试验表明，当反应温度为 30 ℃时，减水剂的砂浆初始流动度和流动度保持性能最佳。

3.2　链转移剂用量对高保坍型聚羧酸减水剂性能的影响

研究表明，聚羧酸减水剂的相对分子质量不同，其对水泥的分散性及分散性保持能力也不同，而控制聚合物的相对分子质量的途径之一就是改变链转移剂用量。通常情况下，链转移剂用量越大，聚合物的相对分子质量越小，反之越大，因此，通过改变链转移剂用量，可以得到不同性能的聚羧酸减水剂。本试验固定 $n(AA):n(TPEG):n(HEA):n(HPA)=2.3:1.0:1.0:2.0$，双氧水、Vc 用量分别为大单体质量的 0.7%、0.16%，反应温度为 30 ℃，考察不同链转移剂用量（TPEG 的质量百分比）对减水剂性能的影响，试验结果如图 2 所示。

从图 2 试验结果可知，链转移剂用量对减水剂的性能影响非常大，随着链转移剂用量的提高，砂浆的初始流动度和流动度保持性能都呈先增大后减小的趋势，说明聚合物的相对分

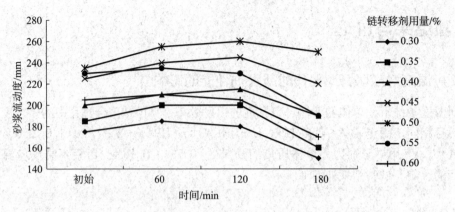

图2   链转移剂用量对高保坍型聚羧酸减水剂性能的影响

子质量过大或过小，都会对聚合物的分散性能和分散保持性能造成很大的影响。试验结果表明，当链转移剂用量为大单体质量的 0.5% 时，砂浆的初始流动度、1 h 流动度、2 h 流动度、3 h 流动度达到最佳值。

3.3   HEA 和 HPA 使用比例对高保坍型聚羧酸减水剂性能的影响

高保坍型聚羧酸减水剂中的羧基，其初始吸附能力较强，可以提供良好的初始分散性能；而其结构中的酯基，初始吸附能力较弱，但是在水泥浆的碱性环境中，酯基会逐渐水解形成羧基，使减水剂的吸附能力得到提高，从而达到保持分散性的作用。由于酯类单体带不同电负性，水解难易程度也因其取代基的不同而不同，因此合成时使用不同类型的酯类单体，可以得到不同性能的保坍型聚羧酸减水剂。本试验采用常见的 HEA 和 HPA 作为保坍功能单体，固定 $n(AA):n(TPEG)=2.3:1$，并保持 $n(TPEG):n(HEA+HPA)=1.0:3.0$，其他合成条件不变，只改变 HEA 和 HPA 的使用比例，试验结果如图3 所示。

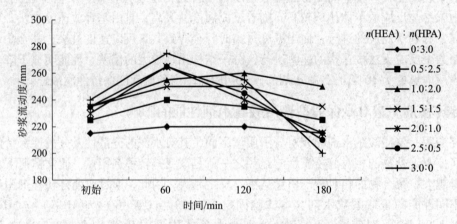

图3   HEA 和 HPA 用量对高保坍型聚羧酸减水剂性能的影响

从图3 试验结果可知，随着 $n(HEA):n(HPA)$ 比例的增大，砂浆初始流动度相近，因为聚合物的 $n(AA):n(TPEG)$ 是一致的，初始羧基的数量基本相同；但是前 60 min 砂浆流动度的释放能力逐步提高，而 120 min 后的释放能力逐步降低。说明当 HEA 使用量较大时，减水剂的前期释放速度较快，羧基数量增加，使减水剂前期分散性能提高较快，但是后期损失也比较快。当 HPA 使用量较大时，减水剂的前期释放速度比较缓慢，羧基数量不如同期 HEA 释放的多，使得减水剂前期分散性一般，而后期流动度损失率也相对比较缓慢。由此可知，在该试验条件下，HEA 较 HPA 的水解速度快。当 HEA 和 HPA 同时使用时，比例不同，聚合物保坍时间也不同。从本试验的结果中可以看出，当 $n(\text{HEA}):n(\text{HPA})$ 比例为 1.0:2.0 时，聚合物的综合性能最佳。

3.4 掺入甲基丙烯基酒石酸单酯对高保坍型聚羧酸减水剂性能的影响

甲基丙烯基酒石酸单酯中含有酒石酸基团，可提高初始分散性能，合成过程中与 HEA、HPA 搭配使用，可调节羧基释放时间，使羧基呈阶梯式释放，持续提供良好的分散效果。固定 $n(\text{AA}):n(\text{TPEG}):n(\text{HEA}):n(\text{HPA})=2.3:1.0:1.0:2.0$，并保持其他合成条件不变，调整掺入甲基丙烯基酒石酸单酯用量（TPEG 的质量分数），探究甲基丙烯基酒石酸单酯用量对高保坍型聚羧酸减水剂性能的影响，试验结果如图 4 所示。

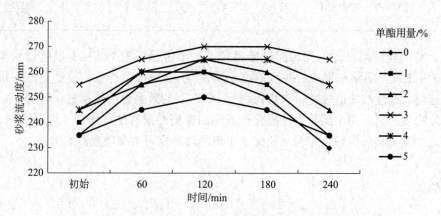

图 4 甲基丙烯基酒石酸单酯对高保坍型聚羧酸减水剂性能的影响

从图 4 试验结果可知，甲基丙烯基酒石酸单酯对减水剂的初始分散性和分散性保持性均有一定的影响。随着甲基丙烯基酒石酸单酯用量的提高，砂浆的初始流动度和砂浆流动度保持率都先增大后减小的趋势；当掺量为大单体质量的 3% 时，砂浆初始流动度达到最大，当掺量大于大单体质量的 4% 时流动度保持率反而开始下降，并且对减水剂的经济效益造成一定的影响。结合以上分析：当甲基丙烯基酒石酸单酯用量为大单体质量的 3% 时，合成的高保坍型聚羧酸减水剂综合效果最佳。

3.5 高保坍型聚羧酸减水剂混凝土性能试验

根据上述试验结果，得到了试验中的最优配方：$n(\text{AA}):n(\text{TPEG}):n(\text{HEA}):n(\text{HPA})=$ 2.3:1.0:1.0:2.0，链转移剂、双氧水、Vc 用量分别为大单体质量的 0.5%、0.7%、0.16%，甲基丙烯基酒石酸单酯掺量为大单体质量的 3%，反应温度为 30 ℃，合成了高保坍型聚羧酸减水剂 HF – SR – 525，并与市售的两种保坍型聚羧酸减水剂进行混凝土测试，减水剂的折固掺量都为 0.3%，试验结果见表 1。

表 1 保坍型聚羧酸减水剂混凝土测试结果

C30 混凝土配合比						
水泥/ (kg·m⁻³)	粉煤灰/ (kg·m⁻³)	河砂/ (kg·m⁻³)	机制砂/ (kg·m⁻³)	石子/ (kg·m⁻³)	水/ (kg·m⁻³)	减水剂（折固掺量） /%
270	80	324	486	1 074	165	0.3

混凝土测试结果							
样品名称	坍落度（mm）/扩展度（mm）				抗压强度/MPa		备注
	初始	1 h	2 h	3 h	3 d	7 d	28 d
HF – SR – 525	220/530	225/540	225/540	220/520	16.7	26.6	35.8	和易性良好
市售保坍型 PCE – 1	230/550	215/590	210/510	175/—	16.5	27.2	36.1	1 h 出现严重 泌水现象
市售保坍型 PCE – 2	225/530	220/530	210/510	205/470	17.2	26.6	35.3	和异性良好

从表 1 的试验结果可知，在相同试验条件下，市售保坍型 PCE – 1 虽然初始减水率略大，但是 1 h 出现严重泌水现象，并且后期坍落度/扩展度损失严重，可能是该保坍型减水剂中的酯基释放速度过快造成的；市售保坍型 PCE – 2 的效果也比较理想，但是 3 h 坍落度/扩展度损失明显；而采用本试验最佳配方合成的高保坍型聚羧酸减水剂，混凝土坍落度 3 h 没有损失，混凝土状态良好，保坍性能优于市售的两种保坍型聚羧酸减水剂。

4 结论

（1）采用浙江恒丰新材料有限公司的 TPEG 大单体 HF – 5250 合成的高保坍型聚羧酸减水剂比较理想的合成工艺是：$n(AA):n(TPEG):n(HEA):n(HPA) = 2.3:1.0:1.0:2.0$，甲基丙烯基酒石酸单酯、链转移剂、双氧水、Vc 用量分别为大单体质量的 3%、0.5%、0.7%、0.16%，反应温度为 30 ℃。

（2）根据试验结果可以得出，丙烯酸羟乙酯的水解速度比丙烯酸羟丙酯的水解速度快；当合成保坍型聚羧酸减水剂时，加入一定量的甲基丙烯基酒石酸单酯，并与丙烯酸羟乙酯、丙烯酸羟丙酯搭配使用时，可使羧基呈阶梯式释放，达到更长时间分散性保持的目的。

（3）HF – SR – 525 应用于混凝土中，混凝土和易性良好，不会出现后滞泌水现象，混凝土保坍性能优异，非常适用于对工作时间要求较长的混凝土。

参考文献

[1] 宋作宝, 姚燕, 李婷, 等. 缓释型聚羧酸减水剂的分子结构设计及制备 [J]. 建筑材料学报, 2017, 20 (4): 563–574.

[2] Andersen P J, Roy D M, Gaidis J M. The effect of superplasticizer molecular weight on its adsorption on, and dispersion of cement [J]. Cement and Concrete Research, 1988, 18 (6) 980–986.

[3] 王子明. 聚羧酸系高性能减水剂—制备、性能与应用 [M]. 北京：中国建筑工业出版社, 2009.

[4] Yamada K, Takahashi T, Hanehara S, et al. Effects of the chemical structure on the properties of polycarboxylate – type superplasticizer [J]. Cement and Concrete Research, 2000, 30 (2): 197 – 207.

[5] 刘尊明, 逄鲁峰. 聚羧酸高性能减水剂与缓凝剂的复配研究 [J]. 混凝土, 2009 (12): 52 – 53.

[6] 潘祖仁. 高分子化学 [M]. 北京: 化学工业出版社, 1986 (12): 19 – 54.

[7] 郭亚楠, 邓最亮, 傅乐峰, 等. 高温度适应性聚羧酸系减水剂的合成研究 [M]. 北京, 北京理工大学出版社, 2019: 371 – 377.

高和易性低敏感型聚羧酸减水剂的
合成及性能研究

徐春红，邝华斌，罗启云，邝贤文

（广东博众建材科技发展有限公司）

摘要：采用聚乙二醇乙烯基醚（EPEG）、甲基丙烯酰氧基乙基三甲基氯化铵（DMC）和自制的磷酸酯类小单体合成一种高和易性低敏感型聚羧酸减水剂。在不同水泥种类、单方用水量、减水剂折固掺量、机制砂用量条件下，该高和易性低敏感型聚羧酸减水剂的混凝土坍落度保持能力更好，敏感性更低。

关键词：聚羧酸减水剂；和易性；低敏感

1　引言

最近两年，随着国家建设规模的不断扩大，天然砂资源日益匮乏，采用机制砂代替天然砂已经极为普遍，但是目前国内机制砂的生产控制技术还不够先进，生产的机制砂还存在细度模数不稳定、含泥含石粉量不稳定、颗粒形貌不稳定等问题。加上环境保护意识的不断加强，市面上砂的质量参差不齐，含泥量也相差较大，这对技术人员的专业水平提出了较高的要求。

当前的聚羧酸减水剂对于砂石品质差、含泥量高的情况，易出现混凝土泌水、抓底、和易性差、坍损大等现象，严重影响混凝土的工作性能。因此，开发能够满足各种材料使用要求的聚羧酸减水剂具有十分重要的意义。新型聚醚单体高活性、高转化率、独特的分子结构特点，为聚羧酸减水剂的研发人员提供了一些新的研发方向，可以有效解决一些混凝土方面的问题与弊端。

为能够有效降低混凝土对水泥种类、单方用水量、减水剂掺量及机制砂用量的敏感性，提升混凝土的和易性和工作性能，本文基于市场应用情况，采用新型聚醚大单体聚乙二醇乙烯基醚（EPEG）、甲基丙烯酰氧基乙基三甲基氯化铵和自制的磷酸酯类小单体合成一种高和易性低敏感型聚羧酸减水剂，并对其相关性能进行评价。

2　试验部分

2.1　试验原材料

聚乙二醇乙烯基醚（EPEG，相对分子质量约3 000），工业级，佳化化学有限公司；丙烯酸（AA）、甲基丙烯酰氧基乙基三甲基氯化铵（DMC）、自制的磷酸酯类小单体、巯基丙酸、异抗坏血酸钠、双氧水及氢氧化钠，均为工业级。

2.2 测试原材料

水泥：红狮水泥；海螺水泥 P·O 42.5R，广东英德海螺水泥有限责任公司；台泥 P·O 42.5R，台泥（英德）水泥有限公司；砂：机制砂，细度模数 2.9；河砂，细度模数 2.9；石：碎石，5~20 mm，连续级配；粉煤灰：Ⅱ级，矿粉。

2.3 合成试验

采用水溶性自由基聚合反应。反应的具体步骤为：先将聚乙二醇乙烯基醚大单体和部分水加入四口烧瓶中，快速搅拌，待大单体全部溶解，并且温度降至在 15 ℃时，加入双氧水，搅拌 3 min，然后将丙烯酸、甲基丙烯酰氧基乙基三甲基氯化铵和自制的磷酸酯类小单体的混合水溶液，以及异抗坏血酸钠和巯基丙酸的混合水溶液分别均匀滴加至四口烧瓶中，滴加时间为 50 min，滴加完毕后继续保温 40 min。用 32% 氢氧化钠水溶液中和至 pH 为 5.0~7.0，加水调节含固量至 40%，得到所需高和易性低敏感型聚羧酸减水剂 PGD 母液。

2.4 性能测试

混凝土拌合物坍落度、扩展度测试：参照 GB/T 50080—2011《普通混凝土拌合物性能试验方法》进行。

3 试验结果与讨论

3.1 水泥种类和易性与敏感性

将合成的高和易性低敏感型聚羧酸减水剂 PGD 与我司生产的普通聚羧酸减水剂 PCE 在相同条件下进行试验。为了研究此高和易性低敏感型聚羧酸减水剂对不同水泥的适应敏感性，分别选取了不同生产厂家生产的硅酸盐水泥进行混凝土测试，试验结果见表1。

表1 减水剂对多种水泥试验结果

减水剂种类	水泥种类	初始坍落度（mm）/扩展度（mm）	1.5 h 坍落度（mm）/扩展度（mm）	混凝土状态
PGD	红狮	215/535	200/485	状态一般后置不泌水
	台泥	225/550	215/505	状态较好后置轻微泌水
	海螺	220/540	195/475	状态好后置不泌水
PCE	红狮	210/530	205/455	状态差后置较多泌水
	台泥	220/555	205/475	状态好后置严重泌水
	海螺	215/525	190/430	状态一般后置轻微泌水

由表1可知,不同水泥之间存在差异,但也可以看出,高和易性低敏感型聚羧酸减水剂对不同水泥的和易性效果好于普通聚羧酸减水剂,并且保坍效果好,具有良好的适应性和较低敏感性。

3.2 用水量和易性与敏感性

表2为高和易性低敏感型聚羧酸减水剂 PGD 与我司的普通聚羧酸减水剂 PCE 在相同条件下进行单方用水量敏感性试验。

表2 单方用水量试验结果

减水剂 种类	单方用水量 /(kg·m⁻³)	初始坍落度（mm）/ 扩展度（mm）	1.5 h坍落度（mm）/ 扩展度（mm）	混凝土状态
PGD	155	220/535	200/465	状态好 后置不泌水
	160	230/545	210/495	状态较好 后置不泌水
	165	225/555	215/505	状态好 后置轻微泌水
PCE	155	210/530	160/395	状态一般 后置不泌水
	160	220/550	205/455	状态好 后置较多泌水
	165	220/535	210/475	状态差 后置严重泌水

由表2可以看出随着用水量的增大,两种减水剂的坍落度与扩展度都相应增大,当用水量较少（155 kg/m³）时,掺普通聚羧酸减水剂的混凝土后期的坍落度和扩展度比较小,而掺 PGD 的混凝土还有 465 mm 的扩展度且状态很好。随着用水量的增多,掺普通聚羧酸减水剂的混凝土的状态逐渐变差、泌水严重。由以上可知,用水量对 PGD 的影响相对较小。

3.3 掺量和易性与敏感性

将高和易性低敏感型聚羧酸减水剂 PGD 与我司的普通聚羧酸减水剂 PCE 在相同条件下进行掺量敏感性试验,结果见表3。

表3 减水剂掺量试验结果

减水剂 种类	折固掺量 /%	初始坍落度（mm）/ 扩展度（mm）	1.5 h坍落度（mm）/ 扩展度（mm）	混凝土 状态
PGD	0.23	225/545	220/490	状态较好 后置轻微泌水
	0.20	220/535	210/465	状态好 后置不泌水
	0.17	220/520	205/440	状态好 后置不泌水

续表

减水剂 种类	折固掺量 /%	初始坍落度（mm）/ 扩展度（mm）	1.5 h坍落度（mm）/ 扩展度（mm）	混凝土 状态
	0.23	220/550	200/425	状态一般 后置严重泌水
PCE	0.20	215/530	195/405	状态好 后置轻微泌水
	0.17	210/515	165/350	状态差 后置流动性差

由表3数据可以很明显地看出，高和易性低敏感型聚羧酸减水剂PGD对掺量的敏感性要明显小于普通聚羧酸减水剂PCE，随着掺量的降低，混凝土的状态也未发生特别显著的变化，状态较好。

3.4 机制砂用量和易性与敏感性

为了研究高和易性低敏感型聚羧酸减水剂PGD与普通聚羧酸减水剂PCE对不同机制砂用量下混凝土试验的影响，在相同条件下调整机制砂与河砂的用量比例进行试验，结果见表4。

表4 机制砂用量试验结果

减水剂 种类	机制砂用量 /%	初始坍落度（mm）/ 扩展度（mm）	1.5 h坍落度（mm）/ 扩展度（mm）	混凝土 状态
	40	225/545	220/500	状态较好 后置轻微泌水
PGD	60	220/535	210/485	状态好 后置不泌水
	80	215/525	205/455	状态好 后置不泌水
	40	220/550	210/495	状态好 后置严重泌水
PCE	60	215/520	205/420	状态一般 后置不泌水
	80	190/490	105/—	状态差 后置无流动性

本试验中所用到的机制砂石粉含量相对较高，对普通聚羧酸减水剂的吸附量较大，随着机制砂用量的提高，掺普通聚羧酸减水剂的混凝土流动性较差，损失较快，后期无工作性能，而高和易性低敏感型聚羧酸减水剂因其独特的分子结构，对机制砂混凝土的敏感性比普通聚羧酸减水剂的稍低，工作性能良好。

4 结论

在不同水泥种类、单方用水量、减水剂折固掺量、机制砂用量条件下,相比于普通聚羧酸减水剂,掺本文中的高和易性低敏感型聚羧酸减水剂的混凝土的坍落度保持能力更好,混凝土保坍状态更好,工作性能更优,敏感性更低。

参考文献

[1] 郭鑫祺.低敏感型聚羧酸减水剂的制备及性能研究 [J].新型建筑材料,2020 (4):82-85.

[2] 冯新超,刘永年,魏亚平.机制砂与河砂不同掺配比例对混凝土的影响 [J].水电施工技术,2017 (1):49-51.

[3] 温庆如.低敏感型聚羧酸减水剂的研制与评价 [J].新型建筑材料,2019 (11):30-33.

[4] 赖广兴,方云辉,张伟松.黏土对掺聚羧酸减水剂胶砂和混凝土性能的影响 [J].新型建筑材料,2016 (11):23-26.

[5] 卢玉勇,段利亚,罗梅.混凝土的泌水机理及其控制措施 [J].建材技术与应用,2019 (4):22-24.

[6] 万甜明,凌超,杨志飞,等.低泌水高和易性保坍型聚羧酸减水剂的合成研究 [J].新型建筑材料,2021 (2):18-22.

[7] 刘冠杰,董振鹏,杨雪,等.乙烯醚类大单体 EPEG 合成聚羧酸减水剂条件与性能研究 [J].混凝土,2021,5 (379):61-66.

一种低成本高效缓释聚羧酸减水剂的制备

张晓娜，王建军，王双平，程晓亮

（山东卓星化工有限公司）

摘要：本文首先利用乙二醇、乙醇胺和顺酐合成了一种不饱和酯类小单体 A，再与 EPEG 大单体、丙烯酸（AA），在七水合硫酸亚铁、双氧水和 E51 引发体系下，低温（初始温度不超过 15 ℃）通过水溶液自由基聚合得到一种缓释型聚羧酸保坍剂。EPEG 大单体、不饱和酯 A 与丙烯酸的最佳摩尔比为 $1:2.3:1$，通过对该缓释型聚羧酸保坍剂进行水泥净浆流动度试验、水泥砂浆试验、混凝土应用性能试验，测试了该缓释型聚羧酸保坍剂的性能。试验结果表明，该产品明显优于市场上常见的缓释型聚羧酸保坍剂，并且成本较低，有良好的应用前景。

关键词：酯类单体；缓释；聚羧酸；保坍剂

1 前言

目前 EPEG 大单体已得到较为广泛的推广，因其双键反应活性高，与丙烯酸等小单体的共聚更符合一般理想共聚特征，有利于通过调整投料比使分子结构设计得更合理。不少由 EPEG 大单体合成的母液在性能上已完全达到甚至超过传统 4C、5C 母液种类。但目前多数工艺需要降温，否则母液效果大打折扣。

另外，随着商品混凝土的发展，面对原材料越来越差，含泥量高，级配不合理等问题，人们对聚羧酸减水剂的保坍性能要求越来越高。长效缓释型保坍剂的需求越来越明显，目前 EPEG 单体对应的缓释工艺多采用丙烯酸羟乙酯、丙烯酸羟丙酯等，成本偏高，缓释效果较 4C、5C 也没有明显的提升，并未充分展现出六碳单体的优势，找到一种和 EPEG 大单体共聚活性更匹配，分子结构更适合的不饱和酯类小单体，使其缓释性能得到充分发挥有很大的研究空间。

本文利用乙二醇、乙醇胺和马来酸酐酯化得到一种不饱和酯类单体 A，其和 EPEG 大单体、丙烯酸在七水合硫酸亚铁、E51、双氧水催化下，低温下通过自由基聚合制备了一种缓释型聚羧酸减水剂，转化率高达 96.3%。应用试验结果表明，自制的缓释型聚羧酸减水剂性能明显优于市面上的缓释母液，可以安全、有效地解决混凝土的坍落度损失问题，其生产成本又低，具有良好的市场前景。

张晓娜，女，1987.01，工程师，山东淄博张店区云龙国际 B 座，255000，0533 - 2159608。

2 低成本高效缓释聚羧酸保坍剂的研制

2.1 试验主要仪器及设备

2.1.1 玻璃仪器

四口烧瓶、温度计、玻璃棒、烧杯、吸管、滴液漏斗等。

2.1.2 主要设备

JJ-1型电动搅拌器，江苏省金坛市医疗仪器厂；分析天平，赛多利斯科学仪器（北京）有限公司；水泥净浆搅拌机，沧州智晟试验仪器厂；行星式水泥胶砂搅拌机，沈阳市建工仪器厂；HJW-30型混凝土搅拌机，上海力盾电气有限公司。

2.2 主要原料

EPEG 3000，山东卓星化工有限公司；丙烯酸，化学纯，天津大茂化学试剂有限公司；乙醇胺，化学纯，烟台远东精细化工有限公司；顺酐，化学纯，天津大茂化学试剂有限公司；双氧水，化学纯，淄博宏远化工有限公司；乙二醇，化学纯，天津大茂化学试剂有限公司；催化剂，ZX-1，自制；七水合硫酸亚铁，分析纯，烟台远东精细化工有限公司；E51，工业品；不饱和酯，自制；氢氧化钠，化学纯，淄博永嘉化工有限公司；去离子水，工业品。

2.3 合成步骤

2.3.1 不饱和酯A合成

在四口烧瓶中，加入1.1 mol乙二醇、0.1 mol乙醇、0.1%催化剂ZX-1、0.2%对甲苯磺酸，充分搅匀，控制温度40 ℃，分次加入1.2 mol的顺酐。加完后，安装回流装置，温度逐渐升至80 ℃、90 ℃各反应1 h。之后降温至70 ℃，分次加入0.2 mol乙醇胺，控制温度不超过90 ℃。加完之后，将温度调至90 ℃，继续酯化2 h，得到所需的不饱和酯A，酯化率为92%。

2.3.2 缓释减水剂的合成

在四口烧瓶中加入计量的去离子水，加入适量碎冰块，EPEG大单体，搅拌10 min，无须待单体完全溶解，即可加入定量七水合硫酸亚铁和双氧水，立刻同时开始滴加A液（丙烯酸与不饱和酯A的混合水溶液）和B液（E51和巯基丙酸混合水溶液），1 h滴完，之后继续搅拌0.5 h，反应结束，加入定量的30%碱液中和，调节pH至6~7，补水得到40%浓度的高效缓释聚羧酸保坍剂HS-1，母液转化率达96.5%。

3 产品性能研究

3.1 水泥净浆测试

试验材料：市场上反映良好的市售缓释保坍剂1；市售缓释保坍剂2；自制缓释保坍剂HS-1；山铝P·O 42.5硅酸盐水泥。

试验条件及方法：净浆流动度测试参照 GB/T 8077—2000《混凝土外加剂均质性试验方法》中的水泥净浆流动度测试方法。

为了研究制得的缓释聚羧酸保坍剂 HS－1 的效果，采用与掺加市面上销售的保坍剂 1、2 对照的试验方法，固定保坍剂掺量均为 0.5%，分别测试 0 min、30 min、60 min、90 min 的水泥净浆流动度，试验结果见表1。

表1　水泥净浆对比试验结果

保坍剂类别	净浆流动度/mm			
	0 min	30 min	60 min	90 min
市售保坍剂 1	140	180	200	210
市售保坍剂 2	120	160	200	210
HS－1	140	200	230	250

从表1可以看出，自制 HS－1 缓释型保坍剂 60 min 后净浆流动度倒增长至 230 mm，90 min 时净浆数值倒增长至 250 mm，释放速度适中，长效缓释效果明显优于其他市售缓释型保坍剂。

3.2　水泥砂浆测试

试验材料：市售缓释保坍剂 1；市售缓释保坍剂 2；自制缓释保坍剂 HS－1；山铝 P·O 42.5 硅酸盐水泥。

砂浆配合比为水泥 450、水 260、砂子 1 350、粉煤灰 90、S95 矿粉 60。

为了研究制得的缓释聚羧酸保坍剂 HS－1 的效果，采用掺加市面上销售的保坍剂 1、2 对照的试验方法，固定保坍剂掺量均为 0.4%，分别测试 0 min、30 min、60 min、90 min 的水泥净浆流动度，试验结果见表2。

表2　水泥砂浆对比试验结果

保坍剂类别	砂浆流动度/mm			
	0 min	30 min	60 min	90 min
市售保坍剂 1	150	160	200	185
市售保坍剂 2	160	170	190	200
HS－1	170	200	220	240

由表2试验结果可以看出，保坍剂 1 在 60 min 后开始损失，保坍剂 2 一直在增长，但整体增长幅度较小，自合成的 HS－1 缓释型保坍剂释放速度适中，60 min 后净浆流动度增长幅度大，90 min 时仍有释放，释放效果明显，明显优于其他市售缓释型保坍剂。

3.3　混凝土性能的研究

为了更全面地评定聚羧酸保坍剂的性能，对掺加保坍剂的混凝土进行混凝土性能研究，包括坍落度、扩展度和抗压强度测试试验，对比样品仍为市售保坍剂 1 和保坍剂 2，最后评定缓释聚羧酸保坍剂 HS-1 的性能。

采用 C30、C40、C50 混凝土进行试验,试验所用材料如下:

水泥:山水 P·O 42.5;碎石,连续级配(5~25 mm);砂子:细度模数 M_x 为 2.4,含泥量为 2.0%;粉煤灰:Ⅱ级灰;矿粉:S95。配比见表 3。

表 3　混凝土试验配合比

混凝土	砂率/%	混凝土配合比/(kg·m^{-3})					
		水泥	砂	碎石	粉煤灰	矿粉	水
C30	46.7	245	842	960	75	80	170
C40	45.0	280	801	980	60	100	160
C50	42.0	365	738	1 020	40	85	155

混凝土拌合物性能见表 4。

表 4　混凝土拌合物性能

混凝土	减水剂	掺量/%	坍落度/mm		扩展度/mm		28 d 抗压强度/MPa
			初始	2 h	初始	2 h	
C30	市售保坍剂 1	2.0	200	180	530	500	34.6
	市售保坍剂 2	2.0	210	160	530	510	34.2
	HS-1	2.0	200	220	530	550	35.2
C40	市售保坍剂 1	2.2	190	180	520	500	44.2
	市售保坍剂 2	2.2	200	190	540	520	45.5
	HS-1	2.2	200	220	540	550	45.8
C50	市售保坍剂 1	2.4	200	190	540	530	57.2
	市售保坍剂 2	2.4	190	180	520	500	57.5
	HS-1	2.4	200	210	530	550	58.2

由表 4 可以看出,在同样掺量情况下,自制 HS-1 缓释型保坍剂比市售两种缓释保坍剂的保坍效果都好,表现出高效缓释的优势,混凝土损失小,保持时间长,强度达标。

4　试验结论

由乙二醇、乙醇胺和顺酐合成的不饱和酯类小单体在反应中充分发挥了作用,由此合成的缓释聚羧酸减水剂不但缓释效果明显增强,生产成本也有所降低。

参考文献

[1] 王子明,张琳,刘晓. 聚羧酸减水剂共聚单体活性及共聚物结构组成 [J]. 高分子材料科学与工程, 2020,10 (36):10-12.

［2］顾斌，吴其胜，刘银．酯化大单体酸醇比对聚羧酸减水剂性能的影响［J］．混凝土，2010，200（4）：35-37．

［3］兰云军，李临生，杨锦宗．顺丁烯二酸酐与乙醇胺酰化反应的研究［J］．中国皮革科学与工程，1999，8（28）：14-15．

［4］盛喜忧，王万金，贺奎，等．缓释聚羧酸系高效减水剂的研发与应用［J］．混凝土，2010，248（6）：68-70．

保坍型聚羧酸减水剂常温合成及性能研究

陈浩，赖华珍，方云辉，柯余良，钟丽娜，王昭鹏，陈展华，肖悦

（科之杰新材料集团有限公司，福建厦门 361100）

摘要：采用异戊烯醇聚氧乙烯醚（TPEG）/丙烯酸（AA）/保坍功能单体（ZD1）/丙烯酸羟乙酯（HEA）四元共聚体系及链转移剂次磷酸钠（NaH_2PO_2），在双氧水（H_2O_2）/抗坏血酸（Vc）/1% 硫酸亚铁（$FeSO_4$）氧化还原引发体系下通过常温（20～25 ℃）自由基溶液聚合反应，合成了一种保坍型聚羧酸减水剂（HY1）。本研究探讨了反应温度、不饱和羧酸、保坍功能单体、氧化剂、还原剂等因素对合成减水剂 HY1 性能的影响。结果表明，HY1 最佳制备工艺：$m(TPEG):m(AA):m(ZD1):m(HEA):m(Vc)=100:3:18:3:0.12$，$H_2O_2$、1% $FeSO_4$ 和 NaH_2PO_2 用量分别为大单体质量的 1.2%、0.1% 和 1.5%。经试验验证，对比市售一款保坍型减水剂（PCE-1），HY1 的初始分散和保持性能及混凝土 3 d、7 d、28 d 强度增长方面都明显较优。

关键词：常温合成；保坍型聚羧酸减水剂；工艺；抗压强度

1　前言

随着国家"一带一路""十四五规划"等建设全局发展的需要，高速铁路、跨海大桥等大型工程的建设对于预拌混凝土，特别是掺加聚羧酸减水剂的预拌混凝土的工作性能提出了更高的要求。然而目前市场混凝土受地材稀缺、品质较差的影响，拌合物易出现流动性降低、坍落度损失变大等现象，因此，当前对于混凝土工作性能提升的重心开始逐渐转移至混凝土缓释技术的研究。现有研究表明，开发保坍型 PCE 已成为如今混凝土缓释技术应用开展的重要环节。

一般减水剂小剂量使用有助于改善水泥颗粒的分散性，并释放夹带在水泥团簇中的水。而保坍型 PCE 的开发同样是基于此。当前所研究的化学缓释类型的保坍型 PCE 根据作用形式，可以分为 3 种：羧基保护型、交联型和两性型。羧基保护型聚羧酸系减水剂合成技术较为直观，益于生产且保坍效果良好。但现阶段的保坍型聚羧酸系减水剂一定程度上仍存在保坍效果急需提升、波动较大及反应温度较高等不利于实际生产的问题。考虑现今的市场需求，由于羧基保护型聚羧酸减水剂的释放速度主要取决于化学键，特别受侧链引入基团的数量和稳定性影响，因此，改变减水剂分子侧链引入的官能团的数量和种类，可以调整释放速率的快慢。而考虑到生产主流常温工艺，重心在于选择合适的引发体系来降低自由基共聚的反应温度。

综上所述，本研究采用异戊烯醇聚氧乙烯醚、丙烯酸、保坍功能单体、丙烯酸羟乙酯四元共聚体系及链转移剂次磷酸钠，在双氧水/抗坏血酸/1% 硫酸亚铁氧化还原引发体系下通

陈浩，男，1998.04，助理工程师，厦门市翔安区马巷镇内垵中路 169 号，361101，18859197183。

过常温（20~25 ℃）自由基溶液聚合反应合成了一种保坍型聚羧酸减水剂（HY1）。探讨了不饱和羧酸、保坍功能单体、氧化剂、还原剂等因素对合成减水剂 HY1 性能的影响。较目前市场上的保坍型 PCE-1，本研究所合成的 HY1 对混凝土具有更优异的坍落度保持性能。

2 试验部分

2.1 原材料

2.1.1 合成原材料

异戊烯醇聚氧乙烯醚（TPEG），相对分子质量 3 000，工业级；保坍功能单体（ZD1），不饱和羧酸脂类，工业级；丙烯酸（AA）、27.5% 双氧水（H_2O_2）溶液、1% 硫酸亚铁（1% $FeSO_4$）溶液、抗坏血酸（Vc）、次磷酸钠（NaH_2PO_2）、丙烯酸羟乙酯（HPA）、32% 氢氧化钠（NaOH）溶液，均为工业级。

2.1.2 性能测试材料

水泥：闽福 P·O 42.5 水泥；砂：细度模数为 2.6~2.9 的机制砂；石：粒径 5~25 mm 的连续级配碎石；保坍型聚羧酸减水剂（PCE-1）：市售，含固量 50%；高性能聚羧酸减水剂（PCE-2）：市售，含固量为 50%，减水率为 30%。

2.2 试验方法

将称量好的水、TPEG、次磷酸钠及 70% 丙烯酸、保坍功能单体 ZD1、丙烯酸羟乙酯的混合水溶液加入四口烧瓶中，待完全溶解后，加入双氧水及 1% 硫酸亚铁溶液，再分别滴加 30% 丙烯酸、保坍功能单体 ZD1、丙烯酸羟乙酯的混合水溶液与抗坏血酸混合水溶液，滴加时间为 2.5 h，再恒温 1 h，将所得产物采用液碱中和至 pH 为 6±1，即得保坍型聚羧酸减水剂（HY1），含固量为 50%。

3 试验结果与讨论

3.1 合成反应温度对减水剂分散性能影响

本研究属于采用氧化还原引发体系的自由基溶液共聚反应，因此，通过设置不同合成反应温度，探讨合成反应温度对减水剂分散性能影响具备代表性。净浆流动度结果见表 1。

表 1 净浆流动度结果

反应温度/ ℃	净浆流动度/mm		
	0 h	1 h	2 h
20	136	181	225
40	137	180	226
60	139	224	215
80	146	235	213

上述试验数据说明所合成保坍型 PCE 属于缓慢释放型,可持续发挥减水剂分散作用。在 20～40 ℃下,由于使用该引发还原体系,适合该反应进行,而当温度继续升高,受 TPEG 产生自由基速率、保坍功能单体 ZD1 温度敏感性等影响,长时保坍性能逐渐降低。因此,选择常温 20 ℃作为后续反应温度。

3.2　主要合成原料配比正交调整对水泥净浆流动性能的影响

本研究主要围绕 TPEG 大单体进行,在确定了合成方法、加料顺序、反应温度的情况下,首先通过固定 TPEG 的用量,对其他主要合成原料配比设计了一组正交试验,探讨主要合成原料配比对减水剂分散性能的影响。正交试验因素水平见表 2。

表 2　L9（3⁴）正交因素水平

水平	AA 用量/%（A）	ZD1 用量/%（B）	H₂O₂ 用量/%（C）	Vc 用量/%（D）
1	2.4	12	0.9	0.09
2	3.0	15	1.2	0.12
3	3.6	18	1.5	0.15

通过净浆流动度对比,可初步判断所合成样品在四因素三水平正交试验调整下对聚羧酸减水剂分散效果及保坍效果,因此本研究测试了各正交样品的 0 h 净浆流动度与 1 h 净浆流动度。正交试验净浆流动度结果与分析见表 3。

表 3　正交试验净浆流动度结果与分析

项目	AA 用量/%（A）	ZD1 用量/%（B）	H₂O₂ 用量/%（C）	Vc 用量/%（D）	0 h 净浆流动度/mm	1 h 净浆流动度/mm
1#	2.4	12	0.9	0.09	125	159
2#	2.4	15	1.2	0.12	132	174
3#	2.4	18	1.5	0.15	146	182
4#	3.0	12	1.2	0.09	181	203
5#	3.0	15	1.5	0.12	184	225
6#	3.0	18	0.9	0.15	219	243
7#	3.6	12	1.5	0.09	208	235
8#	3.6	15	0.9	0.12	204	240
9#	3.6	18	1.2	0.15	210	241

从表 3 可以看出,对初始分散性能的影响因素由大到小均依次为 A＞B＞D＞C,其中,A 影响力显著高于其他三因素,而根据 1 h 净浆流动度情况,极差分析结果表明,3.0% 为因素 AA 用量的优水平,18% 为因素 ZD1 用量的优水平,1.5% 和 0.9% 为因素 H₂O₂ 用量的优水平,0.12% 为因素 Vc 用量的优水平。方差分析结果表明,对 1 h 分散保持性能的影响因素从大到小仍为 A＞B＞D＞C,其中,A 和 B 的影响力显著高于其他两因素。

在本次正交试验中,引入 ZD1 用量在 12%～18% TPEG 质量范围内,其对于初始流动性和 1 h 保坍性能的影响呈一定的正比关系。但从 12% 开始，对初始流动性，增量的影响差异逐渐变大。接近 18% 时，对 1 h 保坍性能，增量的影响差异逐渐较小，这可能是由于 ZD1 具备酯基等能水解出羧基等促进减水剂分子对水泥颗粒吸附效果的基团。

本次正交试验中，对于引发体系的调整，是在固定单一氧化还原引发体系的情况下，对氧化剂与还原剂的比例做出调整。可以看出，在调整范围适宜的情况下，其比例在水泥净浆流动度的表现上影响较小，这是由于本试验中自由基聚合反应能垒相对较低，对于引发体系所发挥分子的调节作用而言，其对聚羧酸减水剂主链的聚合度已控制在一定范围内。

综上所述，本次正交调整初步最优配比为 6#，为 $m(AA):m(ZD1):m(H_2O_2):m(Vc) = 3:18:0.9:0.15$。

3.3　主要合成原料配比正交调整对混凝土工作性能的影响

以 PCE-1（保坍母液）为基准，将上述正交样品与 PCE-2（减水母液）根据复配比例（$m(HY1):m(PCE-2):m(水) = 35:65:400$）进行复配，采用相同折固掺量（0.44%）进行混凝土试验，分别测试混凝土坍落度、扩展度和抗压强度，考察主要合成原料配比正交调整对混凝土初始流动性、1 h 经时损失及抗压强度等工作指标的影响。所用 C30 混凝土配合比见表 4，混凝土试验结果见表 5。

表 4　C30 混凝土配合比　　　　　　　　　　　kg·m⁻³

水泥	机制砂	碎石（5~25 mm）	水
360	805	1 045	178

表 5　混凝土试验结果

项目	坍落度/mm		扩展度/mm		抗压强度/MPa		
	初始	60 min	初始	60 min	3 d	7 d	28 d
PCE-1	210	185	500	400	26.8	32.8	40.0
1#	210	200	490	420	27.5	35.2	43.7
2#	210	190	450	395	26.6	35.3	44.7
3#	210	190	440	400	27.4	36.3	45.0
4#	200	160	435	390	28.3	36.6	44.9
5#	220	200	500	425	27.2	29.1	44.5
6#	220	200	500	460	27.7	33.1	44.9
7#	210	150	530	355	27.3	33.2	44.8
8#	210	170	550	360	28.0	35.8	44.8
9#	210	480	170	385	28.2	33.1	44.1

由表 5 混凝土试验结果可知，在相同折固掺量下，6# 的初始流动性和 1 h 坍落度、扩展度表仍然是本次正交试验的最优配比。并且与 PCE-1 对比，在初始流动性差异较小、和易性接近的情况下，其 1 h 经时损失更少，无抓底现象，符合高质量混凝土泵送和施工的需

求。同时，对比了 PCE-1 与正交调整项目的 3 d、7 d、28 d 抗压强度，可以发现，正交调整样间整体强度差距保持在一个误差允许的较小范围内，并且 28 d 抗压强度整体均比 PCE-1 高至少 3 MPa。可以看出，相较 PCE-1，本次正交调整样对于聚羧酸减水剂在混凝土中的分散和保持性能较好，可促进水化反应进行，对于混凝土力学性能有一定的改善效果。

3.4　配比优化

根据表 3 正交试验净浆流动度结果与分析，对还原剂 Vc 用量进行调整，最终在常温 20~25 ℃下合成制备出一种保坍型减水剂 HY1。试验结果表明，保坍型减水剂 HY1 的最佳配方为：$m(TPEG):m(AA):m(ZD1):m(HEA):m(Vc)=100:3:18:3:0.12$，双氧水、1% 硫酸亚铁和次磷酸钠用量分别为大单体质量的 1.2%、0.1% 和 1.5%。以 PCE-1（保坍母液）作为基准，将 HY1 根据复配比例（$m(HY1):m(PCE-2):m(水)=35:65:400$）进行复配，采用相同折固掺量（0.44%）和同一混凝土配合比进行了混凝土试验，结果见表 6。

表 6　混凝土试验结果

项目	坍落度/mm		扩展度/mm		抗压强度/MPa		
	初始	60 min	初始	60 min	3 d	7 d	28 d
PCE-1	185	185	520	440	27.3	33.5	41.4
HY1	200	210	510	515	29.0	35.3	45.2

由表 6 可知，HY1 较 PCE，相同折固掺量情况下，初始混凝土状态相当，和易性较好，易于泵送，60 min 的坍落度保持情况显著优于 PCE-1，具备良好的保坍效果，并且较 PCE-1 在混凝土水化反应的进行过程中更具促进效果，28 d 抗压强度超出 3.8 MPa。

3.5　凝胶色谱（GPC）分析

对优化工艺所合成样品 HY1 进行凝胶色谱（GPC）测试，探讨其转化率、相对分子质量及相对分子质量分布，测试结果见表 7。

表 7　GPC 测试

编号	M_n	M_w	M_p	M_n/M_w	转化率/%
HY1	35 709	96 793	65 569	2.71	91.04

优化工艺合成样品的转化率为 90.04%，重均相对分子质量 M_w 为 96 793，具备较大的相对分子质量，且 $M_w/M_n=2.71$，分子质量分布适中，对于其性能提升有较大的影响。表明在常温合成 HY1 的过程中，自由基聚合反应速率控制稳定，所合成产物的分散性和保持性较好。

3.6　红外光谱（FTIR）分析

对优化工艺所合成样品 HY1 进行红外光谱（FTIR）测试，探讨其存在的主要官能团，测试结果如图 1 所示。

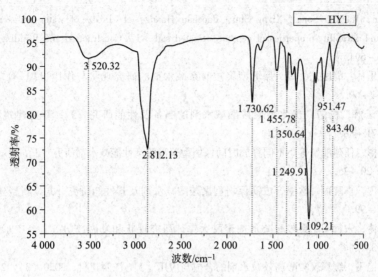

图1 FTIR 测试

从图 1 中的红外光谱可以看出，3 520 cm^{-1}附近出现宽的吸收峰，其为分子间氢键的羟基（—OH）的伸缩振动峰；2 872 cm^{-1}附近出现甲基和亚甲基的 C—H 伸缩振动峰；1 730 cm^{-1}附近出现酯键中 C＝O 的特征吸收峰；1 455 cm^{-1}和 1 350 cm^{-1}处的吸收峰分别是亚甲基（—CH$_2$）和甲基（—CH$_3$）的弯曲振动峰；乙醚键（C—O—C）的伸缩振动特征吸收峰为 1 109 cm^{-1}；1 249 cm^{-1}附近出现酯键的吸收峰；951 cm^{-1}处为聚合物中—OH 的特征吸收峰；843 cm^{-1}附近出现的吸收峰可能是 C—H 的面外弯曲振动峰。综上所述，HY1 中具有醚基、酯基等多种官能团，1 650 cm^{-1}附近的 C＝C 非共轭伸缩振动吸收峰几乎消失，表明所合成保坍型聚羧酸减水剂 HY1 的分子结构符合预期设计。

4 结论

（1）采用常温（20~25 ℃）合成工艺，通过正交试验调整，探讨调整主要合成原料配比对保坍型聚羧酸减水剂 HY1 的性能影响，并得到最优配方：m(TPEG)∶m(AA)∶m(ZD1)∶m(HEA)∶m(Vc)＝100∶3∶18∶3∶0.12，双氧水、1% 硫酸亚铁和次磷酸钠用量分别为大单体质量的 1.2%、0.1% 和 1.5%。

（2）所研制的 HY1 保坍型聚羧酸减水剂主要含有醚基、酯基等多种官能团，单体转化率达到 90.04%，相对分子质量较大且相对分子质量分布适中，分子结构符合预期设计。

（3）相较目前市售的 PCE-1 保坍型减水剂，HY-1 在初始流动性、和易性相当的情况下，保坍效果更显著，具备良好的工作性能，并且在混凝土强度增长方面也有一定的优势。

参考文献

[1] 叶嘉欣，陈胜利，钟永兴，等 . 聚羧酸系减水剂缓释技术研究进展 [J]. 广州建筑，2019，47（2）：29-34.

[2] 唐善德，杨燕英，陶丹 . 浅析高性能保坍增强型外加剂在混凝土中的应用 [J]. 居舍，2020（25）：

35 – 36.

[3] Liangxing Jin, Weimin Song, Xiang Shu, Baoshan Huang, et al. Use of water reducer to enhance the mechanical and durability properties of cement – treated soil [J]. Construction and Building Materials, 2018 (159): 690 – 694.

[4] 孙振平, 吴乐林, 胡匡艺, 等. 保坍型聚羧酸系减水剂的研究现状与作用机理 [J]. 混凝土, 2019 (6): 51 – 54 + 60.

[5] 赖华珍, 方云辉, 杨浩. 保水型聚羧酸减水剂的制备及性能研究 [J]. 新型建筑材料, 2020, 47 (10): 69 – 71 + 88.

[6] 王倩, 王立彬, 任建波, 等. 不同释放时间保坍型聚羧酸高性能减水剂研究 [J]. 混凝土与水泥制品, 2020 (11): 20 ~ 25.

[7] 李晓东, 任萍, 李晓燕. 常温合成高保坍型聚羧酸减水剂及其性能研究 [J]. 新型建筑材料, 2017, 44 (1): 97 – 99.

[8] 王强, 贺业涛, 宋远明. 聚羧酸减水剂聚醚大单体研究现状和发展趋势 [J]. 广东建材, 2020, 36 (5): 76 – 78.

[9] 周友斌, 肖艳飞. 缓释聚羧酸高效减水剂的合成与应用 [J]. 江西建材, 2020 (3): 21 – 22 + 24.

基于 APEG 型聚羧酸系减水剂的抗黏土性能研究

张岳，雷蕾

（慕尼黑工业大学无机化学系，德国慕尼黑）

摘要： 如何提高聚羧酸系减水剂的抗黏土性能已成为建筑材料领域一个热议的课题。以蒙脱土（MMT）为例，PCE 会通过支链插层的形式进入黏土的层间，从而使其分散性能受到抑制。本文通过自由基聚合反应设计合成了两种 α – 烯丙基 ω – 羟基聚乙二醇（APEG）型聚羧酸，它们具备相同的支链长度（7 个环氧乙烷单元），但分别由马来酸酐（MA）和丙烯酸（AA）两种羧酸聚合而成。两种聚合产物具有相近的带电荷量和相对分子质量。通过性能测试表明，AA – 7APEG2 的抗黏土性能比 MA – 7APEG 的优越。为进一步分析聚合产物的性能差异，引入 Ca^{2+}，测定其对两种聚羧酸阴离子电荷密度的影响。结果发现，相比 AA – 7APEG2，MA – 7APEG 的电荷量降低更多，推断得出 MA – 7APEG 具备更强的 Ca^{2+} 螯合能力，进而在接近 MMT 时，MA – 7APEG 受到更少的静电斥力，更容易发生插层，所以抗黏土性能比 AA – 7APEG2 的弱。

关键词： 聚羧酸；APEG；Ca^{2+} 螯合；抗黏土性能

1 引言

广泛研究表明，聚羧酸系减水剂（PCE）的抗黏土性能与其分子结构紧密相关。比如，不含聚乙二醇（PEO）侧链或具有短支链长度的 PCE 可以很大程度地避免黏土插层。Lei 等设计了一种乙烯基醚型的新型 PCE，这是带有短侧链的单烷基马来酸酯的三元共聚物，可以在保证流动性的同时进一步降低聚合物用量，其在黏土上的吸附量仅为 20 mg/g（传统类型的 PCE 为 230 mg/g）。此外，通过改变侧链的形状，也可以增强 PCE 的抗黏土性能。Liu 等人通过酯化反应成核，后接聚合反应制备了星形 PCE。这种立体结构可以产生很大的空间位阻，防止大多数 PCE 与黏土发生插层，保留其分散水泥浆体的能力。一般来说，通过 PCE 的结构修饰或改性即可增强 PCE 的抗黏土性能。然而，通过我们的研究发现，结构属性相似的 PCE 在含黏土的水泥浆体中的分散能力仍然可能存在差异。于是，我们设计合成了两种侧链长度为 7 个环氧乙烷（EO）的 α – 烯丙基 ω – 羟基聚乙二醇，即 7APEG – PCE，揭示了其他可能存在的影响 PCE 抗黏土性能的因素，比如 PCE 对 Ca^{2+} 螯合能力的影响。

张岳，男，1992 年 11 月，博士研究生，Technical University of Munich, Lichtenbergstr. 4, Garching bei München, 85747, Tel.： +49 (089) 28913217。

2　试验

2.1　试验材料

（1）水泥。

选用德国 Schwenk 公司生产的普通硅酸盐水泥样品 CEM Ⅰ 42.5R。其主要物相组成为 C_3S 59.55%、C_2S 11.08%、C_4AF 10.07%、C_3A 6.94%、$CaSO_4$ 2.59%、$CaSO_4 \cdot 2H_2O$ 3.09%、$CaSO_4 \cdot 0.5H_2O$ 0.10%、$CaCO_3$ 2.34%、$CaMg(CO_3)_2$ 0.97%、SiO_2 0.42%。水泥样品的 Blaine 值为 3 105 cm^2/g。

（2）黏土。

通过 X 射线荧光测定黏土的氧化物组成为 SiO_2 55.7%、Al_2O_3 16.2%、Fe_2O_3 3.5%、CaO 3.0%、Na_2O 2.0%、MgO 1.4%、K_2O 0.9%、TiO_2 0.3%、BaO 0.1%、P_2O_5 0.1%、MnO 0.1%、SrO 0.1%、SO_3 0.1%、烧失量 16.5%。样品粒径分布的 D_{50} 值为 23.55 μm。

（3）聚羧酸合成原料。

丙烯酸（>99%，德国 Sigma Aldrich 公司），α－烯丙基－ω－羟基聚乙二醇醚（APEG 大单体，7 个环氧乙烷单元）（>98%，日本 NOF 公司），过硫酸铵（APS，≥98%，德国 Sigma Aldric 公司），甲代烯丙基磺酸钠（>98%，德国 Sigma Aldrich 公司），3－巯基丙酸（≥99%，德国 Sigma Aldrich 公司），氢氧化钠（NaOH，≥97%，德国 Merck KGaA 公司），马来酸酐（>99%，德国 Sigma Aldrich 公司）。

2.2　试验方法

2.2.1　APEG 聚羧酸制备

MA－7APEG 聚羧酸是通过本体共聚反应合成的。合成路线如图 1（a）所示。在装有搅拌器和回流冷凝管的 250 mL 反应烧瓶中，加入 21.80 g MA（0.222 mol）和 77.7 g 烯丙基醚（7APEG，0.222 mol），在 200 r/min 转速和 70 ℃控温条件下，搅拌 1 h。将 0.51 g 过氧化苯甲酰粉末作为引发剂一次性加入反应器中，每隔 10 min 加入 1.03 g 过氧化苯甲酰粉末，直至 90 min。加料完成后，提高温度至 90 ℃，持续搅拌 90 min。反应完成后，加入 150.08 g 去离子水，保持恒温，至形成均匀的聚羧酸溶液。最后将产物静置冷却，用 30% 浓度的 NaOH 溶液调节 pH 至中性。

对于 AA－7APEG2，其合成路线如图 1（b）所示。制备步骤如下：首先将 25 g（0.066 mol）APEG 大单体（$M_w = 350$）和 45 mL 去离子水混合加入五口烧瓶中，烧瓶分别与回流冷凝器、机械搅拌器、氮气入口、两个分开的进料入口相连。将上述大单体溶液加热至 80 ℃并用 N_2 吹扫 30 min。然后制备两种进料溶液（溶液 A 和溶液 B）。将 9.387 g（0.132 mol）AA 和 0.225 g（0.002 mol）3－巯基丙酸（链转移剂）溶解在 25 mL 去离子水中，此溶液标记为溶液 A；将 5.629 g（0.025 mol）过硫酸铵（APS）溶解在 30 mL 去离子水中，此溶液为溶液 B。使用两个蠕动泵分别经两个不同进料口，将溶液 A 和 B 逐滴加入反应容器中，控制溶液 A 在 2.5 h、溶液 B 在 3 h 内进样完毕。当溶液 B 添加完成时，持续搅拌 1 h。最后，将 PCE 溶液冷却至室温，同样使用 30% NaOH 溶液将 pH 调节至 6.5 ~ 7。

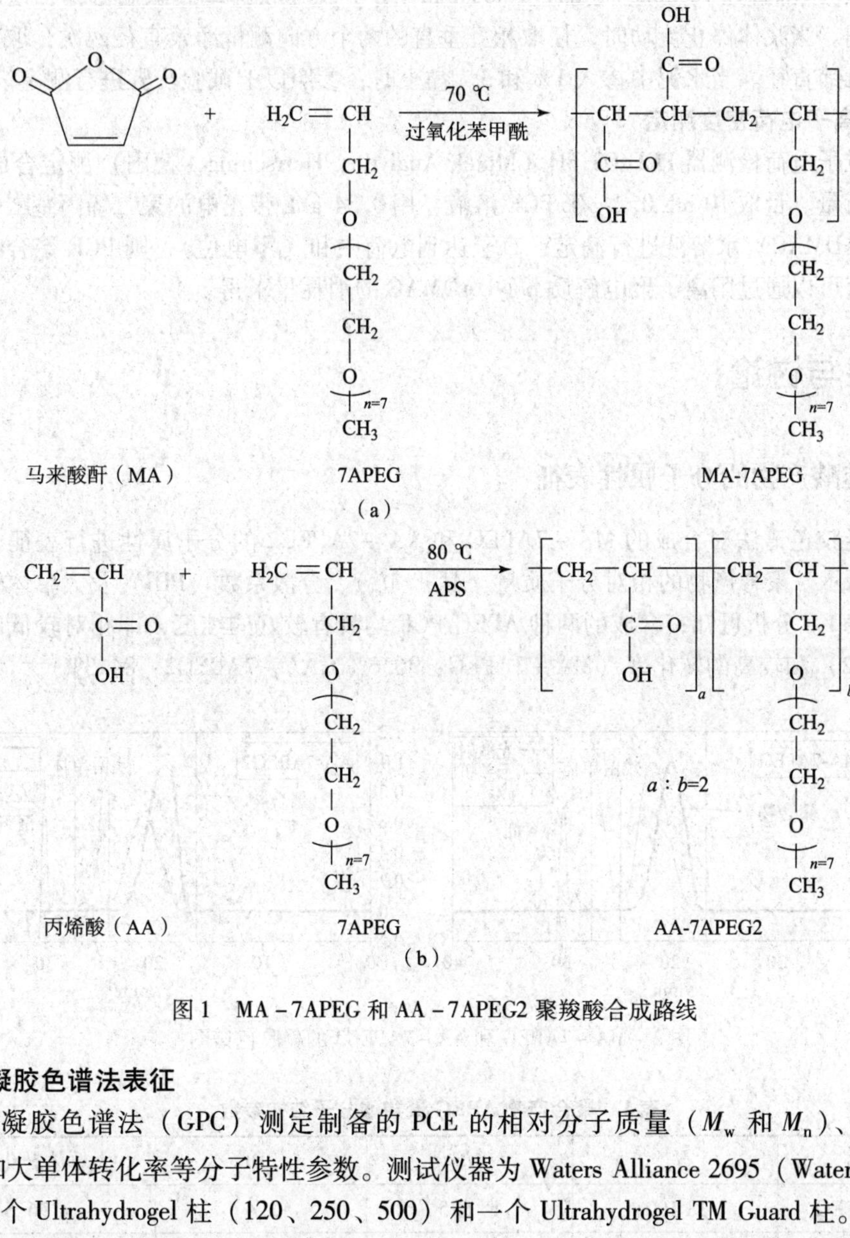

图1 MA‒7APEG 和 AA‒7APEG2 聚羧酸合成路线

2.2.2 凝胶色谱法表征

通过凝胶色谱法（GPC）测定制备的 PCE 的相对分子质量（M_w 和 M_n）、分散系数（PDI）和大单体转化率等分子特性参数。测试仪器为 Waters Alliance 2695（Waters，德国），配备有三个 Ultrahydrogel 柱（120、250、500）和一个 Ultrahydrogel TM Guard 柱。洗脱液为 0.1 mol/L NaNO$_3$（pH = 12），流速为 1.0 mL/min。对于 M_w 和 M_n 的计算，参数 dn/dc 为 0.135 mL/g（聚乙二醇）。

2.2.3 净浆流动度测试

为了评估 PCE 在水泥浆体中的分散效果，采用"微型坍落度"测试。根据 DIN EN 1015 标准规定的试验方法：首先确定一个未加入 PCE 时净浆的水灰比，能够实现（18 ± 0.5）cm 的摊铺直径。然后在此水灰比下，确定对每个 PCE 样品净浆达到（26 ± 0.5）cm 扩散直径时的掺量。试验步骤描述如下：首先在瓷杯中将 PCE 与去离子水混合，计算需水量时，需减去 PCE 溶液本身的含水量。然后在 1 min 内将 300 g 水泥加入混合水中，静置 1 min，接着保持恒定速率搅拌 2 min。将混合均匀的净浆倒入放置在玻璃板上的 Vicat 锥体

（高 40 mm，顶部直径 70 mm，底部直径 80 mm）中，然后快速垂直取出锥体，使水泥浆体向四周摊铺。当浆体停止流动时，任取相互垂直的两个方向测量净浆直径两次，取其平均值作为最终摊铺直径。当水泥中掺入 1% 和 3% 黏土时，参照以上试验步骤进行测定。

2.2.4　阴离子电荷密度测定

使用粒子电荷检测器 PCD 03 pH（Mütek Analytic，Herrsching，德国）测定合成 PCE 的阴离子电荷量。量取 10 mL 0.2 g/L PCE 溶液，用 0.34 g/L 带正电的聚二烯丙基二甲基氯化铵（polyDADMAC）水溶液进行滴定，直至达到电荷中和（零电位），则 PCE 聚合物的阴离子电荷密度可以通过阳离子聚电解质 polyDADMAC 的消耗量求得。

3　结果与讨论

3.1　聚羧酸产物的分子属性表征

通过凝胶色谱法对合成的 MA-7APEG 和 AA-7APEG2 的分子属性进行表征，测试图谱如图 2 所示。聚合产物的相对分子质量（M_w、M_n）、分散系数（PDI）及大单体转化率等参数值见表 1。分析可知，合成的两种 APEG PCE 均具有较好的纯度，即相对较低的分散系数（PDI≈2）和较高的转化率（MA-7APEG：96.6%，AA-7APEG2：84.3%）。

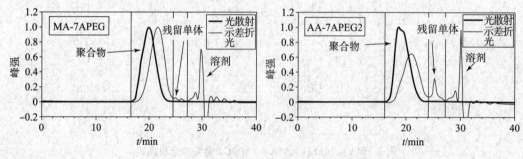

图 2　MA-7APEG 和 AA-7APEG2 的凝胶色谱图

表 1　聚合产物 APEG 聚羧酸分子结构参数

聚羧酸	M_w	M_n	PDI	大单体转化率/%
MA-7APEG	38 100	15 875	2.4	96.6
AA-7APEG2	41 320	17 965	2.3	84.3

3.2　净浆流动度测试

3.2.1　扩散直径（26±0.5）cm 的 PCE 掺量

为了比较 PCE 在水泥体系中的分散性能，测定了 MA-7APEG、AA-7APEG2 及参照样聚羧酸 45MPEG6 的水泥净浆的流动度。经测试，保持相同的水灰比（0.48），确定不同 PCE 使净浆摊铺直径达到 26 cm 所需的用量。由图 3 可知，与 45MPEG6 的外加剂用量（0.06% 水泥质量）相比，MA-7APEG 的掺量较低，为 0.07%，AA-7APEG2 的所需剂量较高，达到了 0.21%，由此说明，MA – 7APEG 与相似分子结构的 AA – 7APEG2 相比，在水泥浆体中具有更好的分散性能。

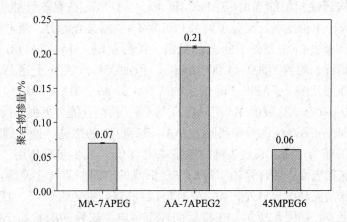

图3 净浆扩散直径达到（26±0.5）cm 时 PCE 所需用量（水灰比：0.48）

3.2.2 黏土掺量对净浆流动度的影响

为了测定上述 PCE 的抗黏土性能，向水泥中分别掺入 1% 和 3% 的黏土，依此来比较不同 PCE 对应的净浆流动度的损失。由图4 可知，没有加入黏土时，MA – 7APEG、AA – 7APEG2 及 45MPEG6 的初始摊铺直径均为 26 cm。向水泥中加入 1% 黏土后，不同 PCE 对应的水泥净浆的流动度均有损失，即，由于黏土的加入，三种 PCE 的分散性能均受到不同程度的抑制。当黏土掺量达到 3% 时，PCE 的分散性能损失更严重，AA – 7APEG2 的分散性能损失为 73%，MA – 7APEG 为 81%，作为对照样的 45MPEG6 的分散性能损失最大，达到了101%。比较可知，AA – 7APEG2 的分散性能在黏土掺杂后损失最少，表明其具有最好的抗黏土性能。

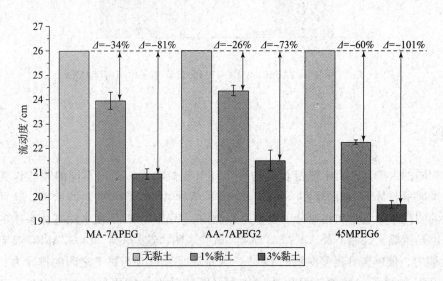

图4 不同黏土掺量下净浆的流动度对比（水灰比：0.48）

3.3 Ca^{2+}对PCE阴离子电荷密度的影响

为了探究结构属性相似的 MA-7APEG 和 AA-7APEG2 抗黏土性能存在差异的原因，我们通过测定阴离子电荷密度，比较了两种PCE对Ca^{2+}的螯合能力，测定结果如图5所示。通过理论值计算和未加Ca^{2+}条件下的试验测定，我们发现，MA-7APEG 和 AA-7APEG2 的阴离子电荷量相近，均为 3 500 ~ 4 000 μeq/g。但加入Ca^{2+}后，上述PCE的阴离子电荷密度出现较大的降低，AA-7APEG2 降低至约 1 500 μeq/g，MA-7APEG 降幅更大，实际电荷量仅为约 200 μeq/g。这表明 MA-7APEG 与 Ca^{2+}的结合能力更强，同时也很好地解释了为什么图3中 MA-7APEG 的分散性能比 AA-7APEG2 的优越。这是因为在水泥孔隙液中，电离后的PCE带负电荷，通过主链的羧酸基团与 Ca^{2+}发生螯合作用，从而吸附在同样电荷属性的水泥颗粒表面，通过聚乙二醇的支链形成的空间位阻效应使得PCE分子能够分散水泥颗粒，增强其流动度。另外，MA-7APEG 能够螯合更多的 Ca^{2+}，使得其本身的阴离子电荷密度降低更多，如图5所示。在接近同样带负电荷属性的层状黏土时，遇到的静电阻力相比 AA-7APEG2 会削弱更多，使得其支链更容易进入黏土层间发生插层作用，这很好地说明了图4中 MA-7APEG 的抗黏土性能不及 AA-7APEG2 的原因。

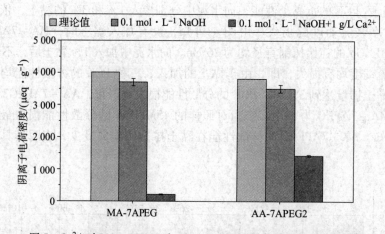

图5　Ca^{2+}对 MA-7APEG 和 AA-7APEG2 阴离子电荷密度的影响

4　结论

选择相同的大单体，指定侧链长度为7个环氧乙烷单元，但以不同的羧酸作为共聚单体，即马来酸酐（MA）和丙烯酸（AA），合成了两种APEG聚羧酸系减水剂，这两种PCE具有相近的阴离子带电量和相对分子质量。经测定，MA-7APEG 在水泥基体系中的分散性能更好，但是抗黏土性能不及 AA-7APEG2。试验表明，这是由于 MA-7APEG 具有更强的 Ca^{2+}结合能力，能够螯合更多游离的 Ca^{2+}，从而降低了PCE与黏土之间的排斥力，使黏土更容易与PCE的聚乙二醇侧链发生插层作用，即抗黏土性能更低。关于 MA-7APEG 和 AA-7APEG 与黏土的相互作用机理，在后续会进行更加深入和系统的探究。

参考文献

［1］ Li X L, Zheng D F, Zheng T, et al. Enhancement clay tolerance of PCE by lignin – based polyoxyethylene ether in montmorillonite – contained paste ［J］. Journal of Industrial and Engineering Chemistry, 2017（49）: 168 – 175.

［2］ Tang X, Zhao C, Yang Y, et al. Amphoteric polycarboxylate superplasticizers with enhanced clay tolerance: Preparation, performance and mechanism ［J］. Construction and Building Materials, 2020（252）: 119052.

［3］ Lei L, Plank J. Synthesis and properties of a vinyl ether – based polycarboxylate superplasticizer for concrete possessing clay tolerance ［J］. Industrial & Engineering Chemistry Research, 2014（53）: 1048 – 1055.

［4］ Liu X, Guan J, Lai G, et al. Novel designs of polycarboxylate superplasticizers for improving resistance in clay – contaminated concrete ［J］. Journal of Industrial and Engineering Chemistry, 2017（55）: 80 – 90.

［5］ Li B, Gao R, Wang L. Synthesis and Properties of a Starch – based Clay Tolerance Sacrificial Agent ［J］. Starch – Stärke, 2021（73）: 2000223.

［6］ Methods of test for mortar for masonry – Part 3: Determination of consistence of fresh mortar（by flow table）［S］. DIN EN 1015 – 3: 2007 – 05.

［7］ Plank J, Sachsenhauser B. Experimental determination of the effective anionic charge density of polycarboxylate superplasticizers in cement pore solution ［J］. Cement and Concrete Research, 2009（39）: 1 – 5.

聚羧酸系减水剂合成过程异常及
应对措施的探究

罗琼[1]，朱卫刚[1]，孙振平[2]

(1. 浙江卫星石化股份有限公司；2. 同济大学先进土木工程材料重点实验室)

摘要：以甲基烯丙基聚氧乙烯醚（HPEG - 2400）和丙烯酸（AA）为主要原材料，采用一步法合成工艺制得减水型聚羧酸系减水剂。在合成工艺基础上，通过各工艺参数的破坏试验，探究合成过程中不同异常发生后产物的性能及应对措施，为聚羧酸系减水剂生产中的过程异常提供应对措施指导。

关键词：甲基烯丙基聚氧乙烯醚；丙烯酸；过程异常；应对措施

1 前言

混凝土外加剂是混凝土中除胶凝材料、骨料、水和纤维组分之外，在混凝土拌制之前或拌制过程中加入的，用于改善新拌混凝土和（或）硬化混凝土性能，对人、生物及环境安全且无有害影响的材料。减水剂的发明是混凝土外加剂发展的重要里程碑，众多减水剂品种中，梳形结构的聚羧酸系减水剂能大大改善混凝土的工作性能，大幅度提高混凝土的抗压强度及耐久性，是国内外研究的热点。合成聚羧酸系减水剂的主要原料分别有聚乙二醇单甲醚MPEG、烯丙基聚乙二醇 APEG、甲基烯丁基聚氧乙烯醚 TPEG、甲基烯丙基聚氧乙烯醚 HPEG、乙烯基聚氧乙烯醚 EPEG。MPEG 生产工艺复杂；APEG 性能不理想，缺乏市场竞争力；由 HPEG、TPEG、EPEG 合成的聚羧酸系减水剂性能优异，并且生产工艺简单，备受市场欢迎。

我国混凝土外加剂生产企业正在经历生产装备智能控制和严格环保措施升级的快速变化，传统的手动操作生产模式自动化水平已经不能满足当前对混凝土外加剂生产质量控制和更严格的环保政策的要求，成为制约生产企业高质量、稳定生产的"瓶颈"。目前因常温工艺操作简单、生产能耗低、产品竞争力强，聚羧酸系减水剂的合成更多采用了常温工艺；同时，合成过程中，因智能化程度较低，不可避免发生异常情况，导致产物性能大幅下降，如何应对异常，尚未有文献开展此类研究；本文将重点对 HPEG - 2400 常温合成聚羧酸系减水剂过程中不同异常发生后产物的性能及应对措施进行探究。

罗琼，浙江省嘉兴市步焦路 2 号，18268416005。

2　试验

2.1　试验原材料及仪器

合成试验原材料：①甲基烯丙基聚氧乙烯醚（HPEG-2400），浙江卫星石化股份有限公司自产，羟值：22.58，双键保留率：99.88%，pH：6.85，水分：0.06%，分布系数：1.035。②丙烯酸（AA），含量为98.78%，浙江卫星石化股份有限公司自产。③双氧水（H_2O_2），含量为27.5%，浙江卫星石化股份有限公司自产。④还原剂E51，工业级，上海布吕格曼化工亚洲有限公司。⑤链转移剂（巯基丙酸，MPC），工业级，南京七里新材料有限公司。⑥液碱NaOH，浓度32%，工业级。⑦去离子水：实验室自制，电导率18.66 μS/cm。

净浆试验原材料：①以甲基烯丙基聚氧乙烯醚（HPEG-2400）和丙烯酸（AA）为主要原料合成的减水型聚羧酸系减水剂，含固量为50%。②南方P·O 42.5水泥（C）。③自来水（W）。

试验所用主要仪器：①梅特勒分析天平MT-204S。②博迅数显恒温水浴锅。③Langer Pump BT100-2J恒流泵。④上海申生科技有限公司精密电动搅拌器。⑤NJ-160A水泥净浆搅拌机。⑥安捷伦液相色谱仪等。

2.2　合成工艺

在装有温度计和搅拌器的250 mL四口烧瓶中加入一定量的甲基烯丙基聚氧乙烯醚（HPEG-2400）和部分去离子水，搅拌均匀，待HPEG-2400完全溶化后，依次加入一定量的丙烯酸和双氧水。搅拌5 min后，开始滴加由丙烯酸、巯基丙酸及去离子水的混合液1#溶液，以及还原剂E51和去离子水的混合液2#溶液。滴加完毕后，恒温一定时间，补加水和液碱，搅拌均匀即得减水型聚羧酸系减水剂。

2.3　测试与表征

水泥净浆流动度测试：参照GB/T 8077—2012《混凝土外加剂匀质性试验方法》标准，对所得试样进行净浆流动度测试。

减水剂的相对分子质量及其分布：使用安捷伦1260型液相色谱仪进行测试，0.1 mol/L硝酸钠溶液为流动相，流速为1.0 mL/min。

3　结果与讨论

减水型聚羧酸系减水剂的性能受主链的长短，羧基、酯键的比例和分布等因素影响，而合成条件对减水剂的分子结构起决定作用。本文将在酸醚比3.8:1，链转移剂用量0.04%，引发剂用量1%，还原剂用量0.2%，常温30 ℃下滴加2.5 h，保温1 h的工艺基础上，逐一分析不同异常情况对产物性能的影响，并探索可行的应对措施。

3.1 搅拌的影响

在其他合成条件不变的情况下，分别进行了不同搅拌异常的试验探究。净浆检测结果如图 1 所示，色谱测试结果如图 2 所示。

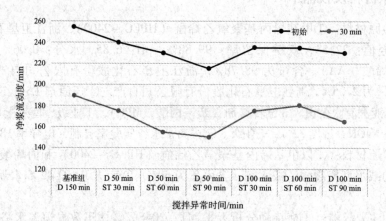

图 1　搅拌对净浆流动度的影响

（合成减水剂的滴加总时长均为 150 min，D ∗∗ min ST ∗∗ min 表示滴加至 ∗∗ min 时
搅拌停止 ∗∗ min 后恢复正常（滴加未停止））

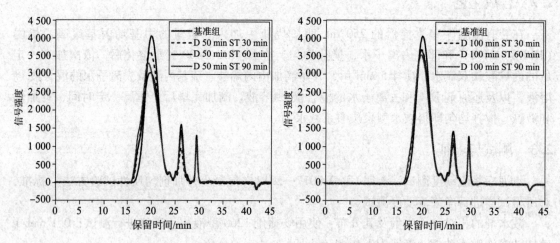

图 2　搅拌对 PCE 相对分子质量及其分布的影响

由图 1 可见，反应过程中，对净浆性能的影响，滴加前期搅拌异常大于滴加后期，搅拌异常时间越长，净浆性能下降越多。图 2 色谱结果中也进一步验证了性能出现的变化，滴加前期出现搅拌异常后，产物的相对分子质量明显大于后期出现搅拌异常的产物，并且相对分子质量分布过宽，出现搅拌异常后，产物中的单体残留峰均有不同程度的增加，也即生成的有效产物含量均有下降，从而性能出现下降。

3.2 滴加的影响

滴加异常是合成聚羧酸系减水剂发生频率较高的状况。在其他合成条件不变的情况下，对滴加过程中断进行了相应的试验探究。净浆检测结果如图3所示,色谱测试结果如图4所示。由图3可见,滴加前期异常的影响大于滴加后期,随着异常时间的延长,产物性能下降越多,但明显优于搅拌中断后的产物性能。从色谱测试结果可以看出,滴加前期出现滴加异常后,产物的相对分子质量及分布系数明显增大,这是由于反应体系中仍存在大量的引发剂,大单体和小单体在引发剂的作用下进一步发生聚合反应,但链转移剂无法继续补充控制反应体系的相对分子质量及分布;但滴加后期出现异常后,由于反应体系中引发剂基本消耗完毕,产物的相对分子质量和分布系数变化不大,产物性能受到的影响较小。

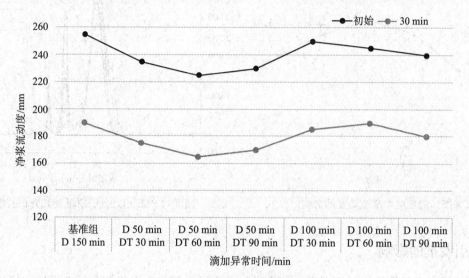

图3 滴加对净浆流动度的影响

（图中合成减水剂的滴加总时长均为150 min, D ∗∗ min DT ∗∗ min 表示滴加至 ∗∗ min 时

滴加停止 ∗∗ min 后恢复正常（其中搅拌未停止））

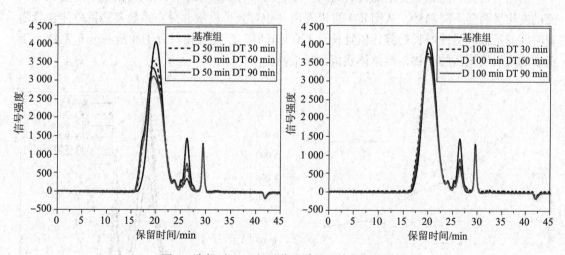

图4 滴加对 PCE 相对分子质量及其分布的影响

3.3 温度的影响

在其他合成条件不变的情况下,分别进行了不同温度的试验探究。净浆检测结果如图5所示,色谱测试结果如图6所示。

由图5及图6可见，反应温度逐步上升，残留的未反应单体逐渐减少，产物相对分子质量及有效含量逐渐增加，性能逐渐上升；但反应温度升至40 ℃后，产物的相对分子质量及分布系数过宽，在性能上出现下降，而温度升至50 ℃时，反应产物的相对分子质量进一步增长，并且分布出现转角，不是理想的正态分布，性能下降更加明显。

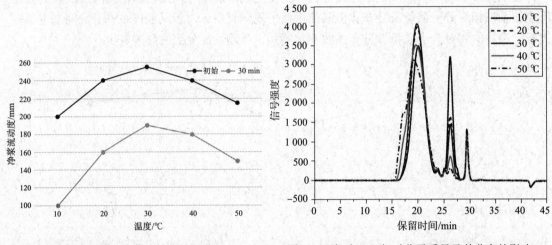

图5 温度对净浆流动度的影响 图6 温度对 PCE 相对分子质量及其分布的影响

3.4 引发剂的影响

在其他合成条件不变的情况下，分别进行了不同时间加入引发剂的试验探究。净浆检测结果如图7所示，色谱测试结果如图8所示。

由图7可见，随着引发剂加入时间的不断延长，合成减水剂产物的初始流动度及30 min流动度均呈明显下降趋势。从图8中可以看出，相对分子质量、分布系数及残留单体含量随着时间的延长均呈现增长趋势，但延长至120 min后，产物的相对分子质量和分布系数小于正常加入引发剂后的产物，但单体残留含量最高。

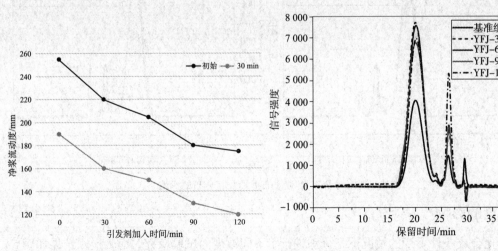

图7 引发剂对净浆流动度的影响 图8 引发剂对 PCE 相对分子质量及其分布的影响

3.5　链转移剂的影响

在其他合成条件不变的情况下，分别进行了不同时间加入链转移剂的试验探究，若链转移剂晚于 60 min 加入，产物中将出现明显的凝胶状物质，因此本文试验中分别在 15 min、30 min、45 min、60 min 加入链转移剂。净浆检测结果如图 9 所示，色谱测试结果如图 10 所示。

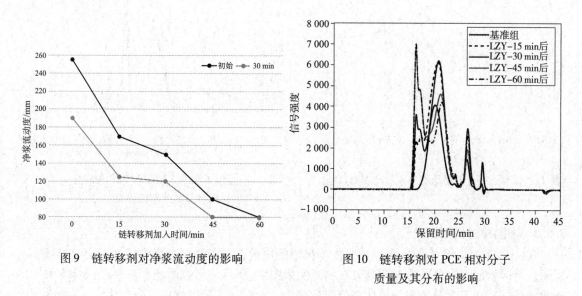

图 9　链转移剂对净浆流动度的影响　　　　图 10　链转移剂对 PCE 相对分子
　　　　　　　　　　　　　　　　　　　　　　质量及其分布的影响

由图 9 可见，当链转移剂的加入时间略晚于 15 min 时，合成减水剂产物的初始流动度仅为 170 mm，下降非常明显；当链转移剂的加入时间晚于 30 min 时，合成的减水剂基本无初始流动度。从图 10 中可以看出，当链转移剂未及时加入时，均生成了相对分子质量过大的产物，不具有减水效果，加入时间越晚，生成的大分子物质越多。

3.6　合成过程异常的应对措施探究

首先，搅拌与滴加的异常导致合成产物的性能有不同程度下降，因此需要在合成前确认机器的搅拌状态和蠕动泵的滴加速率，同时，合成过程中密切关注搅拌、滴加及温度等工艺参数。

其次，链转移剂的加入时间对产物影响极大，并且聚合反应不可逆，无法改变已生成的大相对分子质量产物结构，一旦发生凝胶现象，反应釜的处理也存在极大困难，因此，配料过程中，务必确认链转移剂及时加入，以避免异常。

最后，当反应过程中温度较低或引发剂加入时间较晚时，合成产物中残留单体含量较大，本文尝试增加引发剂用量，以促进大单体与小单体的聚合反应；温度较高时，合成产物中含有较大相对分子质量的成分，本文尝试调整小单体用量来改善合成产物的性能。

3.6.1　低温应对措施探究

在反应温度为 10 ℃时，不同程度地增加引发剂用量，对产物在净浆中的性能影响如图 11 所示，对产物的相对分子质量及其分布的影响如图 12 所示。可以看出，适量增加引发剂用量，产物的初始流动度及 30 min 流动度均有明显改善，但过多增加引发剂用量，小单体自聚加剧后，大单体残留增加，产物性能出现下降现象。

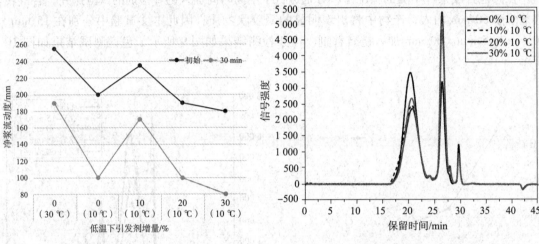

图 11　低温下引发剂增量对净浆流动度的影响　　图 12　低温下引发剂增量对 PCE 相对分子
质量及其分布的影响

3.6.2　高温应对措施探究

在反应温度为 50 ℃时，调整底料中小单体的用量，对产物在净浆中的性能影响如图 13 所示，对产物的相对分子质量及其分布的影响如图 14 所示。可以看出，底料中减少 50% 的小单体后，高温下生成的产物单体残留明显减少，相对分子质量略小，分布良好，在净浆中保坍效果好，但进一步减少小单体用量后，合成了产物中的羧基，因而在净浆中的初始流动度不理想。

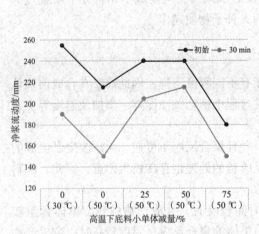
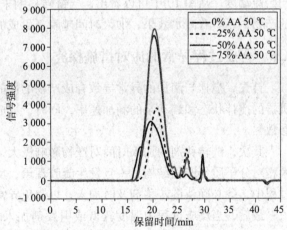

图 13　高温下小单体减量对净浆流动度的影响　　图 14　高温下小单体减量对 PCE 相对分子
质量及其分布的影响

3.6.3　引发剂滞后加入应对措施探究

分别在引发剂加入时间滞后 30 min 及 120 min 探究应对措施。引发剂用量增加 30%、

60%、90%，对产物在净浆中的性能影响如图 15 所示，对产物的相对分子质量及其分布的影响如图 16 所示。由图 15 和图 16 可见，当引发剂加入时间滞后 30 min、引发剂增量 30% 时，产物性能有明显改善，残留单体有所减少，同时，相对分子质量及其分布与标准样品的基本一致；但进一步增量后，产物相对分子质量增大，分布加宽，性能出现下降；滴加时间适当延长，产物的保坍效果有所改善。但当引发剂滞后加入 120 min 时，增加引发剂用量后，产物性能并无明显改善，从谱图中也可以看出，引发剂增加后，残留单体含量均有所增加，并且有效产物的相对分子质量及其分布无明显改变。

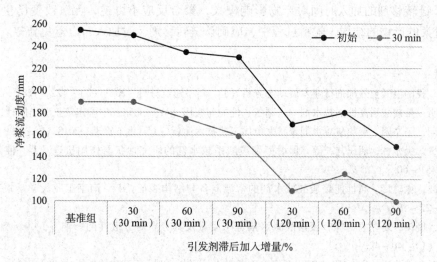

图 15 引发剂滞后加入，增量对净浆流动度的影响

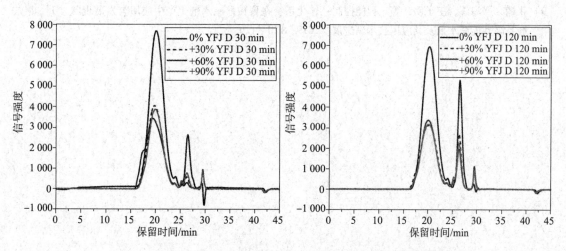

图 16 引发剂滞后加入，增量对 PCE 相对分子质量及其分布的影响

4 结论

（1）搅拌与滴加异常导致合成产物的性能有不同程度的下降，应在合成前确认机器的搅拌状态和蠕动泵的滴加速率，同时，合成过程中密切关注搅拌、滴加及温度等工艺参数。

（2）反应温度对产物的影响较大，过高或过低导致产物相对分子质量及其分布发生改变，进而影响产物在净浆中的性能。当反应温度较低时，增加 10% 的引发剂用量，能够有效改善产物性能；当反应温度较高时，降低底料中的小单体用量至 50%，能够保证产物性能。

（3）随着引发剂加入时间的滞后，产物中残留单体含量逐渐增大，性能逐步下降；当引发剂加入时间滞后 30 min 时，增加 30% 引发剂，可以改善产物性能；但引发剂加入时间滞后 120 min 后，增加引发剂用量并不能改善产物性能，仍需探索合适的处理方案。

（4）链转移剂的加入时间对产物影响极大，聚合反应不可逆，无法改变已生成的相对分子质量大的产物的结构，配料过程中，应确认链转移剂及时加入，以避免异常。

参考文献

［1］王玲. 我国混凝土外加剂行业发展动态分析［J］. 新型建筑材料，2021（3）：122 – 128.

［2］王子明. 聚羧酸系高性能减水剂——制备、性能与应用［M］. 北京：中国建筑工业出版社，2009.

［3］王业翔，王文娟. 聚羧酸减水剂聚醚大单体工艺技术简析［J］. 化工管理，2018（2）：199 – 200.

［4］孙振平，吴乐林，胡匡艺，等. 保坍型聚羧酸系减水剂的研究现状与作用机理［J］. 混凝土，2019（6）：51 – 60.

［5］李国波，徐玲玲. 高性能聚羧酸减水剂的常温制备与结构表征［J］. 南京工业大学学报，2019，41（1）：22 – 29.

［6］陶俊，倪涛，夏亮亮，等. 聚羧酸减水剂分子质量及其分布对分散性的影响［J］. 新型建筑材料，2018（1）：40 – 49.

［7］邵幼哲，赖华珍，方云辉. VPEG 型聚羧酸减水剂的研制［J］. 新型建筑材料，2019（11）：33 – 36.

［8］Johhna Plank. 当今欧洲混凝土外加剂的研究进展［C］. 混凝土外加剂及其应用技术，2004：18 – 20.

［9］张楠，严海蓉，王子明，等. 智能控制一体化系统在聚羧酸减水剂生产中应用与发展现状［J］. 聚羧酸系高性能减水剂及其应用技术新进展，2019：120 – 126.

本体聚合法制备减水保坍型聚羧酸减水剂

张建东，杨雪

（辽宁奥克化学股份有限公司　辽宁辽阳）

摘要：以端烯基烷撑聚氧乙烯醚（HPEG – 3000）、丙烯酸（AA）、丙烯酸羟丙酯（HPA）为主要原料，采用本体聚合法在熔融状态下合成保坍型聚羧酸减水剂，考察不同酸醚比、酯醚比、链转移剂用量、引发剂用量、反应温度等条件对保坍型聚羧酸减水剂的影响，经过净浆流动度及混凝土评价测试，所合成产品性能均优于市售保坍型聚羧酸减水剂。

关键词：本体聚合；保坍型；酸醚比；反应温度；净浆流动度

1　前言

聚羧酸减水剂由于其独特的梳形结构，具有高减水、低掺量、绿色环保等优点，使聚羧酸系减水剂在建筑中得到了广泛应用。随着国内建筑行业的不断发展，聚羧酸减水剂成为混凝土中不可或缺的外加剂；但由于混凝土原材料性能存在差异，在夏季天气炎热或长距离运输时，混凝土会出现流动度、坍落度损失过快与和易性差等问题，给混凝土的施工带来不便，极大地拖延了施工进度，从而增加施工费用。由于大多数采用水溶液自由基聚合制备聚羧酸减水剂，含固量普遍为 10% ~ 50%，对运输距离有很大限制。现阶段粉体聚羧酸减水剂都是采用高温喷雾干燥法制备，粉体聚羧酸减水剂特别黏稠，容易黏壁，热量传递不均匀、熔点低而易燃、易结壳而不易干燥，即使在无水的情况下，也呈现出发黏的液体状态，其固体化、干粉化、粉末化难度很大，通常在喷雾干燥过程中加入隔离剂，从而使有效含量降低，并且喷雾干燥成本较高。使用本体聚合法制备聚羧酸减水剂，产物纯净，无溶剂，成型后易于粉碎，成本远低于喷雾干燥，在干混砂浆、压浆料、水泥基罐装料、喷射混凝土等混凝土行业具有特殊且不可替代的作用。因此，本文针对此问题，以端烯基烷撑聚氧乙烯醚（HPEG – 3000）为原料，加入含有羧基、酯基的功能大分子单体，合成具有保坍功能的聚羧酸减水剂，探索了最佳合成工艺，测试其净浆流动度和其在混凝土中的应用效果。

2　试验

2.1　原材料及仪器设备

2.1.1　合成原材料

端烯基烷撑聚氧乙烯醚（辽宁奥克化学股份有限公司 HPEG – 3000）；丙烯酸（阿拉丁，

张建东，男，1991.03，研发员，辽宁省辽阳市宏伟区万和七路 38 号，111003，0419 – 5588863。

AA）；丙烯酸羟丙酯（阿拉丁，HPA）；3 - 巯基丙酸（阿拉丁，MPA）；偶氮二异丁腈（国药集团，AIBN）。

2.1.2　测试原材料

水泥（恒威水泥 P·O 42.5）；砂子（天然河砂，细度模数 2.0 ~ 2.5，含泥量 2% ~ 3%）；石子（碎石 5 ~ 25 mm 连续级配）；粉煤灰（Ⅱ级）；矿粉（S95 级）；水（自来水）。

2.1.3　仪器及设备

恒温水浴锅（常州澳华仪器有限公司，HH - 1 型）；精密数显增力搅拌器（常州澳华仪器有限公司，JJ - 1A 型）；四口玻璃圆底烧瓶（1 000 mL）；精密蠕动泵（保定兰格恒流泵有限公司，BT100 - 2J 型）；玻璃烧杯（100 mL）；水银温度计（1 ~ 100 ℃）；电子天平（双杰测试仪器厂，JJ - 1000 型）；净浆搅拌机（无锡市锡仪建材仪器厂，NJ - 160A 型）；混凝土强制式搅拌机（河北双鑫试验仪器制造有限公司，HJW - 60 型）。

2.2　合成方法

将聚醚大单体 HPEG 加入四口烧瓶中，升温至 70 ℃ 使其完全溶化，溶化后开启搅拌；保持温度在 70 ℃，持续搅拌，待烧瓶内温度达到 70 ℃ 后加入偶氮二异丁腈，10 min 后开始滴加 1# 混合小料（AA、HPA、MPA）。小料 1# 需事先配置好并且搅拌均匀。控制 1# 滴加 1 h，滴加完毕后，恒温熟化 2 h。熟化结束后，将产物倒入托盘中，冷却至固体时进行粉碎，即可得到固体保坍型聚羧酸减水剂。

2.3　性能评价方法

2.3.1　水泥净浆流动度评价方法

水泥净浆流动度及其保持性测试参照 GB 8077—2012《混凝土外加剂匀质性试验方法》进行测试，W/C = 0.29；减水剂折固掺量为 0.15%。

2.3.2　混凝土性能测试方法

参照 GB 8076—2008《混凝土外加剂》及 GB/T 50080—2016《普通混凝土拌合物性能试验方法标准》测试新拌混凝土坍落度、流动度经时变化等。

2.4　性能测试

2.4.1　酸醚比对减水剂分散性的影响

在保持其他试验条件不变的情况下，测试不同酸醚比 $[n(AA):n(HPEG - 3000)]$ 对所合成保坍型聚羧酸减水剂分散性的影响，结果如图 1 所示。

由图 1 可知，随着酸醚比的逐渐增大，保坍型聚羧酸减水剂的分散性先增大后减小，当酸醚比在 3.0 时，分散性最佳，1 h 净浆流动度损失较小。不同的酸醚比会影响减水剂主链长度、侧链密度，合适的酸醚比可以控制减水剂的分散性，减少过多的初期水化释放点，为后期分散性保持留有足够的水分。

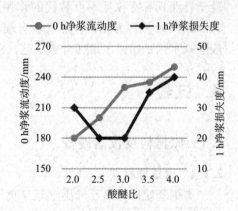

图 1　酸醚比对水泥净浆流动度的影响

2.4.2 酯醚比对减水剂分散性的影响

在保持其他试验条件不变的情况下，测试不同酯醚比 $[n(HEA):n(HPEG-3000)]$ 对所合成保坍型聚羧酸减水剂分散性的影响，结果如图 2 所示。

由图 2 可知，随着酯醚比的逐渐增大，保坍型聚羧酸减水剂的分散性保持呈现先减小后增加的趋势，使用过多的丙烯酸羟乙酯时，会使其本身发生自聚；当酯醚比在 3.5 时，1～3 h 净浆流动度波动较小。酯基这类小单体在聚羧酸系减水剂中前期吸附能力较差，酯基会在水泥浆体的碱性条件下逐渐发生水解并释放羧基，从而达到在长时间内保持净浆依旧有流动度。

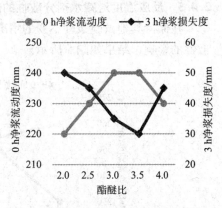

图 2 酯醚比对水泥净浆流动度的影响

2.4.3 链转移剂对减水剂分散性的影响

在保持其他试验条件不变的情况下，测试不同链转移剂用量对所合成保坍型聚羧酸减水剂分散性的影响，结果如图 3 所示。

由图 3 可知，随着链转移剂用量的增加，水泥净浆流动度逐渐增大，但是当链转移剂用量过多时，性能又会降低。因为链转移剂控制着减水剂的相对分子质量，链转移剂用量少时，合成过程容易发生自聚，导致相对分子质量较大；链转移剂用量多时，会导致减水剂相对分子质量较小，静电斥力及空间位阻效果变弱，导致在水泥浆体中分散性降低。当链转移剂用量为大单体质量的 0.6% 时，所合成固体保坍型聚羧酸减水剂的分散保持性最佳。

2.4.4 引发剂用量对减水剂分散性的影响

在保持其他试验条件不变的情况下，测试不同引发剂用量对所合成保坍型聚羧酸减水剂分散性的影响，结果如图 4 所示。

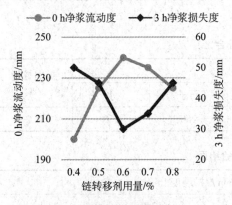

图 3 链转移剂用量对水泥
净浆流动度的影响

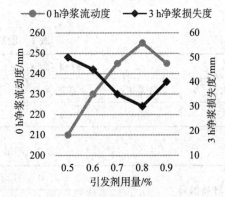

图 4 引发剂用量对水泥净浆
流动度的影响

由图 4 可知，随着引发剂用量的增大，保坍性能呈现先增大后降低的趋势。引发剂用量不足时，聚合初期所产生的自由基不足，导致前期聚合度不足；引发剂用量过多时，自由基增长速率太快，导致聚合物的相对分子质量过低。当引发剂用量为单体总质量的 0.8% 时，所合成保坍型聚羧酸减水剂的分散保持性最佳。

2.4.5　反应温度对减水剂分散性的影响

在保持其他试验条件不变的情况下，测试不同反应温度对所合成保坍型聚羧酸减水剂分散性的影响，结果如图 5 所示。

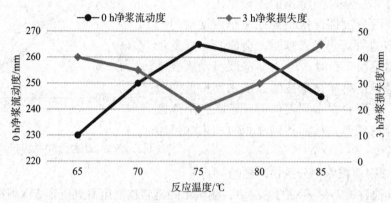

图 5　不同反应温度对水泥净浆流动度的影响

由图 5 可知，随着反应温度的提高，聚合反应速率及转化率不断增大。反应温度过低时，易导致聚合度不足或者反应时温度上升波动较大；反应温度过高时，容易出现产品爆聚或者其他副反应的产生。当反应温度在 75 ℃时，所合成保坍型聚羧酸减水剂的分散保持性最佳。

2.4.6　混凝土应用性能评价

将试验所制得的保坍型聚羧酸减水剂 GTBT – 01 配制成 40% 水溶液进行混凝土性能测试，并与市售某保坍型水剂进行对比，共同使用实验室制得的减水型聚羧酸减水剂复配（减水剂∶保坍剂 = 6∶4）后使用，试验对比条件一致，混凝土试验级配及试验结果见表 1 和表 2。

表 1　混凝土试验配合比

材料用量/(kg·m⁻³)						折固掺量 /%
水泥	粉煤灰	矿粉	砂子	石子	水	
320	60	60	750	960	160	0.2

表 2　混凝土性能试验结果

样品编号	坍落度（mm）/扩展度（mm）			
	0 h	1 h	2 h	3 h
GTBT – 01	240/580	240/580	235/565	225/545
市售保坍剂	235/575	230/570	225/545	210/520

从表 2 可见，在相同掺量下，市售保坍剂在 0 ~ 1 h 保坍效果较好，2 ~ 3 h 有明显下降趋势；但 GTBT – 01 在 0 ~ 3 h 有良好的保持性，整体明显优于市售保坍剂。

3 结论

考察多个反应因素，确定固体保坍型聚羧酸减水剂的最佳制备工艺为：反应温度为70 ℃，酸醚比为3.0，酯醚比为3.5，引发剂用量为总单体质量的0.8%，链转移剂用量为总单体质量的0.6%。

对所合成的固体保坍型聚羧酸减水剂与市售保坍剂通过混凝土性能试验结果进行对比，可知在相同掺量下，市售保坍剂在0~1 h保坍效果较好，2~3 h有明显下降趋势；但GTBT-01在0~3 h有良好的保持性，整体性能明显优于市售保坍剂。

参考文献

[1] 何燕，孔亚宁，王啸夫，等．不同羧基密度聚羧酸减水剂对水泥浆体性能的影响［J］．建筑材料学报，2018（2）：185-188.

[2] 张智，雷宇芳，鄢佳佳，等．新型固体聚羧酸高效减水剂的研制［J］．武汉工程大学学报，2013，35（7）：60-65.

[3] 李晓东，任萍，李晓燕．常温合成高保坍型聚羟酸减水剂及其性能研究［J］．新型建筑材料，2017（1）：97-99.

[4] 何燕，张雄，张永娟，等．含不同官能团聚羧酸减水剂的吸附-分散性能［J］．同济大学学报（自然科学版），2017（2）：244-248.

[5] 杨凤玲，嵇银行，侯贵华，等．聚羧酸混凝土减水剂的研究现状与发展趋势［J］．材料导报，2010（S2）：436-439.

[6] 张万烽．聚羧酸系高性能减水剂的合成及应用研究［J］．福建建筑，2013，179（5）：51-53.

[7] 宋作宝．基于分子结构设计的多功能型PCE的制备与应用［D］．北京：中国建筑材料科学研究总院，2016.

[8] 陶俊，倪涛，夏亮亮，等．本体聚合法合成固态聚羧酸减水剂及其性能研究［J］．新型建筑材料，2017（6）：20-24.

[9] 孙振平，杨辉．国内聚羧酸系减水剂的研究进展与展望［J］．混凝土世界，2013（3）：31-35.

[10] 刘美丽，裴继凯，等．一种固体聚羧酸减水剂的制备方法及其性能研究［J］．新型建筑材料．2018（5）：45-48.

[11] 孙振平，张建锋，王家丰．本体聚合法制备保塑-减缩型聚羧酸系减水剂［J］．同济大学学报（自然科学版），2016，44（3）：389-394.

磷酸酯功能化聚羧酸减水剂在碱激发材料中的应用研究

刘晓[1]，李时雨[1]，王子明[1]，丁原智[2]，苏威元[2]

（1. 北京工业大学　材料与制造学部，新型功能材料教育部重点实验室，北京 100124；
2. 台北科技大学　无机聚合技术研发中心）

摘要：碱激发胶凝材料作为一种新型低碳节能胶凝材料，其过快的凝结硬化速度和较差的流动性等问题严重限制了其在工程中应用。本文利用 2 - 甲基丙烯酰氧基乙基磷酸酯作为功能性单体，按照不同酸酯醚比制备了不同磷酸酯功能化聚羧酸减水剂，研究了其对矿渣 - 粉煤灰体系碱激发材料浆体流动度和凝结时间的影响，并通过吸附量和水化热测试探究了其作用机理。结果显示，该系列减水剂均可以有效提升浆体流动性并延长凝结时间，减水剂分子中磷酸酯功能性单体含量的提升可以有效促进分子在浆体颗粒表面的吸附，并与较高的酸醚比结构存在协同作用，延缓碱激发材料浆体的水化反应进程。

关键词：磷酸酯；聚羧酸；减水剂；碱激发材料

1　前言

硅酸盐水泥基材料作为建筑和土木工程领域的首选材料，其需求量仍在不断增长，但水泥生产工业是一种高耗能、高污染产业，每年排放的 CO_2 占全球 CO_2 排放量的 5% ~ 8%，超过了全球所有卡车的排放量。因此，寻求可替代硅酸盐水泥的生态环保和环境友好的新型胶凝材料已十分迫切。

碱激发材料是以碱活性硅铝酸盐原材料在碱性激发剂作用下，促使玻璃态矿物组分溶解，继而凝结硬化的胶凝材料，其具有优良的力学性能和耐久性等，并且可利用工业废弃物作为矿物原料，其生产能耗和碳排放量远低于硅酸盐水泥，有利于实现国家"碳达峰"的攻坚目标，促进"碳中和"路线的推进，很好地顺应全球工业绿色低碳发展潮流。碱激发材料通常存在着凝结硬化过快和流动性较差等问题，给建筑工程中浆体的运输、泵送和浇筑施工等带来了不便与困难。

本文将烯基磷酸酯作为功能性单体引入聚羧酸减水剂分子结构之中，制备了一系列不同酸酯醚比的磷酸酯功能化聚羧酸减水剂，并应用于矿渣 - 粉煤灰体系碱激发浆体中，评价了聚合物对浆体流动性和凝结时间的影响，并结合吸附量和水化热分析阐述了其作用机理，为开发碱激发胶凝材料用减水剂提供了研究基础和指导方向。

刘晓，男，副教授，北京市朝阳区平乐园 100 号，100124，010 - 67396649。

2 试验部分

2.1 原材料

HPEG（$M_w = 2\,400$），工业级，辽宁奥克化学股份有限公司；丙烯酸（AA）、2-甲基丙烯酰氧基乙基磷酸酯（MOEP）、过硫酸铵（APS）、巯基乙酸（TGA）、氢氧化钠、硅酸钠（$M_s = 3.0$），均为分析纯，福晨（天津）化学试剂有限公司生产；胶凝材料粉体为矿渣粉与粉煤灰，均为固废产物，具体矿物组成见表1，由中国建筑材料科学研究总院有限公司提供；试验用水符合 JCJ 63—2006《混凝土用水标准》的规定。

表1 胶凝材料粉体化学组成 %

材料	化学组分								
	SiO$_2$	Al$_2$O$_3$	CaO	MgO	Na$_2$O	K$_2$O	Fe$_2$O$_3$	SO$_3$	Cl
矿渣粉	28.61	15.57	41.28	8.73	0.39	0.38	0.75	2.40	0.02
粉煤灰	48.36	39.07	2.93	0.59	0.50	1.03	4.20	0.66	0.01

2.2 试验方法

2.2.1 减水剂制备

采用自由基聚合反应，将 HPEG 和去离子水加入烧瓶中，置于70 ℃水浴中搅拌均匀，分别向烧瓶中滴加 A、B 和 C 液，A 液为 APS 水溶液，B 液为 MOEP 水溶液，C 液为 AA 与 TGA 的混合水溶液，3 h 滴加完毕后保温1 h，用氢氧化钠溶液中和后备用，含固量为40%。聚合反应方程式如图1所示。设定酸醚比（AA/HPEG）为4和6，磷酸酯与聚醚比（MOEP/HPEG）为1和4，具体合成参数见表2。

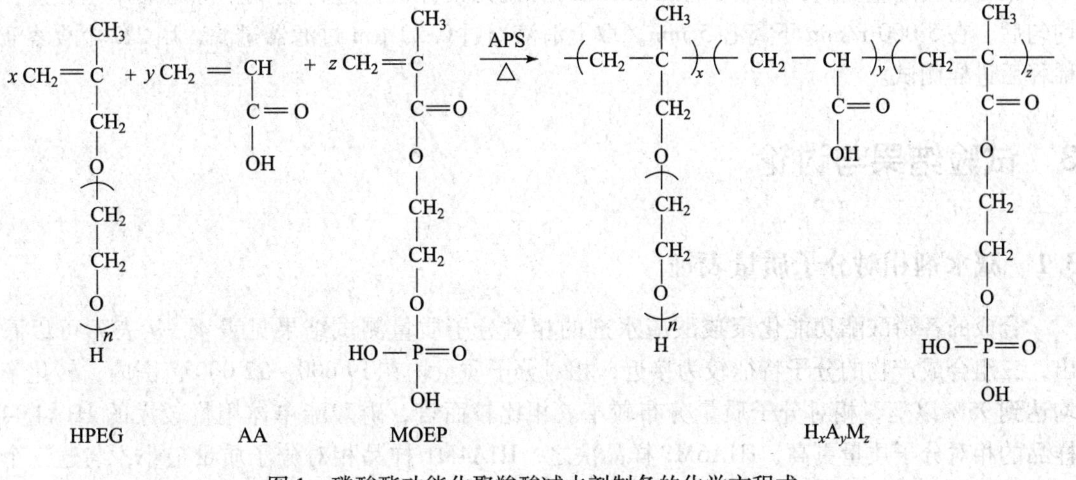

图1 磷酸酯功能化聚羧酸减水剂制备的化学方程式

表2 磷酸酯功能化聚羧酸减水剂合成参数

组别	AA/HPEG（y/x）	MOEP/HPEG（z/x）
H1A4M1	4：1	1：1
H1A4M4		4：1
H1A6M1	6：1	1：1

2.2.2 浆体制备

碱激发材料浆体的胶凝组分由60%矿渣粉与40%粉煤灰组成，激发剂为碱硅酸盐溶液，由氢氧化钠和硅酸钠与水混合而成，激发剂模数为1.0（$M_s = 1.0$），浆体中氧化钠掺量为胶凝组分的6%，水胶比为0.4，减水剂掺量为胶凝组分质量的0.15%，具体配比见表3。

表3 碱激发材料试验浆体配比   g

组别	矿渣	粉煤灰	激发剂溶液	水	减水剂
空白组	180	120	111.1	47.8	—
试验组				47.1	1.13

2.2.3 测试分析

相对分子质量表征：采用英国安捷伦公司的PL-GPC 50凝胶色谱仪，测试合成产物的相对分子质量及其分布。所有样品以0.1 mol/L硝酸钠溶液配成浓度为3 mg/mL的溶液，并通过0.22 μm聚四氟过滤器过滤。流动相是0.1 mol/L硝酸钠溶液，流速为1 mL/min。

流动度与凝结时间测试：碱激发材料浆体流动度和凝结时间分别参考GB/T 8077—2000《混凝土外加剂匀质性试验方法》和GB/T 1346—2011《水泥标准稠度用水量、凝结时间、安定性检验方法》进行测定。

水化热测试：使用美国TA公司生产的TAM Air 8通道型水泥及混凝土水化热等温量热仪测试。测试温度为25 ℃，测试时间为15 h。

聚合物吸附量测试：采用德国Elementar有机元素分析仪进行测试。待测浆体充分搅拌均匀后，在5 000 r/min下离心5 min，取上清液通过0.22 μm过滤器过滤，用2%盐酸溶液稀释后进样测试。

3 试验结果与讨论

3.1 减水剂相对分子质量表征

合成的各磷酸酯功能化聚羧酸减水剂的相对分子质量测试结果见表4。从表4可以看出，三组合成产物的分子特征较为接近，相对分子质量均在19 000~22 000范围内，转化率均达到95%以上，相对分子质量分布较窄。相比较而言，磷酸酯单体用量较大的H1A4M4样品的相对分子质量更高，H1A6M1样品次之，H1A4M1样品相对分子质量最小，与这三个样品的单体单元相对分子质量成正比（分别为3 600、3 060、2 916），产物分子结构与前期设计一致。

表4　磷酸酯功能化聚羧酸减水剂的相对分子质量测试结果

组别	M_w	PDI	转化率/%
H1A4M1	19 014	1.37	95.81
H1A4M4	21 352	1.43	99.80
H1A6M1	19 299	1.40	99.32

3.2　碱激发材料浆体流动性

向碱激发材料浆体中掺入合成的磷酸酯功能化聚羧酸减水剂，浆体流动度测结果如图2和图3所示。从图2可以看出，相对于空白组，掺有磷酸酯功能化聚羧酸减水剂的浆体流动度均有提高。其中，磷酸酯摩尔比最高的减水剂对应的浆体流动度增幅最高，约为13.16%，当磷酸酯摩尔比相同时，H1A6M1对应浆体的流动度增幅更高，提升幅度约为12.66%。这说明本研究设计引入的磷酸酯单体有利于提升碱激发材料浆体的流动度，在同等磷酸酯摩尔比条件下，酸醚比越高，对浆体流动度的贡献更大。

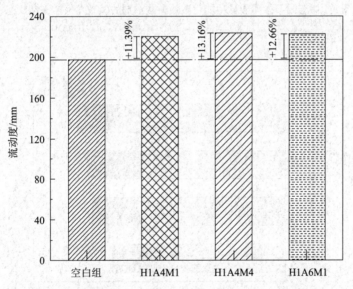

图2　掺有或不掺磷酸酯功能化聚羧酸减水剂的碱激发浆体流动度

3.3　碱激发材料浆体凝结时间

图4给出了空白样和掺有磷酸酯功能化聚羧酸减水剂的浆体的凝结时间测试结果。从图中可以看出，掺有磷酸酯功能化聚羧酸减水剂的浆体的初凝和终凝时间相对空白组浆体均有一定提高。对比H1A4M1和H1A4M4两组，初凝时间相近，但磷酸酯含量的提升有利于延长终凝时间。此外，当磷酸酯单体摩尔数相同时，酸醚比较高的H1A6M1对浆体初凝和终凝时间的延长作用更为明显。以上结果表明，提高磷酸酯单体比例和酸醚比均能延长碱激发材料浆体的凝结时间，并且二者有一定的协同作用。

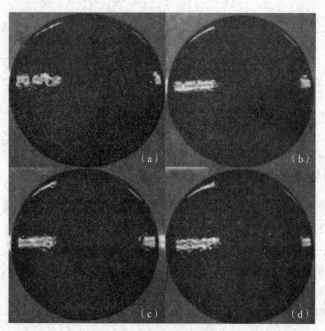

图 3 掺有或不掺磷酸酯功能化聚羧酸减水剂的碱激发浆体流动状态

（a）空白组；（b）H1A4M1；（c）H1A4M4；（d）H1A6M1

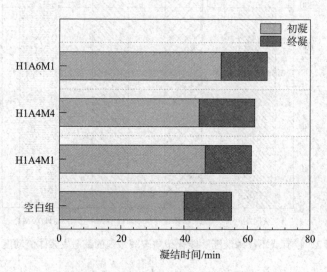

图 4 掺有或不掺磷酸酯功能化聚羧酸减水剂的碱激发浆体凝结时间

3.4 磷酸酯功能化聚羧酸减水剂对浆体的作用机理

3.4.1 减水剂在浆体颗粒表面的吸附行为

聚羧酸减水剂分子在浆体颗粒表面的吸附能力与其对浆体流动性的改善能力有着密切的关联。图 5 中给出了不同磷酸酯功能化聚羧酸减水剂在碱激发材料浆体颗粒表面的吸附量结果。从图 5 可以看出，大分子中磷酸酯含量的提升和酸醚比增大均有利于提高其在浆体颗粒表面的吸附量，相比较而言，磷酸酯含量对吸附量的提升贡献更大，这与 3.2 节中流动度测试结果相一致。碱激发材料浆体中液相的 pH 很高，磷酸酯功能基团在强碱性环境中发生水解后产生更多的带电吸附基团，有效促进了减水剂分子在浆体颗粒表面的吸附。

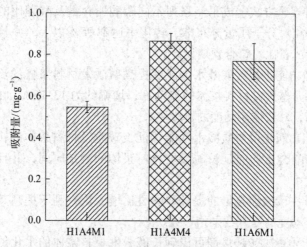

图5　不同磷酸酯功能化聚羧酸减水剂在碱激发
浆体颗粒表面的吸附量

3.4.2　减水剂对水化放热行为的影响

图6（a）和图6（b）中给出了掺有或不掺磷酸酯功能化聚羧酸减水剂的碱激发浆体的水化放热行为。从图6（a）中可以看出，掺有磷酸酯功能化聚羧酸减水剂的碱激发浆体水化诱导期及第二放热峰的出现时间均较空白组明显延长，并且 H1A6M1 的延长效果最为明显。图6（b）结果显示，H1A6M1 组的累计水化放热总量最低，显著延缓了碱激发材料浆体的水化进程。H1A6M1 减水剂具有较高的酸醚比，其大量的羧基基团协同磷酸基团可以与碱激发浆体中矿渣表面溶出的 Ca^{2+} 产生沉淀及络合作用，对颗粒表面进行包裹，阻碍激发剂和水分子向颗粒内部扩散，进而延缓水化进程，降低水化放热量。

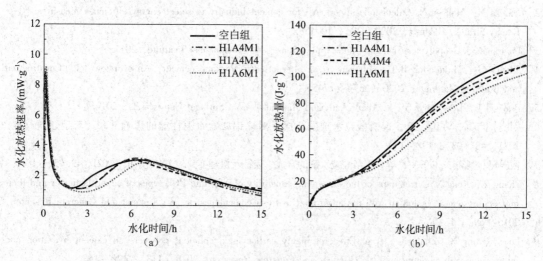

图6　掺有或不掺磷酸酯功能化聚羧酸减水剂的碱激发浆体的水化放热行为
（a）放热速率曲线；（b）累计放热量曲线

4 结论

（1）通过自由基聚合方式合成了一系列不同磷酸酯含量及酸醚比的磷酸酯功能化聚羧酸减水剂，合成产物相对分子质量分布窄，转化率达到95%以上，并且相对分子质量与单体单元相对分子质量成正比，符合预期设计。

（2）掺入磷酸酯功能化聚羧酸减水剂能够提高碱激发材料浆体的流动度，提高磷酸酯单体的比例有利于提升碱激发材料浆体的流动度，增幅约为13.16%，在同等磷酸酯摩尔比条件下，酸醚比越高，对浆体流动度的贡献更大。

（3）掺入磷酸酯功能化聚羧酸减水剂能够延长碱激发材料浆体的初凝和终凝时间，提高磷酸酯单体比例和酸醚比均能延长碱激发材料浆体的凝结时间，并且二者有一定的协同效果。

（4）减水剂分子中磷酸酯含量的提升和酸醚比增大均有利于提高其在浆体颗粒表面的吸附量，与对浆体流动度的提升结果相一致。

（5）磷酸酯功能化聚羧酸减水剂可以延长碱激发材料浆体的水化诱导期及第二放热峰出现时间，其中具有较高酸醚比的H1A6M1对应的浆体累计水化放热总量最低，显著延缓了碱激发材料浆体的水化进程。

致谢

感谢北京工业大学与台北科技大学学术合作专题项目（项目编号：NTUT – BJUT – 110 – 04）对本文研究的大力支持。

参考文献

［1］Hendriks C A, Worrell E, Jager D D, et al. Emission Reduction of Greenhouse Gases from the Cement Industry［C］. Greenhouse Gas Control Technologies Conference, 2004.

［2］Alireza M, Mohsen N. A decision support tool for cement industry to select energy efficiency measures［J］. Energy Strategy Reviews, 2020（28）：100458.

［3］Davidovits J. Geopolymer Chemistry and Applications［M］. Geopolymer Institute, 2011.

［4］Singh N B, Middendorf B. Geopolymers as an alternative to Portland cement：An overview［J］. Construction and Building Materials, 2020（237）：17455.

［5］Provis J L, Deventer J S J V. Alkali Activated Materials［M］. Springer Netherlands, 2014.

［6］刘晓, 卢磊, 许谦, 等. 聚磷酸减水剂的合成及对硫铝酸盐水泥性能的影响［J］. 新型建筑材料, 2021, 48（03）：128 –132.

［7］钱珊珊, 姚燕, 王子明, 等. 聚膦酸减水剂的合成、表征及机理［J］. 硅酸盐学报, 2021, 49（5），1 –8.

［8］Zhang Y, Kong X. Correlations of the dispersing capability of NSF and PCE types of superplasticizer and their impacts on cement hydration with the adsorption in fresh cement pastes［J］. Cement and Concrete Research, 2015（69）：1 –9.

［9］Lu Z, Kong X, Zhang C, et al. Effect of highly carboxylated colloidal polymers on cement hydration and interactions with calcium ions［J］. Cement and Concrete Research, 2018（113）：140 –153.

［10］余鑫, 于诚, 冉千平, 等. 羟基羧酸类缓凝剂对水泥水化的缓凝机理［J］. 硅酸盐学报, 2018, 46（2）：181 –186.

一种磷酸化降黏型聚羧酸减水剂的制备及其性能研究

刘晓杰，杨雪

（辽宁奥克化学股份有限公司）

摘要：本文研制了一种磷酸化型乙氧基化物，使用该物质合成的减水剂，通过一系列试验考察及混凝土性能测试，发现该减水剂具有一定的混凝土降黏效果。

关键词：磷酸化；降黏；减水剂

1 前言

聚羧酸减水剂是混凝土中一种重要的外加剂，其因减水率高、掺量低、绿色环保等优点，被广泛应用于混凝土行业。但其高胶材、低水胶比的特点，导致新拌混凝土黏度大、流动速度慢。目前常用的方法都存在一定的局限性，不能从根本上解决水泥颗粒黏度问题。从分子结构设计角度，开发一种降黏型聚羧酸减水剂，能够降低高强混凝土的黏度，提高泵送性能及施工效率，推动商品混凝土的进一步发展。

目前降黏型聚羧酸减水剂市售产品中，Sika、BASF 等系列产品的降黏效果较好，其中部分产品就采用了磷酸酯作为功能单体。由于减水剂与 SO_4^{2-} 都能附着到水泥粒子表面，存在竞争关系，研究人员在制备过程中加入磷酸基团结构的物质，在很大程度上减小了硫酸根离子对水泥的影响。相关文献也报道磷酸酯型聚羧酸减水剂具有良好的降黏效果。Flatt R J 等研究发现，减水剂分子中的—COO^-、—OH 等与水泥孔隙液中的 SO_4^{2-} 在水泥颗粒表面存在竞争吸附，PO_4^{3-} 比 SO_4^{2-}、—OH 等具有较强的吸附能力。Dalas F 等研究发现，磷酸化后的 PCE 能够在短时间内吸附在水泥颗粒表面，耐硫酸盐能力强。张光华等研究发现，磷酸基团减水剂和水泥表面的 Ca^{2+} 络合，磷酸基比羧基优先吸附在蒙脱土表面，减少了水泥对浆体自由水的消耗。本试验研发了一种磷酸酯型聚羧酸减水剂，通过合成配方优化，经混凝土性能测试，表明其具有一定的降黏效果。

2 试验

2.1 仪器与试剂

药品：TPEG 型聚氧乙烯醚，环氧乙烷加成数分别为 300、500、800、1 000，辽宁奥克

刘晓杰，女，1982.08，研究员，辽阳市宏伟区万和七路 38 号，111003。

化学股份有限公司生产；引发剂、链转移剂、氢氧化钠等为化学纯，P_2O_5 等为工业纯。

仪器：电动搅拌器，JTY - 10 型电子天平，温控加热器，秒表，Avatar 360 红外光谱仪（Nicolet 公司）。

2.2　合成

在装有温度计和搅拌器的三口烧瓶内加入一定量的 TPEG 型聚氧乙烯醚，开动搅拌器，缓慢、分批加入 P_2O_5（≤40 ℃），加完后再缓慢升温到 60 ~ 80 ℃，保温并连续反应一定时间，加入定量的水水解一定时间，取样测定产物中的单、双酯磷酸量，然后降温到 50 ℃ 以下，用氢氧化钠溶液中和到 pH 为 6 ~ 8，最后再保温反应一段时间，得到产品 EA - 3。

向装有温度计、搅拌器、恒压滴液漏斗的四口烧瓶中加入一定量的 TPEG 型聚氧乙烯醚、环氧化物磷酸酯 EA - 3 和自来水，搅拌升温，同时滴加丙烯酸、氧化还原剂、链转移剂的水溶液，控制滴加时间，滴加完毕后保温一段时间，降温后用氢氧化钠溶液中和 pH 至中性。

2.3　性能测试

（1）磷酸酯组分的测定。

准确称取 1 ~ 2 g 样品于 250 mL 锥形瓶中，加入 50 mL 无水乙醇，充分振荡使之溶解，滴加 2 ~ 3 滴甲基红指示剂，用 0.5 mol/L 的氢氧化钾标准溶液滴定，溶液由红色变为橙黄色，记录所消耗的氢氧化钾标准溶液的体积 V_1。滴加 6 ~ 8 滴酚酞指示剂，继续滴定，溶液由黄色变为橙红色，记录所消耗的氢氧化钾标准溶液的体积 V_2。加入 10 mL 10% 氯化钙水溶液，继续滴定，溶液由红色变为橙黄色，记录所消耗的氢氧化钾标准溶液的体积 V_3。计算公式示意如下：

$$双酯 = \frac{V_1 - V_2}{V_1} \times 100\%$$

$$单酯 = \frac{V_2 - V_3}{V_1} \times 100\%$$

（2）水泥净浆流动度参照 GB/T 8077—2012《混凝土外加剂匀质性试验方法》进行测试。

（3）其他参数或详细说明参照 GB/T 8076—2008。

3　结果与讨论

3.1　催化剂对磷酸根含量的影响

对磷酸化物质合成过程中催化剂的种类进行筛选，催化剂分别为对甲苯磺酸、硫酸、混酸，以不加催化剂为对照，考察合成物质中单酯含量、双酯含量、酯化率等指标的变化，如图 1 所示。由图可知，采用对甲苯磺酸催化剂的产物的单酯含量较高，对应的酯化率较好；而不添加催化剂的产物酯化率最低，不足 20%。若双酯含量过高，在超塑化剂合成过程中，会形成网状交联，使超塑化剂相对分子质量较大，不易吸附在水泥颗粒表面，致使分散性能较差；若双酯含量较少，则会形成部分酯交联结构，这对聚羧酸超塑化剂后期的分散保持能力有一定的影响。净浆流动度也随着酯化率的变化而变化。

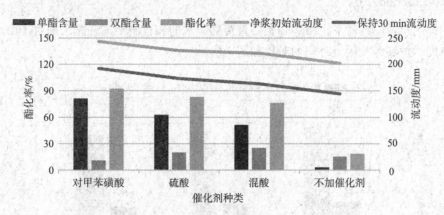

图1　催化剂种类对单、双酯含量及性能的影响

3.2　环氧乙烷加成量的选择

在相对分子质量为300、500、800、1 000的HPEG聚醚基础上，合成相应的磷酸酯型减水剂。净浆流动度评价如图2所示，随着聚醚相对分子质量的增加，磷酸化的减水剂净浆流动度呈现先增加后减小的趋势。聚醚相对分子质量较大时，磷酸根物质侧链较长，吸附过程中分子内团聚，磷酸根物质的吸附作用减弱；相对分子质量较小时，磷酸根物质侧链吸附量降低，净浆黏度降低。在相对分子质量为500时，合成的磷酸根物质具有较好的流动度。

3.3　磷酸酯含量对流动度的影响

磷酸酯降黏型聚羧酸减水剂中，磷酸酯含量对水泥净浆流动度有一定的影响。随着磷酸酯含量的增加，净浆流动度呈现先增大后减小的流动趋势，如图3所示。可能是由于磷酸酯中的磷酸基团具有较高的电荷密度及对Ca^{2+}较强的配位作用，从而增强了对水泥颗粒的吸附。水泥颗粒表面稳定的聚羧酸减水剂吸附层可以有效减小水泥颗粒之间的相互作用力，从而起到降低水泥浆体黏度的作用。随着吸附量的增大，净浆黏度不断降低，流动度增大，当磷酸酯含量为2%时，流动度较大。

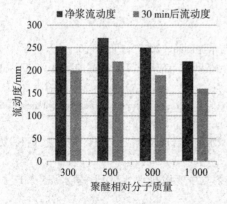

图2　相对分子质量对减水剂性能的影响

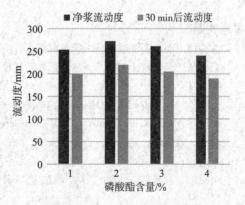

图3　磷酸酯含量对性能的影响

3.4　混凝土性能评价

在同样用水量的条件下，市售降黏型聚羧酸减水剂和自制聚羧酸减水剂对千山水泥的混凝土坍落度、扩展度及倒流时间的对比如图 4 所示。

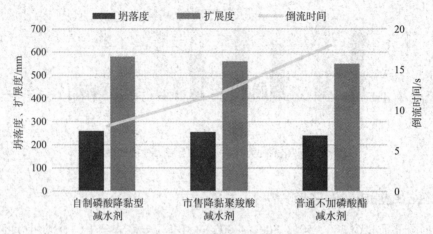

图 4　不同类型减水剂性能对比

与普通羧酸类超塑化剂相比，磷酸酯型聚羧酸超塑化剂有明显的降黏优势，具有较好的扩展度及坍落度，并且混凝土和易性好。因为磷酸根自身拥有三个带负电的电荷，而水泥粒子外表面有很多的正电荷，磷酸根能够快速附着到水泥粒子的外表面，从而使水泥粒子外表面带负电荷，当水泥粒子相互靠近时，它们之间产生的静电斥力就会使其快速扩散。磷酸酯型聚羧酸超塑化剂中，磷酸单酯和双酯含量直接影响到最终合成的超塑化剂性能，当含有少量磷酸双酯时，超塑化剂的性能较优。

4　结论

本试验采用相对分子质量为 500 的 HPEG 聚醚与 P_2O_5 反应生成磷酸根物质 EA – 3，并合成相应的磷酸酯型减水剂，该减水剂具有较好的降低混凝土黏度的效果。

参考文献

[1] 吴中伟. 高性能混凝土——绿色混凝土 [J]. 混凝土与水泥制品，2000（1）：3 – 6.

[2] 高育欣，吴业蛟，王明月. 超高强高性能混凝土在我国的研究与应用 [J]. 商品混凝土，2009（12）：30 – 31.

[3] Sakai E，Kawakami A，Daimon M. Dispersion mechanisms of comb – type superplasticizers containing grafted poly（ethylene oxide）chains [J]. Macromolecular Symposia，2015，175（1）：367.

[4] 王毅，钱珊珊，姜海东，等. 低收缩、降黏型聚羧酸减水剂的合成及其应用 [J]. 硅酸盐通报，2016，35（8）：2688 – 2693.

[5] 叶慈彪，阮建敏，张龙，等. 磷酸盐与聚羧酸减水剂竞争吸附机理 [J]. 中国水泥，2017（7）：81 – 84.

[6] Flatt R J，Zimmermann J，Hampel C，et al. The role of adsorption energy in the sulfate – polycarboxylate

competition [C]. International Conference on Superplasticizers & Other Chemical Admixtures, Seville (ES), 2009: 153 – 164.

[7] Dalas F, Nonat A, Pourchet S, et al. Tailoring the anionic function and the side chains of comb – like superplasticizers to improve their adsorption [J]. Cement and Concrete Research, 2015 (67): 21 – 30.

[8] 张光华, 危静, 崔鸿跃. 磷酸酯功能单体对聚羧酸减水剂抗泥性能的影响 [J]. 化工进展, 2018, 37 (6): 2364 – 2369.

[9] 姜健, 梁鹏. 脂肪醇聚氧乙烯醚混合磷酸酯含量的分别测定 [J]. 辽东学院学报 (自然科学版), 2006, 13 (2): 66 – 68.

[10] 曹向禹, 兰云军. 磷酸酯加脂剂检测问题的研究 (Ⅰ)[J]. 皮革科学与工程, 2004, 14 (3): 47 – 49.

复合引发体系在新型聚羧酸减水剂
合成中的应用研究

陈浩，徐伟，耿标，单东，金瑞浩

（浙江吉盛化学建材有限公司）

摘要：乙烯醚类大单体是近几年推出的一种大单体类型，将成为今后聚羧酸减水剂研究的热点之一。本研究采用复合引发体系催化引发乙烯醚类大单体，合成新型聚羧酸减水剂。通过凝胶色谱仪测定来表征聚合产物的相对分子质量，并按照国标规定测试聚合产物的水泥净浆流动度和混凝土应用性能。结果表明，在使用 $Vc - Fe^{2+} - H_2O_2$ 组成的复合引发体系基础上，初始体系 pH 为 $10 \sim 12$，1% 硫酸亚铁溶液用量为 0.292%（占大单体质量比），$OX - 609:AA = 1:4.1$（摩尔比，底料中加 0.3 摩尔比丙烯酸）条件下合成的聚羧酸母液，应用在混凝土中，其减水率、工作性能保持能力和混凝土强度明显优于 4 碳、5 碳类型大单体合成的聚羧酸母液。

关键词：聚羧酸；减水剂；引发体系；亚铁离子

1 前言

聚羧酸减水剂是目前应用最为广泛的混凝土外加剂。与传统的减水剂相比，其具有诸多优势，最突出的一点是分子的可设计性强。聚羧酸的分子结构为高分子接枝共聚物，通常是由带有末端双键的端烯基氧乙烯醚大单体与不饱和功能小分子单体在引发剂作用下以共聚合方式生成分子主链，大单体中的聚乙二醇链段形成了分子长侧链。而聚醚大单体作为聚羧酸分子链结构上的重要组成部分，根据起始剂分子结构的不同，一般可将合成的大单体分为三种：乙烯醇类 3 碳大单体（烯丙基聚乙二醇醚）、乙烯醇类 4 碳与 5 碳大单体（异丁烯基聚乙二醇醚、异戊烯基聚乙二醇醚）和乙烯醚类 2 + 2 与 2 + 4 型大单体。

乙烯醚类大单体作为近几年新推出的大单体类型，区别于现有的 4 碳与 5 碳类大单体的一个显著特征，是其分子结构中的双键直接与氧原子相连，使双键的反应活性得到了提高。并且由于其特殊性，一般在聚合过程中选用特定的引发体系进行催化引发。本文研究在乙二醇单乙烯基聚乙二醇醚大单体与丙烯酸在 $Vc - Fe^{2+} - H_2O_2$ 复合引发体系条件下，二元共聚合成新型聚羧酸减水剂，并通过实例验证合成产品的应用性能特点。

金瑞浩，男，1965 年 1 月，副高，浙江省绍兴市上虞区道墟街道龙盛大道 1 号，312300，13967537780。

2　试验部分

2.1　原材料

乙二醇单乙烯基聚乙二醇醚（辽宁奥克化学），工业级，相对分子质量为3 000；丙烯酸（AA），工业级；链转移剂（巯基丙酸），工业级；还原剂维生素C（以下均用Vc表示），工业级；七水硫酸亚铁（分析纯）；双氧水（27.5%），分析纯；自来水。

2.2　试验设备

数显恒温水浴锅、1 000 mL四口烧瓶、蠕动泵、电动搅拌器、电子天平、水泥净浆搅拌机、砂浆搅拌机、混凝土搅拌机等。

2.3　试验方法

按照试验配比，向装有搅拌器、温度计的四口圆底烧瓶中加入一定量聚醚和水，在常温下待聚醚完全溶解，加入0.3摩尔比的丙烯酸，用氢氧化钠调节体系酸碱度，调整到合适的pH，搅拌均匀作为反应底料。依次加入硫酸亚铁水溶液和双氧水溶液（浓度为27.5%，为大单体质量的0.83%），均匀搅拌5~10 min，同时滴加配制好的滴加组分A（丙烯酸水溶液，总酸醚比为4.1，摩尔比）和滴加组分B（还原剂和链调节剂的混合溶液，巯基丙酸用量为大单体质量的0.35%），使用水浴控制温度，滴加组分须在一定时间内均匀滴入，控制滴加时间，A组分滴加40 min，B组分滴加50 min，滴加结束保温30 min。聚合结束后，补加一定量的清水，将含固量调至40%，并加32%浓度的氢氧化钠溶液中和至pH=5.0~6.0，即得新型聚羧酸减水剂母液。

2.4　测试方法

2.4.1　GPC凝胶色谱表征

老化完成后，从反应体系中取样，配制为浓度为1%的待测样品，进行GPC凝胶色谱测试。色谱柱串联，流动相为0.1 mol/L NaNO$_3$水溶液，流速为0.6 mL/min，柱温和检测器温度均为40 ℃。用流动相溶解样品，测试共聚物的平均相对分子质量、相对分子质量分布指数和聚合反应单体转化率。

2.4.2　水泥净浆流动度测试

按照GB 8077—2012《混凝土外加剂匀质性试验方法》中的相关方法进行测试。基准水泥300 g，水87 g，水胶比0.29。

2.4.3　混凝土性能测试

对掺加了不同共聚物的混凝土进行性能测试。工作性能主要包括混凝土坍落度、扩展度及其经时损失，流速采用倒立坍落度筒测试混凝土流出时间。力学性质主要是硬化混凝土各龄期的抗压强度。混凝土试配和测试均按照国标进行。

3 试验结果及数据分析

3.1 体系初始酸碱度对产品性能的影响

不同的引发体系类型进行引发聚合，则聚羧酸减水剂达到最佳的分散性和分散保持性所需要的起始溶液酸碱度不同。固定丙烯酸和大单体的总摩尔比为 4.1，底料中加 0.3 摩尔比丙烯酸，加入 0.35 g 的 1% 硫酸亚铁水溶液，改变体系的初始酸碱度，pH 分别为 4~5、8~9、10~11、11~12、12~13 及 13 以上，得到的试验结果见表 1。

表 1 不同体系初始 pH 对产品性能的影响

序号	初始 pH	黏度/(mPa·s)	净浆流动度/mm	
			初始	1 h 经时
1	4~5	324.6	171	109
2	8~9	321.1	189	134
3	9~10	317.1	193	151
4	10~11	305.7	203	160
5	11~12	269.3	202	155
6	12~13	260.7	217	160
7	13 以上	56.7	无	无

注：黏度在 25 ℃ 条件下测试。样品含固量均为 40% 左右。下同。

分析表 1 数据可知，整个体系初始 pH 不做调整时（序号 1），得到的聚羧酸减水剂产品的水泥分散性和分散保持性较差；而当体系初始 pH 逐渐增大（以 32% 氢氧化钠进行酸碱度调整）时，对应的样品的水泥分散性和分散保持性逐渐提高；体系初始 pH 增大至 12~13 时，水泥净浆分散效果达到最佳，但分散性保持能力下降；体系初始 pH 为 13 以上时，32% 液碱用量高，破坏体系酸碱平衡度，样品分散效果差，黏度低，大单体基本没有转化，该体系酸碱度下不利于聚合反应进行。综合样品性能，在使用复合体引发时，体系初始酸碱度在 pH = 10~12 时，对应的样品水泥分散性和分散保持性较好。

3.2 亚铁离子对产品性能的影响

固定丙烯酸和大单体的总摩尔比为 4:1，底料中加 0.3 摩尔比丙烯酸，体系初始酸碱度为 pH = 10~12，改变硫酸亚铁用量，分别为 0、1.5 mg、2.5 mg、3.5 mg、4.5 mg、5.5 mg，得到的试验结果见表 2。

表2　不同硫酸亚铁用量对产品性能的影响

序号	1%硫酸亚铁/g	主峰重均相对分子质量	黏度/（mPa·s）	净浆流动度/mm	
				初始	1 h经时
1	0	2 650	43.7	无	无
2	0.15	31 280	251.1	192	141
3	0.25	31 870	241.5	204	150
4	0.35	40 800	297.6	210	160
5	0.45	50 500	321.1	206	158
6	0.55	51 100	322.2	180	132

注：硫酸亚铁以1%水溶液的形式加入。

分析表2可知，体系内不加 Fe^{2+} 时，反应得到的样品黏度偏低，水泥净浆分散度测试无流动度，此时自由基由双氧水和Vc组成的氧化还原体系产生，如图1所示，反应产生的活化能不足以使 XO-609 单体在低温条件下与丙烯酸等功能单体进行聚合，即 XO-609 单体基本没有聚合。当 Fe^{2+} 加入双氧水和Vc的氧化还原引发体系中后，样品黏度随着 Fe^{2+} 的增加而增大，即 XO-609 单体有足够的聚合活性进行聚合反应。初步猜测，此时 Fe^{2+} 代替还原剂Vc作为主还原剂，Vc作为辅助还原剂进行反应，如图1所示。Fe^{2+} 与双氧水产生的高电位自由基引发 XO-609 单体进行聚合反应，而 Fe^{3+} 又被还原剂Vc还原为 Fe^{2+}，整个自由基产生过程如此循环往复，使 XO-609 单体与小单体不断聚合。而根据表2中的数据，当 Fe^{2+} 用量不足时，XO-609 单体转化效果和转化速率不佳，单体不能完全转化；但 Fe^{2+} 用量过多时，整个体系聚合速率加快，黏度上升明显，相对分子质量增加快且容易失控。综合上述数据，当1%硫酸亚铁用量为0.35 g时，样品水泥分散性和分散保持性较好。

加入 Fe^{2+} 前：

$$H_2O_2 + Vc还原态 \longrightarrow 2OH· + Vc氧化态$$

加入 Fe^{2+} 后：

$$H_2O_2 + Fe^{2+} \longrightarrow OH· + OH^- + Fe^{3+}$$

$$Fe^{3+} + Vc还原态 \longrightarrow Fe^{2+} + Vc氧化态$$

$$H_2O_2 + Vc还原态 \longrightarrow 2OH· + Vc氧化态$$

图1　氧化还原反应方程式

3.3　样品实例应用分析

根据上述试验条件合成聚羧酸减水剂母液1，与市场上应用性能较好的4碳和5碳聚羧酸母液2、3做性能对比。

按照工程实际施工情况进行应用，要求拌制的混凝土满足出机扩展需求，初始和易性良好，1 h后具有一定的工作性能，并且混凝土硬化后强度可以达标，试验采用的混凝土配合比见表3。将减水剂母液1、2、3进行对比试验（复配相同条件），得到的混凝土性能对比结果见表4。

表3　混凝土 C35 配合比　　　　　　　　　　　kg·m⁻³

原材料	水泥	矿粉	煤灰	机砂	细砂	石子	外加剂	水
配合比	290	50	70	555	200	980	15.6	175

注：机砂含水率 7.0%，细砂含水率 10.0%。

表4　羧酸系列产品混凝土应用性能对比

样品	掺量/%	初始扩展度/mm	倒置排空时间/s	2 h 经时扩展度/mm	7 d 强度/MPa	28 d 强度/MPa
母液1		620	6	520	27.80	41.20
母液2	2.0	500	4	—	26.89	39.44
母液3		590	8.5	440	25.60	40.50

注：复配后，外加剂含固量 17%。

根据表3数据可知，在该批次砂石材料情况下，母液1的混凝土应用效果最好，工作性能保持能力和 7 d、28 d 强度数据均达到工程施工要求，但保坍 1 h 后，掺母液1的混凝土翻铲时偏黏，后续应用该母液时需注意。

4　结论

选用 $Vc - Fe^{2+} - H_2O_2$ 组成的复合引发体系催化引发乙烯醚类大单体聚合，在 OX - 609∶AA = 1∶4.1（摩尔比），底料中加 0.3 摩尔比丙烯酸基础上，1% 硫酸亚铁溶液用量为 0.292%（占大单体质量比），初始体系 pH = 10~12，在实际应用中，合成的新型聚羧酸减水剂样品的混凝土减水率、工作性能保持能力和混凝土强度均满足施工要求。但应用时仍存在不足，可能是由于功能单体比例、引发剂体系、大单体相对分子质量不同，导致与常规的聚羧酸母液应用存在差异，因此还需进一步研究和完善。

参考文献

[1] 王子明. 聚羧酸系高性能减水剂——制备、性能与应用 [M]. 北京：中国建筑工业出版社，2009：155 - 156.

[2] Bueno M, Luong J, Terán F, et al. Macro-texture influence on vibrational mechanisms of the tire-road noise of an asphalt rubber pavement [J]. International Journal of Pavement Engineering, 2014, 15 (7): 606 - 613.

[3] 赖华珍, 赖广兴, 方云辉, 等. 低敏感型聚羧酸减水剂的制备及性能评价 [J]. 新型建筑材料, 2017 (8): 34 - 36, 57.

[4] 王子明, 李慧群. 聚羧酸系减水剂研究与应用新进展 [J]. 混凝土世界, 2012 (8): 50 - 56.

[5] Lange A, Plank J. Study on the foaming behaviour of allylether-based polycarboxylate superplasticizers [J]. Cement and Concrete Research, 2012 (42): 484 - 489.

[6] Lei L, Plank J. Synthesis, working mechanism and effectiveness of a novel cycloaliphatic superplasticizer for concrete [J]. Cement and Concrete Research, 2012, 42 (1): 118 - 123.

磷酸基抗泥型聚羧酸的合成与应用

徐伟，竹林贤，耿标，单东，金瑞浩

（浙江吉盛化学建材有限公司）

摘要： 采用异戊烯醇聚氧乙烯醚（TPEG－2400）作为聚醚大单体，丙烯酸和自制磷酸酯作为聚合小单体，以双氧水/抗坏血酸作为引发体系，巯基丙酸作为链转移剂，合成了一种抗泥型聚羧酸减水剂 PC－KN。试验比较了 PC－KN 和常规减水型聚羧酸 PC－JS 的砂浆与混凝土性能，结果显示，PC－KN 对蒙脱土体现出良好的耐受性，在含泥量高的砂石材料中具有更好的减水与保坍效果。

关键词： 聚羧酸；抗泥；蒙脱土

1　前言

聚羧酸减水剂作为新一代的高性能减水剂，具有高减水、低掺量及分子结构可设计性强、高性能优化空间大等优点，已成为现代混凝土中不可或缺的组分。但是随着天然砂、河砂等优质材料的匮乏，含泥量高的骨料也不可避免地在混凝土中使用，从而限制了聚羧酸的应用。

混凝土行业的迅猛发展也带动了聚羧酸减水剂的技术革新。在聚羧酸减水剂制备过程中，通过引入抗泥单体，改变分子结构或构象，降低减水剂在黏土颗粒表面的吸附量，使更多聚羧酸减水剂分子吸附在水泥颗粒表面或抑制黏土矿物层间膨胀，是降低聚羧酸减水剂对混凝土含泥量敏感性的有效途径之一。张平、刘传辉等通过研究，也发现含有磷酸基的聚羧酸具有良好的黏土耐受性。本研究通过引入自制的磷酸酯单体，合成一种具有磷酸基团的聚羧酸减水剂 PC－KN，考察了 PC－KN 与常规减水型聚羧酸 PC－JS 对黏土的耐受性及在高含泥材料中的砂浆与混凝土性能。

2　试验部分

2.1　原材料

（1）合成原材料。

异戊烯醇聚氧乙烯醚（TPEG－2400）、丙烯酸（AA）、自制磷酸酯单体、去离子水、双氧水（27%）、抗坏血酸、巯基丙酸、液碱（32%）等。

金瑞浩，男，1965 年 1 月，副高，浙江省绍兴市上虞区道墟街道龙盛大道 1 号，312300，13967537780。

（2）仪器设备。

四口烧瓶、电子天平、蠕动泵、智能温控仪、恒速搅拌器、温度计、黏度计、凝胶渗透色谱仪等。

（3）试验原材料。

南方水泥、天然砂、机制砂、粉煤灰、矿粉、石子、蒙脱土和高岭土等。

2.2 合成方法

向四口烧瓶中加入聚醚与去离子水，待聚醚溶清后加入双氧水，搅拌 5 min；将丙烯酸、自制磷酸酯、抗坏血酸及巯基丙酸用去离子水配制成滴加料，搅拌均匀后进行滴加，滴加时间为 2 h，滴加完毕后，继续保温 1 h，加入液碱调节 pH 至 5~6，并加水调节含固量为 40% 左右，得到聚羧酸减水剂 PC – KN。

2.3 性能测试

2.3.1 砂浆扩展度测试

将待测样品与缓释型聚羧酸复配成 10%(7% 待测样 +3% 缓释型聚羧酸）的浓度，固定水泥用量为 540 g，胶砂比为 0.45，水胶比为 0.47，根据 GB/T 50080—2016《普通混凝土拌合物性能试验方法标准》，测试合成的聚羧酸减水剂应用于水泥与机制砂时的初始流动度与 1 h 流动度。

2.3.2 凝胶色谱分析

采用 Waters 1515 型凝胶渗透色谱仪与 Waters 2414 型示差折光率检测器进行测试。将 2 根 Ultrahydrogel 250 和 1 根 Ultrahydrogel 120 色谱柱串联，以 0.1 mol/L 的硝酸钠水溶液作为流动相，在柱温 40 ℃、检测器温度 40 ℃ 及流速 0.6 mL/min 的条件下进行检测。

2.3.3 抗泥性能测试

在 2.3.1 节砂浆扩展度测试的基础上，将待测样品与缓释型聚羧酸复配成 10%(7% 待测样 +3% 缓释型聚羧酸）的浓度，根据 GB/T 50080—2016《普通混凝土拌合物性能试验方法标准》，固定水泥用量为 540 g，胶砂比为 0.45，水胶比为 0.47，分别以蒙脱土和高岭土等质量替代 1.0% 的砂子，检测不同聚羧酸减水剂在砂浆中的初始流动度与经时流动度。

2.3.4 混凝土性能测试

根据 GB/T 50080—2016《普通混凝土拌合物性能试验方法标准》测试样品的混凝土初始扩展度与经时 1 h 后的混凝土扩展度。

3 试验结果和讨论

本试验以丙烯酸和自制磷酸酯作为小单体，与 TPEG 共聚得到聚羧酸减水剂。聚合反应以双氧水/抗坏血酸作为引发剂，巯基丙酸作为链转移剂，在单滴加工艺下反应合成聚羧酸减水剂。试验主要考察了单体配比对聚羧酸减水剂性能的影响，探索聚羧酸减水剂分子的相对分子质量分布数据，以及 PC – KN 和 PC – JS 对黏土的耐受性及在高含泥材料中的砂浆与混凝土性能的影响。

3.1 聚羧酸减水剂 PC – KN 的最佳单体配比

本试验保持双氧水、抗坏血酸及巯基丙酸用量与常规聚羧酸 PC – JS 工艺的相同，主要通过调整丙烯酸和磷酸酯单体的摩尔比来考察 PC – KN 的最佳合成工艺。由表 1 中的数据可知，引入磷酸酯单体合成聚羧酸减水剂，当 n（磷酸酯）:n（TPEG）= 0.4 时，合成的聚羧酸减水剂砂浆流动度损失最小；当磷酸酯摩尔比为 0.4，n（AA）:n（TPEG）= 3.8 时，样品的综合性能最佳。因此，选择试验⑤工艺，即 n（TPEG）:n（AA）:n（磷酸酯）= 1:3.8:0.4 作为 PC – KN 合成工艺的最佳单体配比。

表1　单体配比对聚羧酸减水剂性能的影响

试验	n（TPEG）:n（AA）:n（磷酸酯）	砂浆流动度/mm		
		初始	经时 1 h	1 h 损失
①	1:3.6:0.2	305	240	65
②	1:3.6:0.4	320	270	50
③	1:3.6:0.6	330	250	80
④	1:3.8:0.2	330	280	50
⑤	1:3.8:0.4	350	325	25
⑥	1:3.8:0.6	330	290	40
⑦	1:4.0:0.2	340	285	55
⑧	1:4.0:0.4	330	280	50
⑨	1:4.0:0.6	310	270	40

3.2 聚羧酸样品的凝胶色谱分析数据

将 3.1 节中最佳工艺合成的 PC – KN 与传统聚羧酸 PC – JS 进行凝胶色谱分析，得到表 2 中的数据。根据 GPC 数据可以推测，峰 1 为聚羧酸成品峰，峰 2 为聚醚残留峰，峰 3 为小单体聚合的副产物峰。在此基础上可以看出，PC – KN 的聚羧酸主峰的相对分子质量明显高于 PC – JS，并且主峰的含量较高，小分子副产物含量较低。

表2　PC – KN 和 PC – JS 的凝胶色谱数据对比

样品	峰号	M_p	M_n	M_w	PD	峰面积比/%
	1	21 027	14 417	23 277	1.61	82.53
PC – JS	2	1 752	1 588	1 732	1.09	10.65
	3	89	79	86	1.09	6.83
	1	28 101	19 075	35 856	1.88	85.79
PC – KN	2	1 739	1 576	1 772	1.12	9.36
	3	97	86	95	1.10	4.85
注：聚醚 TPEG 在 GPC 检测中 M_w 约为 1 750，与峰 2 接近。						

3.3　PC-KN 的抗泥性能检测

试验按照 2.3.1 节的方法检测了 PC-KN 和 PC-JS 在水洗砂材料中的砂浆性能,再以蒙脱土和高岭土分别等质量替代 1.0% 砂子,按照 2.3.3 节的方法检测聚羧酸样品对黏土的耐受性。由表 3 中的检测数据可知,当砂浆中无外掺黏土时,外加剂掺量为 1.8%,PC-JS 和 PC-KN 的砂浆流动度类似;蒙脱土等质量替代 1.0% 砂子时,外加剂掺量提高至 2.4%,与 PC-JS 相比,PC-KN 的初始减水与经时保坍效果都体现出明显的优势;高岭土等质量替代 1.0% 砂子时,外加剂掺量为 2.0%,此时 PC-KN 的初始流动度与 PC-JS 的类似,保坍效果稍好。PC-KN 在含蒙脱土的材料中的流动度性能优于 PC-JS。

表 3　不同种类黏土对 PC-JS 和 PC-KN 砂浆性能的影响

试验	黏土	样品	外加剂掺量/%	砂浆检测数据		
				经时时间/min	初始流动度/mm	经时流动度/mm
1	—	PC-JS	1.8	60	350	230
		PC-KN			360	235
2	蒙脱土	PC-JS	2.4	30	280	160
		PC-KN			350	300
3	高岭土	PC-JS	2.0	90	340	245
		PC-KN			355	280

注:黏土替代砂子比例为 1.0%。

3.4　PC-KN 的混凝土试验

为验证 PC-KN 在混凝土中的应用效果,试验将 PC-KN 与 PC-JS 分别在干净的水洗砂和含泥量较高的砂石材料中进行混凝土试验(试验配合比见表 4),分别检测其扩展度。表 5 所列试验数据显示,PC-KN 在干净的水洗砂材料中的减水与保坍效果与 PC-JS 的类似;在含泥量较高的材料中,减水与保坍效果均有明显的优势。自制磷酸酯合成的聚羧酸 PC-KN 在含泥量高的材料中优势明显。

表 4　混凝土试验配合比　　　　　　　　　　　　　　kg·m⁻³

强度等级	水泥	粉煤灰	矿粉	粗砂	细砂	瓜子片	石子	水
C30	230	60	60	600	200	150	800	179

表 5　PC-KN 与 PC-JS 在不同砂石材料中的混凝土数据

试验	机制砂	外加剂		混凝土流动度/mm	
		复配比例	掺量/%	初始	经时 2 h
1	水洗砂	7% PC-JS+5% 缓释型	2.0	600	540
		7% PC-KN+5% 缓释型	2.0	605	535

续表

试验	机制砂	外加剂		混凝土流动度/mm	
		复配比例	掺量/%	初始	经时2 h
2	未水洗 含泥约8%	7% PC – JS + 5% 缓释型	2.8	560	无流动度
		7% PC – KN + 5% 缓释型	2.8	650	530

注：混凝土配合比按照表4设计，除粗砂外，其余材料相同。

4　结论

（1）试验以异戊烯醇聚氧乙烯醚作为大单体，丙烯酸和自制磷酸酯作为小单体，双氧水/Vc 作为氧化还原体系，巯基丙酸作为链转移剂，合成了一种磷酸型聚羧酸减水剂，并对其聚合工艺进行了探讨。数据结果显示，单体摩尔比为 1∶3.8∶0.4（TPEG∶AA∶磷酸酯）时，合成的聚羧酸减水剂具有最佳的工作性能。

（2）PC – KN 和 PC – JS 通过混凝土试验对比，数据结果显示，引入磷酸酯合成的 PC – KN 在水洗砂材料中的效果与 PC – JS 的类似；在含泥量高的材料中的应用性能比 PC – JS 具有更明显的优势。

（3）砂浆试验数据显示，蒙脱土对砂浆性能的影响较为明显，高岭土的引入会提高聚羧酸外加剂的掺量，但对流动度损失的影响较小。PC – KN 在蒙脱土中的耐受性明显强于 PC – JS，在高岭土材料中的性能与 PC – JS 的差距较小。

参考文献

［1］李道军，马元雄. 聚羧酸系高性能减水剂在商品混凝土中的应用［J］. 混凝土与水泥制品，2013（7）：18 – 25.

［2］Sylvie P，Solenne L，David R，et al. Effect of the repartition of the PEG side chains on the adsorption anddispersion behaviors of PCP inpresence of sulfate［J］. Cement and Concrete Researsh，2012（42）：431 – 439.

［3］吴华明，汪永和，张志勇. 高适应性接枝共聚物超塑化剂的构筑及性能［J］. 江苏建筑，2011（2）：101 – 106.

［4］孙申美，徐海军，邵强. β-环糊精侧链对聚羧酸减水剂抑制蒙脱土的影响［J］. 化工学报，2017，68（5）：2204 – 2215.

［5］张平，刘洋，李凯. 磷酸酯型聚羧酸减水剂的合成及性能研究［J］. 新型建筑材料，2020（7）：76 – 80.

［6］刘传辉，吴婷. 磷酸基团改性聚羧酸减水剂的合成及其性能研究［J］. 新型建筑材料，2021（4）：71 – 75.

第 3 部分
新型引气剂与速凝剂研究

新型混凝土引气剂的制备与性能研究

朱艳姣，曾贤华，朱巧勇

（科之杰新材料集团浙江有限公司）

摘要： 本文通过分子结构设计，采用亚硫酸钠作为磺化剂，甲醛为扩联剂，丁酮为缩合剂，通过水解、磺化和丁酮的单边缩合等一系列反应，得到一种小分子聚合物新型混凝土引气剂。与传统松香引气剂相比，制备的新型混凝土引气剂自身稳定性能好、减水率高、性价比优；具有显著改善混凝土气泡的功能，使得混凝土具有好的和易性、流动性与施工性。

关键词： 引气剂；含气量；抗压强度；混凝土

1 引言

引气剂是一种可替代石灰膏的混凝土外加剂，其能使混凝土在拌合过程中引入大量微小、封闭而稳定的气泡，从而可以大幅改善混凝土的和易性，提高混凝土的耐久性，操作方便，并且可以降低成本。传统的松香类引气剂主要是以松香钠盐为主体的憎水性阴离子表面活性剂，其作用机理主要是界面活性作用、起泡作用、稳泡作用三个方面。在工程应用中，由于松香的纯度、结晶度等因素，导致松香类引气剂性能稳定性差；水溶性较差的松香皂类会导致在与其他外加剂在复配时相容性差；另外，混凝土配合比、搅拌时间等均会导致引气剂使用效果不理想。本研究合成了一种具有好的气泡稳定性和和易性的新型混凝土引气剂WFA，以改善混凝土性能。

2 试验部分

2.1 试验材料和仪器

水泥：南方 P·O 42.5R 水泥。

PCE 聚羧酸减水剂：科之杰新材料集团浙江有限公司生产。

传统松香类引气剂：松香粉，市售产品。

引气剂合成原材料：亚硫酸钠（工业级，97%）；丁酮（化学级，100%）；甲醛（工业级，37%）、NaOH 溶液。

仪器：W-201B 数显恒温油浴锅（上海申胜生物技术有限公司）、NJ-160A 增力电动搅拌器（金坛市新航仪器厂）、NJ-130A 水泥净浆搅拌机（无锡市镐鼎建工仪器厂）、HJW-60 混凝土试验用搅拌机（无锡建仪仪器机械有限公司）、TYE-300B 电动压力试验

朱艳姣，女，1995，12，硕士，浙江省嘉兴市天凝镇荆杨路5号，314100，17788509524。

机（无锡建仪仪器机械有限公司）等。

2.2　新型混凝土引气剂的合成

引气剂合成过程主要分为水解和磺化缩合两步。①水解：将一定量的磺化剂亚硫酸钠和水混合，用 NaOH 溶液调节 pH 至 9.0 ~ 11.0，混合液在 50 ~ 65 ℃ 的条件下充分搅拌 10 ~ 30 min 至物料溶解完全，得到溶液 A；②磺化缩合：将溶液 A 温度升至 60 ~ 70 ℃，向溶液 A 中加入一定比例的缩合剂丁酮和扩联剂甲醛，并控制反应温度在 95 ~ 100 ℃ 之间，保温 6 h。保温结束后，降温至 70 ~ 75 ℃，补充适量的水将有效含量调至 20%，得到新型混凝土引气剂 WFA。

2.3　混凝土测试

根据 GB 8076—2008《混凝土外加剂》和 GBT 50081—2002《普通混凝土力学性能试验方法》进行性能检测。混凝土配合比见表 1。另外，PCE 聚羧酸减水剂，掺量为胶材质量的 2.0%（折固量为 0.15%），其中引气剂为外加剂掺量的 0.1%。

表 1　C30 混凝土配合比

kg · m⁻³

水泥	煤灰	矿粉	细砂	机制砂	碎石	水	外加剂
P · O 42.5R	Ⅱ级	S95	1.2	3.0	5 ~ 25	自来水	—
250	52	60	302	518	980	165	2.0%

3　结果与讨论

3.1　醛酮摩尔比对新型混凝土引气剂性能的影响

在试验中固定磺化剂用量及加料方式、反应温度、反应时间等反应条件，改变甲醛与丁酮的摩尔比即 n(甲醛)/n(丁酮)，制得一系列引气剂，并测试其性能，具体结果见表 2。

表 2　醛酮摩尔比对新型混凝土引气剂性能的影响

样品型号	n(甲醛)/n(丁酮)	减水率/%	0 min 含气量/%	60 min 含气量/%	和易性	混凝土抗压强度/MPa	
						7 d	28 d
空白	—	0	0.5	0.2	差	25.7	42.8
WFA – 1	1.2	5.4	2.2	2.0	差	25.2	42.4
WFA – 2	1.5	6.5	2.8	2.6	好	26.3	43.1
WFA – 3	1.8	7.3	3.8	3.5	优	26.8	43.9
WFA – 4	2.1	6.3	2.7	2.4	优	25.9	43.1
WFA – 5	2.4	5.3	2.1	2.0	差	25.1	42.0

根据表 2 试验结果可发现，当 n(甲醛)/n(丁酮) 比较小时，减水率较小，含气量较低；

随着 n(甲醛)/n(丁酮) 增大，当 n(甲醛)/n(丁酮) 为 1.8 时，得到的引气剂 WFA – 3 具有较好的气泡稳定性，混凝土的综合性能最佳；随着 n(甲醛)/n(丁酮) 继续增大，分散性和含气量都较低。当 n(甲醛)/n(丁酮) 较小时，缩聚物水溶性差；当 n(甲醛)/n(丁酮) 较大时，缩聚物相对分子质量较大，易缠绕。试验中最佳的 n(甲醛)/n(丁酮) 为 1.8。另外，发现新型混凝土引气剂的加入对混凝土强度无显著影响。

3.2 磺化剂用量对新型混凝土引气剂性能的影响

磺化剂在反应过程中主要起磺化作用，如果用量不足，会影响磺化度，并会出现凝胶物，从而影响混凝土引气剂的减水率；如果用量过多，则会导致反应加速，难以控制。固定醛酮摩尔比 1.8，不改变反应温度、反应时间等反应条件，改变亚硫酸钠和丁酮的摩尔比，具体见表 3。

表 3 磺化剂用量对新型混凝土引气剂性能的影响

样品型号	n(亚硫酸钠)/n(丁酮)	减水率/%	0 min 含气量/%	60 min 含气量/%	和易性	混凝土抗压强度/MPa	
						7 d	28 d
空白	—	0	0.5	0.2	差	25.7	42.8
WFA – 6	0.40	4.2	2.5	1.9	差	25.3	42.4
WFA – 7	0.45	5.0	2.9	2.2	较好	25.8	42.7
WFA – 8	0.50	6.3	3.0	2.5	好	26.5	43.4
WFA – 9	0.55	7.3	3.8	3.5	优	26.8	43.9
WFA – 10	0.60	6.2	3.2	2.9	好	26.4	43.2

由表 3 试验结果可知，亚硫酸钠用量对引气剂的减水率的影响较大，随着 n(亚硫酸钠)/n(丁酮) 的增大，减水率先增加后减小，在 0.55 时最佳。这是因为当 n(亚硫酸钠)/n(丁酮) 较小时，产物磺化度较低，引气剂分散性能差；当 n(亚硫酸钠)/n(丁酮) 较大时，反应速率快，降低了引气剂的相对分子质量，从而使分散性变差。另外，可发现 n(亚硫酸钠)/n(丁酮) 大于 0.55，引气剂的气泡稳定性较好，受混凝土搅拌合存放时间的影响小。

3.3 保温时间对新型混凝土引气剂性能的影响

固定醛酮比为 1.8，亚硫酸钠与丁酮比为 0.55，改变反应时间进行新型引气剂的合成，并研究其对混凝土性能的影响，具体见表 4。

表 4 保温时间对新型混凝土引气剂性能的影响

样品型号	保温时间/h	减水率/%	0 min 含气量/%	60 min 含气量/%	和易性	混凝土抗压强度/MPa	
						7 d	28 d
空白	—	0	0.5	0.2	差	25.7	42.8
WFA – 11	2.0	3.8	2.4	2.0	较好	25.8	43.2
WFA – 13	4.0	4.5	2.7	2.4	较好	26.2	43.6
WFA – 14	6.0	7.3	3.8	3.5	优	26.8	43.9

续表

样品 型号	保温时间 /h	减水率 /%	0 min 含气 量/%	60 min 含气 量/%	和易性	混凝土抗压强度/MPa	
						7 d	28 d
WFA－15	8.0	7.4	3.9	3.5	优	26.3	43.8
WFA－16	10.0	7.4	3.9	3.6	优	26.1	43.6

　　从表4可以发现，随着保温时间的延长，新型混凝土引气剂的减水率、含气量不断增大，保温时间为6 h时，使用制备的引气剂的混凝土表现出较高的减水率、气泡稳定性及和易性；继续延长保温时间，减水率及含气量变化不大，性能趋于稳定。如果保温时间太短，反应不充分，导致引气剂分散性和气泡稳定性差。同时，发现保温时间对混凝土抗压强度的影响较小。

3.4　不同类型引气剂对混凝土性能的影响

　　将用最佳工艺配比合成得到的新型混凝土引气剂 WFA 和传统松香类引气剂进行对比试验，试验结果见表5。

表5　不同引气剂混凝土性能测试结果

样品型号	减水率 /%	0 min 含气 量/%	60 min 含气 量/%	和易性	混凝土抗压强度/MPa	
					7 d	28 d
空白	0	0.5	0.2	差	25.7	42.8
传统松香引气剂	1.2	1.0	0.2	差	26.9	44.1
新型混凝土引气剂	7.3	3.8	3.5	优	26.8	43.9

　　由表5的试验结果可知，将新型混凝土引气剂与传统引气剂进行比较，在掺量相同的情况下，新型混凝土引气剂具有更高的混凝土减水率，微沫气泡在混凝土含量更高，气泡稳定性更好。此外，掺新型混凝土引气剂的混凝土的和易性、工作性能更好。新型混凝土引气剂与传统引气剂在同一龄期的抗压强度无明显差异，表明新型混凝土引气剂对混凝土的抗压强度的影响较小。

4　结论

　　(1) 采用醛酮摩尔比为1.8，磺化剂与丁酮摩尔比为0.55，保温时间为6 h制备的新型混凝土引气剂，表现出了好的气泡稳定性，并且受混凝土搅拌和存放时间的影响小。

　　(2) 与传统引气剂相比，掺入新型混凝土引气剂的混凝土具有较高的减水率和优的和易性，极大改善了混凝土的和易性、流动性与施工性能。

　　(3) 新型混凝土引气剂对混凝土的抗压强度的影响较小。

参考文献

[1] 陈建奎. RSF 改性微沫剂对水泥砂浆和混凝土性能的影响 [J]. 建筑技术，1988 (4): 35－38.

［2］吴倩. 高效砂浆外加剂——微沫剂［J］. 混凝土及加筋混凝土，1983（1）：19 + 38 – 40.

［3］廖琼江，刘文华. 浅析砂浆微沫剂对水泥砂浆和易性的影响［C］. 中国地质学会工程地质专业委员会 2007 年学术年会暨"生态环境脆弱区工程地质"学术论坛论文集，2007：635 – 637.

［4］杨惠先，马保国. 砂浆微沫剂的改性研究［J］. 混凝土与水泥制品，1992（1）：14 – 16.

［5］童立太. 微沫剂的性能和作用机理［J］. 混凝土及加筋混凝土，1988（3）：33 – 36.

［6］赵玉章，朱青. 微沫剂及其应用［J］. 建筑知识，1987（1）.

［7］吴方政，王利锋，单俊鸿. 混凝土引气剂的研究现状［C］. 第五届（2011）国际路面养护技术论坛论文集，2012：316 – 319.

［8］李熙，季晓丽. 微沫剂对砂浆性能的影响研究［J］. 新型建筑材料，2018，45（10）：159 – 161.

［9］杨振杰，吴志强，宋亮，等. 固井水泥浆微沫剂 WMJ – 1 室内试验研究［J］. 油田化学，2011（2）：130 – 132.

不同类型引气剂对混凝土外观的影响研究

邵楷模，李伟，杨凯，王可汗

（江苏奥莱特新材料股份有限公司）

摘要： 针对当前对高性能混凝土的要求，研究不同类型引气剂的特点及其对混凝土性能的影响，以提高混凝土的综合性能。以 P·O 42.5 硅酸盐水泥作为主要原材料，以三萜皂苷类引气剂、十二烷基苯磺酸钠类引气剂、醚类引气剂、α-烯基磺酸钠类引气剂作为不同类型的引气剂，通过引气剂在水中的起泡、稳泡性能试验，研究不同类型引气剂的引气特点；同时，也通过混凝土抗压强度测试、坍落度测试、含气量测试及 Image-Pro Plus 软件对混凝土内部的孔洞进行数值定量化分析，研究不同类型引气剂对混凝土拌合物性能及强度的影响。结果表明，α-烯基磺酸钠类及十二烷基磺酸钠类引气剂引气量大，但气泡稳定性不及三萜皂苷类引气剂，后者气泡更加细小、稳定，对混凝土的强度及外观均更有利。

关键词： 引气剂；高性能混凝土；气孔结构

1 前言

随着近些年大型建设项目的发展及高性能混凝土的大量应用，对混凝土的综合性能要求也越来越高。与此同时，随着国家提出"一带一路"的发展战略，使得以港珠澳大桥、青藏公路等为代表的重点工程开始建设，而这些工程因其特殊的地理位置及特殊的工艺要求，对混凝土的各项性能要求也更加严苛。为解决此类问题，防止因过多的水分进入混凝土带来的破坏，很多学者提出了不同的防治措施，如通过降低混凝土的水灰比，或者是在混凝土中加入引气剂。而在混凝土中加入引气剂，是当前学术界解决上述问题的共识。认为在混凝土中加入引气剂，会在混凝土中形成大量均匀的微小封闭气孔，当水分进入混凝土后，在低温的情况下会产生一定的消减和缓冲作用，以此大大提高混凝土的性能。但是，当前市场上，引气剂的种类很多，其指标和性能也有所不同。而这就产生了一个问题，即在混凝土中掺入何种引气剂，并且需掺入多少。马丽涛（2017）研究了三萜皂苷等三种不同的引气剂在不同掺量下对混凝土的影响，结果表明，三萜皂苷的综合性能较好，掺量在 2‰~8‰；十二烷基硫酸钠的掺量在 0.5‰~2.5‰。由此看出，由于不同引气剂的性能参数不同，其产量和品种也不同。如选择不合适，不仅不能改善混凝土的性能，还可能在一定程度上加剧对混凝土的影响。本文在以上研究的基础上，在混凝土基础试验配比的基础上，以不同种类的引气剂作为研究对象，进而查看其对混凝土外观的影响，旨在为以后清水混凝土的引气剂选择做一定的准备工作。

2 试验部分

2.1 主要试验材料

以安徽海螺生产的 P·O 42.5 普通硅酸盐水泥为原料,其具体的化学成分见表1。该水泥的细度为 4.5%,28 d 的抗压强度为 50.3 MPa,标准用水量为 26.7%。

表1 水泥化学成分 %

CaO	SiO$_2$	MgO	Al$_2$O$_3$	Fe$_2$O$_3$	R$_2$O	SO$_3$	烧失量
61.37	21.70	4.30	3.97	4.83	0.67	2.08	0.21

水取自当地自来水,符合 JGJ 63—2006 的相关要求。

细料集:细度模数为 2.6,整体含泥量为 1.8%。

粗料集:粒径大小为 5~10 mm 与 10~20 mm 的碎石。

减水剂:采用江苏奥莱特新材料股份有限公司生产的 M18 型高性能聚羧酸减水剂。

引气剂:考虑到本文研究的实际情况,选择十二烷基硫酸钠类引气剂 ARIT - A、α - 烯基磺酸钠类引气剂 ARIT - B、皂苷类引气剂 ARIT - C、醚类引气剂 ARIT - LC。

2.2 主要试验仪器

结合混凝土性能评价指标,选择以下几种试验仪器,具体见表2。

表2 主要试验仪器

仪器名称	型号	厂家
混凝土搅拌机	SJD - 60	南京建仪仪器有限公司
电液式压力试验机	YAW - 3000	浙江竞远机械设备有限公司
含气量测定仪	LC - 615	日本三洋
垂直振荡器	HC - GGC - 5000	青岛聚创环保设备有限公司

2.3 试验测定指标及试验方法

在本文的指标选择中,以引气剂在水中的起泡高度和稳泡时间来评价不同类型引气剂的起泡性能;以坍落度、含气量、含气量损失和抗压强度等作为主要指标来评价不同类型引气剂对混凝土性能的影响;以 Image - Pro Plus 软件分析所得的孔洞面积分数、孔洞尺寸分布和最大孔洞尺寸三个参数来反映不同类型引气剂的气泡结构,并以此来研究不同类型引气剂对混凝土性能产生影响的机理。

2.3.1 起泡性能测试

本文采用青岛聚创环保设备有限公司生产的 HC - GGC - 5000 垂直振荡器来测试不同类型引气剂在水中的起泡高度及稳泡时间。选择震荡频率为 300 r/min,震荡高度为 20 cm。测试结果如图1和图2所示。

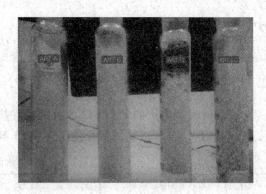

图 1　垂直振荡器　　　　　　　　　　　　图 2　不同引气剂起泡情况

2.3.2　混凝土含气量

根据 GB/T 50080—2016《普通混凝土拌合物性能试验方法》中对混凝土性能的相关要求，采用 LC–615 型测定仪对混凝土的含气量进行测定。具体的试验方法为：将经过搅拌得到的混凝土放置在 LC–615 型含气量测定仪筒内，然后在振动台上振动，时间为 10 s，再刮平，盖好盖子，最后测定混凝土的覆盖量。测量完毕后，将混凝土倒在塑料桶内，并用抹布覆盖，30 min 后重新倒入搅拌机内搅拌 15 s，并测量其含气量，以得到其经时损失。

2.3.3　抗压强度

根据 GB/T 50081—2002 关于《普通混凝土力学性能试验方法标准》的相关要求，分别测定混凝土在不同龄期的抗压强度。

2.3.4　Image–Pro Plus 气孔结构分析

本文借助 Image–Pro Plus 图像分析软件进行起泡结构分析。先将掺加相同掺量、不同类型引气剂的试件标样放置 28 d 后用切割机切开，采用 1 200 万像素的相机在相同高度、固定焦距和相似光照条件下对其截面进行拍照，拍摄的图片如图 3 所示。然后对所拍摄的照片通过 Image–Pro Plus 图像分析软件进行处理，如图 4 所示。

图 3　混凝土外观拍摄　　　　　　　　　　图 4　外观照片处理

3　试验结果与分析

3.1　起泡、稳泡试验

通过垂直震荡试验机进行起泡、稳泡试验，可以得到表3所示的试验结果。

表3　起泡、稳泡试验结果对比

材料	初始起泡高度/cm	30 min 起泡高度/cm	60 min 起泡高度/cm
ARIT – A	120	100	90
ARIT – B	130	120	115
ARIT – C	100	95	90
ARIT – LC	120	110	100

通过上述结果看出，ARIT – A 的起泡量较多，但其稳定性比较差，而且气泡较大，在 60 min 的测试结果中，气泡高度的损失达到了 25% 左右。相反，ARIT – C 的起泡量虽小，但稳定性最好，其在 60 min 内的气泡高度损失在 10% 左右。ARIT – B 和 ARIT – LC 的气泡各种大小均有，并且保持性也相对较好，但 ARIT – B 的起泡量更大一些。因此，通过以上的试验，我们确定四种不同类型的引气剂在水中的起泡性能具有各自的特点。

3.2　不同类型、不同掺量引气剂对混凝土性能的影响

在表4所示配合比基础上，分别调整四种引气剂掺量，对比不同引气剂对混凝土出机坍落度、扩展度、含气量、含气量损失、强度的影响。

表4　混凝土配合比　　　　　　　　　　　　　　　kg·m⁻³

编号	水泥	砂	小石	中石	水	减水剂	引气剂
S1 – 1	360	776	416	620	170	3.6	0
S1 – 2	360	776	416	620	170	3.6	0.036
S1 – 3	360	776	416	620	170	3.6	0.072
S1 – 4	360	776	416	620	170	3.6	0.144
S1 – 5	360	776	416	620	170	3.6	0.288

编号	水泥	砂	小石	中石	水	减水剂	引气剂
S1 – 6	360	776	416	620	170	3.6	0.036
S1 – 7	360	776	416	620	170	3.6	0.072
S1 – 8	360	776	416	620	170	3.6	0.144
S1 – 9	360	776	416	620	170	3.6	0.288
S1 – 10	360	776	416	620	170	3.6	0.036
S1 – 11	360	776	416	620	170	3.6	0.072
S1 – 12	360	776	416	620	170	3.6	0.144
S1 – 13	360	776	416	620	170	3.6	0.288
S1 – 14	360	776	416	620	170	3.6	0.036
S1 – 15	360	776	416	620	170	3.6	0.072
S1 – 16	360	776	416	620	170	3.6	0.144
S1 – 17	360	776	416	620	170	3.6	0.288

3.2.1 不同掺量对混凝土含气量的影响

由图 5 可知，随着掺量的增加，含气量也增加。相同掺量时，ARIT – A 的含气量最小，并且随着掺量的增加，一开始含气量变化不大，随着掺量继续增加，含气量逐渐增加。这可能是由于引气剂在水中产生泡沫时，形成气 – 液分散体系，引气剂吸附在气 – 液界面上并降低其表面张力。随着引气剂掺量的增加，水溶液内的 Na^+ 数量随之增加，而不能溶于水的烷基长链憎水基朝向气泡内部离子的扩散传质过程与次表面及表面的吸附和脱附构成整个过程，表面电荷的存在形成了双电子层，形成 $5.5 \ kJ \cdot mol^{-1}$ 的吸附势垒（E_a），显著降低离子型表面活性剂的有效扩散系数（Deff），使得吸附初期为混合动力控制吸附机制。只有加入足够量的 Na^+ 屏蔽表面电荷的影响，才能表现出与非离子型表面活性剂相同的扩散控制吸附机制。引气剂在非平衡状态的扩散/吸附系数影响到引气剂产出的效率，因此，只有引气剂掺量达到足以越过吸附势垒，才能取得预期效果；ARIT – B 的引气量较大，这主要因为 ARIT – B 的起泡量不受到 Ca^{2+} 的束缚，其憎水基深入气泡内部，保证气泡的强度可以抵制颗粒空隙的毛细作用而形成稳固的气泡。从图 6 可知，ARIT – C 引气量虽小，但气泡较稳定，相反，ARIT – B 的引气量较大，但气泡稳定性差，这主要是因为搅拌产生的气泡由于重力的作用而缓慢上升，气泡表面产生的压力差使溶液向稳定的方向流动，气泡的厚度呈现上部薄弱化，而最终溶液从膜内排出，气泡破裂，因此长时间堆放已经搅拌好的掺加 ARIT – B 的混凝土，其和易性会变差。

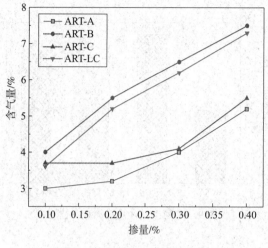

图5 引气剂对含气量的影响

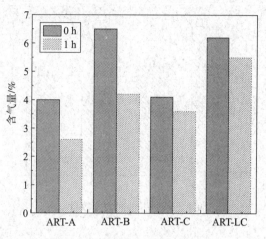

图6 引气剂对含气量损失的影响

3.2.2 不同类型引气剂的气泡特点分析

为了做进一步的表面性能定量分析，采用 Image – Pro Plus 软件对混凝土表面进行图像处理，包括四个步骤：图像采集、灰度处理、孔洞大小和数量分析、数值处理，处理后的黑白图像如图7所示。

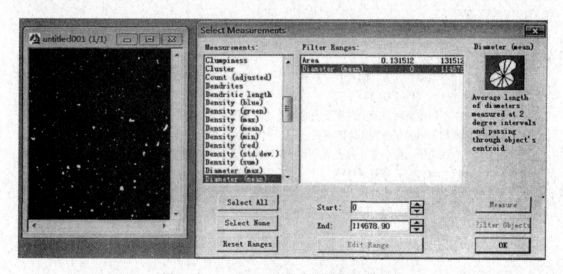

图7 Image – Pro Plus 软件分析混凝土外观气泡

有研究表明，大于 200 μm 的气泡对混凝土的强度、和易性均有不利的影响，而小于 200 μm 的气泡则对强度影响较小，并且可以改善混凝土的和易性。如图8和图9所示，加入 ART – A 的混凝土硬化后，表面超过 200 μm 的气泡数量最多，而加入 ART – B 和 ART – LC 的混凝土表面气孔总面积占总表面积的比例较高，所以综合来看，加入 ART – C 的混凝土硬化后外观质量最好，这主要是由于该类引气剂产生的微小气泡对混凝土的和易性有很大的改善，并且气泡稳定存在，导致成型后外观质量较好。

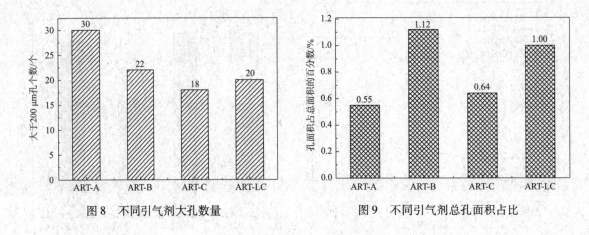

图 8　不同引气剂大孔数量　　　　　　图 9　不同引气剂总孔面积占比

4　结论

通过上述研究可以看出，随着引气剂掺量比例的不断增加，其含气量和坍落度都会增加；同时，通过以上试验可以看出，固体引气剂和气体引气剂相比，固体引气剂在引气效果方面要优于液体引气剂。产生这个结果的主要原因，是松香热聚物可进行固液转换，在温度升高的同时，增加了气泡，而在温度降低时，则在一定程度上增加了混凝土的稠度，进而提高了抗压的强度。

参考文献

[1] 马丽涛，宋宝，乔琼琼，苏方，胡春梦，邓永康. 引气剂品种对混凝土性能的影响 [J]. 新型建筑材料，2017，44 (11)：25 - 27 + 34.

[2] 蒋丽燕. 引气剂不同掺量对混凝土性能影响的研究 [J]. 商品混凝土，2018 (1)：31 - 33 + 38.

[3] 宋德军. 不同外加剂对混凝土性能影响研究 [J]. 当代化工，2017，46 (5)：817 - 820.

[4] 李强，王起才，代金鹏，余小龙，薄士威. 不同养护温度下引气剂对混凝土性能的影响研究 [J]. 硅酸盐通报，2017，36 (6)：1841 - 1846.

[5] 王稷良，廖华涛，吴方政，牛开民. 引气剂对硬化混凝土力学性能与气泡特征参数的影响 [J]. 公路交通科技，2015，32 (1)：25 - 29.

疏水改性聚羧酸减水剂气泡调控及性能研究

王争争[1]，周栋梁[1]，杨勇[1]，王涛[1]，冉千平[1,2]

(1. 高性能土木工程材料国家重点实验室，江苏苏博特新材料股份有限公司；

2. 材料科学与工程学院，东南大学)

摘要：以异戊烯醇聚氧乙烯醚、丙烯酸和丙烯酸正丁酯为原料，以过硫酸铵为引发剂，巯基乙酸为链转移剂，利用自由基本体聚合方法合成了疏水改性固体聚羧酸减水剂。详细考察了疏水单体丙烯酸正丁酯不同用量下的分散性能、溶液表面性能、溶液气泡结构和流出时间等性能。研究发现，适量疏水单体的引入可以带来样品的表面张力下降，气泡结构稳定且细小，最终带来样品分散性能的增强和和易性的改善。

关键词：疏水改性；固体聚羧酸；减水剂；分散性能

1 前言

随着现代高层建筑兴起和工程应用场景的复杂化，市场对混凝土的工作性能要求越来越高，高性能混凝土（HPC）及超高性能混凝土（UHPC）得到越来越广泛的应用。高强混凝土的低水胶比条件使得新拌混凝土的黏度增大、流动度下降，进而使得混凝土泵送困难，增加工程建设成本。近年来，聚羧酸减水剂作为第三代减水剂，具有高减水率、结构可设计性强等优点，目前被广泛应用在各类建筑工程建造中。但是，常规聚羧酸减水剂难以解决高强混凝土黏度大、泵送困难这一难题，因而研究人员开展了一系列聚羧酸减水剂的结构改性工作。疏水改性聚羧酸减水剂可以显著改变其表面性能，进而改善混凝土气泡结构，带来混凝土体系的降黏效果。

目前，疏水改性聚羧酸减水剂有两条路线，分别为侧链疏水改性和主链疏水改性。侧链疏水改性的一种是在聚醚侧链上加成环氧丙烷片段，从而合成环氧乙烷/环氧丙烷（EO/PO）嵌段聚醚，并用于聚羧酸减水剂的合成。徐南等将 EO/PO 嵌段聚醚与丙烯酸等进行水溶液自由基共聚，合成侧链疏水改性的减水剂。结果表明，侧链疏水改性聚羧酸具有优异的分散及分散保持性、较低的表面张力，能够显著地降低混凝土的含气量，并提高混凝土的抗压强度。另一种是在聚醚侧链末端接枝疏水基团，张志勇等采用己内酯与聚醚开环反应进行聚醚大单体末端改性。结果表明，己内酯加成个数对聚羧酸减水剂的分散性能有着重要的影响，加成个数越多，分散性能下降越明显，但同时引气稳泡能力也在提高。

主链疏水改性则是在丙烯酸主链结构上引入疏水单体，同样可以改变聚羧酸分子的表面性能。王龙飞等采用本体聚合法，将疏水单体醋酸乙烯酯引入聚羧酸减水剂中，并详细研究了该减水剂的分散及流变性能，研究发现，引入醋酸乙烯酯可以给减水剂带来低黏度、高流

王争争，男，1991.06，工程师，南京市江宁区醴泉路 118 号，211103，86 – 13245871990。

动度的效果。但是，主链疏水改性聚羧酸分子方面研究相对较少，其气泡调控机理研究相对欠缺，本文选用丙烯酸正丁酯作为疏水单体改性聚羧酸分子，详细研究其表面性能和气泡结构，并尝试建立疏水改性和聚羧酸样品分散性能的关系。

2　试验部分

2.1　原材料

丙烯酸（AA），工业级；丙烯酸正丁酯（BA），工业级；异戊烯醇聚氧乙烯醚（TPEG，相对分子质量为2 400），工业级；过硫酸铵（APS），工业级；巯基乙酸（QY），工业级；自来水，工业级；测试水泥，小野田水泥。

2.2　合成方法

将一定量的聚醚大单体 TPEG 投入三口反应烧瓶内，并加热至一定温度，使得大单体完全溶化，随后将少量的水混合链转移剂 QY 加入反应瓶内打底，引发剂 APS 和疏水单体 BA 在滴加前加入反应体系。然后将一定量的丙烯酸缓慢滴加入三口烧瓶内，恒温反应一段时间后，趁热将产物倒出，并冷却至室温。最后将产物研磨成粉末，随后取一部分产物配成50% 的减水剂母液。

2.3　测试仪器与方法

2.3.1　GPC 测试

采用凝胶渗透色谱（GPC，Agilent 1260）对聚羧酸减水剂的相对分子质量及相对分子质量分布进行测试，流速为 1 mL/min，流动相为 0.1 mol/L 的硝酸钠水溶液。

2.3.2　水泥净浆流动度测试

按照《混凝土外加剂匀质性试验方法》（GB/T 8077—2012），采用小野田水泥测定其净浆流动度，测试条件为水灰比 0.29，水泥用量为 300 g，用水量为 87 g，减水剂折固掺量为 0.16%，测定水泥净浆在玻璃板上的初始流动度。

2.3.3　溶液表面张力测试

采用 Krüss K100 表面张力仪对聚羧酸减水剂溶液进行测试，测试方法为吊环法，溶液质量浓度为 1%，每个样品进行 3 次测试，取平均值。

2.3.4　泡沫分析测试

采用 Krüss DFA100 动态泡沫分析仪对聚羧酸减水剂溶液（1% 质量浓度）进行测试，鼓泡时间设置为 2 min，测试时间为 15 min，用超纯水配置不同样品。气泡的结构用仪器自带摄像机进行观察，每个样品进行 3 次测试取平均值。

2.3.5　水泥砂浆流动度测试

按照《水泥胶砂流动度测定方法》（GB/T 2419—1994），采用小野田水泥测定其砂浆流动度，并通过 V 形漏斗测试样品的流出时间（具体而言，V 形漏斗流出时间是测试样品初始状态下，在漏斗中静置 30 s 后迅速提起至浆体流空所需时间）。该测试主要用来评价样品的和易性及黏度的差别。

3 试验结果与讨论

3.1 疏水改性聚羧酸样品分子结构参数分析

本试验合成了一系列不同 BA 用量的聚羧酸减水剂样品，BA 用量分别为 0%、1%、3%、5%、10%（该百分数为 BA 占体系 AA 总摩尔数的百分比）。通过 GPC 测试得到样品的相对分子质量及聚醚转化率等结构参数，具体结果如图 1 所示。由结果可以发现，随着 BA 用量的增加，聚羧酸分子的相对分子质量逐渐变大，相对分子质量从 26 900 增长到 32 540，聚醚转化率逐步提高，从 85.1% 增长到 88.2%，并趋于稳定。这说明 BA 的加入有助于聚醚大单体与丙烯酸等小分子的共聚，因而聚羧酸分子的相对分子质量及转化率得到提升。

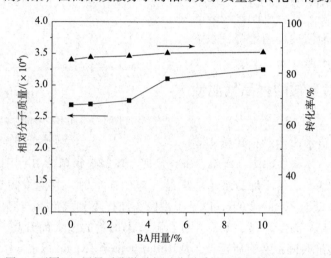

图 1 不同 BA 用量对聚羧酸相对分子质量及聚醚转化率的影响

3.2 疏水改性对聚羧酸样品净浆流动度的影响

本部分主要考察样品的分散性能差异，对上述聚羧酸减水剂分子进行了水泥净浆试验，具体结果如图 2 所示。研究发现，随着 BA 用量的增大，聚羧酸减水剂的水泥净浆扩展度先增大后减小，在 BA 用量为 5% 条件下，水泥扩展度最大，流动度从 245 mm 增长到 265 mm。前期，随着 BA 用量的增大，聚醚转化率得到一定提高，减水剂有效含量增大，所以分散效果更好，水泥净浆扩展度增加；当 BA 用量增加到一定程度时，过多的疏水单体部分未有效转化，残留在聚羧酸体系中，不利于聚羧酸分子与水泥

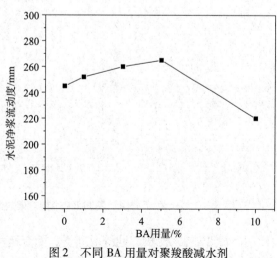

图 2 不同 BA 用量对聚羧酸减水剂
水泥净浆流动度的影响

颗粒的浸润，进而造成减水剂分散性降低。

3.3 疏水改性对聚羧酸样品表面张力的影响

本部分考察了疏水改性对聚羧酸样品表面性能的影响，主要从不同疏水单体 BA 用量出发，测试减水剂溶液的表面张力变化，具体如图 3 所示。研究发现，疏水改性样品较空白样品表面张力更低，从 53.2 mN/m 降至 49.5 mN/m，并且随着疏水单体 BA 用量的增大，改性聚羧酸样品的表面张力越来越低，进一步从 49.5 mN/m 降至 41.2 mN/m，并逐渐趋于稳定。这可能是随着疏水单体的增多，其合成的聚羧酸减水剂的疏水性和表面活性逐渐增强，水溶液的表面张力逐渐降低。

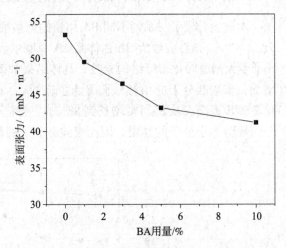

图 3　不同 BA 用量对聚羧酸减水剂表面张力的影响

3.4 疏水改性对聚羧酸样品气泡性能的影响

本部分考察了疏水改性对聚羧酸样品气泡性能的影响，具体结果如图 4 所示。研究发现，随着疏水单体 BA 用量的增大，溶液的最大气泡高度越来越高。不添加疏水单体样品（对比样）时，起泡最高高度约 70 mm，并且会在 10 min 后降低至 30 mm 以下，以至于摄像头捕捉不到气泡。与对比样相比，添加有疏水单体的样品的起泡高度明显上升，并且会随着添加量的增大而升高，从 70 mm 升高至 145 mm，后续的稳泡时间也会有所延长，从 10 min 延长至 15 min 以上。

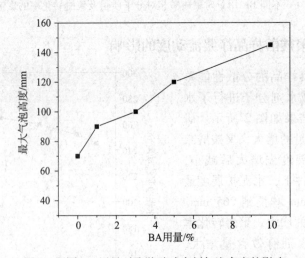

图 4　不同 BA 用量对聚羧酸减水剂气泡高度的影响

从气泡结构来比较，同等时间下，随着疏水单体添加量的增大，气泡的平均直径减小，这很有利于维持气泡的稳定性，有助于对水泥浆体和易性的改善（图 5）。也就是说，引入疏水单体 BA 后，固体聚羧酸体系的起泡及稳泡能力得到明显提升。

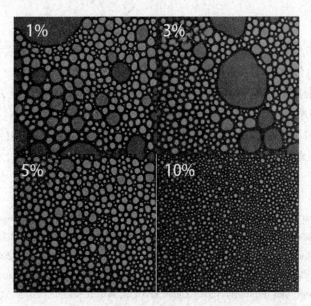

图 5　不同 BA 用量对聚羧酸减水剂气泡结构的影响

3.5　疏水改性对聚羧酸样品砂浆分散性能的影响

　　本部分考察疏水改性对聚羧酸样品砂浆分散性能的影响，并通过流出时间来考察样品的和易性和黏度改善。两组试验的疏水单体 BA 的添加量分别为 0% 和 5%，每个样品测试了不同掺量下样品的流动度及流出时间，具体结果如图 6 所示。由结果可以发现，添加疏水单体的固体聚羧酸样品的流动度明显优于不加疏水单体的样品，就流出时间而言，添加疏水单体的样品的流出时间比对比样品明显缩短，在同流动度（270 mm）条件下，从 13.1 s 降至 10.8 s。该结果说明疏水单体 BA 的引入对聚羧酸样品的和易性有明显改善。

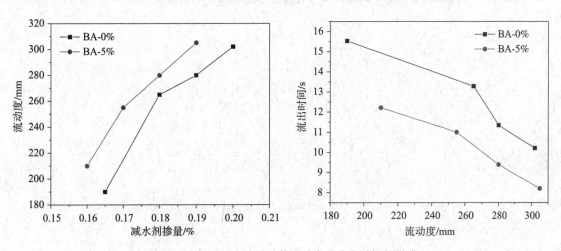

图 6　引入 BA 对聚羧酸砂浆流动度及流出时间的影响

4　结论

（1）疏水单体 BA 的引入有助于聚羧酸减水剂转化率和相对分子质量提高，适量的 BA 可以明显改善样品的分散性能，最佳 BA 用量为 5%。

（2）疏水改性聚羧酸样品的表面张力会随着 BA 用量的增大而降低，改性样品的起泡高度会随着 BA 用量的增大而升高，并且样品生成的气泡更加稳定且细小。

（3）疏水改性对聚羧酸样品砂浆分散性能有一定提高，并且样品的流出时间缩短，样品的和易性得到明显改善，体系黏度下降。

参考文献

［1］Kamal Henri Khayat, Weina Meng, Kavya Vallurupallia, et al. Rheological properties of ultra‐high‐performance concrete—An overview［J］. Cement and Concrete Research, 2019（124），105828.

［2］Zivica V. Effects of the very low water/cement ratio［J］. Construct. Build. Mater. , 2009（23）：3579–3582.

［3］Plank J, Sakai E, Miao C W, et al. Chemical admixtures‐Chemistry, applications and their impact on concrete microstructure and durability［J］. Cement and Concrete Research, 2015（78）：81–99.

［4］Jiaping Liu, Qianping Ran, Changwen Miao, et al. Effects of Grafting Densities of Comb‐Like Copolymer on the Dispersion Properties of Concentrated Cement Suspensions［J］. Materials Transactions, 2012, 53（3）：553–558.

［5］徐南. 含疏水侧链聚羧酸减水剂对混凝土含气量的影响［J］. 新型建筑材料, 2017（11）：17–19.

［6］张志勇，黄振，杨勇，等. 己内酯疏水改性聚醚合成聚羧酸减水剂及其性能研究［J］. 新型建筑材料, 2017（9）：60–63.

［7］黄振，丁娅，杨勇，等. 己内酯改性聚醚合成聚羧酸及其性能研究［J］. 广州化工, 2017, 45（7）：35–38.

［8］王龙飞，李茜茜，董树强，等. 降黏型聚羧酸减水剂的合成及性能研究［J］. 科技风, 2019（1）：165–166.

［9］周普玉. 保坍型固体聚羧酸减水剂的制备工艺及性能研究［J］. 新型建筑材料, 2019（3）：53–56.

喷射混凝土对高性能外加剂的需求与思考

王家赫[1,2]，谢永江[1,2]，谭盐宾[1,2]，李享涛[1,2]，仲新华[1,2]，渠亚男[1,2]

(1. 中国铁道科学研究院集团有限公司 铁道建筑研究所，北京100081；

2. 高速铁路轨道技术国家重点实验室，北京100081)

摘要：本文通过对比试验研究了液体无碱速凝剂与功能性掺合料对喷射混凝土力学性能、耐久性和工作性的影响，阐明两种材料在喷射混凝土性能提升方面的重要作用，并通过现场试验对所提出的技术措施进行验证。试验结果表明：在力学性能方面，功能性掺合料可以有效提升喷射混凝土早期力学性能，而无碱速凝剂保障了长龄期力学性能持续发展；在耐久性能方面，功能性掺合料的使用可以有效提高喷射混凝土密实性，56 d电通量测试结果低于1 000 C；在工作性方面，复合使用无碱速凝剂和功能性掺合料实现了喷射混凝土凝结硬化快、早期强度高，从而有效降低回弹率。

关键词：喷射混凝土；无碱速凝剂；功能性掺合料；力学性能；耐久性

高性能混凝土的概念最早于1990年5月在美国国家标准与工艺研究院（NIST）和美国混凝土学会（ACI）主办的会议上提出。经过30多年的探索，人们对高性能混凝土（HPC）的认识已基本一致，即高强度、高工作性和高耐久性的混凝土。用高性能混凝土替代传统混凝土在严酷复杂环境下进行工程建设，具有显著的经济效益和社会效益。然而，喷射混凝土作为一种采用射流成型的特种混凝土，其高性能化的程度还远远不够。主要体现在力学性能发展缓慢甚至倒缩、密实性差、施工回弹率高等方面。喷射混凝土在复合式衬砌结构中扮演着重要角色，其作为隧道结构的初期支护层，在施工过程中起到稳定围岩、保护人员和设备安全的作用；在服役期间则起到承受主要外部荷载的作用。随着我国基础设施建设逐步推进，隧道建设所占的比重逐渐增大，因此，提高喷射混凝土施工和使用性能，实现喷射混凝土高性能化，对提高我国隧道结构质量和耐久性能具有重要意义。

喷射混凝土作为一种采用射流成型的特种混凝土，其高性能化的内涵仍应从高强度、高工作性和高耐久性三个方面进行阐述。但结合喷射混凝土特殊的施工工艺，其高性能化可具体描述为：在强度方面，早期强度高且长期强度不低于传统模筑混凝土；在工作性方面，可喷性好、回弹率低；在耐久性方面，喷射混凝土长期耐久性指标与传统模筑高性能混凝土相当。众所周知，传统模筑混凝土实现高性能化主要的技术途径是采用高效外加剂和掺合料，该措施使传统混凝土水胶比降低、长期耐久性提高。由于施工工艺的不同，实现喷射混凝土高性能化的主要技术途径是依托于高性能液体无碱速凝剂和功能性掺合料的使用。本文将通过试验，研究上述材料使用后喷射混凝土的性能提升效果，阐明液体无碱速凝剂和功能性掺合料在喷射混凝土高性能化中起到的重要作用。

1 试验材料与配合比

为讨论液体无碱速凝剂与功能性掺合料的使用对喷射混凝土性能的影响，本文采用对比试验进行研究。其中，混凝土强度和耐久性指标采用实验室研究与实际工程结构钻心取样相结合，工作性研究主要通过现场试验说明。本文喷射混凝土强度及耐久性试验中采用的水泥为北京金隅股份有限公司生产的普通硅酸盐水泥（P·O 42.5）；细骨料采用天然河砂，细度模数为 2.6，紧密堆积密度为 1 900 kg/m³，表观密度为 2 750 kg/m³；粗骨料采用北京房山生产的 5~10 mm 级配碎石，紧密堆积密度为 1 650 kg/m³，表观密度为 2 700 kg/m³。本文试验中，减水剂采用河北三楷科技有限公司生产的聚羧酸高效减水剂；速凝剂采用铁科院研发的高性能液体无碱速凝剂。本研究采用的喷射混凝土试验配合比见表 1。

表 1 喷射混凝土试验配合比

编号	原材料/（kg·m⁻³）					速凝剂/%	减水剂/%
	水泥	砂	石	水	掺合料		
C40 – 1#	480	754	886	185.0	—	—	0.8
C40 – 2#	480	754	886	171.5	—	6.0	0.8
C40 – 3#	384	754	886	171.5	96	6.0	0.8

为对比研究无碱速凝剂和功能性掺合料的使用与否对喷射混凝土力学性能和耐久性能的影响，本文采用如表 1 所示的混凝土配合比进行试验。其中，1#配比为空白对照组，2#为仅使用液体无碱速凝剂而不使用掺合材料，3#为同时使用速凝剂和掺合料。本研究中，液体无碱速凝剂的掺量为胶凝材料质量的 6%，掺合料为胶凝材料质量的 20%。速凝剂和减水剂中的水已经从拌合水中扣除，以保证各配比用水量一致。本试验采用的速凝剂基本性能指标见表 2。

表 2 速凝剂基本性能指标

性能指标	pH（20 ℃）	含固量/%	密度/（g·cm⁻³）	凝结时间		胶砂抗压强度	
				初凝	终凝	1 d 抗压强度/MPa	28 d 强度比/%
无碱速凝剂	3.1	53.3	1.43	3:10	7:30	9.1	105

2 试验结果与分析

2.1 无碱速凝剂与增强掺合料对喷射混凝土力学性能的影响

为研究速凝剂与掺合料对喷射混凝土力学性能发展规律的影响，本文采用表 1 所示配合比对喷射混凝土 1 d、3 d、14 d、28 d 和 56 d 龄期的抗压强度和弹性模量发展进行试验研究。其中抗压强度采用 150 mm × 150 mm × 150 mm 的立方体试块，弹性模量采用 100 mm ×

100 mm×300 mm 的棱柱体试块。试验过程中，先进行混凝土拌合，之后加入相应掺量的液体无碱速凝剂。所得到的试验结果如图 1 所示。

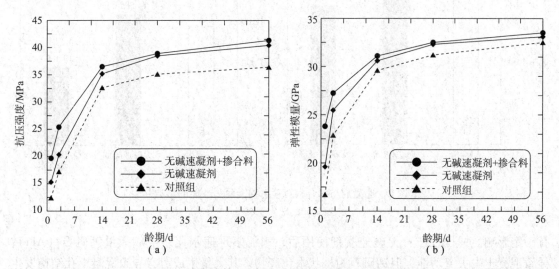

图1　速凝剂与掺合料对喷射混凝土力学性能的影响
（a）抗压强度；（b）弹性模量

分析图中试验结果可知：①与对照组相比，单独使用液体无碱速凝剂后，喷射混凝土在 56 d 龄期内抗压强度和弹性模量均高于对照组，这显著区别于传统碱性速凝剂使用后出现的强度增长缓慢甚至倒缩的情况。从具体数据看，单独使用无碱速凝剂后，喷射混凝土 1 d 和 56 d 抗压强度分别为 15.3 MPa 和 40.4 MPa，比对照组分别提高了 23.4% 和 10.9%。相应的弹性模量分别为 19.6 GPa 和 33.1 GPa，与对照组相比，分别提高了 17.4% 和 1.8%。②复合使用无碱速凝剂和功能性掺合料后，喷射混凝土早龄期抗压强度和弹性模量显著高于单掺速凝剂试验结果，即使用功能性掺合料后，喷射混凝土早龄期力学性能在单掺速凝剂基础上进一步提升，但掺合料对喷射混凝土长龄期力学性能改善效果较小。从试验数据看，复合使用速凝剂和掺合料后，喷射混凝土 1 d 抗压强度和弹性模量分别为 19.7 MPa 和 23.8 GPa，比单掺速凝剂结果进一步提高了 28.7% 和 21.4%，但相应的 56 d 力学性能结果与单掺速凝剂结果相当。由上述分析可知，无碱速凝剂的使用是保障喷射混凝土长龄期力学性能指标持续发展的关键，而功能性掺合料的使用则提高了喷射混凝土早龄期力学性能。

2.2　增强掺合料对喷射混凝土耐久性能的影响

喷射混凝土作为隧道初支结构主要建筑材料，其耐久性能是保障隧道结构长期稳定服役的关键。对于隧道初支喷射混凝土而言，抗渗性是影响隧道结构服役性能的重要因素。本文参照 GB/T 50082—2009《普通混凝土长期性能和耐久性能试验方法标准》对液体无碱速凝剂和功能性掺合料使用后喷射混凝土 28 d 和 56 d 龄期的电通量进行试验研究，试验结果如图 2 所示。

图 2 中展示了单独使用无碱速凝剂和复合使用速凝剂与掺合料条件下喷射混凝土在 28 d 和 56 d 的电通量测试结果。为方便对比，将空白对照组结果也绘制在图中。从试验结果分析可知：①与对照组相比，单独使用无碱速凝剂的喷射混凝土 28 d 和 56 d 电通量均高于空白对照组，即使用无碱速凝剂后，虽然可以实现混凝土的迅速凝结硬化，但是对其抗渗性仍

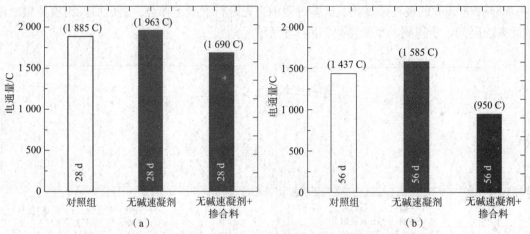

图2　速凝剂与掺合料对喷射混凝耐久性能的影响

(a) 28 d；(b) 56 d

有一定影响。原因在于：无碱速凝剂使用后，水泥浆迅速水化，生成大量钙矾石（AFt），导致混凝土失去流动性，但钙矾石为杆状水化产物，其大量生成势必导致混凝土孔结构发生变化，电通量测试结果增大。②复合使用无碱速凝剂与功能性掺合料后，喷射混凝土 28 d 和 56 d 电通量与对照组及仅使用速凝剂试验组相比均显著降低。从具体数据看，复合使用两种材料后，喷射混凝土 28 d 和 56 d 电通量分别为 1 690 C 和 950 C，比对照组分别降低了 10.3% 和 33.9%。尤其对于 56 d 电通量，可以降低至 1 000 C 以下，这与高性能模筑混凝土基本相当。

2.3　基于现场试验评价喷射混凝土工作性

为研究本文提出的液体无碱速凝剂与功能性掺合料对喷射混凝土工作性的影响，本研究选择我国西部地区某隧道进行喷射混凝土现场试验，主要对喷射过程中混凝土的回弹率进行现场测试，并在喷射完成后现场钻心取样测试实体混凝土抗压强度与电通量等。本次现场试验采用表 1 中的 C40 – 3# 配合比，现场施工照片如图 3 所示。

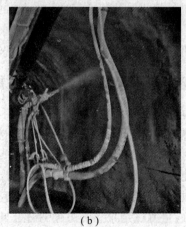

图3　喷射混凝土现场试验照片

(a) 拱腰；(b) 拱顶

图 3 分别展示了拱腰和拱顶两个部位喷射时的施工照片。两个部位喷射结束后，现场收集地面回弹混凝土并进行称重，从而得到拱腰和拱顶两个部位喷射混凝土的回弹率。喷射试验结束后，对喷射混凝土进行钻心取样，分别测试 1 d 和 28 d 龄期的抗压强度及 28 d 和 56 d 龄期的电通量，测试结果见表 3。

表 3　喷射混凝土现场试验结果

性能指标		结果
力学性能	1 d 抗压强度/MPa	16.6
	28 d 抗压强度比/%	103
耐久性能	28 d 电通量/C	1 580
	56 d 电通量/C	937
工作性	拱腰回弹率/%	3.5
	拱顶回弹率/%	6.1

由表 3 并结合上文试验结果分析可知，在抗压强度方面，高性能液体无碱速凝剂的使用在保障凝结效果的同时，对混凝土长期强度发展影响较小，而功能性掺合料的使用则提高了混凝土早龄期强度，两者结合实现了喷射混凝土早期强度高、后期强度持续增长的优异性能；在耐久性方面，功能性掺合料可以提高喷射混凝土密实性，从而克服因使用速凝剂而对混凝土孔结构的不利影响，进而实现了喷射混凝土 56 d 电通量低于 1 000 C；在工作性方面，高性能无碱速凝剂与功能性掺合料的匹配使用，同时实现了喷射混凝土迅速凝结硬化和早期强度提升的目标，从而有效降低了喷射混凝土回弹率。

3　结论

本文通过对比试验讨论了高性能液体无碱速凝剂与功能性掺合料对喷射混凝土力学性能、耐久性能和工作性的影响，分析两种材料在喷射混凝土性能提升中的重要作用，并通过现场试验对采用本文技术措施的喷射混凝土性能进行检验。分析试验结果，可以得到如下结论：

（1）在力学性能方面，功能性掺合料的使用可以显著提高喷射混凝土早龄期力学性能，而高性能液体无碱速凝剂可以实现对混凝土后期力学性能发展影响较小。二者结合使用，可以实现喷射混凝土早期强度高，后期强度持续增长的优良性能。

（2）在耐久性能方面，功能性掺合料通过改善喷射混凝土孔结构实现对混凝土耐久性能的提升，克服了因速凝剂的使用导致喷射混凝土在耐久性能方面的不足，实现了喷射混凝土 56 d 龄期电通量小于 1 000 C。

（3）在工作性方面，复合使用液体无碱速凝剂和功能性掺合料后，实现了喷射混凝土在到达受喷面后迅速凝结硬化且迅速产生强度，该技术措施可以有效降低喷射混凝土施工中的回弹率，从而提高喷射效率。喷射混凝土现场试验结果表明，采用上述技术措施后，喷射混凝土拱腰回弹率为 3.5%，拱顶回弹率为 6.1%。

参考文献

［1］孙伟，缪昌文. 现代混凝土理论与技术［M］. 北京：科学出版社，2012.

［2］孙伟. 现代混凝土材料的研究和进展［J］. 商品混凝土，2009（1）：1－6.

［3］阎培渝. 现代混凝土的特点［J］. 混凝土，2009（1）：3－5.

［4］Yin W，Li X，Sun T，et al. Experimental investigation on the mechanical and rheological properties of high－performance concrete（HPC）incorporating sinking bead［J］. Construction and Building Materials，2020（243）：118293.

［5］Liu Y，Tian W，Wang M，et al. Rapid strength formation of on－site carbon fiber reinforced high－performance concrete cured by ohmic heating［J］. Construction and Building Materials，2020（244）：118344.

［6］马忠诚，汪澜，马井雨. 喷射混凝土技术及其速凝剂的发展［J］. 混凝土，2011（12）：126－128.

［7］赵勇，肖明清，肖广智. 中国高速铁路隧道［M］. 北京：中国铁道出版杜，2016.

［8］高波. 高速铁路隧道设计［M］. 北京：中国铁道出版社，2010.

［9］Aïtcin P C. The durability characteristics of high performance concrete：a review［J］. Cement and Concrete Composites，2003，25（4－5）：409－420.

［10］Salvador R P，Cavalaro S H P，Cano M，et al. Influence of spraying on the early hydration of accelerated cement pastes［J］. Cement and Concrete Research，2016（88）：7－19.

［11］任禹，成云海，王贯东，等. 湿喷混凝土力学性能试验分析及高应力巷道支护应用［J］. 混凝土，2013（3）.

纳米材料协同无碱速凝剂对水泥基材料性能的影响

高瑞军，李彬，王玲

（中国建筑材料科学研究总院有限公司 绿色建筑材料国家重点实验室，北京 100024）

摘要： 纳米材料能够显著增强水泥基材料的力学性能和耐久性能，为拓展纳米材料在喷射混凝土中的应用，本文研究在液体无碱速凝剂掺量固定的条件下，不同纳米材料对水泥净浆的凝结时间及对水泥胶砂抗压强度的影响，并分析了纳米材料对水泥基材料性能影响的作用机理。研究结果表明，不同纳米材料对水泥净浆凝结时间的影响程度不同，但所有纳米材料均表现出缩短水泥净浆的凝结时间的特性，纳米 SiO_2 的影响程度最大，凝结时间由空白的 110 s 降低到 65 s。同时，纳米 SiO_2 对水泥胶砂 6 h 和 1 d 抗压强度的影响程度也最大，抗压强度分别提升了 22.8% 和 41.2%。XRD 和 SEM 结果表明，纳米材料利用其化学反应活性和高需水量降低了水泥净浆实际水灰比，从而缩短凝结时间；通过填充效应、晶核效应、化学反应活性和界面过渡区结构优化等作用来提升水泥胶砂的抗压强度。

关键词： 喷射混凝土；液体无碱速凝剂；纳米材料；凝结时间；抗压强度；作用机理

1 引言

喷射混凝土的湿喷工艺是利用高压空气将混凝土和液体速凝剂分别通过管道喷射到受喷面，新拌混凝土和液体速凝剂在管道喷射口处混合后快速凝结，产生强度，具有工艺简捷、施工效率高、粉尘污染小、支护效果好等优点，被广泛用于矿井巷道、隧道矿山、水利水电、建筑补强与加固等大型工程建设。由于其特殊施工工艺，目前喷射混凝土容易出现高回弹、初期及后期强度不足、抗渗性能差等问题，浪费材料、减少结构寿命，并且弹射或掉落的混凝土还会造成施工人员人身安全隐患。

当前降低喷射混凝土回弹率的方法主要从设备改进、施工工艺、混凝土配合比、速凝剂等方面展开研究，并有效改善了喷射混凝土的综合性能。纳米材料由于其优异的物化性质，可通过填充水泥基材料孔隙、促进水泥水化、提供晶核作用及优化界面过渡区结构等作用来提高水泥基材料抗压强度、抗折强度、抗渗性能等，被世界各国研究学者广泛研究及应用。使用纳米材料来提升喷射混凝土性能是近些年研究的热点。聂荣辉等通过在喷射混凝土中加入纳米材料，改善了喷射混凝土的工作性能，增加了混凝土黏结力，使混凝土回弹率降低至

基金项目：十三五国家重点研发计划项目（2017YFB0310104），863 计划项目（2015AA034701）。

作者简介：高瑞军，工学博士，高级工程师，安徽蚌埠人，主要研究混凝土外加剂及纳米材料改性高性能混凝土方面，电话：15011261528，邮箱：gaoruijun423@163.com。

10% 以下。李德民及丁建彤等研究了纳米材料对喷射混凝土性能的影响，指出纳米材料在 8% ~ 10% 的掺量下能够提高混凝土初期强度 30% 以上，显著降低回弹率，但文章中并没有指出纳米材料的种类。刘健等利用纳米氮化硅激活粉煤灰工艺，研究了其对水泥封孔材料早强性能的影响，发现纳米氮化硅在 2% 的掺量下，水泥封孔材料的 1 d 抗压强度提升 132.10%，他指出主要是因为纳米氮化硅发挥着晶核作用，加速了硅酸三钙的水化，形成致密的空间网络结构，提高了水泥试样的早期强度和耐久性。

但之前的研究中并没有就纳米材料种类及纳米材料与速凝剂间的相容性问题进行系统的研究，不同的纳米材料活性不同，其在水泥基材料中的晶核作用及化学反应能力不同。因此，本文选取不同种类的纳米材料，研究其与液体无碱速凝剂的协同作用，重点关注其对水泥净浆的凝结时间、水泥胶砂的 6 h 抗压强度和 1 d 抗压强度的影响，并通过水化进程和水化产物方面分析协同作用机理。

2 试验部分

2.1 主要原材料

基准水泥：P·Ⅰ 42.5，按照 GB 8076—2008《混凝土外加剂》国家标准附录 A 要求，由辽宁抚顺水泥有限公司生产，水泥化学分析结果及矿物组成见表 1。纳米材料：纳米 SiO_2、纳米 SiC、纳米 Al_2O_3、碳纳米管和石墨烯，其物化性质见表 2。细骨料：标准砂，厦门艾思欧标准砂有限公司。液体无碱速凝剂（LAS）：自制，45% 含固量。

表 1 基准水泥的化学组成及矿物组成   %

化学成分									物相组成			
SiO_2	Al_2O_3	Fe_2O_3	CaO	MgO	SO_3	Na_2O_{eq}	$f-CaO$	烧失量	C_3S	C_2S	C_3A	C_4AF
25.10	6.38	4.19	54.87	2.61	2.66	0.56	0.79	2.18	59.88	17.49	6.22	10.55

表 2 纳米材料的物化性质

参数	SiO_2	Al_2O_3	SiC	碳纳米管	石墨烯
形状	白色粉末		灰色粉末	黑色粉末	黑色粉末
维数	0			1	2
平均粒径/nm	20		40	2 ~ 10	约 5
堆积密度/$(g \cdot cm^{-3})$	0.10		0.30	1.20	0.05

2.2 测试方法

水泥净浆凝结时间和砂浆抗压强度参照 GB/T 35159—2017《喷射混凝土用速凝剂》，液体无碱速凝剂掺量为 7%，纳米材料掺量控制在 0.1% ~ 1%。将测试凝结时间的试件标准养护 1 d，敲成小块，利用 SEM 观察水化产物形貌；将试样研磨成粉料，利用 XRD 测试水化产物种类及数量，用于研究液体无碱速凝剂及纳米材料对水泥净浆与胶砂性能的影响机理。

3　试验结果与讨论

3.1　纳米材料协同速凝剂对水泥净浆凝结时间的影响

图 1 显示的是水泥净浆凝结时间与液体无碱速凝剂及纳米材料种类的关系。由图可见，与只掺加液体无碱速凝剂的浆体相比较，掺加纳米材料后，水泥净浆凝结时间都出现变小的现象，并且零维纳米材料中的纳米 SiO_2、一维碳纳米管及二维石墨烯降低凝结时间的效果最突出，初凝时间分别由 150 s 减小到 65 s、68 s 和 70 s，降低幅度分别达到 56.6%、54.6% 和 53.3%。掺加纳米材料与否，对水泥净浆的终凝时间影响不大。为了进一步研究纳米材料的掺量对水泥净浆凝结时间的影响，选取纳米 SiO_2 为研究对象，分别掺 0.1%、0.3%、0.5% 和 1.0%，其水泥净浆凝结时间如图 2 所示。由图 2 可见，水泥净浆初凝时间和终凝时间均随纳米掺量的增加而降低，表明纳米材料能够协同液体无碱速凝剂有利于缩短水泥净浆的凝结时间。

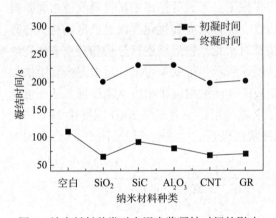

图 1　纳米材料种类对水泥净浆凝结时间的影响

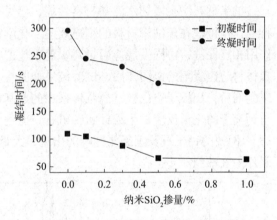

图 2　纳米 SiO_2 掺量对净浆凝结时间的影响

3.2　纳米材料协同速凝剂对水泥胶砂抗压强度的影响

图 3 显示的是在液体无碱速凝剂掺量为 8%、纳米材料掺量为 0.5% 的条件下，水泥胶砂抗压强度与液体无碱速凝剂及纳米材料种类的关系。由图可见，对于所有试样，在 6 h 龄期，空白胶砂试样的抗压强度为 1.14 MPa，掺纳米材料的水泥胶砂抗压强度均高于空白胶砂试样，但掺不同纳米材料的胶砂的抗压强度增长率不同，并且抗压强度值均大于 1.0 MPa，该结果能够满足 Q/CR 807—2020《隧道喷射混凝土用液体无碱速凝剂》中 6 h 抗压强度要求。同时，相较空白砂浆试样，掺纳米材料的胶砂试样抗压强度分别提升了 22.8%、5.3%、9.6%、3.5% 和 0.8%，纳米 SiO_2 提升胶砂试验的抗压强度最显著，说明纳米 SiO_2 协同速凝剂的效果最好，显著促进胶砂试样抗压强度。同时，由图 3 结果还可发现，胶砂试件 1 d 的抗压强度趋势和 6 h 趋势相似，并且纳米 SiO_2 的抗压强度提升幅度最大，1 d 龄期抗压强度达到 12 MPa，抗压强度增加率达到 41.2%，表明纳米材料的掺加有利于提升水泥胶砂的抗压强度。

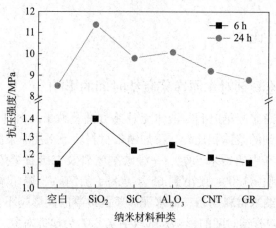

图3　纳米材料种类对水泥胶砂抗压强度的影响

3.3　纳米材料与速凝剂的协同作用机理

纳米材料增强增韧水泥基材料性能，已见很多报道。王丹等指出纳米材料改性水泥基材料的作用机理在于纳米材料的填充效应、化学活性、晶核效应和优化界面过渡区结构，各种作用相互促进、协同发展。通过对水泥水化产物及对水化产物形貌进行分析和观察来研究纳米材料与速凝剂的协同作用，试验结果如图4和图5所示。由图4可见，对水泥净浆中掺加速凝剂后，相较于空白样，净浆体系中的羟基铝离子和硫酸根离子浓度逐渐增加，从而加速与钙离子的化学反应，生成针状钙矾石，促进了水泥的水化，表现为XRD图谱中$2\theta = 9°$和$2\theta = 18°$处的钙矾石及氢氧化钙峰的出现，大量针状钙矾石的生成也可以从图5（a）的SEM照片中观察到。

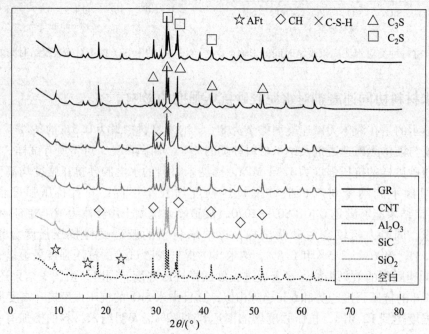

图4　掺不同纳米材料的水泥石1 d水化产物XRD图谱

当试样中掺加纳米材料后，XRD 图谱中钙矾石峰的强度增强，尤其是氢氧化钙的峰增强明显，说明纳米材料能够与速凝剂发生协同促进作用，有利于水泥净浆凝结时间的降低和胶砂试样抗压强度的提高。王冲也指出纳米材料能够与水泥 C_3S 矿物发生反应，生成铝酸钙等水化产物，加速水泥水化进程，缩短凝结时间。从图 5(b)~图 5(f)SEM 图像中可发现，试件的水化产物中生成大量的钙矾石，并且水化产物微观结构更密实，说明纳米材料是可以起到填充作用及改善界面微观结构作用的。

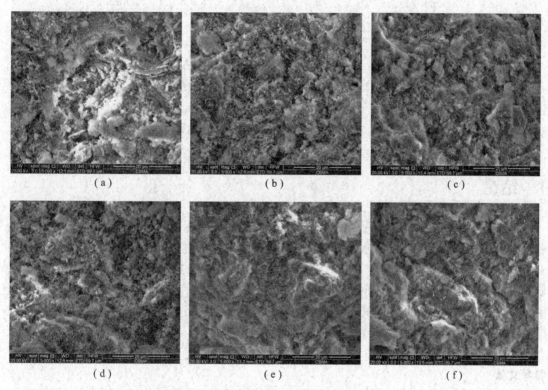

图 5　掺不同纳米材料的水泥石 1 d 微观 SEM 照片

(a) C + LA；(b) C + LAS + SiO_2；(c) C + LAS + SiC；(d) C + LAS + Al_2O_3；
(e) C + LAS + CNT；(f) C + LAS + GR

从另一方面来说，由于纳米材料具有大比表面积，加入水泥净浆体系中后，其较大的需水量比会使水泥浆体的实际水灰比发生变化。为了验证水灰比是否对水泥净浆的凝结时间产生影响，在液体无碱速凝剂掺量为 6% 的条件下，通过改变水灰比为 0.40、0.375、0.35、0.325 和 0.30，研究了其对凝结时间的影响，结果如图 6 所示。由图 6 可见，随着水灰比的降低，水泥净浆的初凝时间和终凝时间逐渐缩短，这主要是因为较低的水灰比使水泥浆体中固体颗粒间的水化溶剂层膜变薄，水泥颗粒间距变小，从而导致单位体积内的未水化的水泥颗粒和水化产物的数量增加显著，因此能够在较短时间内形成凝聚体结构，缩短凝结时间。

综上所述，纳米材料主要利用其较大比表面积、较高的需水量及较高的化学反应活性，改变了水泥净浆体系的水灰比和促进了水泥的水化，显著缩短水泥净浆凝结时间；通过自身的纳米小尺寸效应，发挥填充作用及改善界面微观结构作用，提升水泥胶砂的力学性能。

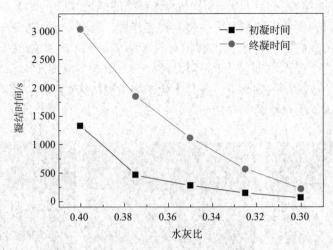

图6　不同水灰比对水泥净浆凝结时间的影响

4　结论

　　不同纳米材料对水泥净浆凝结时间和抗压强度的影响程度不同，所有纳米材料均能够缩短水泥净浆的凝结时间和提高水泥胶砂 6 h 与 1 d 的抗压强度。XRD 和 SEM 结果证明，纳米材料利用其化学反应活性和高需水量改变了水泥净浆体系的水灰比，促进了水泥的水化，显著缩短了水泥净浆的凝结时间；通过自身的纳米小尺寸效应，零维纳米颗粒发挥填充作用，一维和二维纳米材料利用其能够和水化产物组成三维网络结构的特性，改善了界面微观结构，提升了水泥胶砂的力学性能。

参考文献

[1] 赵爽，洪锦祥，乔敏，等. 早强型喷射混凝土在郑万高铁巫山隧道中的施工试验 [J]. 隧道建设，2020，40（1）：369 – 373.

[2] Zhang S H, Wang Y, Tong Y P, et al. Flexural toughness characteristics of basalt fiber reinforced shotcrete composites in high geothermal environment [J]. Construction and Building Materials，2021（298）：123893.

[3] Guler S, Oker B, Akbulut Z F. Workability, strength and toughness properties of different types of fiber – reinforced wet – mix shotcrete [J]. Structures，2021（31）：781 – 791.

[4] 王巧，王祖奇，宋普涛，等. 高强湿喷混凝土强度降低的原因探析与改进 [J]. 材料导报，2018（32）：460 – 465.

[5] Ginouse N, Jolin M, Bissonnette B. Effect of equipment on spray velocity distribution in shotcrete applications [J]. Construction and Building Materials，2014（70）：362 – 369.

[6] Chen L J, Ma G G, Liu G M, et al. Effect of pumping and spraying processes on the rheological properties and air content of wet – mix shotcrete with various admixtures [J]. Construction and Building Materials，2019（225）：311 – 323.

[7] Wang J H, Xie Y J, Zhong X H, et al. Test and simulation of cement hydration degree for shotcrete with alkaline and alkali – free accelerators [J]. Cement and Concrete Composites，2020（112）：103684.

[8] 聂荣辉，李祖权，田海龙. 纳米材料在隧道初支喷射混凝土中的试验研究 [J]. 广东土木与建筑，

2020，27（9）：84－86.

［9］ 李德民，徐文龙. 无机纳米材料在喷射钢纤维混凝土中的应用［J］. 建材发展导向，2019（4）：85－87.

［10］ 丁建彤，吴勇，雷英强. 纳米材料改善普通干湿喷射混凝土回弹率和强度现场工艺试验［J］. 水利发电，2017，43（9）：49－52.

［11］ 刘健，唐田甜，卢婷，等. 纳米氮化硅激活粉煤灰对矿用水泥封孔材料早强性能的影响［J］. 安全与环境学报，2020，20（5）：1752－1757.

［12］ Maryam Khooshechin，Javad Tanzadeh. Experimental and mechanical performance of shotcrete made with nanomaterials and fiber reinforcement ［J］. Construction and Building Materials，2018（165）：199－205.

［13］ Zhang J W，Peng H J，Mei Z R. Microscopic reinforcement mechanism of shotcrete performance regulated by nanomaterial admixtures ［J］. Journal of Materials Research and Technology，2020，9（3）：4578－4592.

［14］ Kalhori H，Bagherzadeh B，Bagherpour R，et al. Experimental study on the influence of the different percentage of nanoparticles on strength and freeze－thaw durability of shotcrete ［J］. Construction and Building Materials，2020（256）：119470.

［15］ 王丹，张丽娜，侯鹏坤，等. 纳米 SiO_2 在水泥基材料中的应用研究进展［J］. 硅酸盐通报，2020，39（4）：1003－1015.

［16］ 王冲，张聪，刘俊超，等. 纳米碳酸钙对硅酸盐水泥水化特性的影响［J］. 硅酸盐通报，2016，35（3）：824－830.

［17］ 胡红波，罗震于，邱祥，等. 不同纳米材料对水泥浆液基本性能的影响［J］. 交通科学与工程，2020，36（4）：36－42.

钙类膨胀剂与无碱速凝剂复掺对水泥浆体的性能影响

杨冲[1,2]，曾鲁平[1,2]，王伟[1,2]，乔敏[1,2]，赵爽[1,2]，陈俊松[1,2]，朱伯淞[1,2]，
舟千平[3]

（1. 江苏苏博特新材料股份有限公司；2. 江苏省建筑科学研究院有限公司
高性能土木工程材料国家重点实验室；3. 材料科学与工程学院，东南大学）

摘要：从水泥净浆凝结时间、砂浆硬化强度发展及早期水化行为等方面阐述了复掺钙类膨胀剂与无碱速凝剂对水泥浆体凝结硬化性能的影响，结果表明：钙类膨胀剂通过协同促进针棒状钙矾石的形成，明显改善了无碱速凝剂的速凝作用，进一步缩短了水泥浆体的初终凝时间；在水化加速阶段，速凝产物钙矾石数量的增加促进了氢氧化钙水化产物的消耗，进而改善了 C_3S 的水化反应，生成了较多的 $C-S-H$ 凝胶并填充了早期水化结构孔隙，促进了水泥浆体的早期硬化强度发展。

关键词：无碱速凝剂；膨胀剂；钙矾石；凝结时间

1 前言

液体速凝剂作为湿法喷射混凝土的重要组分之一，具有加速水泥凝结硬化、改善混凝土与岩面或修补面的黏结效果，以及提高一次喷射厚度等优点，其中更以绿色新型无碱化的液体速凝剂作为主流系列，被广泛应用于溪洛渡水电站、川藏铁路等重大地下空间工程中[1]。喷射混凝土作为与隧道围岩接触的第一层材料，当面临复杂的侵蚀劣化环境及承载应力场耦合作用时，存在沥滤侵蚀、碳化结垢、冻融破坏、荷载变形等不同形式的服役性能破坏[2]，其中以开裂渗漏较为普遍。相比较氧化镁类膨胀剂，钙类膨胀剂作为水泥膨胀剂的一大类，能较好地适应凝结硬化速率较快的喷射混凝土，对改善喷射混凝土的体积收缩变形性能具有较好的应用前景。本文拟从钙类膨胀剂与液体无碱速凝剂复掺下的硅酸盐水泥早期水化行为出发，揭示钙类膨胀剂对掺液体速凝剂的水泥浆体性能如凝结时间及早期硬化强度发展的影响规律，以期为喷射混凝土体积变形约束研究提供理论支撑及基础性能数据，并推广膨胀剂在隧道衬砌混凝土领域的应用。

杨冲，女，1986.7，高级工程师，南京市江宁区醴泉路 118 号，211103，025 - 52839729。

2　试验部分

2.1　原材料

水泥为鹤林牌 P·O 42.5 普通硅酸盐水泥，密度为 3.04 g/cm³，比表面积为 365 m²/kg；所用钙类膨胀剂的主要成分为硫铝酸钙、氧化钙及石膏，主要性能满足 GB/T 23439—2017《混凝土膨胀剂》标准，水泥及钙类膨胀剂的主要矿物组成见表1；无碱速凝剂为 SBT® –N(Ⅱ) 液体速凝剂（无碱型），其成分主要为硫酸铝及醇胺等，主要性能指标满足 GB/T 35159—2017《喷射混凝土用速凝剂》标准；所用细集料为天然河砂，细度模数为 2.85，比表面积为 2 630 m²/kg。

表1　鹤林 P·O 42.5 水泥及钙类膨胀剂的主要矿物组成　　　　　　　　%

鹤林 P·O 42.5 水泥					钙类膨胀剂			
C_3S	C_2S	C_4AF	C_3A	$CaSO_4$	$C_4A_3\$$	$Ca(OH)_2$	$CaSO_4 \cdot 2H_2O$	非晶体
52.5	17.5	8.90	5.00	2.5	28.4	30.7	40.4	0.5

注：$C_4A_3\$$ 为无水硫铝酸钙。

2.2　试验方法

水化热试验：采用美国 TA 公司生产的等温微量热仪（TAM 08 Isothermal Calorimeter）测试复掺钙类膨胀剂及无碱速凝剂的硅酸盐水泥水化放热情况。按水灰比 0.40，钙类膨胀剂内掺 8%，拌合水泥浆体后，将速凝剂迅速加入并慢搅 10 s；将 28.0 g 反应后的水泥浆体置于样品池中，记录室温 20 ℃ 环境下水化 0～72 h 的放热速率及放热量。试验中速凝剂掺量均为水泥质量的 8%。

早期水化物相及微区形貌：采用 X 射线衍射分析仪（XRD）与环境扫描电镜（SEM）分析钙类膨胀剂与无碱速凝剂复掺作用下的早期水泥浆体水化物相及微观形貌变化。XRD 样品取对应龄期下的水泥净浆，置于无水乙醇中一周，以终止水泥水化进程，然后采用真空干燥箱于 45 ℃ 下烘干 7 d，磨细并过 0.045 μm 方孔筛制得；SEM 样品取水化 24 h 后表面平整的硬化水泥净浆。

凝结时间及砂浆抗压强度测试：水泥净浆凝结时间参照 GB/T 35159—2017《喷射混凝土用速凝剂》执行。砂浆早期抗压强度试件按水灰比 0.40，钙类膨胀剂内掺 8%，胶砂比 0.67 拌合水泥砂浆，搅拌充分 2 min 后迅速加入无碱速凝剂，慢搅 10 s 后，放置在振动台上振动 60 s 成型，成型后置于标准养护环境中，养护至相应龄期后测试砂浆试件的抗压强度。

3　试验结果与讨论

3.1　早期水泥水化行为

3.1.1　硅酸盐水泥水化放热规律

以硫酸铝为主的液体无碱速凝剂中含有较高的铝离子及硫酸根离子，当其被引进至硅酸盐水泥水化体系时，会迅速改变早期水化环境中的铝硫比，进而影响了 C_3A 及 C_3S 等早期水化矿物的水化进程，而钙类膨胀剂中的无水硫铝酸钙与石膏等组分同样会影响硅酸盐水泥早期的水化行为。

图 1 给出了钙类膨胀剂与无碱速凝剂复掺作用下的硅酸盐水泥早期水化放热结果。由图 1 可知，对比空白组，当掺入液体无碱速凝剂后，水泥早期溶解放热显著增加，水化放热速率达到了 41.07 mW/g，这主要与无碱速凝剂的掺入营造的酸性环境促进了 C_3S 等碱性矿物的溶解放热及其与硅酸盐水泥之间的速凝水化反应有关。而对比无碱速凝剂单掺系列，复掺钙类膨胀剂后，水化初始水解期内的水化放热速率明显增加，说明钙类膨胀剂的掺入在一定程度上促进了无碱速凝剂与硅酸盐水泥之间的速凝水化反应，此过程生成的水化产物促进了水泥放热过程。对比空白组（水化加速期 12～18 h），无碱速凝剂单掺或复掺钙类膨胀剂后，水泥水化加速期均有明显提前，而水化放热总量的发展规律结果进一步表明钙类膨胀剂的掺入促进了掺无碱速凝剂水泥浆体的早期水化进程，表征出较高的各阶段水泥放热量。

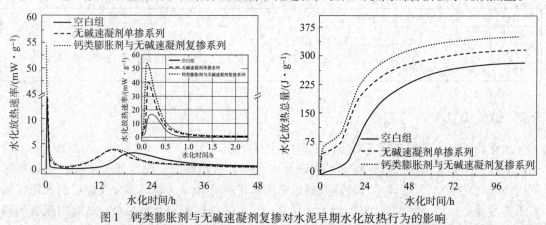

图 1 钙类膨胀剂与无碱速凝剂复掺对水泥早期水化放热行为的影响

3.1.2 早期水化物相组成

硅酸盐水泥的早期水化放热曲线表明钙类膨胀剂的掺入对掺无碱速凝剂的硅酸盐水泥早期水化行为有一定影响，更表征在水化初期的速凝反应阶段。对比无碱速凝剂单掺系列，图 2 给出了钙类膨胀剂与无碱速凝剂复掺作用下的水泥早期水化物相的影响。

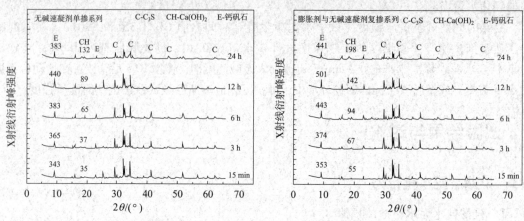

图 2 钙类膨胀剂与无碱速凝剂复掺对水泥早期水化物相的影响

由图2可知，无碱速凝剂单掺作用下，水化15 min 后的水化产物以钙矾石为主，这是因为无碱速凝剂中较多的硫酸铝组分在早期碱性水化环境下提供了充足的 Al^{3+} 及 SO_4^{2-}，通过与 C_3A 的水化反应生成了丰富的钙矾石产物，进而缩短了水泥浆体的凝结时间。而对比无碱速凝剂单掺，复掺钙类膨胀剂与无碱速凝剂后体系水化15 min 条件下的钙矾石水化产物衍射峰有所增强，说明膨胀剂的掺入改善了无碱速凝剂与水泥矿物之间的速凝水化反应，进而造成了速凝产物钙矾石的增加。对比水化24 h 的氢氧化钙衍射峰强度结果发现，膨胀剂与无碱速凝剂复掺后，氢氧化钙水化产物数量明显多于无碱速凝剂单掺体系，这可能与速凝阶段钙矾石的增加消耗了水化环境中更多的氢氧化钙产物，进而促进了 C_3S 的水化过程有关，这也有利于早期水泥浆体硬化强度的提高。

3.1.3　水化产物微区形貌

XRD 衍射峰图及水化放热曲线表明，钙类膨胀剂与无碱速凝剂复掺后，速凝阶段的钙矾石水化产物明显增加，并促进了水化加速期内的 C_3S 水化过程。本节采用 SEM 观察了膨胀剂与无碱速凝剂复掺后的硅酸盐水化24 h 的水化产物微区形貌，结果如图3所示。

图3　钙类膨胀剂与无碱速凝剂复掺对水泥早期水化微区形貌的影响——水化24 h

当无碱速凝剂掺入水化24 h，速凝阶段的钙矾石产物不断生长，呈现柱状并被层状 C-S-H 凝胶包裹、填充，但仍在未水化矿物之间形成了一定的微区孔隙。而对比单掺无碱速凝剂体系，钙类膨胀剂与无碱速凝剂复掺后，片状氢氧化钙从水化矿物表面不断析出，此外，从放大的水化微区形貌可知，C-S-H 凝胶以针状、层状等不同形式对针柱状钙矾石形成的骨架结构孔隙进行填充，水化结构更为致密，说明钙类膨胀剂的掺入改善了掺无碱速凝剂的早期水化产物结构，并且速凝阶段钙矾石数量的增加促进了水化产物氢氧化钙的消耗与 C_3S 的水化反应。

3.2　水泥净浆凝结时间

从水化放热曲线及 XRD 衍射峰结果可知，钙类膨胀剂的掺入促进了无碱速凝剂的早期速凝钙矾石的形成，进而影响了硅酸盐水泥的早期水化过程。而无碱速凝剂常用于缩短喷射混凝土材料的凝结时间，以降低喷射过程的回弹率及混凝土与围岩表面的黏结效果，因此本节探究了钙类膨胀剂与液体无碱速凝剂共同作用下对水泥凝结时间的影响，结果见表2。试验中，钙类膨胀剂替代水泥掺入，内掺比例分别为6%、8%、10%，无碱速凝剂掺量为占水泥质量的8%。

表2　钙类膨胀剂不同内掺比例下，掺无碱速凝剂的水泥净浆凝结时间

钙类膨胀剂内掺比例/%	无碱速凝剂掺量/%	凝结时间/（min:s）	
		初凝	终凝
0		3:10	8:20
6	8	2:45	7:35
8		2:10	6:20
10		2:35	6:50

由表2可知，对比无碱速凝剂单掺体系，钙类膨胀剂在6%~10%的内掺比例下能明显改善水泥浆体的凝结时间，其中以内掺8%比例下的促凝提升较优，说明钙类膨胀剂的掺入促进了速凝钙矾石的形成，从而改善了无碱速凝剂对硅酸盐水泥的促凝效果。

3.3　砂浆早期硬化强度发展

以掺无碱速凝剂的水泥砂浆为模拟研究对象，研究了钙类膨胀剂与无碱速凝剂复掺对喷射混凝土早期硬化强度发展的影响，结果如图4所示。

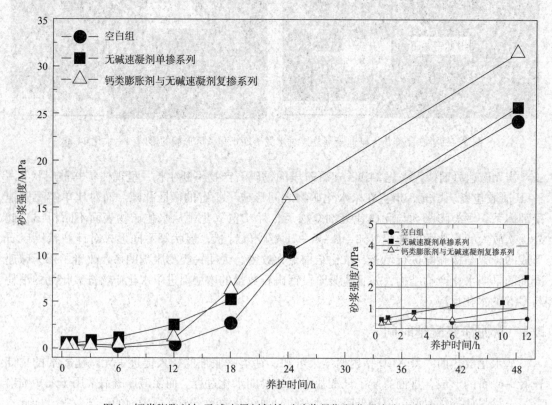

图4　钙类膨胀剂与无碱速凝剂复掺对砂浆早期硬化强度发展的影响

水化前 12 h，对比空白组，掺入无碱速凝剂后，水泥砂浆的硬化强度发展速率有所提升，早期硬化强度更高，说明速凝作用产生的钙矾石水化产物在水泥早期水化过程中形成了较早的硬化强度。在水化 24 h 后，对比无碱速凝剂单掺系列，复掺膨胀剂与无碱速凝剂后水泥砂浆的硬化强度明显提高，这与水化 24 h 的水化产物微区结构形貌结果较为一致，说明膨胀剂的掺入在改善速凝阶段钙矾石形成的同时，促进了 C_3S 矿物的早期水化反应，生成了较多的 C－S－H 凝胶，填充了早期水化结构孔隙，形成了更高的早期硬化强度。

4 结论

（1）对比无碱速凝剂单掺体系，钙类膨胀剂的掺入协同促进了针棒状钙矾石的形成，从而明显改善了无碱速凝剂的速凝作用，进一步缩短了水泥浆体的初终凝时间。

（2）水化加速阶段，速凝产物钙矾石数量的增加通过消耗氢氧化钙水化产物而改善 C_3S 矿物的水化反应，生成了较多的 C－S－H 凝胶并填充了早期水化结构孔隙，促进了水化前 48 h 内水泥浆体的硬化强度发展。

参考文献

[1] 朱文华，李宏祥，于尧尧，等. 无碱速凝剂在溪洛渡水电站的运用 [J]. 水利水电技术，2011，42（7）：67－70.

[2] Galan I, Baldermann A, Kusterle W, et al. Durability of shotcrete for underground support－Review and update: Long－term deterioration of lining in tunnels. Construction and Building Materials, 2019, 202（1）: 465－493.

[3] Salvador R P, Cavalaro S H P, Monte R. Relation between chemical processes and mechanical properties of sprayed cementitious matrices containing accelerators [J]. Cement and Concrete Composite, 2017, 79（1）: 117－132.

[4] 曾鲁平，乔敏，王伟，等. 无碱速凝剂对硅酸盐水泥早期水化的影响 [J]. 建筑材料学报，2021，24（1）：31－38＋44.

[5] Saout G L, Lothenbach B, Hori A, et al. Hydration of Portland cement with additions of calcium sulfoaluminates [J]. Cement and Concrete Research, 2013, 43（1）: 81－94.

第 4 部分
其他相关技术研究

聚羧酸减水剂的相对分子质量测试方法研究

邵幼哲，李格丽，钟丽娜，方云辉，吴传灯，林志群

（科之杰新材料集团有限公司）

摘要：研究了流动相种类、流速、检测器灵敏度及溶样时间对聚羧酸减水剂色谱峰分离情况及相对分子质量测试结果的影响，建立凝胶色谱测试聚羧酸减水剂相对分子质量的方法，并采用自制聚羧酸系减水剂P−1、市售聚羧酸系减水剂P−2和两个葡聚糖标准物质D−2、D−3对方法进行验证。结果表明：采用凝胶色谱法测定聚羧酸系减水剂的相对分子质量时，适宜的流动相为流动相B（含0.05%叠氮化钠的0.1 mol/L硝酸钠溶液），适宜的流速和检测器灵敏度分别为0.8~1.0 mL/min、8~16，溶样时间为1 min。经验证，该测量方法的精确度和准确度均较高。

关键词：凝胶色谱；聚羧酸系减水剂；相对分子质量；流动相

1 前言

聚羧酸类减水剂作为第三代高效减水剂，被认为是现代水泥技术中一种重要的添加剂。聚羧酸减水剂的性能不仅取决于所使用的原料，还与减水剂的重均相对分子质量和相对分子质量分布有关。因此，在合成聚羧酸减水剂时，有必要对聚羧酸减水剂的相对分子质量加以分析和控制。高聚物相对分子质量的测定方法包括蒸汽渗透压法、膜渗透压法、黏度法、光散射法、凝胶色谱法等。其中，凝胶色谱法是公认的相对分子质量测定的有效方法，既能测定相对分子质量值，也能得到相对分子质量的分布，这种方法已经首先在生物和制药领域得到广泛应用。近几十年来，凝胶色谱技术在环境监测、塑料制造等方面逐渐得到发展。在聚羧酸减水剂的相对分子质量测试方面，相关文献虽有所报道，但对不同类型的聚羧酸减水剂相对分子质量的测试缺少具体、统一的测试方法。

本文选择相对分子质量与聚羧酸减水剂相对分子质量相近的葡聚糖作为标准物质，通过考察流动相种类、流速、检测器灵敏度及溶样时间对聚羧酸减水剂色谱法分离情况和相对分子质量测试结果的影响，从而确定最佳测试条件，建立测试方法，并对测试方法的精确度和准确度进行验证。

邵幼哲，男，1994.07，助理工程师，厦门市翔安区马巷镇内垵中路169号，361101，13055408472。

2 试验部分

2.1 试剂与材料

（1）合成原材料。

异戊烯醇聚氧乙烯醚（相对分子质量为 2 400～2 800）、去离子水、丙烯酸、甲基丙烯酸、丙烯酸羟乙酯、丙烯酸羟丙酯、双氧水、高效还原剂 GXHY–2020–01、巯基乙醇和 32% 氢氧化钠，均为市售工业级。

（2）测试所用原材料。

叠氮化钠；硝酸钠；聚乙二醇和聚氧化乙烯标准物质；葡聚糖标准物质 D–2、D–3；去离子水；自制聚羧酸系减水剂 P–1；市售聚羧酸系减水剂 P–2、P–3 和 P–4。

（3）仪器设备。

四口烧瓶；玻璃板；蠕动泵，保定申辰泵业有限公司生产；定时电动搅拌器，上海越众仪器设备有限公司生产；数显控温仪，上海越众仪器设备有限公司生产；电子天平，上海方瑞仪器有限公司生产；凝胶渗透色谱仪，沃特世公司生产；红外光谱仪，PE 公司生产。

2.2 合成工艺

在四口烧瓶中加去离子水 160.00 g 和异戊烯醇聚氧乙烯醚（相对分子质量为 2 400～2 800）150.00 g，搅拌并升温至 45 ℃，加入丙烯酸 3.00 g、甲基丙烯酸 1.00 g 和双氧水（H_2O_2）1.80 g。搅拌 5 min 后，在 150 min 内滴完混合溶液 A（30.00 g 去离子水、0.30 g 高效还原剂 GXHY–2020–01 和 0.50 g 巯基乙醇的混合液），滴加速度应保持匀速。在开始滴加混合溶液 A 1 min 后，开始匀速滴加混合溶液 B（15.50 g 丙烯酸羟乙酯、10.00 g 丙烯酸羟丙酯和 86.00 g 丙烯酸的混合液），混合溶液 B 滴加时间为 180 min。滴加结束后，进行恒温反应 60 min。加去离子水调节含固量至 50%，加 32% 氢氧化钠调节 pH 至 6.0 即得聚羧酸系减水剂 P–1。

2.3 试验方法

2.3.1 红外分析

取微量合成的聚羧酸系减水剂，均匀涂抹于溴化钾薄片上，用红外灯干燥后，采用红外光谱仪完成分析测试。

2.3.2 相对分子质量测试

样品相对分子质量测试采用 Waters 1515 型凝胶渗透色谱仪，配置示差检测器、两根串联的色谱柱（Ultrahydrogel 250 和 Ultrahydrogel 500），进样口装配 20 μL 定量环，采用 6 个不同相对分子质量的聚乙二醇和聚氧化乙烯标准物质建立校正曲线，固定柱温和检测器温度为 40 ℃，采用单因素考察的方法，分别对流动相种类、流速、检测器灵敏度和溶样时间进行考察，确定最佳测试参数，完成相对分子质量测试。

3 结果与分析

3.1 结构分析

采自制聚羧酸系减水剂 P-1 的红外测试结果如图 1 所示。其中，2 872.25 cm^{-1}、1 453.40 cm^{-1} 和 1 350.72 cm^{-1} 三处的峰均为烷基（—C—H）的吸收峰，根据 1 730.44 cm^{-1} 和 1 105.80 cm^{-1} 出现的两个较强的吸收峰以及 951.53 cm^{-1} 和 846.80 cm^{-1} 出现的两个较弱的吸收峰判断结构中含有羧基（—C=O）和 $CH_3(CH_2CH_2O)_n$，其结构与预期相符。

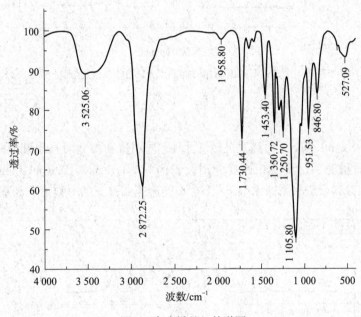

图 1　合成样品红外谱图

3.2 流动相

配制两种不同的流动相溶液。其中，流动相 A 是脱气 30 min 的去离子水；流动相 B 的制备步骤：称取 0.5 g 叠氮化钠和 8.5 g 硝酸钠，用去离子水溶解并定容于 1 L 容量瓶，采用孔径为 0.45 μm 的水系滤膜对溶液进行过滤后脱气处理 30 min，除去气泡。设置仪器的流速为 0.8 mL/min、检测器灵敏度为 4，分别采用流动相 A、流动相 B 对自制聚羧酸系减水剂 P-1 进行相对分子质量测试，不同流动相条件下平行测试两次，不同流动相中的样品峰分离情况如图 2 所示。由图 2 对比分析可知，在相同条件下，流动相 A 对 P-1 的分离效果不理想，而流动相 B 则能较好地对样品进行分离，因此选择流动相 B 作为样品分离的流动相。

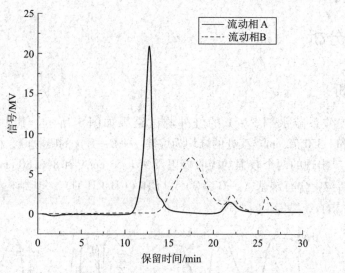

图 2　不同流动相对样品 P-1 的分离情况

3.3　流速

设置流速为 0.8 mL/min、检测器灵敏度为 4，采用流动相 B 对自制聚羧酸系减水剂 P-1 进行相对分子质量测试，流动相速度分别设置为 0.7 mL/min、0.8 mL/min、0.9 mL/min 和 1.0 mL/min。自制聚羧酸系减水剂 P-1 在不同流速条件下的分离情况如图 3 所示。由图

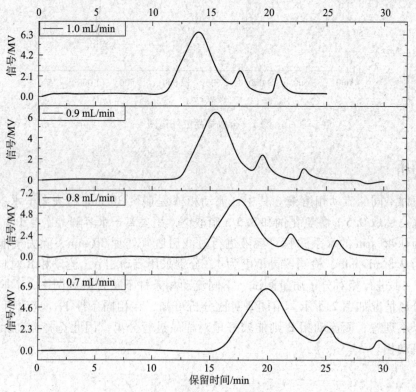

图 3　不同流速对样品 P-1 的分离情况

3 可知，样品在不同流速条件下均能较好地分离，但流速越小，样品完全出峰时间越长，流速为 0.7 mL/min 时，样品完全出峰时间 > 30 min，另外，流速过大（流速 > 1.0 mL/min）时，易损伤色谱柱，因此推荐流速为 0.8 ~ 1.0 mL/min。

3.4 检测器灵敏度

设置流速为 0.8 mL/min，分别在灵敏度为 2、4、8、16、32、64 的条件下，采用自制聚羧酸系减水剂 P-1 考察相对分子质量测试情况。不同灵敏度条件下的 GPC 测试谱图如图 4 所示。由图 4 可知，随着检测器灵敏度的增强，GPC 信号明显增强。在灵敏度 ≤4 时，出峰较低；在灵敏度 ≥32 时，灵敏度偏高，导致基线噪声较大，容易影响相对分子质量测试结果的准确性。因此，检测器的灵敏度为 8 ~ 16 较为合适。

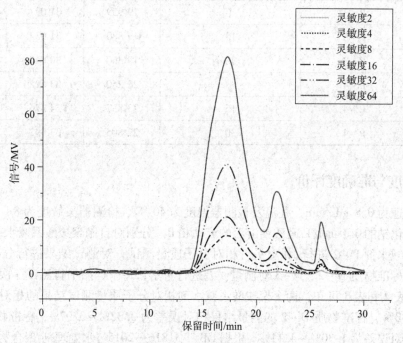

图4 不同灵敏度条件下的谱图对比

3.5 溶样时间

以含 0.05% 叠氮化钠的 0.1 mol/L 硝酸钠溶液的流动相 B 作为本次试验的最佳流动相，考察溶样时间对测试结果的影响。设置凝胶渗透色谱测试保坍型聚羧酸系减水剂的最佳测试参数：流速为 0.8 mL/min，检测器灵敏度为 8，采用自制聚羧酸系减水剂 P-1 及市售聚羧酸系减水剂 P-2、P-3、P-4 考察溶样时间对测试结果的影响，其中，P-4 为固体，其他样品均为含固量 50% 的液体，溶样时间分别为 1 min、15 min 和 30 min，不同溶样时间的峰位相对分子质量 M_p、数均相对分子质量 M_n 和重均相对分子质量 M_w 的测试结果见表 1。由表 1 可知，P-1、P-2、P-3 和 P-4 四个聚羧酸减水剂样品在溶样时间分别为 1 min、15 min 和 30 min 条件下测得的相对分子质量没有明显差别，这是因为聚羧酸减水剂样品的水溶性较好，在 1 min 即可溶解完全，因此，对于大多数水溶性较好的聚羧酸减水剂，其溶样时间控制在 1 min 即可。

表 1　不同溶样时间的相对分子质量测试结果

序号	样品名称	溶样时间/min	测量结果		
			M_p	M_n	M_w
1	P-1	1	42 524	32 157	88 836
2	P-1	15	42 480	32 097	89 012
3	P-1	30	42 469	32 198	88 850
4	P-2	1	50 274	34 905	76 894
5	P-2	15	50 421	34 835	77 438
6	P-2	30	50 217	34 859	76 724
7	P-3	1	19 959	31 097	34 390
8	P-3	15	19 880	31 032	32 916
9	P-3	30	19 360	30 840	33 646
10	P-4	1	22 250	33 522	42 629
11	P-4	15	23 837	34 376	41 737
12	P-4	30	22 805	33 992	41 737

3.6　精确度与准确度评价

固定流速为 0.8 mL/min、柱温及检测器温度为 40 ℃、检测器灵敏度为 8，流动相为含 0.05% 叠氮化钠的 0.1 mol/L 硝酸钠溶液的流动相 B。分别对自制聚羧酸系减水剂 P-1 和市售聚羧酸系减水剂 P-2 进行 10 次平行相对分子质量测试，对测试结果进行分析，见表 2，采用葡聚糖标准物质 D-2、D-3 对测量误差进行考察，每个样品平行测试 3 次，测试结果见表 3。由表 2 和表 3 可知，两个聚羧酸系减水剂相对分子质量测试结果的相对标准偏差为 0.52% ~ 1.43%，标准物质 D-2 的测量结果相对误差为 2.32% ~ 3.97%，标准物质 D-3 的测量结果相对误差为 1.30% ~ 4.11%。根据 GB/T 31816—2015《水处理剂 聚合物相对分子质量及其分布的测定 凝胶色谱法》的规定：两次平行测定结果的相对标准偏差应不大于 3%；JJG 342—2014《凝胶色谱仪检定规程》中对仪器测量最大允许误差为 ±10.0%。本方法相对分子质量测试结果的相对标准偏差明显小于 3%，并且相对分子质量测量结果的相对误差最大值为 4.11%，明显小于 10.0%，说明本方法精确度良好、准确度较高。

表 2　10 次相对分子质量平行测试

序号	自制聚羧酸系减水剂 P-1			市售聚羧酸系减水剂 P-2		
	M_p	M_n	M_w	M_p	M_n	M_w
1	42 469	32 198	88 850	50 217	34 859	76 724
2	42 544	32 052	88 904	50 132	34 556	76 682
3	42 738	32 282	89 479	51 122	35 228	78 258

续表

序号	自制聚羧酸系减水剂 P-1			市售聚羧酸系减水剂 P-2		
	M_p	M_n	M_w	M_p	M_n	M_w
4	42 331	32 344	89 088	50 490	35 412	78 057
5	42 612	32 553	91 310	50 609	34 986	78 282
6	42 163	31 449	87 254	50 128	34 517	76 585
7	42 430	31 702	87 528	50 130	34 934	76 476
8	42 082	31 622	87 836	50 622	34 973	78 350
9	42 140	31 527	87 090	50 483	34 560	77 156
10	42 528	31 977	88 795	50 115	34 654	76 630
平均值	42 403.70	31 970.60	88 613.40	50 404.80	34 867.90	77 320.00
标准偏差	218.96	379.54	1 263.62	327.01	301.13	811.53
相对标准偏差/%	0.52	1.19	1.43	0.65	0.86	1.05

表3　标准物质 D-2 和 D-3 测试结果

样品名称	参考值			测量值			绝对误差			相对误差/%		
	M_p	M_n	M_w	M_p	M_n	M_w	M_p	M_n	M_w	M_p	M_n	M_w
D-2	9 900	8 100	11 600	9 670	7 802	11 199	−230	−298	−401	2.32	3.68	3.46
D-2	9 900	8 100	11 600	9 665	7 907	11 305	−235	−193	−295	2.37	2.38	2.54
D-2	9 900	8 100	11 600	9 560	7 830	11 139	−340	−270	−461	3.43	3.33	3.97
D-3	21 400	18 300	23 800	22 070	17 976	22 821	670	−324	−979	3.13	1.77	4.11
D-3	21 400	18 300	23 800	22 022	18 063	23 102	622	−237	−698	2.91	1.30	2.93
D-3	21 400	18 300	23 800	22 076	17 903	23 000	676	−397	−800	3.16	2.17	3.36

4　结论

（1）采用凝胶色谱法测定聚羧酸系减水剂的相对分子质量，适宜的流动相为流动相 B（含 0.05% 叠氮化钠的 0.1 mol/L 硝酸钠溶液），适宜的流速和检测器灵敏度分别为 0.8 ~ 1.0 mL/min、8 ~ 16，溶样时间为 1 min。

（2）经验证可知，本测试方法的精确度和准确度均较高，相对分子质量平行测试结果的相对标准偏差最大值为 1.43%，相对分子质量测量结果的相对误差最大值为 4.11%。

参考文献

[1] 黄浩，庞浩，黄健恒，莫文蔚，黄福仁，廖兵. 聚羧酸减水剂性能的影响因素及机理研究进展 [J]. 广州化学，2016，41（4）：78 - 85.

[2] 田威，张晶，富扬. 聚羧酸减水剂相对分子质量及其分布对性能的影响 [J]. 上海化工，2015，40（12）：4 - 6.

[3] 许杰. 功能型聚羧酸减水剂的合成及其性能研究 [D]. 合肥：合肥工业大学，2018.

[4] 周虔彧. 阳离子絮凝剂合成工艺技术研究及性能评价 [D]. 南充：西南石油学院，2005.

[5] 苟爱仙，梁立伟，刘丽莹. 凝胶色谱法在聚丙烯相对分子质量及相对分子质量分布测定中的应用 [J]. 橡塑技术与装备，2010，36（8）：1 - 3.

自密实混凝土外加剂在大流态普通混凝土中的应用

郭执宝[1,2]，邓最亮[1,2]

（1. 上海三瑞高分子材料股份有限公司 上海200232；2. 上海建筑外加剂工程技术研究中心 200232）

摘要：高性能混凝土是适应建筑业发展的必由之路，本文通过C50自密实混凝土之间及其与大流态普通混凝土的材料区别和对性能的具体影响，分析了自密实与大流态普通混凝土的配合比设计和性能要求，确定了针对大流态普通混凝土专用聚羧酸高性能减水剂的结构特点，并在工程中实际应用，满足了现场泵送施工工艺要求，大大缩短了浇筑时间，具有较高的浇筑效益。

关键词：自密实；大流态普通混凝土；聚羧酸高性能减水剂；浇筑时间

1 引言

近年来，中国的建设规模越来越大，各重大基础设施、超高层建筑、地铁车站等工程的结构设计越来越复杂，这些复杂设计均需要高性能混凝土来实现。这些复杂结构设计往往配筋密集，混凝土施工难度大，要求混凝土具有优良的大流态和填充性。

自密实混凝土本身的特性可以解决以上问题。自密实混凝土属于大流态混凝土，但自密实混凝土本身具有局限性，对材料尤其是骨料要求较严格。在实际工程中，地材不能满足自密实混凝土所需的骨料特性，只能级配或粒形普通或者更差的骨料，但混凝土的施工工艺却要求与自密实混凝土的性能指标差不多。随着国内经济的发展，劳动模式也从过去的密集劳动型向新型技术型模式转变，人工成本提高，许多大型结构工程需要使用大流态混凝土，减少施工时间，提高施工效率，减轻工人工作劳动强度，提高整体浇筑施工的经济效益。因此，针对普通骨料，需要设计一种大流态混凝土的配合比，配制专用高性能外加剂来满足实际工程需求，可减轻工人工作劳动强度，减少施工时间，提高施工效率，节省施工成本。

大流态混凝土的性能指标要求与自密实混凝土的性能指标接近，在实际工程中，粗骨料针片状含量偏多，远超8%的指标要求，粒形较差，棱角居多，砂子超出Ⅱ区中砂要求或细度模数变化较大。因此，配制大流态普通混凝土，需要控制骨料粒径不大于25 mm，配合比设计参考自密实混凝土，同时需配制高性能外加剂，以满足性能指标要求。本文依托同一个工程项目的两家不同施工单位的C50自密实混凝土进行试验对比分析，所用骨料不同。通过结果分析骨料差异对自密实混凝土性能的影响，并借鉴自密实混凝土外加剂的设计方案，配制满足大流态普通混凝土的专用外加剂，设计大流态混凝土配合比，在实际工程中实现应用并获得良好的经济效益。

2　试验部分

2.1　试验原材料

胶凝材料：英德海螺 P·Ⅱ 42.5 水泥，谏壁电厂 Ⅰ 级粉煤灰，曹妃甸 S95 矿粉，硅灰活性指数大于 115%。

细骨料：Ⅱ区中砂，含泥量≤0.5%，细度模数为 2.6。

粗骨料 1：二级配反击破小石子。大石针片状，含量略偏多；小石扁平状，含量稍高。如图 1 所示。

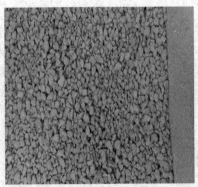

图1　粗骨料1

粗骨料 2：二级配反击破小石子，粒形均较好，多为圆粒形，其余指标符合自密实混凝土行业标准中对骨料的要求，如图 2 所示。

图2　粗骨料2

外加剂：上海三瑞高分子材料股份有限公司生产。

2.2　试验方法

（1）按照自密实混凝土行业标准试验，测试坍落扩展度、T_{500}、V 形漏斗通过时间、L 形仪、U 形仪、表观密度、新拌混凝土含气量、抗压强度。

（2）自密实混凝土性能控制指标见表1。

表1　C50 自密实性能指标

砼工作性能指标参数	项目一指标要求	项目二指标要求
坍落扩展度/mm	650 ± 50	670 ± 50
T_{500}/s	3 ~ 10	3 ~ 10
U 形仪（ΔH）/mm	≤30	≤30
V 形漏斗通过时间/s	5 ~ 15	5 ~ 15
L 形仪（H_2/H_1）	≥0.8	≥0.8
新拌混凝土表观密度/（kg·m^{-3}）	2 300 ~ 2 350	2 300 ~ 2 370
新拌混凝土含气量/%	≤4	≤2.5

3　C50 自密实混凝土结果与讨论

3.1　自密实混凝土外加剂的结构特点

3.1.1　外加剂母液选择

大流态普通混凝土接近自密实混凝土的性能要求：混凝土和易性好，扩展后不能有粗骨料在中央堆积或者水泥浆析出现象，因此，外加剂母液的关键作用是大流态混凝土在保坍过程中不能出现离析或者扩展度过度放大等现象，因此，外加剂选择的关键是确定保坍母液的品种。保坍母液应尽量选择保坍平稳、减水率适中、适应性较强的母液。混凝土原材料引起的后期坍损大时，可以复合少量高缓释保坍型母液，提高后期保坍性能。本项目经过试验，在母液选择上，主体保坍母液使用本公司的减水保坍型母液，复合少量缓释型母液，在实际应用、混凝土运输及浇筑过程中，无离析放大现象，混凝土全程保坍无损失。

3.1.2　人工提浆增加包裹性

大流态普通混凝土配合比中，粗骨料体积分数超出0.28 ~ 0.35的自密实混凝土规定，砂率视细骨料而定，一般低于50%；考虑经济合理性，胶材总量低于自密实混凝土总量的要求，浆体总量不够包裹特别是最大公称粒径大于20 mm较大石子；因此，混凝土包裹性是首先要调整的指标。配制外加剂时，需要增加提浆组分进行人工提浆。提浆组分一般都含有微小气泡的引气成分，控制用量可得到含气量适中的浆体。同时，提浆组分中的稳泡性要好，运输过程及泵送经时损失小，可以保证混凝土在浇筑时浆体总量基本不变。

3.1.3　黏聚性

黏聚性是大流态普通混凝土的另一个重要调整参数，粗骨料粒形较差，棱角多、针片状含量多，棱角和针片会降低浆体与石子的黏结力，导致混凝土发散，黏聚性较差，容易出现混凝土流动时，浆体带不动石子一起流动的现象，混凝土容易离析，石子堆积影响泵送连续性。黏聚性可通过在外加剂中增加增稠剂来实现。现有增稠剂种类较多，一般选择对外加剂减水率影响较小同时相容性好的增稠剂。

3.1.4 消泡剂及含气量

混凝土中的气泡分为大气泡和小气泡，对大流态混凝土来说，大气泡为有害气泡，适量小气泡为有益气泡。由于骨料级配和粒形差，在大流动度下，大气泡大多为骨料与浆体或骨料之间的结构性缺陷而产生的，因此，配制外加剂时，主要增加专门消除大泡的消泡剂，保留有助于增加流动性的适当小泡，控制混凝土含气量在2.2%左右，此时状态最好。

根据自密实混凝土外加剂的性能要求，设计外加剂配方，见表2。

表2 外加剂配方   %

外加剂配方	减水型母液	保坍型母液	缓释保坍型母液	缓凝剂	消泡剂	引气剂	增稠剂
PC-1	30	10	5	4	0.01	0.05	0.05
PC-2	30	10	5	4	0.05	0	0

3.2 混凝土原材料对自密实混凝土性能的影响

水胶比相同，外加剂PC-1掺量为1.5%，保持胶凝材料总量不变，调整混凝土配合比中各原材料的用量，设计的配合比见表3，混凝土试验结果见表4。

表3 项目一混凝土配合比

编号	原材料/(kg·m⁻³)								水胶比	砂率/%
	水泥	粉煤灰	矿粉	硅灰	细骨料	粗骨料1	水	总胶凝用量		
C50-1-Ⅰ	208	156	156	0	833	832	161	520	0.31	50
C50-1-Ⅱ	203	156	156	5	833	832	161	520	0.31	50
C50-1-Ⅲ	260	156	104	0	833	832	161	520	0.31	50
C50-2-Ⅰ	302	165	83	0	812	812	171	550	0.31	50
C50-2-Ⅱ	296	165	83	6	812	812	171	550	0.31	50
C50-2-Ⅲ	220	165	165	0	812	812	171	550	0.31	50

表4 项目一混凝土试验结果

序号	矿粉比例/%	胶材总量/(kg·m⁻³)	扩展度/mm	T_{500}/s	V形漏斗通过时间/s	含气量/%	3d强度/MPa	7d强度/MPa
C50-2-Ⅰ	30	520	650	3.8	13.3	2.2	34.6	47.1
C50-2-Ⅱ	30	520	645	4.0	6.8	2.5	36.8	47.9
C50-2-Ⅲ	20	520	640	3.9	12.1	1.8	39.5	48.2
C50-3-Ⅰ	15	550	630	4.1	11.2	2.0	43.2	50.8
C50-3-Ⅱ	15	550	640	3.5	7.4	2.6	45.3	51.9
C50-3-Ⅲ	30	550	660	4.1	12.8	2.2	38.7	48.7

可以得知，控制胶凝材料总量不变时，改变胶材中粉煤灰和矿粉的比例，对混凝土的扩展度和 T_{500} 影响不大，但是矿粉比例增加时，V 形漏斗通过时间会略有延长；胶材组分和总量不变时，水泥比例高，矿粉比例低，可以提高混凝土的早期强度，混凝土后期强度变化不大。在矿粉比例为 30% 时，加入少量硅灰，可以缩短 V 形漏斗通过时间，加快混凝土的流速，因为硅灰可以填充到混凝土浆体中，提高混凝土整体的匀质性，在其中起到滚珠效应，同时可以提高混凝土的早期强度，有利于早期张拉，对后期强度影响不大。

3.3 材料差异对混凝土性能的影响

进行项目二试验时，使用与项目一相同配方的外加剂 PC-1 及调整后的 PC-2，配合比及试验结果见表 5 和表 6。

表 5 项目二混凝土配合比

编号	原材料用量/(kg·m⁻³)							水胶比	砂率/%
	水泥	粉煤灰	矿粉	细骨料	粗骨料2	水	总胶凝材料		
C50	275	192	83	815	814	171	550	0.31	50

表 6 项目二混凝土试验结果

外加剂	3 d 强度/MPa	7 d 强度/MPa	扩展度/mm	T_{500}/s	V 形漏斗通过时间/s	含气量/%
PC-1	41.6	50.2	690	4.1	10.6	3.0
PC-2	42.5	52.2	700	3.5	8.5	2.2

两种混凝土状态对比如图 3 和图 4 所示。

图 3 项目一混凝土状态   图 4 项目二混凝土状态

从图 3 和图 4 对比来看，在其他材料一样的情况下，只是两个项目粗骨料不同，混凝土的状态有较大的差别，其中小石子的影响最大。项目二的小石子粒形好，混凝土包裹性明显变好，浆体丰富且柔软。对比两个项目的试验数据，混凝土的 T_{500} 基本一致。使用同一外加剂时，项目二的混凝土因浆体丰富，混凝土表面小气泡较多，含气量稍高，调整配方，使用 PC-2 降低混凝土的含气量，可以获得各项指标满足要求的自密实混凝土。

对比两个项目的外加剂配方，项目一因石子粒形稍差，配制外加剂时，需进行人工少量提浆，以提高混凝土的包裹性；添加中量增稠剂，提高浆体和粒形差的石子之间的黏结力；添加少量消大气泡的消泡剂来控制含气量。而项目二本身因石子原因，包裹性较好，浆体中含气量高，反而需添加大量消泡剂来控制含气量。因此，骨料差异特别是小石的质量影响外加剂中小料组分的变化。

3.4　大流态普通混凝土配合比的设计

大流态普通混凝土因石子粒形差，需解决高流动性和抗分离性的矛盾，即混凝土在高流动性下不离析、黏度适当，提高填充性和间隙通过性，解决较高的工作性能与力学性能、耐久性能的矛盾。设计配合比时，考虑经济合理性，根据现场材料情况设计达到大流动性的目的，即高流动性的目的依靠聚羧酸高性能减水剂实现；高比例的矿物掺合料提高抗离析性，调节混凝土工作性，改善力学性能、耐久性能；较低的水灰比保证混凝土硬化后的力学性能（对钢筋的黏结力、收缩性、抗渗性、弹性模量及其他力学指标）。

项目材料：粗骨料为普通碎石，混合好的一档石，针片状，棱角多，如图 5 所示。砂为水洗机制砂，含粉量为 10%，含泥量 <0.6%，大颗粒，棱角多，如图 6 所示。

图 5　粗骨料

图 6　水洗机制砂

参照自密实混凝土的设计思路，根据现场材料，设计大流态普通混凝土 C25~C40 等级胶材矿粉和粉煤灰掺加比例不低于 40%，C50 等级胶材中矿粉和粉煤灰掺加比例不低于 30%，性能指标参数为：扩展度≥600 mm，T_{500}：5~12 s，倒坍 3~8 s，含气量≤3.0%，保坍时间不低于 2 h，流动性、和易性要求较高。最终确定配合比见表 7。

表 7　大流态普通混凝土配合比

等级编号	原材料用量/(kg·m⁻³)						水胶比	砂率/%
	水泥	粉煤灰	矿粉	细骨料	粗骨料 2	水		
C25	215	110	65	792	1 007	166	0.425	44
C30	205	120	85	793	1 010	162	0.395	44

续表

等级编号	原材料用量/(kg·m⁻³)						水胶比	砂率/%
	水泥	粉煤灰	矿粉	细骨料	粗骨料2	水		
C35	220	95	105	793	1 010	162	0.385	44
C40	235	95	100	800	1 017	153	0.355	44
C50	310	80	90	767	1 017	146	0.305	43

使用外加剂 PC-1 配制各标号混凝土,状态均良好。图 7 和图 8 为 C30 大流态普通混凝土,扩展度为 620 mm,T_{500} 为 5.2 s,倒坍 5.8 s,含气量 2.2%,保坍 2 h 后状态无变化。

图7 C30 大流态普通混凝土

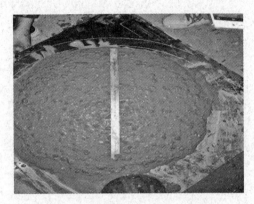

图8 C30 大流态普通混凝土扩展度

以生产 C30 大流态普通混凝土为例,搅拌楼出料扩展度 620 mm,1.5 h 后到达施工现场,运输途中无放大,2 h 后开始浇筑,扩展度 620 mm,扩展度无明显变化,保坍效果较好。与常规的 C30 桩基混凝土相比较,浇筑时间大幅缩短:常规 C30 桩基混凝土一车 12 m³,坍落度 220 mm,扩展度 550 mm 左右,浇筑完毕需要 9~10 min;12 m³ 大流态 C30 普通混凝土,扩展度 620 mm,按同样浇筑方法,浇完只需 3~4 min,浇筑效率提升了一倍,大幅度加快了施工效率,取得了良好的经济效益。浇筑时取样观察混凝土状态,无大气泡,浆体包裹性好,黏性适中,如图 9 所示。

图9 C30 现场混凝土状态

4 结论

自密实混凝土用粗骨料的粒形和级配对性能结果影响最大,特别是小石子极大地影响了砂浆体对粗骨料的包裹性,同时对外加剂中增稠、消泡和引气等组分的比例也有所影响。自密实混凝土配比中增加少量硅灰,会起到滚珠效果,流动时间会显著加快。

配制大流态普通混凝土专用聚羧酸外加剂，重点调整包裹性、黏聚性和含气量，稳泡性要好，泵送经时含气量损失要小。高流动性下保坍母液的选择是混凝土整体匀质性一致的保证，以选择低敏感度保坍母液且保坍过程中不出现缓释现象为原则。

大流态普通混凝土的状态要保证砂浆体和骨料石子一起流动，停止流动后，粗骨料在中央无堆积。大流态普通混凝土可大大缩短浇筑时间，具有良好的浇筑施工效益。

参考文献

JGJ/T 283—2012，自密实混凝土应用技术规程［S］. 北京：中国建筑工业出版社，2012.

混凝土用水性脱模剂

庄严[1,2]，孙振平[1,2]，杨海静[1,2]，董欣伟[3]

（1. 同济大学先进土木工程材料教育部重点实验室，上海 201804；

2. 同济大学材料科学与工程学院，上海 201804；

3. 漯河市昊源新材料有限公司，河南漯河 462043）

摘要： 本文从混凝土脱模剂的应用背景出发，阐述了对脱模剂的性能要求，剖析了脱模剂的作用机理，并对混凝土与模板的剥离状态进行总结和归纳，针对水性脱模剂中乳化剂组分的作用机理和技术参数进行了重点解析，以期为水性脱模剂的研制与应用提供一定借鉴。

关键词： 脱模剂；混凝土；乳液；HLB 值；稳定性

1 前言

混凝土是使用量最大的建筑材料，其优异的工作性能、力学性能和耐久性保证了建筑构件的施工和使用安全。随着科学技术的进步及社会经济的发展，对混凝土的功能需求已经不局限于承重，很多时候还要求具有防水、保温、隔音和装饰等功能，例如新兴的装饰混凝土就需要混凝土在构型、表面色彩和质感等方面满足设计师和使用者的美学要求。

混凝土的施工大多属于模板工程，一旦混凝土与模板发生黏连，在拆除模板的过程中，混凝土表面就会发生破损，不仅有碍于表面美观度，同时还会降低混凝土的耐久性。混凝土脱模剂又称混凝土隔离剂或脱模润滑剂，在浇筑混凝土前施涂于模板内表面，起到良好的润滑和隔离作用，使模板在拆卸力的作用下易于脱离混凝土表面，保证混凝土构件结构完整、表面无损。脱模剂可被分为油性脱模剂和水性脱模剂。油性脱模剂以传统的机油和植物油为代表，黏度和稠度较高，使用时会阻碍混凝土表面的气泡逸出，从而造成气孔和麻面，并且会在混凝土构件表面留有油污，损害表面美观度。水性脱模剂施涂于模板表面，可形成一层光滑的隔离膜，完全阻隔混凝土与模板的接触，使混凝土表面的气泡得以迅速逸出，杜绝气孔和麻面，保证混凝土构件的表面美观度。鉴于突出的性能优势，水性脱模剂已成为业内的重点研发方向。鉴于此，本文就脱模剂及水性脱模剂的作用机理做详细介绍，以飨读者。

庄严，男，1996.06，硕士研究生，上海市曹安公路 4800 号，201800，18365392600。

2 混凝土脱模剂概述

2.1 性能要求

脱模剂被施涂于模板表面后，能够通过化学作用牢固地附着在模板表面，而脱模剂与混凝土之间的作用力较弱，因此，混凝土在脱模时易与模板分开，保持完整、光洁的表面。

混凝土脱模剂应该具备以下性能：

（1）优良的脱模效果，保证混凝土能够顺利脱模并保持表面完整、光洁。

（2）不腐蚀模板。

（3）不污染混凝土表面，对混凝土无渗透危害，不污染混凝土内部配筋。

（4）较好的工作性能，施涂方便、快捷，拆模后易清理。

（5）较强的耐候性，如抗雨水冲刷能力、抗冻性及耐热性等。

（6）良好的性能稳定性，以保证长期储存而不发生性能下降，运输中也能保持稳定的质量，一般要求脱模剂的保质期不低于六个月。

（7）无毒，不易燃，不污染环境。

2.2 作用机理

2.2.1 物理润滑作用

脱模剂处于模板与混凝土之间，通过润滑作用减弱二者之间的机械咬合力，使脱模更加容易。

2.2.2 成膜隔离作用

脱模剂涂覆于模板表面后，在水分蒸发、溶剂挥发或其他化学反应的作用下，于模板表面形成一层膜，将凝土与模板表面隔离开来，以利于脱模。

2.2.3 化学作用

某些脱模剂会与新拌混凝土中的部分矿物或离子发生一定的化学反应，在混凝土表面生成具有隔离作用的物质，削弱混凝土与模板之间的作用力。

2.3 脱模剥离类型及脱模剂的转移率

混凝土、脱模剂和模板之间的位置关系如图1所示。其中，混凝土与脱模剂的接触面为 A_{co}，脱模剂层为 A_{fr}，脱模剂与模板的接触面为 A_{co-fr}。脱模时，在 A_{co} 和 A_{co-fr} 处发生的剥离称为界面剥离，在 A_{fr} 处发生的剥离称为脱模剂层破坏剥离。通常情况下，脱模会引起在

图1 混凝土、脱模剂和模板成型体系的界面示意图

A_{fr} 处的脱模剂层破坏剥离并兼有 A_{co}、A_{fr} 两处的界面剥离，单纯由脱模剂层破坏剥离而产生的脱模效果最佳。

脱模剂的转移率是指脱模过程中转移到混凝土表面的脱模剂的质量分数，脱模剂转移率与脱模过程中剥离发生的具体位置有关。

（1）在 A_{co} 处剥离时，脱模剂的转移率为 0。

（2）在 A_{co} 和 A_{fr} 处都有剥离时，脱模剂的转移率较小（0～20%）。

（3）发生脱模剂层破坏剥离时，脱模剂的转移率较大（20%～70%）。

（4）在 A_{co-fr} 处剥离时，脱模剂的转移率最大（大于70%）。

需要说明的是，混凝土与模板表面的脱模剂接触后，有可能发生混合、黏结或脱模剂全部转移至混凝土中等多种情况，导致脱模比较困难，极有可能会破坏混凝土的表面完整性。

3 水性脱模剂

分散质、分散相和乳化剂是水性脱模剂的重要组分。分散质一般为油、脂、蜡、聚合物和硅酮类物质等，主要发挥润滑作用，以利于脱模；分散相为水，充当分散质的载体并保证脱模剂的工作性能；乳化剂的作用则是使分散质以微细颗粒的形式均匀地分散于分散相中。乳化剂对水性脱模剂的脱模性能及稳定性起到决定性作用，因此本文着重探讨乳化剂的作用机理及选用依据。

3.1 乳化剂的作用机理

乳化剂由一种或多种表面活性剂组成，表面活性剂分子中含有亲水基团和亲油基团，能使两种或两种以上互不相溶的组分形成稳定的混合体系。乳化剂的作用机理主要体现在以下三个方面。

3.1.1 降低界面张力

由于水与油脂类物质的分子极性差异较大，二者互不相溶，将水与油脂类物质混合时，会发生分层，形成的水-油界面表面张力大于 40 mN/m。加入乳化剂后，表面活性剂分子在水-油界面上紧密地定向分布，亲水性基团朝向水相一侧，亲油性基团朝向油相一侧，从而使水-油界面变为亲水基团-水界面和亲油基团-油界面，界面张力降至 1 mN/m 以下，极大地提高了混合体系的稳定性。

3.1.2 提高界面强度

新生成的亲水基团-水界面和亲油基团-油界面在一定意义等同于界面膜，该界面膜具有一定的强度，可以保护分散质（油脂等）稳定地存在于连续的分散相（水）中。界面强度的大小与乳化剂的浓度直接相关，当乳化剂的浓度较低时，界面上吸附的表面活性剂分子数量较少，导致界面强度较低，混合体系的稳定性较差；适当提高乳化剂的浓度后，界面上吸附的表面活性剂分子能够形成紧密的界面膜，使界面强度提高，混合体系的稳定性较好。大量事实表明，足量的乳化剂才能产生较好的乳化增溶效果，乳化剂的用量应大于其临界胶束浓度。另有研究发现，由单一、纯净的表面活性剂制成的乳化剂在界面的吸附排列不够紧密，形成的界面膜强度不高，乳化增溶效果较差；而采用多种表面活性剂制成的乳化剂可在界面大量吸附并紧密排列，形成强度较高的界面膜，有利于提高混合体系的稳定性。

3.1.3　产生表面电荷

由离子型表面活性剂制备而成的乳化剂在界面处会形成扩散双电层，当分散质液滴相互靠近时，带同种电荷的扩散双电层会产生斥力，从而防止分散质液滴凝聚，提高混合体系的稳定性。

3.2　乳化剂的技术参数

如前所述，乳化剂的作用是使分散质以微细颗粒的形式均匀地分散于分散相中，理想的乳化剂应对分散质和分散相具有平衡的亲和性。通过亲水亲油平衡法和转相变温法可对乳化剂的性能做出预判，亲水亲油平衡法适用于含有各种表面活性剂的乳化剂，而转相变温法只适用于由非离子型表面活性剂组成的乳化剂，在实际应用中采用亲水亲油平衡法。研究发现，当乳化剂与分散质的亲水亲油平衡值相差较大时，乳化剂对分散质的亲和力较低，乳化效果差；当乳化剂的亲水亲油平衡值过小时，其对水的亲和力也较低，乳化效果也不甚理想。采用两种或多种具有不同亲水亲油平衡值的表面活性剂制备复合型乳化剂，可以较好地调节乳化剂的亲油和亲水平衡，极大地增进乳化效果。

复合型乳化剂的亲水亲油平衡值计算公式如下：

$$\mathrm{HLB}_{AB} = \frac{W_A \cdot \mathrm{HLB}_A + W_B \cdot \mathrm{HLB}_B}{W_A + W_B}$$

式中，HLB_{AB} 为复合型乳化剂的亲水亲油平衡值；HLB_A、HLB_B 分别为表面活性剂 A、B 的亲水亲油平衡值；W_A、W_B 分别为表面活性剂 A、B 的用量（g）。

3.3　水性脱模剂的稳定性

稳定性是水性脱模剂的一项重要技术指标，稳定性差的水性脱模剂施涂于模板表面后会使成膜厚度不均，造成混凝土表面缺陷，产生较差的脱模效果。水性脱模剂的稳定性分为 6 个等级，1 级为最好，要求体系的均匀性良好；6 级为最差，体系发生完全分离。水性脱模剂的稳定性测试项目包括储藏稳定性和离心稳定性等，应按照 GB/T 11543—2008《表面活性剂 中、高黏度乳液的特性测试及其乳化能力的评价方法》进行测定。

（1）储藏稳定性。

将装有水性脱模剂的带塞玻璃管在温度为（23±2）℃的环境下放置一定时间（数天、数周）后，根据 6 个稳定性等级指标进行目测评定。

（2）离心稳定性。

将水性脱模剂装入 10 mL 离心管放入高速离心机，在 4 000 r/min 的转速下离心分离 10 min，根据 6 个稳定性等级指标进行目测评定。

影响水性脱模剂稳定性的因素主要包括乳化剂种类、乳化剂用量和乳化温度。

（1）乳化剂种类。

前已述及，为了制备稳定的水性脱模剂，应选用亲水亲油平衡值与分散质和分散相较为接近的复合型乳化剂。

（2）乳化剂用量。

水性脱模剂在模板表面的成膜强度与乳化剂的浓度有关，另外，足量的乳化剂用量才能保证较好的乳化效果，使水性脱模剂具有较好的稳定性。乳化剂用量直接影响水性脱模剂的经济效益，通常遵循必不可少的最低用量原则。

（3）乳化温度。

适宜的乳化温度可以促进液滴在搅拌作用下迅速、充分地分散，提高水性脱模剂的稳定性。另外，乳化温度也是产品工业化生产中必须考虑的因素之一，具有重要工业经济价值。

4 结语与展望

使用脱模剂对于模板工程中混凝土的表面美观度及耐久性具有非常重要的意义。与油性脱模剂相比，使用水性脱模剂具有显著的优势，不仅可以有效减少混凝土表面的气孔和麻面，同时也不会污染混凝土的表面，使混凝土的表面美观度及耐久性良好。选用合适的乳化剂可以有效提高水性脱模剂的稳定性，保证水性脱模剂的工作性能及混凝土工程的脱模质量，亲水亲油平衡值是乳化剂的重要指标之一。

目前，水性脱模剂的制备与应用技术尚未达到完全成熟的水平，对水性脱模剂的组分如分散质和乳化剂及制备工艺进行研究仍然是行业的热点和重点，从长远来看，水性脱模剂必将成为混凝土脱模剂的重要发展方向。

参考文献

［1］任丽洁，刘红飞，于新杰，等．混凝土制品用脱模剂性能研究［J］．山西建筑，2020，46（18）：105-106.

［2］卞葆芝．国内外混凝土脱模剂生产与应用［J］．施工技术（建筑技术通讯），1990，42（3）：6-9.

［3］Gang Li, Xueli Ren, Wenting Qiao, et al. Automatic bridge crack identification from concrete surface using ResNeXt with postprocessing［J］. Structural Control and Health Monitoring, 2020, 27（11）：13-14.

［4］孟凡路．地沟油用于混凝土脱模剂与减缩剂的研究［D］．哈尔滨：哈尔滨工业大学，2015.

［5］王文军，吴益，濮熊熊．一种新型混凝土制品用脱模剂的制备与应用研究［J］．江苏建材，2020，22（2）：17-19.

［6］Wentong Wang, Meng Jia, Wei Jiang, et al. High temperature property and modification mechanism of asphalt containing waste engine oil bottom［J］. Construction and Building Materials, 2020, 261（6）：15-16.

［7］刘鹏程，裴克梅．乳化法制备环氧丙烯酸酯研究进展［J］．中国胶黏剂，2020，29（10）：53-57.

［8］杨勇．乳化剂选择对水包油膏霜制备的影响［J］．福建轻纺，2020，31（8）：43-47.

［9］戴晨仪，郑延成，李春云，等．醇醚磺酸盐与非离子表面活性剂的相互作用及界面活性研究［J］．精细石油化工，2020，37（5）：48-53.

［10］Danqing Shen, Xueping Chen, Jialu Luo, et al. Boronate affinity imprinted Janus nanosheets for macroscopic assemblies：From amphiphilic surfactants to porous sorbents for catechol adsorption［J］. Separation and Purification Technology, 2021, 256（16）：48-51.

［11］赵鹤翔，王文平，吕晓勇，等．POSS改性植物油乳液脱模剂的制备及其性能表征［J］．合肥工业大学学报（自然科学版），2012，35（3）：366-370.

［12］Xinya Chen, Chuanxian Li, Daiwei Liu, et al. Effect of doped emulsifiers on the morphology of precipitated wax crystals and the gel structure of water-in-model-oil emulsions［J］. Colloids and Surfaces A：Physicochemical and Engineering Aspects, 2020, 607（7）：23-25.

［13］王玫，林春彦．高浓水性混凝土脱模剂的制备及性能［J］．广东建材，2020，36（1）：16-18.

［14］田野，陈刚，王海军，等．环保型水性脱模剂的制备及其性能研究［J］．绿色环保建材，2020，11（10）：46-47.

缓释型聚羧酸 GPC 数据与砂浆性能的探讨

竹林贤，徐伟，黄超，金瑞浩

（浙江吉盛化学建材有限公司）

摘要：采用凝胶渗透色谱（GPC）的方法对聚羧酸减水剂的相对分子质量分布进行分析，并通过聚羧酸分子的 GPC 数据分析了聚醚、聚合温度及链转移剂等因素对聚羧酸性能的影响。

关键词：聚羧酸；检测方法；凝胶渗透色谱

1 前言

聚羧酸减水剂是目前应用最广泛的混凝土外加剂，其产品质量的优劣，直接关系到建筑施工中的安全与质量问题。对于聚羧酸减水剂的质量，大多通过净砂浆和混凝土试验进行检测。近年来，凝胶渗透色谱也逐渐被应用于聚羧酸的研究。

GPC 凝胶渗透色谱是通过不同尺寸分子在固定相上的渗透作用，来分析化学性质相同、分子体积不同的高分子同系物的测试方法。通过 GPC 分析的方法，可以直观看到聚羧酸分子中聚羧酸产物、聚醚及小分子副产物等分布情况，对聚羧酸减水剂的研究具有重要意义。本试验通过 GPC 分析手段，研究了聚醚、聚合温度和链转移剂等因素对聚羧酸 PC‑H6 的 GPC 的影响，以及相对分子质量分布与应用性能之间的联系。

2 试验部分

2.1 原材料

（1）合成原材料。

异戊烯醇聚氧乙烯醚（TPEG‑2400）、丙烯酸（AA）、丙烯酸羟乙酯、去离子水、双氧水（27%）、抗坏血酸、巯基丙酸、液碱（32%）等。

（2）仪器设备。

四口烧瓶、电子天平、蠕动泵、智能温控仪、恒速搅拌器、温度计、黏度计、凝胶渗透色谱仪等。

（3）试验原材料。

南方水泥、天然砂、机制砂等。

金瑞浩，男，1965 年 1 月，副高，浙江省绍兴市上虞区道墟街道龙盛大道 1 号，312300，13967537780。

2.2 合成方法

向四口烧瓶中加入聚醚与去离子水，待聚醚溶清后加入双氧水，搅拌 5 min；将丙烯酸和丙烯酸羟乙酯用去离子水配制成滴加 A 料，抗坏血酸和巯基丙酸用去离子水配制成滴加 B 料，搅拌均匀后进行滴加，A 料滴加时间为 2 h，B 料滴加时间为 2.5 h，滴加完毕后，继续保温 1 h，加水调节含固量为 40% 左右，得到缓释型聚羧酸减水剂 PC‐H6。

2.3 性能测试

2.3.1 砂浆扩展度测试

将待测样品与减水型聚羧酸复配成 12%（7% 减水型聚羧酸 + 5% 待测样品）的浓度，固定水泥用量为 540 g，胶砂比为 0.45，水胶比为 0.47，根据 GB/T 50080—2016《普通混凝土拌合物性能试验方法标准》测试合成的聚羧酸减水剂应用于水泥与机制砂时的初始流动度与 1 h 流动度。

2.3.2 凝胶色谱分析

采用安捷伦 1260 Ⅱ 型高效液相色谱仪与示差折光率检测器进行测试。将 1 根 Ultrahydrogel 500 和 1 根 Ultrahydrogel 250 色谱柱串联，以 0.01 mol/L 的硝酸钠水溶液作为流动相，在柱温 30 ℃、检测器温度 30 ℃ 及流速 0.8 mL/min 的条件下进行检测。

3 试验结果和讨论

3.1 GPC 谱图分析

试验以丙烯酸和丙烯酸羟乙酯作为小单体，与 TPEG（厂家 A）共聚得到缓释型聚羧酸减水剂 PC‐H6。聚合反应以双氧水/抗坏血酸作为引发剂，巯基乙醇作为链转移剂，在双滴加工艺下反应合成聚羧酸减水剂。

PC‐H6 的 GPC 谱图（图 1）中较为明显的峰有 3 个，重均相对分子质量分别约为 39 000、1 900 和 86，根据其相对分子质量和峰面积推断分别为聚羧酸产物峰、聚醚峰及小分子副产物峰。在本研究中，主要从各组峰的峰面积及聚羧酸峰的重均相对分子质量出发，考察各类因素对聚羧酸的相对分子质量及性能的影响。试验结果见表 1。

表 1 PC‐H6 的 GPC 分析数据

样品	峰	响应峰起始时间	响应峰峰值时间	响应峰结束时间	M_p	M_n	M_w	PD	峰面积/%
PC‐H6	1	13.04	16.96	20.97	31 330	20 255	38 906	1.92	92.06
	2	20.97	21.74	24.57	1 929	1 715	1 910	1.11	6.67
	3	24.57	25.80	27.04	86	80	86	1.08	1.27

3.2 不同厂家聚醚合成 PC‐H6 的相对分子质量分布和砂浆性能

本试验保持丙烯酸、丙烯酸羟乙酯、双氧水、抗坏血酸及巯基乙醇用量不变，以 4 种不

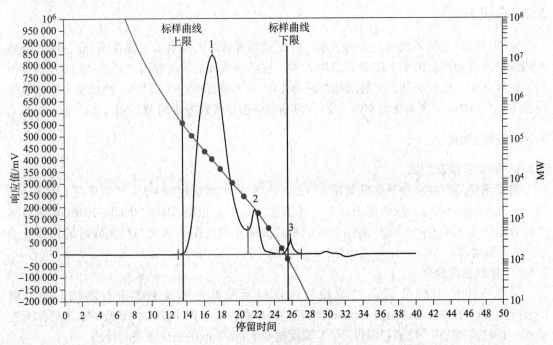

图1 PC−H6 的 GPC 谱图

同厂家的 TPEG 作为聚醚大单体，考察合成 PC−H6 的相对分子质量分布及砂浆性能。表2中数据显示，厂家 A 的聚醚合成的样品的聚羧酸峰面积最大，含量最高，重均相对分子质量大于厂家 B 和厂家 C 的聚醚合成的样品。在图2的砂浆数据中，厂家 A 合成的 H6 样品表现出较好的保坍效果，初始流动度与厂家 B 和厂家 C 合成的样品类似。结合表2和图2数据，可以推测厂家 A 的聚醚转化率较高，合成的样品的保坍效果较好。

表2 不同厂家 TPEG 合成 PC−H6 样品的 GPC 数据

试验	聚醚	峰1		峰2 面积/%	峰3 面积/%
		M_w	峰面积/%		
①	厂家 A	35 399	90.97	4.92	2.5
②	厂家 B	34 737	88.74	3.15	6.93
③	厂家 C	34 377	88.07	5.27	5.86

3.3 聚合温度对 PC−H6 的相对分子质量分布和砂浆性能的影响

聚合温度对聚羧酸的性能有较大的影响，尤其在以聚醚水剂作为大单体时，缺少溶醚吸热的过程，聚合放热常会导致反应体系温度过高，从而影响聚羧酸样品的性能。本试验考察了不同聚合温度对 PC−H6 样品的相对分子质量分布及其砂浆性能的影响。结合表3和图3中的数据，聚合温度在 30~45 ℃ 之间时，PC−H6 样品的相对分子质量分布与砂浆流动度无明显区别，温度升高至 50 ℃ 以上，样品主峰的含量降低，重均相对分子质量增大，而小分

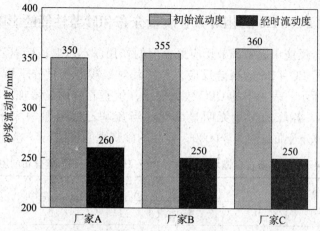

图2 不同厂家 TPEG 合成 PC – H6 样品的砂浆流动度

子副产物的含量明显变多，样品在砂浆中的保坍效果变差。推测是由于丙烯酸等小单体聚合活性强，在聚合温度高时，容易发生自聚或小单体间的聚合反应，从而影响聚羧酸样品的保坍性能。

表3 聚合温度对 PC – H6 相对分子质量分布的影响

试验	温度/℃	峰1		峰2 面积/%	峰3 面积/%
		M_w	峰面积/%		
①	30	38 801	87. 16	7. 20	5. 64
②	35	38 697	86. 96	7. 28	5. 76
③	40	41 863	87. 32	7. 33	5. 35
④	45	41 701	86. 86	7. 70	5. 44
⑤	50	42 199	84. 86	7. 54	7. 60
⑥	55	43 189	80. 94	7. 39	11. 67

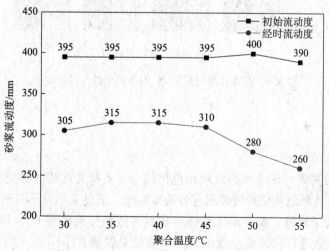

图3 聚合温度对 PC – H6 砂浆性能的影响

3.4 链转移剂对 PC – H6 的相对分子质量分布和砂浆性能的影响

链转移剂在聚合反应中起着调节反应聚合度的作用。本试验以巯基乙醇作为链转移剂，在蒸馏水环境中进行 PC – H6 的聚合反应，考察其对聚羧酸相对分子质量和砂浆性能的影响，如表4 和图4 所示。表4 中的 GPC 数据显示，巯基乙醇用量增加，聚羧酸样品的重均相对分子质量减小，各峰的含量无明显变化。当巯基乙醇用量为大单体质量的 3‰时，PC – H6 的重均相对分子质量约为 39 000，样品的砂浆性能最佳。

表4 巯基乙醇在蒸馏水环境中对 PC – H6 相对分子质量分布的影响

试验	巯基乙醇用量/‰	峰1		峰2 面积/%	峰3 面积/%
		M_w	峰面积/%		
①	2	42 569	84.56	8.86	6.58
②	3	39 005	84.21	9.15	6.64
③	4	36 983	84.40	8.99	6.61
④	5	26 021	83.23	10.32	6.45

注：巯基乙醇用量为与聚醚大单体的质量比。

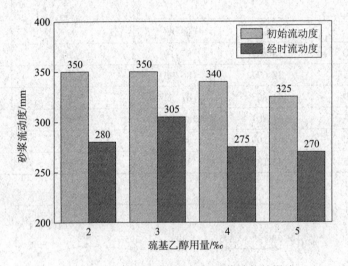

图4 巯基乙醇用量对 PC – H6 砂浆性能的影响

4 结论

（1）试验采用安捷1260 Ⅱ型高效液相色谱仪与示差折光率检测器进行测试，检测数据经处理分析后，可清晰地将聚羧酸谱图区分为聚羧酸、聚醚及小分子副产物 3 个峰。

（2）试验研究了聚醚、聚合温度和链转移剂对缓释型聚羧酸 PC – H6 相对分子质量分布的影响，并对样品进行砂浆流动度测试。试验结果发现：①厂家 A 的聚醚 TPEG 合成的 PC – H6 样品聚羧酸主峰含量高于其余厂家，砂浆保坍性能优势明显；②45 ℃以下合成的

PC – H6 聚羧酸性能无明显区别，温度高于 50 ℃时，小单体自聚物增多，导致聚羧酸样品保坍效果变差；③以巯基乙醇作为链转移剂时，当巯基乙醇用量为聚醚大单体的 3‰时，合成的聚羧酸样品的重均相对分子质量约为 39 000，砂浆性能最佳。

参考文献

[1] Ran Q P, Somasundar A N P, Miao C W, et al. Effect of the length of the side chains of comb-like copolymer dispersants on dispersion and rheological properties of concentrated cement suspensions [J]. Journal of Colloid and Interface Science, 2009, 336（2）: 624 – 633.

[2] 袁莉弟，丁继华，陈景文. 利用凝胶渗透色谱法探索聚醚减水剂的合成条件 [J]. 混凝土, 2012（4）: 45 – 48.

淀粉基减水剂相关标准的编制工作介绍

赖振峰[1]，高瑞军[2]，王万金[1]，李晓帆[1]

（1. 中国建筑科学研究院有限公司；2. 中国建筑材料科学研究总院有限公司）

摘要： CBMF标准《淀粉基减水剂》和CECS标准《淀粉基减水剂应用技术规程》两项标准的研究和编制，为淀粉基减水剂的生产和工程应用提供了依据，本文介绍了淀粉基减水剂产品标准和应用技术规程编制的基本内容及主要条款的诠释，规范淀粉基减水剂的研发、生产和应用，促进淀粉基减水剂的技术与产业的发展，为绿色高性能外加剂和绿色低碳混凝土提供技术支撑。

关键词： 淀粉基减水剂；混凝土；外加剂；标准

1 前言

混凝土是我国大规模基础设施建设中最大宗的建筑材料，减水剂是混凝土的核心材料。随着现代混凝土建筑物向低碳、绿色环保等方向发展，人们对新型绿色的混凝土减水剂的需求越来越迫切。现在所用的聚羧酸系、萘系、氨基磺酸系、脂肪族系等减水剂均是使用石油化工和煤化工来源的化工原材料制备的，消耗了大量的不可再生的石化原料材料。运用绿色生产工艺，用可再生绿色原料制备减水剂，是减水剂行业的发展的趋势之一。

淀粉作为一种可再生和可生物降解的自然资源，具有来源广泛、产量大、本身无毒性、价格低廉等优点，符合化工原料来源的低碳环保与可持续发展的要求。国内外调研中发现，淀粉基减水剂的研究历史已经有近50余年。淀粉基减水剂具有较高减水率及适应性、改善混凝土和易性、降低混凝土水化热、收缩开裂等特点。以淀粉制备减水剂，一方面可以摆脱混凝土外加剂行业对石油化工资源的过度依赖，减少碳排放和环境污染；另一方面，在淀粉制备减水剂的生产过程中，不使用有毒化学原料，不产生废气、废液和废渣，对环境友好无污染。目前国内市场上已有相应产品，但在实际的生产和使用过程中并无相关标准可依，市场上产品质量无法得到规范，产品可靠性和安全性无法得到保障。

淀粉基减水剂作为一种新的技术产品，缺乏相关标准是限制其推广应用的重要因素之一。目前，我国现行GB 8076—2008《混凝土外加剂》和GB 50119—2013《混凝土外加剂应用技术规范》等相关行业标准中均无淀粉基减水剂的品种要求，在一定程度上影响了淀粉基减水剂在工程中的推广应用。

为推动淀粉基减水剂的工程应用，更好地解决实际工程中的问题，中国建筑材料联合会（中建材联标发〔2020〕4号）文下达了《淀粉基减水剂》产品标准的编制任务，中国工程建设标准化协会（建标协字〔2020〕014号）文下达了《淀粉基减水剂应用技术规程》编

赖振峰，男，1984.09，高级工程师，北京市北三环东路30号，100013，010-64517445。

制任务。其中,《淀粉基减水剂》产品标准由中国建筑材料科学研究总院有限公司联合其他相关单位负责起草编制,经过大量的工作,该标准于 2021 年 3 月通过审查,2021 年 6 月 1 日正式报批。中国建筑科学研究院有限公司在研究其基本性能和实际工程应用的基础上,联合国内相关单位承担了《淀粉基减水剂应用技术规程》的编制工作,编制组成立暨第一次工作会议于 2021 年 1 月 20 日在北京召开,确定了编制大纲,计划于 2021 年 11 月初完成征求意见及意见处理,并形成送审稿。为了便于淀粉基减水剂相关标准的编制及实施,现将这两个标准编制工作简要介绍如下。

2 淀粉基减水剂产品标准

《淀粉基减水剂》产品标准编制过程中,在大量调查研究、系统试验验证的基础上,参考了国内外相关先进文献及标准,结合我国实际情况,经过广泛征求意见,对淀粉基减水剂的定义和分类、要求、试验方法、检验规则、标志、运输和储存等进行了规定。该标准技术指标合理,与现行相关标准协调一致,具有先进性、一致性和可行性,对规范淀粉基减水剂性能品质、指导淀粉基减水剂的生产起到一定的推动作用,能够有效提高我国绿色高性能外加剂和绿色低碳混凝土技术水平。

2.1 淀粉基减水剂的定义

本标准对淀粉基减水剂、淀粉基高性能减水剂和淀粉基高效减水剂术语分别给出了定义。目前,淀粉基减水剂的制备工艺主要有两种:接枝共聚法和磺化法,两种制备方法得到的产品的减水率有明显差异,因此定义淀粉基减水剂是以淀粉为原料经接枝共聚、磺化等工艺制备的减水剂。

按减水性能,将淀粉基减水剂分为淀粉基高性能减水剂和淀粉基高效减水剂。其中,规定在混凝土坍落度基本相同的条件下,减水率不小于 25% 的淀粉基减水剂为淀粉基高性能减水剂(HP–SSC);减水率不小于 20% 的淀粉基减水剂为淀粉基高效减水剂(HR–SSC)。按产品形态,将淀粉基减水剂分为液体(SSC–L)和粉体(SSC–P)两种。

2.2 淀粉基减水剂的技术要求

2.2.1 通用要求

淀粉基混凝土减水剂的通用要求应符合表 1 的规定。匀质性试验项目与 GB 8076 混凝土外加剂协调一致,淀粉基混凝土减水剂匀质性指标有"含固量""含水率""密度""细度""pH""碱含量""氯离子含量"和"硫酸钠含量"等 8 项。所有匀质性指标值与 GB 8076 及 JGJ/T 223 的保持一致,在生产厂控制范围内。为了防止生产厂采用盐酸、次氯酸钠等含氯离子化学试剂来制备淀粉基减水剂而导致混凝土中氯离子含量超标的问题,通过试验验证,淀粉基高性能减水剂和淀粉基高效减水剂样品的氯离子含量分别为 0.02% 和 0.03%,均非常小,因此,设定本标准中淀粉基减水剂中的氯离子含量不大于 0.1%,与 JGJ/T 223 的一致。

表1 通用要求

项目	产品类型	
	SSC – L	SSC – P
含固量/%	$S > 25\%$ 时，应控制在 $0.95S \sim 1.05S$ $S \leqslant 25\%$ 时，应控制在 $0.90S \sim 1.10S$	—
含水率/%	—	$W > 5\%$ 时，应控制在 $0.90W \sim 1.10W$ $W \leqslant 5\%$ 时，应控制在 $0.80W \sim 1.20W$
密度/$(g \cdot cm^{-3})$	$D > 1.1$ 时，应控制在 $D \pm 0.03$ $D \leqslant 1.1$ 时，应控制在 $D \pm 0.02$	
细度/%	—	应在生产厂控制范围内
pH	应在生产厂控制值的 ± 1.0 之内	
碱含量/%	不超过生产厂控制值	
氯离子含量/%	$\leqslant 0.1$	
硫酸钠含量/%	不超过生产厂控制值	

注：①表中的 S、W 和 D 分别为含固量、含水率和密度的生产厂控制值。
②生产厂应在相关的技术资料中明识通用要求指标的控制值。
③对相同和不同批次之间的通用要求和等效的其他要求，可由供需双方商定。

2.2.2 受检混凝土性能

掺淀粉基减水剂的混凝土性能应符合表2的规定。基准混凝土配合比按 JGJ 55 进行设计。受检混凝土和基准混凝土的水泥、砂、石的比例相同。减水率、泌水率比、含气量、凝结时间之差、抗压强度比和28 d收缩率比按 GB 8076 规定进行。

表2 掺淀粉基减水剂的混凝土性能

项目		产品类型	
		SSC – HP	SSC – HR
减水率/%		$\geqslant 25$	$\geqslant 20$
泌水率比/%		$\leqslant 40$	$\leqslant 40$
含气量/%		$\leqslant 6.0$	$\leqslant 3.0$
1 h 坍落度经时变化量/mm		$\leqslant 60$	—
凝结时间之差/min	初凝	$> +120$	$> +120$
	终凝	—	—
抗压强度比/%，不小于	3 d	160	150
	7 d	150	140
	28 d	140	130
28 d 收缩率比/%，不大于		110	

注：①凝结时间之差指标中的 "–" 号表示提前，"+" 号表示延缓。
②当用户对淀粉基混凝土减水剂有特殊要求时，需要进行的补充试验项目、试验方法及指标由供需双方商定。

- 减水率

测试淀粉基高性能减水剂的减水率时，控制基准混凝土和受检混凝土的坍落度初始值为 (210±10) mm，按 GB 8076 中高性能减水剂的测试方法进行减水率的测试。测试淀粉基高效减水剂的减水率时，控制基准混凝土和受检混凝土的坍落度初始值为 (80±10) mm，按 GB 8076 中高效减水剂的测试方法进行减水率的测试。试验过程中，分别测试了淀粉基高性能减水剂和淀粉基高效减水剂的掺量对减水率的影响，其结果见表 3。

表 3　淀粉基减水剂的减水率

HP – SSC 掺量/%	HP – SSC 减水率/%	HR – SSC 掺量/%	HR – SSC 减水率/%
0.2	20.5	0.6	18.6
0.3	26.6	0.7	23.5
0.4	32.1	0.8	26.9

由表 3 可见，对于淀粉基高性能减水剂，在其掺量达到 0.3% 时，其减水率满足 GB 8076 中高性能减水剂减水率≥25% 的性能指标，并且随着淀粉基高性能减水剂产量的增加，减水率逐渐增加。对于淀粉基高效减水剂，在其掺量为 0.6% 时，其减水率满足 GB 8076 中高效减水剂减水率≥14% 的性能指标。

- 泌水率比

本标准中，淀粉基高性能减水剂和淀粉基高效减水剂的泌水率比指标均为 40%。混凝土泌水是评价新拌混凝土和易性好坏的一个指标，泌水率越大，新拌混凝土浆体上浮、骨料下沉，混凝土力学性能和耐久性能受到影响。参照 GB 8076，高性能减水剂和高效减水剂泌水率指标分别为 ≤60% 和 ≤90%。通过试验验证，淀粉基高性能减水剂和淀粉基高效减水剂掺量分别为 0.3% 和 0.7% 的条件下，混凝土均未出现泌水现象，综合考虑，设定上述参数，该指标的先进性优于 GB 8076 和 JGJ/T 223。

- 含气量

本标准规定的淀粉基高性能减水剂和淀粉基高效减水剂的含气量指标分别设定为不大于 6.0% 和 3.0%，与 GB 8076 标准保持一致。试验证明，通过接枝共聚法制备的淀粉基高性能减水剂的含气量为 3.7%，小于 6.0%；通过磺化工艺法制备的淀粉基高效减水剂的含气量为 1.5%，小于 3.0%。

- 坍落度经时变化量 (1 h)

由于砂石等混凝土原材料品位变差，含泥含粉问题突出，淀粉基减水剂的坍落度保持性能也是一项重要的指标，GB 8076 中就规定高性能减水剂的 1 h 坍落度经时变化量为不大于 80 mm。通过试验验证，淀粉基高性能减水剂 1 h 坍落度经时变化量为 58 mm，淀粉基高性能减水剂 1 h 坍落度经时变化量指标定为不大于 60 mm，优于 GB 8076 中规定的指标。而淀粉基高效减水剂的初始坍落度控制在 (80±10) mm，1 h 后坍落度基本全部损失，所以该指标与 GB 8076 保持一致，不对淀粉基高效减水剂 1 h 坍落度经时变化量进行限定。

- 凝结时间之差

一般情况下，淀粉基减水剂中淀粉含量越大，其对凝结时间的影响也越大，但未发现粉基混凝土减水剂有明显的促凝现象，与基准混凝土对比，初凝时间和终凝时间均延长了。结合试验数据，相较于基准混凝土，掺淀粉基高性能减水剂的混凝土初凝时间延长 149 min，掺淀粉基高效减水剂的混凝土初凝时间延长 265 min，此处凝结时间之差（初凝）指标大于 120 min。同时，作为一种具有一定程度缓凝性能的减水剂，设置这一指标也能初步判断淀粉基减水剂对凝结时间的影响，方便指导实际应用中对拆模时间的控制；根据淀粉基减水剂性能的高低，其普遍会使得混凝土初凝和终凝之间的差值有不同程度的增大，因此没有对终凝时间进行限定。

- 抗压强度比

淀粉基减水剂对水泥的水化调控能力越强，其对混凝土强度发展，尤其是早期强度（3 d 和 7 d）的影响就越大，受检混凝土后期强度赶上基准混凝土需要的时间就越长。淀粉基减水剂本身具有缓凝特点，所以不对产品的 1 d 抗压强度进行测试。与 GB 8076 不同的是，本标准根据淀粉基减水剂产品性能特点，增设了 3 d 抗压强度比指标，降低了产品对普通民用工程及预制件产生的影响。通过强度试验验证，结果统计（表 4）显示，淀粉基高性能减水剂和淀粉基高效减水剂的 3 d 抗压强度比分别大于 160% 和 150%，7 d 抗压强度比分别大于 150% 和 140%，28 d 抗压强度比分别大于 140% 和 130%，因此，规定淀粉基高性能减水剂和淀粉基高效减水剂的 3 d 抗压强度比分别不小于 160% 和 150%、7 d 抗压强度比不小于 150% 和 140%，28 d 抗压强度比不小于 140% 和 130% 是可行且合理的。该指标也是远远高于 GB 8076 中对缓凝型高性能减水剂和缓凝型高效减水剂的指标要求的，能够突出该新剂种的产品特点。

表 4　掺淀粉基混凝土减水剂混凝土的抗压强度比　　　　　　　　　　%

项目		HP – SSC	HR – SSC
抗压强度比	3 d	170	172
	7 d	178	167
	28 d	171	147

- 28 d 收缩率比

本标准规定的淀粉基高性能减水剂和淀粉基高效减水剂的 28 d 收缩率比指标均为不大于 110%。其中，淀粉基高性能减水剂的指标值与 GB 8076 标准中高性能减水剂的一致，而淀粉基高效减水剂的指标值优于 GB 8076 中高效减水剂的 135%。按照标准规定的方法进行试验，试验结果为掺淀粉基高性能减水剂和淀粉基高效减水剂的混凝土 28 d 收缩率比分别为 108% 和 102%，因此指标定于不大于 110%。

3　《淀粉基减水剂应用技术规程》

《淀粉基减水剂应用技术规程》收集了国内多家生产企业的淀粉基减水剂样品，并在全国各地进行了混凝土试验，以及淀粉基减水剂的实际工程应用。本应用技术规程主要内容包括淀粉基减水剂的适用范围、进场检验、施工等，该规程的编制将对生产厂家和施工单位起到技术指导作用，充分发挥淀粉基减水剂的技术特点，促进我国淀粉基减水剂的应用和混凝土工程质量提升。

3.1 淀粉基减水剂的适用范围

近些年的国内外研究成果和相关验证试验数据表明，淀粉基减水剂因为其特殊的分子结构，具有以下性能特点：

（1）缓凝特性。淀粉本身还有许多羟基，在实现减水的同时，具有一定的缓凝效果，与其他减水剂复配使用时，在较少掺量下，缓凝效果可以忽略。

（2）良好的混凝土工作性能。掺加淀粉基减水剂的混凝土具有很好的黏聚性和保水性，能够显著改善混凝土的工作性能，减少离析泌水现象，特别是在改善机制砂和尾矿砂混凝土方面性能突出。

（3）降低水泥水化热峰值。淀粉基减水剂对水泥水化诱导期明显延长，降低水化热温度峰值，但对强度发展影响不大，其 7 d、28 d 的抗压强度比均达到国家标准。

（4）与其他外加剂相容性良好。淀粉基减水剂可以和聚羧酸系、萘系、脂肪族系等不同类型的减水剂进行复配使用，可降低减水剂敏感性、改善混凝土工作性能。淀粉基减水剂尤其适用于机制砂、尾矿砂或骨料级配差的混凝土工程，可有效改善混凝土和易性及提高保坍时间。

因此，根据淀粉基减水剂的性能特点，在混凝土工程中可采用"单掺"和"复配"淀粉基减水剂两种方式。采用的不同方式及其适用范围如下：

（1）混凝土工程可采用单掺或大比例复配淀粉基减水剂，可用于（超）缓凝混凝土、大体积混凝土及对缓凝或水化热有特殊需求的工程。

（2）混凝土工程可采用由萘系、氨基磺酸盐系、脂肪族系与淀粉基减水剂复配而成的高效减水剂，可用于素混凝土、钢筋混凝土、预应力混凝土，并可用于制备高强混凝土。例如，淀粉基减水剂与萘系减水剂按 1:1 比例复配，适当降低掺量可以达到相同混凝土坍落度，具有协同增效的作用。淀粉基减水剂与脂肪族减水剂按 3:7 比例复配，可以提升减水率和保坍性能。

（3）混凝土工程可采用由聚羧酸系减水剂与淀粉基减水剂复配而成的高性能减水剂，可用于高强混凝土、自密实混凝土、泵送混凝土、清水混凝土、预制构件混凝土、钢管混凝土，以及机制砂、尾矿砂混凝土等。例如，淀粉基减水剂与聚羧酸减水剂按 1:9 比例复配，在机制砂混凝土中，可以在不影响减水率的情况下，显著提升混凝土状态，防止离析泌水。

（4）复配有淀粉基减水剂的混凝土，可显著提升混凝土的稠度，降低混凝土的黏度，也就是提升了浆体的屈服黏度，降低了浆体的塑性黏度。充分利用该特点，在盾构管片混凝土、管桩混凝土等中应用，优势突出。

3.2 进场检验

液体淀粉基减水剂应按每 100 t 为一检验批，不足 100 t 时，也应按一个检验批计。粉体淀粉基减水剂应按每 50 t 为一检验批，不足 50 t 时，也应按一个检验批计。每一检验批取样量不应少于 0.2 t 胶凝材料所需用的外加剂量。每一检验批取样应充分混匀，并应分为两等份：一份应按规定的项目及要求进行检验，另一份应密封留样保存半年，有疑问时，应进行对比检验。

淀粉基减水剂进场检验项目包括 pH、密度（或细度）、含固量（或含水率）、减水率，有缓凝要求时，还应检验凝结时间差。

淀粉基减水剂进场时，初始或经时坍落度（或扩展度）应按进场检验批次采用工程实际使用的原材料和配合比与上批留样进行平行对比试验，其允许偏差应符合现行国家标准 GB 50164《混凝土质量控制标准》的有关规定。

3.3 施工及注意事项

3.3.1 相容性试验

淀粉基减水剂相容性的试验按 GB 50119—2013 规范附录 A 混凝土外加剂相容性快速试验方法进行。采用工程实际使用的原材料（水泥、矿物掺合料、细骨料、其他外加剂）进行砂浆扩展度法试验。经试验验证表明，淀粉基减水剂初始砂浆扩展度在（350 ± 20）mm 范围内，试验结果与混凝土的坍落度试验结果相关性较好，能有效判别外加剂之间的相容性差异，也可有效判别外加剂与混凝土其他原材料之间的相容性。

3.3.2 单掺使用

当淀粉基减水剂单掺使用时，应根据供方的推荐掺量，充分考虑到使用环境温度、混凝土技术要求和施工特殊要求，经过混凝土试配试验确定后，再进行正式作业。液体淀粉基减水剂宜与拌合水同时加入搅拌机内，计量应准确，减水剂的含水量应从拌合水中扣除。

3.3.3 复配使用

淀粉基减水剂可作为功能减水组分与聚羧酸系、萘系、氨基磺酸盐或脂肪族系减水剂复合或混合使用，其复配用量应依据具体性能要求经过试验确定，并应满足设计和施工要求。

3.3.4 运输与储存

淀粉基减水剂主要采用生物质的淀粉为原材料，经过制备过程后，仍残存部分糖类组分，原液密封储存下不会发生细菌滋生霉变，但是在敞口储存或者与其他减水剂复配后，特别是在环境温度高的情况下，容易受到霉菌污染而产生滋生现象，建议添加杀菌剂解决。高温季节，淀粉基减水剂置于阴凉处；低温季节，应对淀粉基减水剂采取防冻措施。淀粉基减水剂在符合标准规定的包装、运输和储存条件下，储存期为 6 个月。

4 结语

我国是混凝土和混凝土外加剂生产和消费大国，每年混凝土减水剂的用量将近 1 000 万吨。在"碳达峰、碳中和"的战略下，减水剂行业应积极推进绿色低碳技术和产品的发展，淀粉基减水剂利用可再生资源制备，属于绿色低碳建筑材料产品，并且产品性能特点突出，弥补现行大宗减水剂品种中的一些不足，具有广阔的应用前景。淀粉基减水剂相关标准的编制和推行，为淀粉基减水剂这一新品种的推广应用提供了规范依据。尽管我国对淀粉基减水剂的研究已经有十几年的历史，但是真正的工程应用时间很短，工程应用技术经验积累尚少，还需要行业内相关单位继续努力，加强应用技术研究和积累，大胆实践，不断补充和完善相关标准，为我国淀粉基减水剂产业化发展和工程应用做出贡献，以推动我国混凝土外加剂的绿色低碳可持续发展。

参考文献

[1] 王玲，田培.《GB 8076—2008 混凝土外加剂》国家标准修订的主要内容 [J]. 混凝土世界，2010 (1)：66-70.

[2] GB 8076—2008，混凝土外加剂 [S].

[3] 崔国庆. 混凝土外加剂国标实施中应注意的几个新问题 [J]. 混凝土，2010，1 (1)：58.

[4] 吴井志，吕志锋，佘维娜，等. 改性淀粉制减水剂的机理研究与展望 [J]. 新型建筑材料，2015，417 (9)：4-7.

[5] 吴家瑶，何辉，陈志健，等. 淀粉基减水剂与其他减水剂复配性能研究 [J]. 新型建筑材料，2016，43 (5)：19-22.

[6] 田培. 我国混凝土外加剂现状和展望 [J]. 混凝土，2000 (3)：3-8.

[7] 肖秀芝. 混凝土外加剂的现状与发展趋势 [J]. 福建建材，2003 (1)：8-9.